བོད་བརྒྱུད་ཚད་མ་རིག་པའི་ཞིབ་འཇུག

藏传因明研究

【2】

དགྲ་འདུལ་གྱིས་གཙོ་སྒྲིག་བྱས།

郑堆　主编

中国藏学出版社

编委会成员

主　编　郑堆

副主编　周炜　李德成　吉美桑珠

编　务　录目草　南加才让

班智达格登·洛桑华丹（1881—1944）

才旦夏茸·久美柔贝洛追（1910—1985）

夏日东·洛桑谢智嘉措（1922—2001）

格西·益希旺秋（1928—1997）

中国逻辑学会因明专业委员会主任郑堆在开幕式上发言

西北民族大学多识教授在研讨会上发言

因明学专家剧宗林

因明学专家祁顺来

因明学专家沈剑英

因明学专家陈友新

第十届全国因明学术研讨会
主办单位文都寺的噶哇活佛

第十届全国因明学术研讨会开幕式

第十届全国因明学术研讨会小组之一

第十届全国因明学术研讨会小组之二

第十届全国因明学术研讨会小组之三

第十届全国因明学术研讨会小组之四

因明学术研讨会现场辩经之一

因明学术研讨会现场辩经之二

十世班禅大师因明佛学院成为中国逻辑学会因明专业委员会培训基地挂牌仪式

郑堆主任和青海省政协副主席、青海省佛教协会会长仁青安杰在交谈

前任中国逻辑学会因明专业委员会主任刘培育（中）、西南民族大学教授德吉措（左）和中国藏学研究中心研究员德吉卓玛（右）在交流

第十届全国因明学术研讨会与会专家在亲切交谈

因明学专家参观文都寺火供仪式

刘培育研究员（中）、中国藏学研究中心宗教所所长李德
成（右）和中国藏学研究中心宗教所副研究员吉美桑珠（左）

中国藏学研究中心与会学者合影

第十届全国因明学术研讨会参会人员合影

（图片摄影：南加才让）

目　录

携手并进，协同发展，为中国因明学的复兴和发展作贡献

——在第十届全国因明学术研讨会上的讲话

郑　堆

各位领导、各位专家、各位朋友：

大家好！

在第十届全国因明学术研讨会召开之际，我对会议的胜利召开表示热烈的祝贺！向光临会议进行指导的有关单位的领导和学者表示诚挚的谢意！向出席会议的因明学专业委员会的负责同志和各位专家学者致以亲切的问候！向为此次会议的筹备和举行提供热情帮助的噶尔哇活佛和十世班禅大师因明佛学院以及有关同志表示衷心的感谢！

本届研讨会是在贯彻落实党的十八大精神和十八届三中全会精神，全面深化改革的伟大事业进入攻坚阶段，祖国各项建设事业蓬勃发展的大好形势下举行的，对于推动因明学事业的新发展必将起到十分重要的积极作用。国家昌盛，文化繁荣。在盛世垂照下，我们将认真组织好会议的各项议程，做好各项工作，积极推动因明学研究的进步与发展，使会议取得圆满成功。

因明学已被国家有关部门列为亟须抢救、继承和弘扬的“绝学”，在社会科学领域的影响与日俱增。汉传和藏传因明学界同心同德、同愿同行，共同为祖国因明学的复兴和发展作出了重要贡献。本届因明学盛会在藏传因明学故乡的十世班禅大师因明佛学院举办，更显因缘殊胜，意义不同。

藏传佛教界是传承和弘扬藏传因明学的主体，藏族僧人十分重视对因明学的学习、研究和运用，并以此推动藏传佛教佛学学习方式的改变，推动佛学研究的发展。作为“大五明”学科之一，因明学在藏传佛教寺院中得到广泛传播和发展。

青海循化人杰地灵。青海文都大寺是藏传佛教著名寺院，初建年代可追溯到元代以前，历史悠久，曾产生了重要影响。伟大的爱国主义者、著名国务活动家、藏传佛教的杰出领袖十世班禅大师即出生在寺院的所在地文都乡，文都寺也成为十世班禅大师在青海弘扬佛法的重要场所。大师生前十分重视藏传佛教人才的培养，也十分重视藏传因明学的弘扬和发展，在他所创办的中国藏语系高级佛学院就曾特设因明学课程并以论辩的方式进行学习。十世班禅大师因明佛学院建在大师的出生之地，与文都大寺法脉同源，遵循大师生前教诲，系统培养藏传因明学人才，继承和发展着班禅大师爱国爱教的事业。鉴于上述原因，去年我们确定十世班禅因明佛学院为会议承办方。一百多位来自不同地区的因明学者今天在此欢聚一堂，共谋因明学的明天，不仅对藏传因明学界具有激励作用，而且对整个因明学事业的发展也将具有积极意义，同时这也是对十世班禅大师无量功德的最好纪念。

为了开好本次会议，噶尔哇活佛和十世班禅因明佛学院克服一切困难，在会议食宿、交通、会场、医疗等方面做了精心安排。青海师大的老师们主动参与会务工作。为了保证会议顺利召开，肖平秘书长、李德成副秘书长带队专程对会议准备情况做了实地调研，提出了指导意见。

本届盛会是因明学术研讨会举办以来的第十届，具有特殊意义。几十年来，伴随着政通人和、国富民强，在因明学界前辈和各位专家学者的共同努力下，因明学事业正在以复兴的姿态逐步得到恢复与发展，取得了不俗业绩。1982 年，虞愚、杨化群、刘培育、刘延寿等前辈提出“抢救因明计划”，得到曾任中共中央副主席的陈云同志的批示。2006 年第二届全国因明学术研讨会暨“首次国际因明学术研讨会”，有来自美国、法国、日本、蒙古等多个国家，以及中国大陆和港台地区的因明学者 100 多人参会，会后出版了《因明新论——首届国际因明学术研讨会文萃》，中国逻辑学会因明专业委员会也在这次会议上正式成立，不仅扩大了中国因明学在国际学术界的影响，也树立了中国因明学历史发展的新丰碑。第一届专业委员会主任张忠义教授在刘培育等前辈们的指导下，为因明学的发展呕心沥血，做出了重要贡献。如今他更多的时间都用于与病魔作搏斗，但他仍坚持科研和教学工作，始终牵挂着因明学事业，我们衷心祈愿张忠义老师早日康复。

自专业委员会成立以来，在因明学界的共同努力下，在甘肃人民出版社的大力支持下，我们出版了《因明》杂志，目前已出版 7 期；同时，举办了多期因明后备人才培训班、梵文培训班，成功申报了一批国家级和省部级研究课题，出版了因明学研究方面的大批论著和译著，使因明学的发展呈现出了欣欣向荣的良好局面。

回顾过去，展望未来，成果喜人，催人奋进。以十届盛会和不俗业绩为顺缘，借此机会，希望大家携手共进，进一步推动因明学事业的发展与创新。

发展是硬道理。在建设社会主义文化强国，增强国家文化软实力，推动社会主义文化大发展大繁荣的背景下，进一步推动因明学事业的繁荣与发展是我们因明学界义不容辞的任务和职责。希望有条件的部门或单位，可分别根据自己的实际情况制订因明学发展规划，以点带面，协同发展，逐步制订统一规划，形成合力，以推动因明学事业的进一步繁荣。也希望有条件的教育单位和专家学者，有计划地多招收和培养因明学教学和研究的专门人才，以不断壮大专业人才队伍，保证因明学事业的繁荣与发展后继有人。

实践认识永无止境，开拓创新永无止境。在当前我国发展已进入新阶段，全面深化改革已进入攻坚期的历史时刻，我们有责任进一步推动因明学事业的进步与创新。承前启后，继往开来。我们应该认真总结经验，集思广益，不断提高创新水平，既要加强因明学通俗化研究，也要不断赋予因明学以时代特征。只有在创新过程中实现时代化，因明学才能在当代社会中更好地发挥应有的作用。

中华民族传统文化博大精深，蕴含着丰富的唯物辩证法思想和深邃的治国理政智慧。因明学作为哲学门类中一门独特的学科，安立正道，摧破邪说，追寻正智，成就义理，以其求真明理的主旨已得到学术界的认同和重视，在为现实服务的道路上也必将进一步发挥积极的作用。

当前，我国已进入全面建成小康社会的决定性阶段和深化改革开放、加快转变经济发展方式的攻坚时期，文化越来越成为民族凝聚力和创造力的重要源泉，越来越成为综合国力竞争的重要因素，越来越成为经济社会发展的重要支撑，丰富精神文化生活越来越成为我国人民的热切期盼。当前，全社会都在大力弘扬追求真理、独立思考、大胆探索、勇攀高峰的科学精神。在如此殊胜的前提下，有各位领导的关心，有各位专家学者的共同努力，我们有理由相信，因明学的明天会更好。我们也会珍惜这来之不易的大好环境，共同开创因明学的美好明天。

衷心祝愿本次会议取得圆满成功！

祝愿各位领导、各位专家、各位朋友身体健康、吉祥如意、扎西德勒！

谢谢！

2014 年 8 月 1 日

佛教因明学传承史*

[日]康噶·次臣格桑 著　嘎·达哇才仁 译注

译者按：《佛教因明学传承史》是日籍藏族学者康噶次臣格桑撰写的，以佛教因明学历史为线索，以印度和藏族因明学者传承为脉络，较细致地分析了早期藏传佛教因明学的基本特点的一篇好文章。作者参阅了很多文献，而且涉及的内容极广，译者读后获益匪浅，觉得有很高的学术价值，于是将它译成汉文。但是，译者对于因明学是外行，在翻译中碰到很多疑难问题。另外，原文注释中有德文和法文，因笔者不懂，故而没有译成汉文。也因此，译稿不免有很多不妥的地方，请各位专家和学者给予批评和指正，万分感激！

引　言

从历代贤者继承和弘扬佛教因明学的历史演变来讲，早期佛教的

---

* 本书各论文译名等依作者原译，不予以统一。——编者按

因明历史和因明著作中，龙树[1]大师（约 15—250）的《细研磨论》（དབུ་མ་ཚིག་གསལ། D. No. 3830）中提出了“因明”、“所量”和“质疑”等词，其意味着正理色彩较浓的十六类推理概念的出现。而且，当时已显现出否定与肯定的初级推理逻辑。因明概念的出现，标志着佛教因明学的形成。但是，从三性等真正意义上的因明术语，则依然没有形成。

总体来讲，在涉及佛教相关的历史时，需要参考汉文文献。但是，论及因明四本论著，以三性为主的否定与肯定方面的因明论著，当时还没有汉文译本。因此，在涉及因明学论著时，能参考的汉文文献相对极少。或换句话来讲，当时还没有印度因明四大论著的汉文译本和日文译本。早期，印度因明四大论著分别为：龙树大师的《方便要旨》（ཐབས་ཀྱི་སྙིང་པོ། T No. 1633）、世亲大师的《因明论》（རྟོག་གེའི་བསྟན་བཅོས། 约 400—480）、陈那大师的《入正论》（རིགས་སྒོ། T Nos. 1628，1629）和《入明论》（རིག་པ་འཇུག་པ། T Nos. 1630）。

一、印度佛教因明学传承

（一）陈那师徒的历史

据《布顿教法史》（བུ་སྟོན་ཆོས་འབྱུང་། Toh. No. 5197，Ya. 108a）中记载，世亲（དབྱིག་གཉེན། 约 400—480）诸弟子中，因明比自己优秀者是吉祥陈那（དཔལ་ལྡན་ཕྱོགས་ཀྱི་གླང་པོ། 约 480—540）。陈那生在婆罗门家

---

① 龙树中的龙，在汉族故事描写为畜生龙，日本部分学者认为水龙是错误的，龙被视为印度原始民族走兽，但佛教认为蛇身女孩脸的财神，属于栖息在湖和水中的动物。如果自己没有见到的被说成见过的话，似乎变得像世俗喇嘛说瞎话似的。

庭，在声闻犊子部堪布（མ་བུའི་སྡེ་པའི་མཁན་པོ།）① 跟前出家为僧，他既熟悉声律学概念，又精通因明学理论。

有一天，他向堪布请教退断修定秘法（སྤོང་བ་བསམ་གཏན་གྱི་མན་ངག），堪布向他开启了实体与我存在区别法门，或说无法讲清的空性“自我”，但陈那始终没有能找到空性“自我”。当时，他误以为内外障碍物体遮蔽了自己的视线，使得自己无法发现“自我”。因此，他在自己四周点满巨灯，脱光衣服，赤裸裸地观察“自我”，但依然未能找到“自我”。那时，他的教友们看见他怪异的行为，他们向堪布告状。当堪布问其原因时，陈那告诉了他（堪布）自己正在寻找“自我”。堪布觉得他的行为讽刺了声闻犊子派的理论，让陈那从此离开声闻犊子部。

其实，陈那本可以力争的，但他向堪布顶礼后，便离开了声闻犊子部。之后，陈那直接投奔到世亲大师座前，开始学习三乘法（ཐེག་པ་གསུམ།），后来他成为精通唯识（རྣམ་རིག་པ།）和因明的佛学大师。当时，陈那（Ya. 108ab13）认识到了众生痛苦的根源是“无明”，须要彻底断除无明。陈那著有：《生起对治理智慧的俱舍论注疏》（གཉེན་པོ་ཤེས་རབ་བསྐྱེད་པའི་ཕྱིར་མཛོད་ཀྱི་འགྲེལ་པ། D. No. 4095，Nu. 95b－214a）、《无量功德赞礼注疏》（ཡོན་ཏན་མཐའ་ཡས་པར་བསྟོད་པའི་འགྲེལ་པ། D. No. 1156，Ka 200b－203a）和《观所缘缘论注疏》（དམིགས་པ་བརྟག་པ། D. No. 4205，Ca 86a1）等，以及其他还有百部零散经论。

后来，陈那觉得自己以往的作品过于松散，想汇集为一部《因明集经论》（ཚད་མ་མདོ་ཀུན་བཏུས། D. No. 4203，Ca 1a2）。为此，陈那在修行洞岩石上，用石灰笔写下了《集量论》（ཚད་མ་ཀུན་བཏུས།）的书首礼赞和撰写誓词：

成为圭臬为众谋利益，ཚད་མར་གྱུར་པ་འགྲོ་ལ་ཕན་བཞེད་པ། །

① 亲教师有两种说法：一种认为赐象大师，另外一种认为胜王上师。

向那导师如来佛顶礼，སྟོན་པ་བདེ་གཤེགས་སྐྱོབ་ལ་ཕྱག་འཚལ་ཏེ། །

为使本书成为典范书，ཚད་མ་བསྒྲུབ་ཕྱིར་རང་གི་གཞུང་ཀུན་ལས། །

搜集所有因明之散论。བཏུས་ཏེ་སྣ་ཚོགས་འཐོར་རྣམས་འདིར་གཅིག་བྱ། །

顿时，大地震动，光芒闪耀，巨响轰鸣。当时，正在附近静修的外道师黑胜（མུ་སྟེགས་ཀྱི་སྟོན་པ། 以下简称黑胜），经脉变得木棒似僵硬，他深感到一种不祥的征兆。一瞬间，黑胜的神眼看到了陈那的能量，并对他产生了强烈的妒忌心。所以，陈那每次外出化缘时，他悄悄过来擦掉陈那写的誓词，陈那前后两次重新补写了誓词。第三次，陈那补写完誓词后，在末尾多加了一段话：“是谁擦掉了我写的誓词，如果仅仅开玩笑，请不要再擦掉它，因该偈语很重要。如果出于嫉妒心，此偈语已刻在我心上，谁也擦不掉的。如果我写错了，想跟我辩论，请显出您的身份来，我们可以公开辩论。”

当黑胜看到末尾那段话后，他在修行洞口等候陈那回来。陈那化缘回来时，远远看见了黑胜在等候。陈那以佛法教义为立论，与黑胜辩论了三回合，最终彻底驳倒了黑胜。之后，陈那要求黑胜皈依佛门（Ya. 109a1），但黑胜恼羞成怒，口中喷火把陈那所有的用具烧毁，对此陈那既愤怒又悲哀。当时，他很伤感，觉得自己连外道师都调伏不了，怎能做好利益众生的善业。所以，他认为自己先要获得利乐，用力把石灰笔抛向空中，并发誓在石灰笔落地时自己发起菩提心。但是，抛出去的石灰笔并没有落地，相反在空中显露出文殊菩萨。文殊菩萨开口说：“喂，善男子，请别那样沮丧，当遇到劣乘教徒时，往往显出恶劣的智慧。你撰写的经典是外道无法阻碍的善知识，在你没有彻底得道和成佛以前，我便是你的善导师。请记住，在未来《集量论》将会成为所有经典的典范。”

据法圣的《定量论注疏》（རྣམ་ངེས་ཀྱི་ཊཱི་ཀ D. No. 1156, Ka 200b－203a）① 中说，陈那在僻静的山洞修行时，对业力轮回产生了强烈的厌倦。当时，他只想着早日解脱轮回，但却疏忽了利益众生的善业。有一天，文殊菩萨显灵说话："善男子，心随坏人，它变为随他。你本来具备强烈的众生心，却怎么变成为满不在乎。"陈那向世尊（文殊菩萨）回答："在生死轮回中有很多无法想象的痛苦，难以忍受。而且，心又喜欢随从凡人，摇摆不定，我虽说见到了您，但您不赐给我福德，我该如何好。"文殊菩萨回答："在你没有得道以前（Ya 109B1），我（文殊菩萨）便是你的善知识。"说完这句话后，文殊菩萨不见了。但在《迦湿弥罗注疏》（ཁ་ཆེ་རྒྱ་ན་སྒྲིའི་ཊཱི་ཀ D. No. 4228, Tshe 178b4－6）中说②："在你没有成佛以前。"后来，陈那大师写有《集量论自注》。因此，在降伏诸外道师和弘扬佛法方面，陈那大师做出了特殊贡献。他的弟子自在军（དབང་ཕྱུག་སྡེ།）精通佛学，著有《集量论注疏》，而自在军弟子中最有名的便是法称大师。

法称大师（约 600—660）③ 生在印度西部④，被尊称为"顶戴牟尼宝"（རྒྱལ་དབང་གཙུག་གི་ནོར་བུ།），出生在婆罗门家族。他从小学习声明

---

① 贾曹杰·达玛仁钦（རྒྱལ་ཚབ་རྗེ་དར་མ་རིན་ཆེན།）著：《显佛意趣定量论注疏》（ཚད་མ་རྣམ་ངེས་ཀྱི་ཊཱི་ཀ་རྒྱལ་བའི་དགོངས་པ་རབ་གསལ། 简称《定量论注疏》）。

② 在《定量论疏》中说：陈那大师精通全部经典后，到僻静寺院静修声闻乘道的自我调伏。当时，文殊菩萨显灵跟前，善男子您本为众生利益而忍受，但为何改做自我解脱的事。请您喜悦于利益众生。陈那大师向文殊菩萨祈祷，我的内心其实痛苦不安。文殊菩萨说，在您没有获得道地成佛前，我始终不会放弃您，请您坚定信念。

③ 玄奘大师（约 600—664）的《西域记》（རྒྱ་གར་ལམ་ཡིག）中没有记载关于法称大师的事迹，但汉族译师义正（约 645—713）的《印度指南》中记录了关于吉祥法称撰写因明学的过程，说明法称应该属于那时代的人。

④《定量甘珠目录》（རྣམ་ངེས་འགྱུར་བྱང་།）中说："（法称）出生在西南地方，广泛地学习了各种教理，名震世界，成为至高无上的学者，吉祥法称事迹很圆满。印度的克什米雅班智达给予很大帮助等。译师洛丹喜饶说在克什米雅城译为优秀经典。"

学，在舅氏导师童子乐（རྟོན་པ་གཞོན་ནུ།）跟前出家为僧，穿着外道法衣。后来，被舅舅辱骂后，并把他赶走了，当时法称发誓，未来要把所有外道打败。之后，法称皈依佛门，开始学习佛法。他在自在军大师跟前发誓学法，据说听闻了三次《集量论》。当听完第一次后，他跟自在军大师一样理解《集量论》。当听完第二次后，他跟陈那一样理解《集量论》。但是，他一直很担心，自己对自在军大师的观点没有透彻领会，所以请求自在军大师第三次给他讲解《集量论》。自在军说，陈那大师没有像我一样的优秀弟子，而我没有像你这样的优秀弟子，按惯例一般只讲一次经论，但我已给你讲了第二遍了。其实。除讲经以外，我还要处理诸班智达的其他事情，因而你需要准备好油灯，只能晚上讲解。法称听闻完第三遍，彻底领会了果因等细微差异。因此，他给自在军大师讲了自己的理解，自在军大师听后非常高兴：现在，我教派中的错误内容，请你汇总后，对《集量论》作出新的注释（Ya. 110a1）。

与此同时，为了正确领悟数论派（གྲངས་ཅན་པ།）的秘语，法称以奴仆身份侍候舅氏童子乐妃子。后来，他的服侍感动了妃子，他把疑难问题提前告诉了妃子，在妃子与舅氏童子乐同房时，妃子向舅氏童子乐提问并牢记心上。据传说，妃子的脚趾拴了根绳子，法称每次没有听清时以拉绳来提醒妃子细问。因此，法称彻底懂得了数论派的关键教义。之后，他贴出了贤者大辩论的宣战书，很多外道因此逃到外地，而部分外道辩者败北后皈依佛门，当时写有赞札："若法称大师的讲经说法，犹如太阳落山似的，诸法将会沉睡甚至消亡，诸外道重能享用。"诸敬礼赞美者说："外道声明因明精，击败敌方空中消，法称名声震四方，叩礼上师至尊者。"

从此以后，法称大师开始周游各城市及城镇，游到宝花国王（རྒྱལ་པོ་མེ་ཏོག་རྒྱས་པ།）门前时，国王问法称大师，现在谁的学问最大？

大师回答：“陈那大师最具智慧，旃陀罗阇弥师辩才超群，马鸣大师擅长辞诗，宝花国王富裕强盛，战无不胜便是我。”国王接着问：“您是法称大师吗?”法称大师回答：“在下正是。”国王邀请法称大师，并担任法称大师的施主。在此，法称撰写了《因明七论》（ཚད་མ་སྡེ་བདུན།）①，在结尾加了《释量论第一章自注》（རྣམ་འགྲེལ་གྱི་ལེའུ་དང་པོའི་རང་འགྲེལ།）。据说。《因明七论》（Ya 110b1）已完稿，发放给各地贤者阅读，但几乎没有人完全理解，有些贤者虽说读懂了，但因妒忌心理把它说成邪说，把《因明七论》拴在狗尾上游街。当法称大师听说后，祈愿狗跑到的城镇和街巷传播《因明七论》。

在《释量论》（D No. 4210，Ca 94a2－3）前言中说，大部分凡夫俗子没有很高的智慧，对正论涵义不但不会正确理解，而且产生强烈的妒忌心。因此，并不指望它（经典）对众生带来利乐，但长期心存善意和熏陶，因而深感喜悦。后来，大师让班智达天主慧（པཎྜི་ཏ་ལྷ་དབང་བློ། 约650）对《释量论》作注。第一次作注后，大师看完扔到河里。第二次作注后，大师看完焚烧。第三次作注后，在末尾写了“与我好像没有缘分似的，时代没有成熟似的，习惯性的简单论述，我只作了注（D. No. 4217，Che 326b3）”②。大师看后说，其词意虽未正确理解，但字面意思已表达得很清楚。当时，大师感到自己表述的真正意义，别人很难正确无误地懂得和理解。正因如此，在《释量论》（Ce. 150b6－7）末尾，他很沮丧地写道：“犹如大海，溪水汇聚

① 《因明七论》：法称发扬陈那所著的《集量论》的七部注释为：《释量论》（ཚད་མ་རྣམ་འགྲེལ།）、《定量论》（འབྲིང་ཚད་མ་རྣམ་ངེས།）、《理滴论》（ཚད་མ་རིགས་ཐིགས།）、《因滴论》（གཏན་ཚིགས་ཐིགས་པ།）、《关系论》（འབྲེལ་བ་བརྟག་པ།）、《悟他论》（རྒྱུད་གཞན་གྲུབ་པ།）、《诤理论》（རྩོད་པའི་རིགས་པ།）。

② 注明：“好像与我没有缘分似的，时代没有成熟似的，习惯性的略论，我写了该注释。”

而消失”（D. No. 4226，Phe174b4－5）①。

他的弟子是释迦慧（ཤཱཀྱ་བློ། 约675），写有释（D. No. 4220，Je－Ne）。释迦慧的弟子是光慧（འོད་ཀྱི་བློ།），但有些学者认为阎摩利（ཛ་མཱ་རི། 约1050）是法称大师的弟子。但庄严（རྒྱན།）向布（ཕྱུར།）举行灌顶，他的弟子是调伏天（དུལ་ལྷ། 约700），调伏天的弟子是法圣（ཆོས་མཆོག 约847）。据《注疏》中记载，法圣是法生功（ཆོས་འབྱུང་བྱིན།）和善护（དགེ་སྲུང་། 约720—780）俩的亲传弟子。阎摩利（D. No. 4221，Te－The）对《庄严释》作了注（D. No. 4226，Phe－Tse）（Ya 111a1），而调伏天和乐行喜（བདེ་བྱེད་དགའ།）对《因明七论》作了注。

（二）陈那大师的因明理论

众所周知，陈那大师的代表经典是《因明经藏》（ཚད་མ་མདོ།），或叫《集量论正注》（ཀུན་བཏུས་རྩ་འགྲེལ། D. No. 4203－4204），是因明学理论的基石。但是，现已没有印度版本的《因明经藏》，或者说印度版本的《因明经藏释》（ཚད་མ་མདོ་འགྲེལ།）已很稀少，造成了很难理解该经内涵。目前，被称为第二法称的贾曹杰著的《因明经藏释》，在词意方面相对易于理解。

据《宗喀巴大师传》（རྗེ་བདག་ཉིད་ཆེན་པོ་རྟོགས་བརྗོད་མདུན་ལེགས་མ།）中说：“因明经藏并非只是击败外道的经论，而是引导解脱的内明学方法。”但是，西藏学者对《观所缘缘论正注》（དམིགས་བརྟགས་རྩ་འགྲེལ། D. Nos. 4205－4206）作的注相对极少，其中贡唐大师（གུང་ཐང་།）的《观所缘缘论释》（དམིགས་བརྟགས་འགྲེལ་པ།）和丹达拉让巴（བསྟན་དར་ལྷ་རམས་པ།）的《观所缘缘论释》（དམིགས་བརྟགས་འགྲེལ་པ།）等两部，显得极

① 庄严的《释量论释清净》（འགྲེལ་བཤད་ཤིན་ཏུ་ཡང་དག）中说：“剩余的注释是知名的胜主觉大师看了几篇，但仍有很多误解之处，作者看后感到很黯淡。在《释量论释》（Ce. 150b5－6）结尾写了并非智慧不够”等颂词。

其重要。还有，对《观三时》（དུས་གསུམ་བརྟག་པ། D. No. 4207）作的注也极少。但《因轮》（གཏན་ཚིགས་འཁོར་ལོ།）方面，丹达拉让巴著有《宗法轮明的释》（ཕྱོགས་ཆོས་འཁོར་ལོའི་གསལ་བྱེད་ཅེས་པའི་འགྲེལ་པ། D. No. 4209）。其实，唐朝时期玄奘译师（602—664）把《因明正理入论》（ཚད་མ་རིགས་པ་འཇུག་པ། T. No. 4207）译为汉文，后把汉译本译为藏文，叫《因明经论正量入论》（ཚད་མའི་བསྟན་བཅོས་རིགས་པ་ལ་འཇུག་པ། D. No. 4208. Ce）。另外，从梵文直译为藏文的《因明正量入门》（ཚད་མ་རིགས་པར་འཇུག་པའི་སྒོ། P. No. 5706）。因此，在西藏既有梵译本又有汉译本。

据汉族学者的传统说法，《因明正量入论》视为陈那弟子行乐主（བདེ་བྱེད་བདག་པོ།）的作品，到目前为止汉族学者依然持这种看法。但是，藏族学者普遍认为《因明正量入论》是陈那的作品，原因是《因明正量入论》藏译德格版本的末尾，写有“汉译叫《正量入论》（རིགས་པ་ལ་འཇུག་པ།），而藏译一般叫《正量入门》（རིགས་པའི་སྒོ།）”。

据《正量入论》中记载：“能立和能破，观点相互对解。现前和比量，观点相互自立。”在贾曹杰的《明照解脱道》① 和克珠杰的《因明七论心灯》（ཚད་མ་སྡེ་བདུན་གྱི་སྙིང་སེལ།），都引用了大量的《正量入论》内容。按藏族学者的说法，《因明正量入论》和《因明正量入门》其实就是一部经典，把《因明正量入论》视为陈那大师的作品。在《集量论释》（D. No. 4204，f. 14a5）中说：“集于自己作品《正量入论》等经论。”但汉族学者的传统观点，《因明正量入论》和《因明正量入门》，属于不同内容的两部经论。

（三）自在众的六性论

陈那大师的亲传弟子是自在众（དབང་ཕྱུག་སྡེ།），他著的经论现已不

① 贾曹杰·达玛仁钦著：全名叫《释量论疏明照解脱道》（རྣམ་འགྲེལ་ཐར་ལམ་གསལ་བྱེད།），简称为《明照解脱道》（ཐར་ལམ་གསལ་བྱེད།）。

存。但是，他的观点在《释量论》第一章《自注》中记有反驳的内容，从而让后人了解到他的基本观点，其特点是陈那大师的三性论。比如，“正因不是法相，六性才是法相的正因”。

藏族著名学者普布觉阿旺强巴（ཕུར་ལྕོག་ངག་དབང་བྱམས་པ། 1682—1762）在回答班钦提问时说（Tshu. 2b1）：“自在众大师六性观的依据，是以观象产生幻觉的正因（Tshu. 2b1），正立没有正因就无法形成关因。”在《因明经》（ཚད་མའི་བསྟན་བཅོས།）中，对三性虽阐释了各自的法相，但没有讲清证明三性的正因法相，只讲了自事比量的缘起正理。

在《因三性》（ཚུལ་གསུམ་རྟགས། D. Ce 27a6）中说：只有简单的说法，表明了正因法相分成三性，但又不属于正理派和行所派的六性，观点虽说未显缺损，但两种观点都承认正因法相的六性，它的特点是既不用多亦不能因少，甚至不能不够，所以六性的正因，以正因法相来立宗的。以正确论式为例，宗法和相同可以视为反方和敌方都能成立，如果三性立宗量学受损的话，就无法论证利他，反而变得无损对象，所以说没有矛盾混乱的无量论，也就没有论证颠倒的因明学（Tshu. 3a1 –3）。因此，一个数字视为一支性，论证对象要有确凿的论据，而论据意义在心中要有清晰的认识。虽说，智慧视为一支性，但要具备六性。前三性有着相同的名称，但内容上有着很大的差异。

（四）法称大师理论总论

法称大师的因明理论，从因明经论体系完整与不完整的角度来讲，相对易于理解。克珠杰在《因明七论除暗庄严疏》（Toh. No. 5501，Tha 8a6）中说，经论确立了论述的主题（Tha. 8b1），经论明确了论述的内容。但是，从细致角度来说，有两种类型：一是在《因明入论》（རིགས་སྒོ།）中说，现量和比量，其观点视为自明。能立和破除，其观点视为他觉。二是导师和教法没有缺陷的因明认识论，认可传承者和继承方法。首先，现量和比量，自己无论如何推理和判断。入题和不入题，与推理和判断的心识正或不正有着直接关联。因此，隐蔽判断的心识是无过比量，现蔽判断的心识是无过现量，其实都讲到了现量和比量方面的两种因明。因此，心识跟随别人易于引诱，但断除迷道分支方面有现量和比量两种观点。自己已证悟了，但对方觉悟的支法，往往有着真实和非真实的后际四见[①]。但是，消除一概邪见，要有破除胆识；消除两边犹豫，要有正因语；断除错误根源，要有两种思路。因此，因明学完整的理论体系，由三个章节组成，其分别为现量章节（མངོན་སུམ་གྱི་ལེའུ།）、自利比量章节（རང་དོན་རྗེས་དཔག་གི་ལེའུ།）和利他比量章节（གཞན་དོན་རྗེས་དཔག་གི་ལེའུ།）。

把《集量论》（The. 9a1 –6）分成六个章节，其中例品和遮遣品属于自利比量章节，能破品属于自他比量章节。因此，《因明经藏》、《释量论》（D. Nos. 4210）、《定量论》（D. Nos. 4211）和《量学理滴论》（D. No. 4212），被视为因明学完整的理论系统。《因论七论》剩余的四部经论（分别为《因滴论》[D. No. 4213, Ce]、《关系论》[D. No. 4214, Ce]、《悟他论》[D. No. 4219, Ce]和《诤理论》[D. No. 4218, Ce]），只是因明分支经论，不属于因明理论的组成部分。但是，《因滴论》和《关系论》又属于自利章节的辅助，而《悟他论》属于现量章节的辅助，《诤理论》属于利他章节的辅助。

为什么《释量论》分成四个章节，主要为了验证导师和教法无缺陷的目的。其实，导师和教法无缺陷虽说以因明来验证，但正理断定有自利章节。所以，验证无过正理，三性最终与现量断定有着关联。因此，现量因明断定属于现量章节。而自己承认又教他方断定，则属于利他章节。

---

① 后际四见：我及世界为有边、为无边、亦有边变无边、非有边非无边。

（五）《释量论释》的分支

1.《释量论》译文和注释

在《因明七论》中，最深奥的因明理论是《释量论》，该经论不但被印度学者关注，而且得到藏族学者的重视。藏族译师格洛（ལོ་ཙཱ་བ་དགེ་བློ།）把《释量论》译为藏文，大译师俄洛丹喜饶（1059—1109）作了校对，后萨迦班钦贡噶坚赞（1310—1358）又作了重校。因此，要想成为因明推理方面的学者，须要认真地学习《释量论》，《释量论》的讲辩传承，在西藏依然很盛行。

《释量论》四章当中，第一章自利比量章节最难懂，如果该章节掌握得不熟练，后三章学习起来就很困难，因而法称大师自己对第一章内容作了注。但是，有些学者在不熟悉的前提下，没有把“自利比量”当成《释量论》的章节。其实，这便是没有认真研究的说辞。法称大师的亲传弟子自在圣著了《自注》（约660）后，又对《释量论疑难释》（རྣམ་འགྲེལ་དཀའ་འགྲེལ། D. No. 4217，Che）作了注，包括《自注》，后来被称作《因明两千》（ཚད་མ་སྟོང་ཕྲག་བཅུ་གཉིས།）。他的亲传弟子释迦慧对《因明两千》作了注，叫《释量论注解》。虽然，一位作者对《释量论》全部作了注，但藏译中只有《释量论注解》版本。

庄严堪布西迥贝巴（རྒྱན་མཁན་པོ་ཤེར་འབྱུང་སྦས་པ། 约700）著有《释量庄严论》（རྣམ་འགྲེལ་རྒྱན། D. No. 4221，Te－The）、尼玛比（ཉི་མ་སྦས།）著有《释量论释》（རྣམ་འགྲེལ་འགྲེལ་པ། D. Nos. 4224，Pe－Phe），这两部论著都对《释量论》第二章开始作了注，原因是第一章“自利比量”的名词及疑难，法称大师自己已作了详注，因而后来没有新注。嘉哇静（རྒྱལ་བ་ཅན།）对《释量庄严论》作了注，叫《释量庄严论释》（རྣམ་འགྲེལ་རྒྱན་གྱི་འགྲེལ་བཤད། D. No. 4222，De－Ne），后阎摩利大师（སློབ་དཔོན་ཛ་མ་རི།）对《释量庄严论释》作了注，并对《释量庄严论清净》（རྒྱན་གྱི་འགྲེལ་བཤད་ཤིན་ཏུ་ཡང་དག D. No. 4226，Phe－Tse）作了新注。但是，婆

罗门自在喜（བྲམ་ཟེ་ཆེན་པོ་བདེ་བྱེད་དགའ།）著的《释量论释》（རྣམ་འགྲེལ་འགྲེལ་པ། D. No. 4223，Pe），其中部分内容已被译为藏文。尤其，推崇该经论的学者们值得高兴的是，该经论的梵文版本保存完好。《释量论》梵文版的初校者是班智达罗睺罗（པཎྜི་ཏ་སྒྲ་གཅན་འཛིན།），当时他对《释量论》梵文版的第一章作了注校，这点在他的读书笔记中有记载：“自注梵文有四分之一左右”。而且，当时他参考了嘎那噶果弥（ཀར་ཎ་ཀ་གོ་མི།）著的《释量论释》，它是以藏译版来复原梵文版。后来，贤者玛拉尼阿（མཁས་པ་མ་ལྭ་ཎི་ཨ།）和聂勒（ཉོ་ལི།），对《第一章》的梵注分别作了注校，其中聂勒注校的版本被现代学者视为标准版本。

虽然，班智达罗睺罗对庄严堪布西迴贝巴的《释量庄严论》作了注校，但因没有来得及非常认真地校对，因而存在不少问题。另外，班智达罗睺罗从西藏请回去了《释量论释》。而且，之前他对心佛喜悦大师（སློབ་དཔོན་ཡིད་ཀྱི་ཤིང་རྟ་དགའ་བོ།）著的《释量论释》作了校对，并留有《备忘录》，而且列有很多陈那大师理论中的梵文章节。之后，班智达无尤（པཎྜི་ཏ་ཤཱནྟི།）对心佛喜悦的《释量论释》也作了校对，但新写本中并没有把它放在参考书目中。几乎与此同时，贤者班德雅（མཁས་པ་པན་དེ་ཡ།）对心佛喜悦的《释量论释》作了校对，但他没有说明该版本的来源问题。班智达罗睺罗和贤者巴哥日雅（མཁས་དབང་པ་ཀ་རི་ཡ།）共同整理了庄严堪布西迴贝巴著的《释量庄严论》的名词目录，后来摩弥雅萨克大师（སློབ་དཔོན་ཆེན་མོ་མི་ཡ་ས་ཁས།）对梵文版和藏译版作了校对，校对版本配有汉藏理论对照，显得很方便。而且，它已变为现代学者喜欢的新的教学模式。同时，还编有梵译藏和藏译梵的梵藏对照词表。尤其，法称大师的藏译理论的偈颂配有颂词和目录，使用方便。但是，通过法称第二的贾曹杰·达玛仁钦著的《集量论注疏·无倒明照解脱道》（Toh. No. 5450，Cha）和克珠杰格勒巴桑著的《正理大海注疏》（ཊཱིཀ་ཆེན་རིགས་པའི་རྒྱ་མཚོ། Toh. Nos. 5505－5506，Tha－

Da）两部经论，真正了解真实的涵义。

2. 释量的宗派观

释量的宗派观有着不同的说法，根钦嘉木样协巴（ཀུན་མཁྱེན་འཇམ་དབྱངས་བཞད་པ།）在《第一章辨析》（ལེའུ་དང་པོའི་མཐའ་དཔྱོད། D. No. 2121，Pa 30b3 –6）中说，自宗不能把经论的全部论义说成为独派，其内涵始终有几种解释方式，在严堪布喜饶洛珠（རྒྱན་མཁན་པོ་ཤེར་འབྱུང་བློ་གྲོས། 又叫西迥贝巴，ཤེར་འབྱུང་སྦས་པ།）认为无自性是应成派，而寂护师徒（ཞི་བ་འཚོ་ཡབ་སྲས།）和杂达日（ཛེ་ཏཱ་རི།）认为无自性是中观自续派，但释迦两圣（ཤཱཀྱ་བློ་གཉིས།）和法圣（ཆོས་མཆོག）认为无自性是唯识派。实际上，后三者的观点是正确的，在实相和假相两相中，法圣认为实相和假相间并没有类属现象，杂达日也持这种观点。其实，部分学者认为它是经部派和唯识派共同的论点，但一般把它视为唯识派的重要论点。

章嘉若必多杰（ལྕང་སྐྱ་རོལ་པའི་རྡོ་རྗེ། 1717—1786）在《章嘉教派》（ལྕང་སྐྱ་གྲུབ་མཐའ། Cha 9a7 – b3. New. Delhi，1974）[①] 中说，菩提桑波大师（སློབ་དཔོན་བྱང་ཆུབ་བཟང་པོ།）[②] 既谈到了世亲师徒的假相，又谈到了法称师徒的实相，但《因明七论》和遮制思想未必讲是实相，而圣慧和释迦慧著的《释量释》中讲的思想视为实相，但西迥贝巴被说成无垢假相，法圣大师被说成有垢假相，原因是《释量论》第一章和第二章是经部派的论点。而第三章上半部分，既有经唯（即经藏派和唯识派）共同的论点又有不同的观点，《释量论释》的其余部分自宗自论

① 章嘉若必多杰著：《章嘉教派》（藏），中国藏学出版社，1989 年，144 页。

② 智藏论师（ཡེ་ཤེས་སྙིང་པོ།）的《集量论释》（ཀུན་བཏུས་པའི་བཤད་སྦྱར།）中说（D. NO. 3852，Tsha，43b2 –3），中观自续派有两种类型，自相和非自相，而陈那大师承认自相存在派，以他相存在的表现形式是内在智慧的性质，并非外境存在的认知观，非义性等自相智慧六组。而无著大师属于承认无自相存在派，承认于实相根识中的粗现实境等。

被视为唯识派。

3. 《释量论》传承

据《青史》① 中记载，释迦牟尼、阿罗汉法救（དགྲ་བཅོམ་པ་ཆོས་སྐྱབ།）、班钦弥札巴（པཎ་ཆེན་མི་ཏྲི་པ།）、世亲（དབྱིག་གཉེན།）、陈那（ཕྱོགས་གླང་།）、自在众（དབང་ཕྱུག་སྡེ།）、法称（ཆོས་གྲགས།）、胜主觉（ལྷ་དབང་བློ།）释迦慧（ཤཱཀྱ་བློ།）、调伏天（དུལ་བ་ལྷ།）、智生（ཤེར་འབྱུང་།）、日护（ཉི་མ་སྦས་པ།）、阎摩利（ཛ་མ་རི།）、孜那西弥札（ཛྙཱ་ན་ཤྲཱི་མི་ཏྲ།）、圣法阿那札(ཆོས་ཀྱི་མཆོག་ཨ་ནནྟ།)、旺鸠班智达（ཤ་ཀུ་པཎྜི་ཏ།）、喀切班钦释迦室利日(ཁ་ཆེ་པཎ་ཆེན་ཤཱཀྱ་ཤྲཱི།)、萨迦班智达（ས་སྐྱ་པཎྜི་ཏ།）、吾玉巴（ཨུ་ཡུག་པ།）、雄赞朵德巴（ཞང་བཙུན་མདོ་སྡེ་དཔལ།）、降央迦吾（འཇམ་དབྱངས་སྐྱ་བོ།）、班丹巴（དཔལ་ལྡན་པ།）、降央敦雄（འཇམ་དབྱངས་སྟོན་གཞོན།）、诺桑贝（ནོར་བཟང་དཔལ།）、札仁巴（གྲགས་རིན་པ།）、降俄巴（འཇམ་སྟོན་པ།）、曲森巴（ཆོས་སེང་བ།）、俄托巴曲吉桑波（ཇོ་ཐོག་པ་ཆོས་ཀྱི་བཟང་པོ།）、堪钦仁波切坚赞桑波（མཁན་ཆེན་རིན་པོ་ཆེ་རྒྱལ་མཚན་བཟང་པོ།），以及曲森巴拉嘉拉康哇桑珠益西（ཆོས་སེང་བ་ལ་རྒྱལ་ལྷ་ཁང་བ་བསམ་གྲུབ་ཡེ་ཤེས།）、德拉洛班桑珠桑布（སློབ་དཔོན་བསམ་གྲུབ་བཟང་པོ།）等传承，《释量论》传承者其他文献中没有提到，费了很大的劲才找到了堪钦仁波切坚赞桑波提出的，因明学《释量论》的传承脉络。

4. 关于《定量论》

《定量论》略论是正文自注，该经论语言简练清晰，而且内容易于理解。后来，《定量论》所有颂词以成行格式来解释的，出现了很多不同的论著。虽然，《定量论》非常易于理解，而且名词涵义都是自注的，因而与原文没有太大的出入。但是，在正理断定方面的代表作品有，法圣大师（约 730—800）著的《定量论释》（རྣམ་ངེས་འགྲེལ་བཤད་དམ་འཐད་ལྡན་ཆེན་མོ། D. No. 4229，Dze）和益西巴桑（ཡེ་ཤེས་དཔལ་

① 《青史》（藏）上，四川民族出版社，1984 年，421 页。

བཟང་། 约730—800）著的《定量论释》(རྣམ་ངེས་འགྲེལ་བཤད། D. No. 4228，Tshe）两书。其实，比较完整的梵文版《定量论》第一章和第二章已正式出版。还有，贾曹杰著的《定量论注疏》（རྣམ་ངེས་ཊཱིཀ 上下册），它并非简单的《定量论》名词解释，对因明学中的密义作了细致的阐释，争论答辩部分作了明确的说明，如果专注学习该经论，因明学理论中的所有疑难问题引然而解。

5. 《正理滴论》

简略的《正理滴论》是指词义自注，但正理断定方面的代表作品有：调伏天著的《正理滴论广释》（རིགས་ཐིགས་རྒྱ་ཆེར་འགྲེལ་པ། D. No. 4230，We）、法圣大师著的《正理滴论广释小明道》（རིགས་ཐིགས་རྒྱ་ཆེར་འགྲེལ་ལས་འཐད་ལྡན་ཆུང་བ། D. No. 4231，We）两本。其中，法圣大师的《正理滴论广释》印度文本依然保存完好。后来，贾曹杰著有《正理滴论注疏》(རིགས་ཐིགས་ཊཱིཀ)，它学起来其实不算很难。

6. 法称因明传承

寂护大师（མཁན་ཆེན་ཞི་བ་འཚོ། 约725—788）著有《摄真实性颂》(ཚད་མའི་དེ་ཁོ་ན་ཉིད་བསྡུས་པ། D. No. 4266，Ze)，他的弟子莲花戒（ཀ་མ་ལ་ཤཱི་ལ། 约740—795）著有《摄真实性释难八千偈》（དེ་ཁོ་ན་ཉིད་བསྡུས་པའི་དཀའ་འགྲེལ་སྟོང་ཕྲག་བཅོ་བརྒྱད་པ། D. No. 4267，Ze－He)，胜敌（དགྲ་ལས་རྒྱལ། 约940—980）著有《因明自性》(གཏན་ཚིགས་དེ་ཉིད་བསྟན་པ། D. No. 4261，Zhe)，仁钦迥奈西哇（རིན་ཆེན་འབྱུང་གནས་ཞི་བ། 约1040）著有《心识论》(རྣམ་རིག་ཙམ་དུ་གྲུབ་པ། D. No. 4259，Zhe)，塔迥比巴（ཐར་འབྱུང་སྦས་པ། 约1050—1202）著有《推理语言》（རྟོག་གེའི་སྐད། D. No. 4264，Zhe)，益希西尼巴（ཡེ་ཤེས་བཤེས་གཉེན། 约980—1030）著有《因果成性》(རྒྱུ་འབྲས་ངོ་གྲུབ། D. No. 4258，Zhe)。还有，喀切班钦释迦室利日（1127—1225）给萨迦班钦讲授的《因明学经论》等分析后发现，从印度法称大师开始，因明学传播和发展方面在西藏有一条很清晰的传承脉

络。其实，以上《摄真实性颂》等经论，犹如因明学辞典似的显得非常重要，克珠杰在《因明大注疏》中引用了大量的内容。但在西藏，《大因明》既没有藏译版本，又没有教学传承。目前，《因明唯独简略》只有印度版本的正文释，它的《备忘录》纳日塔寺（ན་རི་ཐའི་གདན་ས།）已印行，但需要藏族学者的专门分析和研究。

二、因明学在西藏的传播

在前弘期，赞普墀松德赞（742—797）邀请的寂护大师著有《摄真因明大论》（ཚད་ཆེན།），他的弟子莲花戒对《摄真因明大论》作了注，叫《因明摄真论》（ཚད་ཆེན་དཀའ་འགྲེལ།）。据历史文献记载，大译师益西德（ཡེ་ཤེས་སྡེ།）把印度学者津天著的《因滴论疏》（རིགས་ཐིགས་རྒྱ་ཆེར་འགྲེལ། D. No. 4230，We）译为藏文，大译师嘎瓦巴孜（སྐ་ཆེན་དཔལ་བརྩེགས།）把津天著的《正理滴论疏》（གཏན་ཚིགས་ཐིགས་པའི་རྒྱ་ཆེར་འགྲེལ། D. No. 4234，We）等因明经论，译为藏文。

据《丹噶目录》（ལྡན་དཀར་མ། D. No. 4364，Jo310b5 – 7）中记载，未译成藏文的经论有《中观细研磨论》（དབུ་མའི་གཞུང་ཞིབ་མོ་རྣམ་པར་འཐག་པའི་རྩ་བ། D. No. 3826，Tsa）、《中观细研磨论注疏》（དབུ་མའི་གཞུང་ཞིབ་མོ་རྣམ་པར་འཐག་པའི་འགྲེལ་བ། D. No. 3855，Dza）、《中观精意法相正言》（དབུ་མའི་སྙིང་པོ་རྟོག་གེ་འབར་བ་རྩ་བ། D. No. 3855，Dza）、《中观精意法相正言注疏》（དབུ་མའི་སྙིང་པོ་རྟོག་གེ་འབར་བ་འགྲེལ་བ། D. No. 3856，Dza）、《释量论十一卷》（ཚད་མ་རྣམ་འགྲེལ་བམ་པོ་བཅུ་གཅིག D. No. 4211，Ce）、《释量论注疏十八卷》（ཚད་མ་རྣམ་འགྲེལ་འགྲེལ་པ་བམ་པོ་བཅོ་བརྒྱད། D. No. 4216，Ce）、《辩经论一卷》（རྩོད་པའི་རིགས་པ་བམ་པོ་གཅིག D. No. 4218，Che）。还有，《摄真实性颂》（ཚད་མ་དེ་ཁོ་ན་བསྡུས་པ། D. No. 4266，Za）、《摄真实性颂注疏》（ཚད་མ་དེ་ཁོ་ན་བསྡུས་པ་འགྲེལ་བ། D. No. 4267，Za）等。在前弘期，《释量论

注疏》（ཚད་མ་རྣམ་འགྲེལ།）虽说已译成为藏文，但该经论在译经目录中没有提到。

达仓译师喜饶仁钦（སྟག་ཚང་ལོ་ཙཱ་བ་ཤེས་རབ་རིན་ཆེན། 1405—?）在《智慧汇总》（རིག་གནས་ཀུན་ཤེས། Kha. 25a3）中说，《经藏》（མདོ།）、《释量论注疏》（རྣམ་འགྲེལ་འགྲེལ་ཆེན།）、《定量论注疏》（རྣམ་ངེས་འགྲེལ་ཆེན།）等因明经论，在后弘期译师玛格洛（ལོ་ཙཱ་བ་རྨ་དགེ་བློ།）等译为藏文，这点虽说值得考究。但不管怎么说，我们可以推测在前弘期已有因明的学习，只不过未能形成规范化的常规学习罢了。色朵班钦释迦秋丹（གསེར་མདོག་པཎ་ཆེན་ཤཱཀྱ་མཆོག་ལྡན། 1428—1507）在《论开创因明经论和经典源流——智者喜悦》（ཚད་མའི་མདོ་དང་བསྟན་བཅོས་ཀྱི་ཤིང་རྟའི་སྲོལ་རྣམས་ཇི་ལྟར་བྱུང་བའི་ཚུལ་གཏམ་དུ་བྱ་བ་ཉི་མོར་བྱེད་པའི་སྣང་བས་དཔྱོད་ལྡན་མཐའ་དག་དགའ་བར་བྱེད་པ། 或叫《因明源流》Dza. 14b4 – 5）① 中说，在赞普墀松德赞时期，寂护大师著有《摄真实性颂》、莲花戒著有《摄真实性颂注疏八千偈》。而且，《因明七论真言注疏》（སྡེ་བདུན་ཕྱི་མའི་རྒྱ་འགྲེལ།）部分内容，益西德等译师已译成为藏文。当时，在拉萨和桑耶等地，已有学习因明学的场所。但是，并未形成长期的固定化的学经制度。

到了后弘期，西藏开创了学习因明学的先河。据《青史》② 记载，玛格洛译有《释量论》和《释量论自疏》等，拉旺洛（ལྷ་དབང་བློ།）译有《释量论释》、释迦洛（ཤཱཀྱ་བློ།）译有《释量论注解》（ཚད་མ་རྣམ་འགྲེལ་འགྲེལ་བཤད།）等经论，这些译经渐渐发展成为学习因明学的教材。从此，在卫藏等地形成了学习因明学的传承，当时琼波扎僧（ཁྱུང་པོ་གྲགས་སེང་།）已写有不少因明方面的论著，因而以上因明经论往往被称为“旧因明”。从译师洛丹喜饶开始翻译的因明经论，往往被

① The complete words of gSer-mDog pan-Chen Sakya-mChog-LDan, Vol. 19, Reprinted, Nagwang Topgyal, 1988, p. 28.

② Kha. 4b1 – 3.《青史》（上），四川民族出版社，1984 年，97 页。

称为“新因明”。释迦秋丹在《因明源流》① 中说，大德（བདག་ཉིད་ཆེན་པོ། 指洛丹喜饶），得到圣人孜德王（ལྷ་མངའ་བདག་རྩེ་ལྡེ།）的资助，他译了《释量论庄严疏》和法圣大师的《定量论》等经论，这些经论成为学习因明的教材，迄今为止已有五百多年的学习因明传承。

三、桑浦的因明学传承

（一）俄译师的因明学译经和因明学论著

在西藏，首创因明教学者是俄译师洛丹喜饶（རྔོག་ལོ་ཙཱ་བ་བློ་ལྡན་ཤེས་རབ། 1059—1109）（以下简称“俄译师”）。俄译师很小就进了叔叔俄列贝喜饶公元 1073 年创建的桑浦寺（གསང་ཕུར་དགོན），在叔叔的指示和安排下他前往印度和克什米尔等地留学，前后用了 17 年的时间，系统地学习了显密、声明学和因明学等经论，成为显赫的佛学大师。公元 1092 年，35 岁时，他回到家乡。之后，他翻译了上亿的佛偈。

亲传弟子卓隆巴（གྲོ་ལུང་པ།）在《洛丹喜饶传》（འཇིག་རྟེན་མིག་གཅིག་བློ་ལྡན་ཤེས་རབ་ཀྱི་རྣམ་ཐར།）② 中说，他（洛丹喜饶）对佛经翻译非常熟练，先后译有一亿三万七千偈，尤其从梵文直译为城市其他语（标准语），当时没有可借鉴的任何历史经验。因此，对佛经翻译和佛法传播方面，他做出了特殊的贡献。其中，因明经论译文方面有：《量理学滴论》（རིགས་ཐིགས།）、《定量论》《释量论正言三品》（རྣམ་འགྲེལ་རྩ་བ་ལེའུ་གསུམ།）、法圣的《定量论大小疏》（ཊཱིཀ་ཆེ་ཆུང་།）、《因明大小二品》

---

① Dza 15a1 – 3. The complete words of gSer-mDog pan-Chen Sakya-mChog-LDan, Vol. 19, p. 29.

② 布达拉白宫德央夏版（པོ་ཏ་ལའི་ཕོ་བྲང་དཀར་པོའི་བདེ་ཡངས་ཤར་གྱི་པར།），11b – 12a; Biography of Blo Ldan Ses rab, by Gro lun pa Blo gros vbyung gnas, ed. by Dram Dul, Wien, 2004, pp. 36-37.

（ཚད་མ་བརྟག་པ་ཆེ་ཆུང་།）、《遣余论》（གཞན་སེལ་བ་སྒྲུབ་པ།）、《观刹那灭论》（སྐད་ཅིག་འཇིག་པ་གྲུབ་པ།）、《释量论庄严》（རྣམ་འགྲེལ་གྱི་རྒྱན།）、《释相互论式》（དེའི་ཊཱི་ཀ་ཡ་མ་རིས་སྦྱར་བ།）、《大婆罗随论释量千颂》（བྲམ་ཟེ་ཆེན་པོའི་རྣམ་འགྲེལ་གྱི་རྗེས་སུ་འབྲངས་པ་སྟོང་པའི་སྟོད།）、《因明中品》（ཚད་མ་བརྟག་པ་བར་མ།）、《观遣余论》（སེལ་བ་གྲུབ་པ།）、《观连论》（འབྲེལ་བ་གྲུབ་པ།）① 等，约有七万两千多卷经论。而且，他非常认真细致地进行校译，后来成为备受信任的因明译典。

据《因明论疏》（ཚད་མའི་གཞུང་འགྲེལ། 或叫《洛丹喜饶传》）② 中记载，《定量论注疏》（ཚད་མ་རྣམ་པར་ངེས་པ་ཊཱི་ཀ）及总义、《定量论疑难总要》（ཚད་མ་རྣམ་ངེས་ཀྱི་དཀའ་གནས་རྣམ་བཤད།）及总义③、《量学理滴疏》（རིགས་ཐིགས་འགྲེལ་པ།）及总义和注解、《释量论庄严注疏》（རྣམ་འགྲེལ་རྒྱན།）及总义、《一卷前半部分的释》（ལེའུ་དང་པོའི་སྟོད་ཚུང་ཟད་ཀྱི་རྣམ་བཤད།）、法圣的《定量论第一卷七行释》（ངག་དང་པོའི་ཚིགས་སུ་བཅད་པ་བདུན་གྱི་བཤད་པ།）、《遣余略论》（སེལ་བ་གྲུབ་པ།）、法圣的《因明小品总义》（ཚད་མ་བརྟག་པ་ཆུང་བའོ་བསྡུས་དོན།）、《观遣余论总义》（སེལ་བ་གྲུབ་པའི་བསྡུས་དོན།）及《初品注》（སྟོད་ཀྱི་བཤད་པ།）、《观刹那灭论总义》（སྐད་ཅིག་འཇིག་པ་གྲུབ་པའི་བསྡུས་དོན།）、婆罗门的《观遣余论总义》（སེལ་བ་གྲུབ་པའི་བསྡུས་དོན།）及《初品总义》（སྟོད་ཀྱི་རྣམ་བཤད།）、《观缘论总义》（འབྲེལ་གྲུབ་པའི་བསྡུས་དོན།）及《初品总义》（སྟོད་ཀྱི་རྣམ་བཤད།）等，翻译了很多因明经

---

① 注明：《量理学滴论》（4212、ce）、《定量论》（4211，ce）、《释量论正言三品》（4211，ce）、法圣的《定量论大小疏》（4229—4231，we）、《因明大小二品》（4248，zhe；4249，zhe）、《遣余论》（4250，zhe）、《观刹那灭论》（4253，zhe）、《释量论庄严》（4223，pe）、《释相互论式》（4226，te）、《大婆罗随论释量千颂初品》（4223，pe）、《因明中品》《观遣余论》（4256，zhe）、《观缘论》（4257，zhe）。

② 拉萨布达拉白宫德央夏版（ལྷ་ས་པོ་ཏ་ལའི་སོ་བྲང་དཀར་པོ་བདེ་ཡངས་ཤར་པར།），b14，Biography of Blo Ldan Ses rab，by Gro lun pa Blo gros vbyung gnas，ed. by Dram Dul，Wien，2004，pp. 48-49.

③ 俄洛丹喜饶著：《定量论疑难总要》，中国藏学出版社，1994 年。

论，后来成为因明学方面的重要教材。

据《噶当宗教源流》（Toh. No. 7038）中记载，当时噶当派学习因明学的弟子中，专学《释量庄严论》和法圣理论的约有55位，专学《定量论》的约有255位。而且，在《洛丹喜饶传》① 中说，贤者西彭桑布（གཞན་ཕན་བཟང་པོ།）、嘎丹嘉布（སྐལ་ལྡན་རྒྱལ་པོ།）和斯那亚拉（སུ་ན་ཡ་ལ།）等刻苦学习，在因明学方面获得很高造诣，从理论到实践已积累了丰富的经验知识。色朵班钦释迦秋丹（གསེར་མདོག་པཎ་ཆེན་ཤཱཀྱ་མཆོག་ལྡན།）在《因明源流》② 中说，大译创立的讲学派系中，西彭桑布讲授《定量论》，而喀切嘎丹嘉措（ཁ་ཆེ་སྐལ་ལྡན་རྒྱ་མཚོ།）讲授《释量庄严论》。之前，没有听说过授课的传承。但据说，嘎丹嘉布既有内道传承，又有外道传承。

在西藏历史上，讲授《因明经正言注疏》（ཚད་མའི་མདོ་རྩ་འགྲེལ།）的传承，先后经历了全盛和衰落的过程，但现依然保留着《因明经正言注疏》言传身教的传承方式，三典教言的传承比较清楚，但没有找到四典讲授的清晰传承。该书中还记载③，在孜德王的资助下，翻译了《释量论庄严疏》和法圣的《定量论》等因明经论内容，这些译经后来发展成为因明学教材，迄今已有五百多年的传承史。

总体来说，早期藏族堪布很少撰写因明论著，但大德（洛丹喜饶）开创了撰写因明论著的先河，在《宗教源流目录》中，已出现了《定量论疑疏》等因明论著。而且，它采用了注释形式的《释量

① 拉萨布达拉白宫德央夏版（ལྷ་ས་པོ་ཏ་ལའི་ཕོ་བྲང་དཀར་པོ་བདེ་ཡངས་ཤར་པར།），8a，Biography of Blo Ldan Ses rab，by Gro lun pa Blo gros vbyung gnas，ed. by Dram Dul，Wien，2004，pp. 23.

② Dza 7a7 – b2；The complete words of gSer-mDog pan-Chen Sakya-mChog-LDan，Vol. 19，Reprinted，Nagwang Topgyal，1988，pp. 13-14.

③ Dza 15a1 – 4；The complete words of gSer-mDog pan-Chen Sakya-mChog-LDan，Vol. 19，p. 26.

论庄严疏》风格。在经部派和唯识派时代，各派都认同《中观疏》（དབུ་མར་བཀྲལ་བ།）和《定量论》，但在四果分别时被视为高于唯识派。

（二）俄译师传和桑浦历史

据《青史》① 中记载，藏历土马年（958 年），大译师仁钦桑波诞生，藏历木羊年（1055 年）圆寂，享年 98 岁。藏历铁猪年（1011 年），大译师仁钦桑波 54 岁时，那措译师诞生。藏历土猪年（1059 年），那措译师 44 岁时，俄译师洛丹喜饶诞生。藏历火龙年（1076 年），俄译师 18 岁时，孜德王②举行了隆重的法会③。期间，达布旺嘉（དྭགས་པོ་དབང་རྒྱལ།）、热译师（ར་ལོ་ཙཱ་བ།）、年译师（གཉན་ལོ་ཙཱ་བ།）④、琼波曲赞（ཁྱུང་པོ་ཆོས་བརྩོན།）⑤、玛特德巴喜饶（མར་ཐུར་དད་པ་ཤེས་རབ།）⑥、

---

① 《青史》（上），四川民族出版社，1984 年，421 页，（Cha 1a2 －2b2，New Delhi，1974）.

② 据《青史》（藏）记载：孜德王时期，举行了火龙年法会。当时，卫藏康等地的三藏法师（སྡེ་སྣོད་འཛིན་པ།）聚集在一起。期间，举行了各类法会仪式，而且桑嘎译师（ཟངས་དཀར་ལོ་ཙཱ་བ།）翻译了《因明庄严论》（ཚད་མ་རྒྱན།）。在娘堆巴朗（མྱང་སྟོད་པ་སྣམ།）地方举行了法会。《青史》，成都：四川民族出版社，1984 年，98 页，I 1 －4. Kha 4b －5.

③ 巴囊县的吉吾［སྐྱི་འོག 今达热（ཏ་ར།）附近地方］，叫琼波曲赞的参加了孜德王举行的卫藏康三藏法师主持的法会。载于觉囊达热那它的《娘域上中下历史——智者入门》（མྱང་ཡུལ་སྟོད་སྨད་བར་གསུམ་གྱི་ངོ་མཚར་གཏམ་གྱི་ལེགས་བཤད་མཁས་པའི་འཇུག་ངོགས།），西藏人民出版社，1983 年，128—129 页。

④ 在巴囊雪波（ཞོལ་པོ།）有普纳郭扎巴索南坚赞（ཕུ་ན་ཀོ་བྲག་པ་བསོད་ནམས་རྒྱལ་མཚན།）的功德修行洞，是嘉沃旺秋多杰（རྒྱལ་བའི་དབང་པོ་དབང་ཕྱུག་རྡོ་རྗེ།）开光修行洞的，下面苯郭（བོན་གོང་།）沟里有年译师据点年修行洞。载于觉囊达热那它的《娘域上中下历史——智者入门》，西藏人民出版社，1983 年，123 页。

⑤ 琼波曲赞译了《定量论大疏》（ཚད་མ་རྣམ་ངེས་འགྲེལ་བཤད།），D No. 4228，Tshe.

⑥ 玛特德巴喜饶译了《集量论自注》（ཚད་མ་ཀུན་བཏུས་རང་འགྲེལ།），在德格印经院。

孟沃强秋喜饶（མང་འོར་བྱང་ཆུབ་ཤེས་རབ།）、赞卡吾切（བཙན་ཁ་བོ་ཆེ།）① 等，聚在一起②。

俄译师到克什米尔留学，用了 17 年的时间学习佛法。藏历水猴年（1092 年），35 岁时，他回到西藏，并做了很多善事。藏历土牛年（1109 年）圆寂，享年 51 岁。藏历铁虎年（1110 年），卓贡帕莫竹巴（འགྲོ་མགོན་ཕག་མོ་གྲུབ་པ།）诞生。俄译师圆寂后，雄次邦哇曲吉喇嘛（ཞང་ཚེས་སྤོང་བ་ཆོས་ཀྱི་བླ་མ།）住持了 32 年。之后，年哇日龙（གཉལ་བ་རི་ལུང་།）住持了 2 年，朗巴（རྣམ་པ།）住持了 8 年，恰巴曲吉森格（ཕྱ་པ་ཆོས་ཀྱི་སེང་གེ）住持了 18 年。藏历土牛年（1169 年），恰巴曲吉森格圆寂。在 17 年后，玛恰强赞（རྨ་བྱ་བྱང་བརྩོན། ？—1185）圆寂。恰巴之后，孜旺秋森格（རྩེགས་དབང་ཕྱུག་སེང་གེ）住持了 5 年，藏巴绛森（གཙང་པ་འཇམ་སེང་།）住持了 13 年，年巴特巴桑波（གཉལ་པ་དད་པ་བཟང་པོ།）住持了 7 年，藏赞乃（ཛམ་ཙན་ནེ།）住持了 7 年，桑波达玛韦（བཟང་པོ་དར་མ་འོད།）和桑波顿珠（བཟང་པོ་དོན་གྲུབ།）住持了 30 年，洛班觉囊（སློབ་དཔོན་ཇོ་ནམ།）住持了 15 年，茹（རོག）住持了 6 个月，韦色贡波（འོད་ཟེར་མགོན་པོ།）住持了 35 年，前后经历了 159 年。但是，有些前后出现重任现象，比如说赞巴绛森有引领和不引领两种说法，因而赞巴绛森要减去 3 年时间。

藏历火虎年开始，绛央夏迦雄努（འཇམ་དབྱངས་ཤཱཀྱ་གཞོན་ནུ།）住持了 27 年，嘉玛巴扎西坚赞（རྒྱ་མ་པ་བཀྲ་ཤིས་རྒྱལ་མཚན།）住持了 8 年，秋列朗杰（ཕྱོགས་ལས་རྣམ་རྒྱལ།）住持了 8 年，雅卓巴雄杰（ཡར་འབྲོག་པ་གཞོན་རྒྱལ།）住持了 1 个月，嘉德哇雄森（རྒྱལ་སྡེ་བ་གཞོན་སེང་།）住持了 8 年，藏嘎

① 在赞布历史中说，据说《究竟一乘宝性论》（ཐེག་པ་ཆེན་པོ་རྒྱུད་བླ་མ།）和《辨法法性论》（ཆོས་ཆོས་ཉིད་རྣམ་པར་འབྱེད་པ།）两部经典没有告诉其他班智达，有次杰麦哲ང看到佛塔腰身发光，在此发现了这两部经典。载于《青史》，（藏），四川民族出版社，1984 年，422 页，I，p. 422，I. 5；Cha 9b4 –5，New Delhi。

② 《青史》（藏），四川民族出版社，1984 年，399 页。

（གཙང་དཀར།）住持了 3 年，洛珠森格（བློ་གྲོས་སེང་གེ）住持了 17 年，达旺（དར་དབང་།）住持了 7 年，喇嘛益西（བླ་མ་ཡེ་ཤེས།）住持了 10 年，喜饶坚赞（ཤེས་རབ་རྒྱལ་མཚན།）住持了 3 年，雄努洛丹（གཞོན་ནུ་བློ་ལྡན།）住持了 6 年，洛珠丹巴（བློ་གྲོས་བརྟན་པ།）住持了 3 年，次玛俄布（ཚད་མ་སྔོན་པོ།）住持了 5 年，索南佩（བསོད་ནམས་འཕེལ།）住持了 19 年，森格（སེང་གེ）住持了 8 年，桑丹桑波（བསམ་གཏན་བཟང་པོ།）住持了 7 年，桑杰坚赞（སངས་རྒྱས་རྒྱལ་མཚན།）住持了 10 年，赞珠森格（བརྩོན་འགྲུས་སེང་གེ）住持了 6 年，云丹嘉措（ཡོན་ཏན་རྒྱ་མཚོ།）住持了 5 年，桑曲巴（སང་ཆོས་པ།）住持了 14 年。之后，喜饶巴丹（ཤེས་རབ་དཔལ་ལྡན།）住持。

桑浦林堆（གླིང་སྟོད།）的法嗣传承，嘉贝森格（འཇམ་དཔལ་སེང་གེ）以前上下共同住持，雄丹刹莫（ཞུ་སྟོན་རྟལ་མོ།）住持了 5 年，洛珠贝（བློ་གྲོས་འབར།）住持了 5 年，年西（གཉལ་ཞིག）住持了 8 年，嘉钦日威（རྒྱ་འཆིང་རུ་བ།）住持了18 年，曲麦（ཆུ་མིག）住持了18 年，丹玛札仁（ལྡན་མ་གྲགས་རིན།）住持了 18 年，洛札巴（ལྷོ་བྲག་པ།）住持了 22 年，索恩（སོག་དགོན།）住持了 7 年，赞贡巴（བཙན་དགོན་པ།）住持了 20 年，拉章巴曲巴坚参（བླ་བྲང་པ་ཆོས་དཔལ་རྒྱལ་མཚན།）住持了 6 年，雄仁（གཞོན་རིན།）住持了 12 年，拉丹西布（ལྷ་སྟོན་ཞིག་པོ།）住持了 17 年，云泽哇（ཡང་རྫེ་བ།）住持了 5 年，拉域哇（ལྷ་ཡུལ་བ།）住持了 13 年，苯丹西桑（བོན་སྟོན་ཤེར་བཟང་།）住持了 7 年，仁钦扎巴（རིན་ཆེན་གྲགས་པ།）住持了 7 年，云丹嘉措（ཡོན་ཏན་རྒྱ་མཚོ།）住持了 14 年，贡却次成（དཀོན་མཆོག་ཚུལ་ཁྲིམས།）住持了 7 年，仁钦朗杰（རིན་ཆེན་རྣམ་རྒྱལ།）住持了 22 年，卫钦巴（འོད་ཆེན་པ།）住持了 6 年，扎巴贝（གྲགས་པ་དཔལ།）住持了 6 年，贡却嘉措（དཀོན་མཆོག་རྒྱ་མཚོ།）住持了 17 年，木雅仁钦桑波（མི་ཉག་རིན་ཆེན་བཟང་པོ།）住持了 7 个月，巴丹森格（དཔལ་ལྡན་སེང་གེ）住持了 11 年，贡嘎旺秋（ཀུན་དགའ་དབང་ཕྱུག）住持了 13 年。之后，仁钦强秋（རིན་ཆེན་བྱང་ཆུབ།）住持。从俄译师诞生，直到藏历火猴年，先后经历了约

418 年。

班钦释迦秋丹在《略论俄译师如何发展佛法》[①] 中说，阿底峡尊者圆寂后的 6 年，藏历土猪年（1059 年）俄译师诞生。当年，俄洛丹喜饶创建了桑浦内邬托寺（གསང་ཕུ་ནེའུ་ཐོག་དགོན།）。之后，15 年后，藏历水牛年（1073 年）创建了吉祥萨迦寺。公元 1076 年，俄译师 18 岁时拜见到了叔叔，在叔叔跟前受了弥沙戒，而且当年前往印度留学。

在印度东西各地，他拜师学法，在大班智达果美切麦（པཎྜི་ཏ་ཆེན་པོ་གོ་མི་འཆི་མེད།）、雄拉彭巴桑波（གཞན་ལ་ཕན་པའི་བཟང་པོ།）、婆罗门仁钦多杰（བྲམ་ཟེ་རིན་ཆེན་རྡོ་རྗེ།）等跟前，系统地学习了《现观庄严论明释》《因明七论》《庄严经》（བྱམས་པའི་ཆོས།）等内容。在克什米尔（ཁ་ཆེ།），他在嘎丹嘉布（སྐལ་ལྡན་རྒྱལ་པོ།）跟前，系统地学习了《因明庄严论》（D No. 4221，Te）。而且，把觉吾绷朝松巴（ཇོ་བོ་འབུམ་ཕྲག་གསུམ་པ།）请到西藏。

（三）俄译师弟子的功绩

据《青史》[②] 中记载，俄译师优秀大弟子切哇哲钦布喜饶贝（འབྲེ་ཆེན་པོ་ཤེས་རབ་འབར།），以吉乃宁（སྐྱོགས་གནས་རྙིང་།）[③] 为主，在其他寺院讲经说法，他主要讲授《般若经》和其他经论。据说，在他讲经

---

① 《略论俄译师如何发展佛法》（རྔོག་ལོ་ཙྪ་བ་ཆེན་པོས་བསྟན་པ་ཇི་ལྟར་བསྐྱངས་པའི་ཚུལ་མདོ་ཙམ་དུ་བྱ་བ་ངོ་མཚར་གཏམ་གྱི་རོལ་མོ།），Ma 2a5 – b3；The complete words of gSer-mDog pan-Chen Sakya-mChog-IDan，Vol. 16，Reprinted，Nagwang Topgyal，1988，pp. 445-446.

② 《青史》，“俄译师传承及其他（རྔོག་ལོ་ཙྪ་བ་བརྒྱུད་པ་དང་བཅས།）”四川民族出版社，1983 年，403 页，Cha 2b2 – 3a3，NeW Delhi

③ 在江孜附近娘堆乃宁寺（ཉང་སྟོད་གནས་རྙིང་དགོན།），贾曹杰和色拉杰尊巴（སེ་ར་རྗེ་བཙུན་པ།）的本寺。

时，诸神仙下凡听闻他讲的经①。但是，他讲的《般若经》传承，在前弘时期传播到康区。当时，他虽说有很多弟子，但讲经传承传给了阿强秋益西（ཨར་བྱང་ཆུབ་ཡེ་ཤེས།），他在囊泽德（གནམ་རྩེ་ལྡེང་།）② 等寺院讲经，一直坚持到了高龄。后来，他住持在西德乃地方的嘉拉康寺（རྒྱལ་ལྷ་ཁང་།）③ 很长时间，有《般若经论》（ཕ་རོལ་ཏུ་ཕྱིན་པའི་མདོ་བསྟན་བཅོས་ཀྱི་རྣམ་པར་བཤད་པ།）等不少论著④。

在藏区，学习般若理论基本依据于哲（哲钦布喜饶贝）和阿（阿强秋益西）的讲授传承，克西赞（ཁུ་ཤེར་བརྩོན།）在哲钦布喜饶贝跟前学法，著有《现观庄严论明义释》（མངོན་རྟོགས་རྒྱན་འགྲེལ་པ།）和《大中小注疏》（རྒྱས་འབྲིང་བསྡུས་ཀྱི་འགྲེལ་པ།），主要持阿强秋益西的观点。噶琼

---

① 哲钦布喜饶贝著的《八千颂摄义论》（བརྒྱད་སྟོང་དོན་བསྡུས་མདུག་བྱང་།）中：俄译师比丘洛丹喜饶以众生利益为主。比丘喜饶贝追随觉吾彭巴（ཇོ་བོ་འབུམ།）和俄译师听闻了很多经论。而且，比丘喜饶贝对经义透彻理解后，再次询问究竟意义。到高龄时，他在俄译师跟前虽说仍听闻《般若经》，其实，它的传承就是康区邓科喇嘛赛赞雄努旺秋（བླ་མ་སེ་བཙན་གཞོན་ནུ་དབང་ཕྱུག）跟前听闻的传脉 。载于百慈藏文古籍研究室整理的《噶当文集》（བཀའ་གདམས་གསུང་འབུམ་ཕྱོགས་བསྒྲིགས།），四川民族出版社，2006年，22页。

② 拉萨附近堆龙沟（སྟོད་ལུང་ཐུར།），噶当格西阿强秋益西在公元13世创建的，宗喀巴大师时期得到很好的发展。据《宗喀巴尊者传》中说，之后，师徒俩携手到该寺，宝贝译师嘉却贝（རིན་པོ་ཆེ་ལོ་ཙཱ་བ་སྐྱབས་མཆོག་དཔལ།）早已到达，三位杰贤在囊泽德寺阿钦布强秋益西大殿聚集。地方首领云丹嘉措（དཔོན་ཡོན་ཏན་རྒྱ་མཚོ།）产生虔诚信仰并提供了丰富供养，当时还邀请约六百多位三藏法师举行了夏季安居仪式。Toh. No. 5259，Ka 40a4 – 6.

③ 汉式佛塑佛堂的缩写名称，建在彭波林周县措堆村（འཕན་པོ་ལྷུན་གྲུབ་རྫོང་གི་མཚོ་སྟོད་གྲོང་།）附近。公元1012年，从多麦佛法复兴者鲁米四大弟子中，雄囊南多杰旺秋（ཞང་སྣ་ནམ་རྡོ་རྗེ་དབང་ཕྱུག）创建的。同时，在《青史》中记载："囊南多杰旺秋，藏历火鸡年，诞生在娘嘎莫地方（ཉམས་དཀའ་མོ།），父亲叫囊南觉色（སྣ་ནམ་ཇོ་སྲས།），母亲叫雄江卓玛（ཞང་ལྕམ་སྒྲོལ་མ།）。"《青史》，四川民族出版社，1983年，117页。II. 8 – 15；Kha 11b7 – 12a2.

④ 阿强秋益西著的《心经大疏》（ཤེར་སྙིང་རྒྱ་ཆེར་འགྲེལ།）、《经集注疏》（མདོ་སྡུད་པའི་རྣམ་བཤད།）、《现观庄严论注疏》（མངོན་རྟོགས་རྒྱན་གྱི་འགྲེལ་པ་རྣམ་འབྱེད།）等都已出版。但阿强秋益西巡回讲经，百慈藏文古籍研究室整理，中国藏学出版社，2006年。

仁莫（སྐར་ཆུང་རིང་མོ། 或雄努次成）在阿强秋益西跟前学法，著有《现观庄严小疏》（མངོན་རྟོགས་རྒྱན་འགྲེལ་ཆུང་།）和《经集》（སྡུད་པ།）等很多论著。

克西赞和噶琼仁莫共同的弟子是雄耶哇麦朗次成（ཞང་གཡེ་པ་སྨོན་ལམ་ཚུལ་ཁྲིམས།），他在聂塘等地创立了很多经学场，当时显出了一番繁荣景象。同时，他对《现观庄严论明义释》（འགྲེལ་པ་དོན་གསལ།）和《正量论》作了详注，而且为众生做了很多善事，积了很多功德。他的弟子旺秋嘉布（དབང་ཕྱུག་རྒྱལ་པོ།）在哲浦沟（ཁྲིབ་ཀྱི་ཕུར།）组建僧团，对《般若》作了详注。雄耶哇的弟子是聂巴西布（གཉལ་པ་ཞིག་པོ།），他的弟子是甲青日瓦（རྒྱ་འཆིང་རུ་བ།）①，他的弟子是曲弥巴森格（ཆུ་མིག་པ་སེང་གེ），他的弟子是洛札巴（ལྷོ་བྲག་པ།），他的弟子是次玛吉吾（ཚད་མའི་སྐྱེས་བུ།），他的弟子是布顿仁波切（བུ་སྟོན་རིན་པོ་ཆེ།），他的弟子是堪钦达玛西日（མཁན་ཆེན་དྷརྨ་ཤྲཱི།），他的弟子是日仓巴索南森格（རུ་མཚམས་པ་བསོད་ནམས་སེང་གེ），一直传到波密云丹森格（སྤོ་བོ་ཡོན་ཏན་སེང་གེ）。据云丹森格的说法，上师卓隆巴释迦旺秋（གྲོ་ལུང་པ་ཤཱཀྱ་དབང་ཕྱུག）先后讲解了26次《现观庄严论明义释》，其讲解效果非常好，自己很认真地听闻了所有的讲解②。

俄译师最重要的心传弟子是卓隆巴罗珠迥乃（བློ་གྲོས་འབྱུང་གནས།），他把俄译师所有的文集给予了很好的保护。而且，他在密宗和因明方面作了注，在《噶当道次第》（བཀའ་བདམས་ལམ་རིམ།）和《当噶经序》（བཀའ་བདམས་བསྟན་རིམ།）作了注，尤其俄译师的《现观庄严小疏》作了总论。他（卓隆巴）的前半生很贫困，乃吾色巴③弟子贡巴拉杰（གུང་པ་ལྷ་རྗེ།）

① 公元1205年，甲青日瓦在聂塘创建了德哇坚寺（བདེ་བ་ཅན།），后来被称为热堆寺（ར་སྟོད།）。

② 《青史》，四川民族出版社，1983年，403页，（Cha 3a3－7）。

③ 格西乃吾色巴益西巴（དགེ་བཤེས་སྣེའུ་ཟུར་པ་ཡེ་ཤེས་འབར། 1042—1118）创建了乃吾色寺（སྣེའུ་ཟུར་དགོན།），并住在该寺里，后名字被说成为乃吾色巴。

向他传授了夜叉秘法（གནོད་སྦྱིན་རྒྱུགས་འཛིན་གྱི་མན་ངག），致使他变得很富裕，并修建了规模较大的佛殿。晚年，他在洛班恰巴跟前认真听闻了恰巴讲授的所有课，并对《现观庄严小疏》作了大注。之后，仲巴（འབྲང་པ།）及仲巴追随者，与哲和阿学派分道扬镳。纵观所述，俄译师的心传弟子卓隆巴洛珠迥乃在因明方面成为大学者，在阿克喜饶嘉措（1803—1875）编著的《古稀文集目录》（དཔེ་རྒྱུན་དཀོན་པའི་ཐོ་ཡིག NeW Delhi. 1963）中，收录了卓隆巴的《正量论注疏》（ཚམ་ངེས་ཊཱིཀ），其证明了该经论的重要性。

（四）俄译师心传四大弟子的传承

班钦释迦秋丹在《略论俄译师如何发展佛法》① 中说，俄译师有四位心传弟子，其中象征身的寺院法嗣传承者雄次邦哇曲吉喇嘛（ཞང་ཚེ་སྤོང་བ་ཆོས་ཀྱི་བླ་མ།），象征语的佛法圆满传承者卓隆巴洛珠迥乃，般若讲解传承者哲钦布喜饶贝，中观和因明讲解传承者琼仁钦扎（ཁྱུང་རིན་ཆེན་གྲགས།）等。

最初，雄次邦哇曲吉喇嘛住持桑浦内邬托32年，年哇日龙住持了2年，朗帕巴住持了8年，恰巴曲吉森格住持了② 18年。恰巴是藏历土牛年（1109年）诞生的，当年正好是俄译师圆寂年，他是藏历土牛年（1169年）圆寂的。他在琼仁钦扎③的弟子甲玛哇绛曲扎（རྒྱ་དམར་བ་བྱང་ཆུབ་གྲགས།）④ 跟前，认真学习了中观和因明。在卓隆巴跟前，系统学习

① Ma 4b2; The complete words of gSer-mDog pan-Chen Sakya-mChog-LDan, Vol. 16, p. 450.

② 恰（ཕྱ）在达孜县拉莫地方（སྟག་རྩེ་རྫོང་གི་ལ་མོ་ས་ཁུལ།），因他诞生在该地，所以被称为“恰”。

③ 俄译师的亲传弟子是琼仁钦扎。

④ 他只攻因明学，后整理了《噶当文集》，百慈藏文古籍研究室整理，四川民族出版社，2007年。

了《般若经》和《现观庄严论》。在甲德哇（བྱ་འདུལ་བ།）① 跟前受了弥沙戒，并听闻了《戒律经》。

当时，涌现出了值得推崇的五百多位高僧，最优秀的有三瑜伽师（སྒྲུབ་ཐོབ་མི་གསུམ།）、四觉色（ཇོ་སྲས་མི་བཞི།）、三智者（ཤེས་རབ་ཅན་མི་གསུམ།）、八狮子（སེང་ཆེན་བརྒྱད།）等。其中，三瑜伽师分别为：杰都松钦巴（རྗེ་དུས་གསུམ་མཁྱེན་པ།）（一世噶玛巴，1110—1193）、帕莫竹巴（ཕག་གྲུ་རྡོ་རྗེ་རྒྱལ་པོ། 帕竹噶举创立者帕莫多杰嘉布，1110—1170）、萨朵雪岗（གསལ་སྟོ་ཤོ་སྒམ།），但有些认为雄擦巴（ཞང་འཚལ་པ།）。三觉色分别为：萨迦觉色索南孜莫（萨钦贡噶宁布的儿子索南孜莫，1142—1182），纽觉色巴列（གཉོས་ཇོ་སྲས་དཔལ་ལེ།）②、克觉色乃祖（ཁུ་ཇོ་སྲས་ནེ་ཙོ།）、俄觉色热莫（རོག་ཇོ་སྲས་ར་མོ།）。三智者分别为：工布角琼（ཀོང་པོ་འཇམ་ཆུང་།）、洛巴古森（ལྷོ་པ་སྒོམ་གཟན།）、巴普哇洛珠森格（བར་བུ་བ་བློ་གྲོས་སེང་གེ），但有些把古森称其为洛巴塘切钦巴（ལྷོ་པ་ཐམས་ཅད་མཁྱེན་པ།），或称其为洛巴塔热俄（ལྷོ་པ་ཏྲ་ར་སེང་གེ）。八狮子分别为：恰巴后住持桑浦寺 5 年的孜旺秋森格（བརྩེགས་དབང་ཕྱུག་སེང་གེ）、藏那巴赞珠森格（གཙང་ནག་པ་བརྩོན་འགྲུས་སེང་གེ）、玛恰泽巴森格（རྨ་བྱ་རྩོད་པའི་སེང་གེ）、哲夏哇索南森格（ཟྲུ་ཤ་བ་བསོད་ནམས་སེང་གེ）、娘哲巴曲吉森格（མྱང་བྲན་པ་ཆོས་ཀྱི་སེང་གེ）、丹保巴玛吾森格（དན་བག་པ་སྨྲ་བའི་སེང་གེ）、丹玛贡却森格（ལྡན་མ་དཀོན་མཆོག་སེང་གེ）、迥德哇雄努森格（རྒྱང་དུར་བ་གཞོན་ནུ་སེང་གེ），但有些把吾宇巴索南森格（ཨུ་ཡུག་པ་བསོད་ནམས་སེང་གེ）说成为八狮子之一，但他的年限有异。其实，他（吾宇巴索南森格）对恰

---

① 玛措（རྨ་མཚོ།）弟子甲德增（བྱ་འདུལ་འཛིན། 1091—1166），藏历铁羊年诞生在藏绒地方（གཙང་རོང་གཡུང་།），在哲钦布跟前出家为僧，取法名为赞珠贝（བརྩོན་འགྲུས་འབར།），他培养了对众生有益的 67 位弟子。而且，自己做了有利于众生的善事。在 76 岁时，他圆寂在瑟浦寝室（ཟུལ་ཕུའི་གཟིམས་ཁང་།）。主要著作有：《甲德增赞珠贝传》《戒法光明上下注疏》（འདུལ་བ་འོད་ལྡན་གྱི་སྟོད་སྨད་ཀྱི་ཊཱི་ཀ D. NO，4125. SU），注疏、载于《噶当文集》，百慈藏文古籍研究室整理，四川民族出版社，2007 年。

② Ma 5a1：The complete words of gSer-mDog pan-Chen Sakya-mChog-LDan，Vol. 16，p. 451.

巴理论作了44次总析，并设立了《因明集》（ཚད་བསྡུས།）和《中观集》（དབུ་བསྡུས།）的讲坛，从此出现了较细致的《名相概论》（མཚན་སྦྱོར་གྱི་རྣམ་གཞག་རྒྱས་པ།）。从总体框架来讲，教派虽符合俄译师的观点，但当时另外出现了很多驳文。

当时，在西藏很盛行印度大师月称（ཟླ་གྲགས།）学派，但虽出现了八大驳文，如出现了“口不离自性空”的说法。而且，藏那巴等被视为藏区空性观方面的正统中观派。当时，擦译师（ཚབ་ལོ་ཙཱ་བ།）① 正在讲授因明课，玛恰和藏那巴都是他的弟子。卓隆巴对俄译师的观点没有作出任何反驳，但写有涉及不同经义的108章。在事业方面，他的前半生没有取得好的成绩。但在晚年，他培养了优秀弟子恰巴。在孜旺秋森格后，年巴德巴桑波（མཉལ་པ་དད་པ་བཟང་པོ།）住持桑浦7年时间，他的弟子桑仁（བཟང་རིང་།）等对般若和因明作了注。其实，他培养出了非常出色的九位弟子，被尊称为“布古（九子བུ་དགུ）”。后来，他又培养出了觉吾南喀（ཇོ་བོ་ནམ་མཁའ།）② 等为主的，继承各自传承的九位女弟子，被尊称为“布莫古（九女子བུ་མོ་དགུ）”。

桑仁又叫达玛次成（དར་མ་ཚུལ་ཁྲིམས།），他在楚布寺（ཁྲོ་ཕུར་དགོན།）③ 创立了般若和因明的经学场，后来涌现出了次玛吉吾（ཚད་མའི་སྐྱེས་བུ།）和布顿塘切钦巴（བུ་སྟོན་ཐམས་ཅད་མཁྱེན་པ།）等著名弟子。涅西（གཉལ་ཞིག）九弟子中甲丹琼热（རྒྱ་སྟོན་བྱིང་རུ་བ།），住持桑浦上院18年，并创立了聂塘德哇坚④经学场（སྙེ་ཐང་བདེ་བ་ཅན་གྱི་ཆོས་གྲྭ）。后来，聂扎巴（གཉལ་གྲགས་

① 诞生在彭域擦堆村（འཕན་ཡུལ་ཚབ་སྟོད།），因而也起了该名字，他译了上师月称的《入中论》等经典。

② Ma 5b1: The complete words of gSer-mDog pan-Chen Sakya-mChog-LDan, Vol. 16, p. 452.

③ 帕莫竹巴的弟子嘉操仁钦贡（རྒྱལ་ཚ་རིན་ཆེན་མགོན།），1171年，在藏堆布朵艾（གཙང་སྟོད་པོ་དོང་ཨེ།）附近创建了楚布寺，并在此发展出新学派叫楚布噶举（ཁྲོ་ཕུར་བཀའ་བརྒྱུད།）。

④ 1205年创建的，也就是现在的年塘热堆寺（སྙེ་ཐང་ར་སྟོད་དགོན།）。

པ།）住持该寺，仁波切罗桑巴（རིན་པོ་ཆེ་བློ་བཟང་པ།）在聂塘德哇坚寺和察曲廓林寺（འཚལ་ཆོས་འཁོར་གླིང་།）学法①，再后来该寺改为萨迦派。

在涅西九名女弟子中，觉南拉的弟子是嘉央韦色贡布（འཇམ་དབྱངས་འོད་ཟེར་མགོན་པོ།），他在桑浦下院住持了35年，他有两位著名弟子，分别为嘉央释迦雄努（འཇམ་དབྱངས་ཤཱཀྱ་གཞོན་ནུ།）和卡绕巴绛曲雄努（ཁ་རག་པ་བྱང་ཆུབ་གཞོན་ནུ།）。其中，嘉央释迦雄努住持桑浦下院27年，而且创立了察曲廓林经学院。后来，觉南秋来朗嘉（ཇོ་ནང་ཕྱོགས་ལས་རྣམ་རྒྱལ།）在察曲廓林经学院学法②，他的主要弟子有桑浦洛珠聪美（གསང་ཕུ་བ་བློ་གྲོས་མཚུངས་མེད།）、雅德班钦（གཡག་སྡེ་པཎ་ཆེན།）③和噶西贡吉（ཀ་བཞི་ཀང་གཅིག）等。其中，桑浦洛珠聪美是噶玛巴让迥多杰的上师④。但雅德班钦卸任桑浦下院上师后，他创建了艾旺寺（ཨེ་ཝཾ་དགོན།）。热岗创建了噶西寺（ཀ་བཞི་དགོན།）。涅西之后，藏巴嘉贝森格（གཙང་པ་འཇམ་དཔལ་སེང་གེ）和杂杂乃（ཛ་ཛ་ནེ།）分别住持桑浦上院和下院，从此桑浦传承出现了桑浦上院法嗣传承和桑浦下院法嗣传承。

杂杂乃住持桑浦下院7年，雄巴叔侄吾南喀（གཞུ་པ་ཁུ་དབོན།）住持了30年，涅西弟子觉那（ཇོ་ནམ།）住持了15年，他的弟子韦色贡布（འོད་ཟེར་མགོན་པོ།）住持了35年，他的弟子夏嘎西（ཤཱཀྱ་གཞོན།）在桑浦下院开设了师徒论坛⑤，卡绕巴新开设了师徒论坛。从此，桑浦形成了旧论坛派和新论坛派。嘉贝森格住持桑浦上院后，谢丹沙莫（ཞུ་སྟོན་རྟལ་མོ།）和洛珠贝继任，各自住持桑浦上院5年，涅西弟子甲丹琼热住持了18年。但是，涅西弟子娘洛嘉色切弥巴（ཉིང་སློབ་རྒྱལ་སྲས་ཆུ་མིག་པ།）虽没有

---

① 1175年，雄赞扎（ཤངས་བཙན་གྲགས།）创建的。

② 1306年诞生，1386年圆寂，宗喀巴跟他学习了《时轮经དུས་འཁོར།》。

③ 1299年诞生在雅德吉玛地方（གཡག་བདེ་སྨྲིད་མ།），1378年圆寂。

④ 1284年，三世噶玛巴让迥多杰诞生在芒域贡塘（མང་ཡུལ་གུང་ཐང་།），1337年圆寂。

⑤ Ma 6a1：The complete words of gSer-mDog pan-Chen Sakya-mChog-LDan, Vol. 16, p. 453.

住持桑浦，但在桑浦上院以卸任讲师①身份，讲经说法了很长时间。他著有《般若》和《因明》注疏和概论，而且在弘扬佛法方面，他取得了很好的成绩。

在涅西时代，萨迦班智达觉色（ས་སྐྱ་པཎྜི་ཏ་ཇོ་སྲས། 1182—1251）已成青年，他到桑浦讲授《正量论》。讲课结束后，把他称之为非常称职的喇嘛（上师），被视为很难求教的喇嘛（上师）。他没有跟涅西学法，但在娘堆孜旺秋森格和迥德哇雄努森格②跟前听闻了《中观》和《因明》概论。在曲敏巴住持桑浦③时代，萨迦八思巴（1235—1280）到桑浦，他主要讲授了发菩提心，并举行了隆重的供品仪式。在杰索南孜莫36岁时，藏历土牛年恰巴圆寂。之后，在恰巴法座上塑了万佛像，杰索南孜莫（即萨迦索南孜莫）制了金顶。而且，杰索南孜莫亲自绘画了一幅恰巴等身像，画底写有辨别实法与反法的颂词。

恰巴弟子是哲夏索南森格（འབྲུ་ཤ་བསོད་ནམས་སེང་གེ），他在那塘开设了《正量论》讲坛，该讲坛的讲授传承来自于楚布寺，实际上就是涅西的讲授传承。但是，在夏鲁设立的《般若》和《正量论》的讲坛传承，既属楚布④的传承又属涅西的传承。之后，桑浦等地开始出现了讲授《释量论》，但它不属于俄译师传来的讲授传承，应该说来自于萨迦诺桑（ས་སྐྱར་ནོར་བཟང་།）和聂恩（ཉ་དབོན།）⑤ 传来的讲授传承。

俄译师的亲传弟子哲钦布喜饶贝，他在博朵西尼钦布（བཤེས་གཉེན་ཆེན་པོ།）跟前听闻了《俱舍论》，在俄译师跟前听闻了《般若》。但是，

---

① 色曲巴（ཟུར་ཆོས་པ། 卸任讲法者），虽不担任法嗣位，但另授课。

② 桑浦寺的住持者。

③ 曲敏巴森格贝（ཆུ་མིག་པ་སེང་གེ་དཔལ།），《因明七论》内容汇集成册。载于《噶当宗教源流》，百慈藏文古籍研究室整理，四川民族出版社，2007年。

④ Ma 6b1：The complete words of gSer-mDog pan-Chen Sakya-mChog-LDan，Vol. 16，p. 454

⑤ 杰仁达瓦的上师（རྗེ་རེད་མདའ་བ།）年恩贡噶贝（ཉ་དབོན་ཀུན་དགའ་དཔལ།），1345年出生，1439年圆寂。

他以俄译师助教身份开设了新的讲坛。而且，他在乃宁（གནས་རྙིང་།）创办了规模很大的经学院，著有《般若波罗蜜多经大中小》（ཡུམ་རྒྱས་འབྲིང་བསྡུས།）和《般若二万颂》（ཉི་ཁྲི་སྣང་བ།）①，对《八千颂》② 作了注，他的弟子是③阿强秋益西（ཨར་བྱང་ཆུབ་ཡེ་ཤེས།）。

最初，阿强秋益西讲授《般若》概论，他在南孜德（གནམ་རྩེ་ལྡེང་།）和西贡嘎热哇（གཞུ་ཀུན་དགའ་ར་བ།）等寺，多次讲授《般若经》，后来渐渐发展成为讲授《般若》的标准教材，当时出现了所谓的“懂热晋”（སྟོད་ར་ཅན།），甚至贤者郭赞（མཁས་པ་མགོ་བཙུན།）尊称他为“导师阿”，他的弟子是雄努次成、他的弟子是嘉贝雄努绛秋，他在博朵④开设了《般若》讲坛，该讲坛的讲授属于阿强秋益西的传承，他的是弟子绛秋蚌（བྱང་ཆུབ་འབུམ།），他的是弟子涅西。

甲德增在哲钦布喜饶贝跟前出家为僧，赐法名为赞珠贝，他长期担任俄译师的助教。后来，他在娘堆敏珠（ཉང་སྟོད་སྨིན་གྲོང་།）和达擦（སྟག་ཚལ།）等地方授课，主要弟子有岗巴谢（གངས་པ་ཤེའུ།）、贡布热晋（གོང་བུ་ར་ཅན།）、麦隆次（མེས་ལྷང་ཚེ།）、朵迦（རྡོག་སྐྱ།）等。从年轻时开始，他们就跟随俄译师。据记载，杰萨迦巴钦布（རྗེ་ས་སྐྱ་པ་ཆེན་པོ།）曾告诉琼仁钦扎，要他认真听闻《般若》《中观》和《因明》⑤。

总体来讲，俄译师的讲经传承，以绕列巴（རག་མ་ལས།）的《弥勒五

① D No. 3787，Ka.

② D No. 3791. Cha.

③ 俄译师分支授课者弟子哲钦布喜饶贝，替代者被说成阿强益西是属于错字。上述问题在《青史》中在乃宁创建学经院是哲钦布喜饶贝，甚至在《阿氏传记》（ཨར་གྱི་རྣམ་ཐར།）中也提到了这点。

④ 萨迦寺北面一公里地方，1049 年由博东阿格西穆达钦布（བོ་དོང་ཨར་བཤེས་གཉེན་སྨུ་ཏ་ཆེན་པོ།）创建的博东阿曲德（བོ་དོང་ཨེ་ཆོས་སྡེ།），是邦译师父子（དཔང་ལོ་ཡབ་སྲས།）的寺院。

⑤ Ma 7a1：The complete words of gSer-mDog pan-Chen Sakya-mChog-LDan，Vol. 16，p. 455.

经》（བྱམས་ཆོས་སྡེ་ལྔ།）①，自续派的《三经典》②，以及《正量论》等，没有其他讲授传承。在俄译师以前，《戒律》和《俱舍论》讲授虽说很盛行，但仍没有出现符合法称理论的，以逻辑学来驳斥的智慧传承。在俄译师以后，渐渐形成了三种讲授传承：一是卓隆巴钦布的讲授传承，二是哲、阿③两氏的讲授传承，三是琼仁钦扎的讲授传承。但到目前为止，依然流行的是哲阿的讲授传承和琼仁钦扎的讲授传承。

（五）恰巴曲吉森格的讲授传承

据《青史》④中记载，岗巴西吾洛珠绛曲（གངས་པ་ཤེའུ་བློ་གྲོས་བྱང་ཆུབ།）在法相和密宗方面造诣很深，他和琼仁钦扎弟子堆龙甲玛哇降曲扎（སྟོད་ལུང་རྒྱ་དམར་བ་བྱང་ཆུབ་གྲགས།），在娘绒（མྱང་རོང་།）等地开创了讲经场，并培养了很多有智慧的弟子，其中恰巴对《中观》和《因明》造诣很高。但是，甲玛哇既得到了讲授传承又获得了秘法传承，他和阿仁钦求（ཨར་རིན་ཆེན་མཆོག）在卡绕岗琼（ཁ་རག་སྒོམ་ཆུང་།）亲传弟子洛巴贡秋贝（སྤྲ་པ་དཀོན་མཆོག་དཔལ།）跟前获得了修行秘法。而杂甲玛哇在昆普吾（འཁོན་ཕུ་བ།）儿子达吾韦色（ཟླ་བའི་འོད་ཟེར།）跟前获得了诸秘法，而且，他培养了大贤者觉若曲吉坚赞（ཅོག་རོ་ཆོས་ཀྱི་རྒྱལ་མཚན།）、吉祥帕莫竹巴（དཔལ་ཕག་མོ་གྲུབ།）、巴次玛哇（འབལ་ཚད་མ་བ།）、觉卡拉康（སྦྱིལ་མཁར་ལྷ་ཁང་བ།）、都松钦巴（དུས་གསུམ་མཁྱེན་པ།）等弟子，他们在《正量论》和《中观二圣谛》

---

① 注明：《现观庄严论》（མངོན་རྟོགས་རྒྱན།）、《庄严经论》（མདོ་སྡེ་རྒྱན།）、《宝性论》（རྒྱུད་བླ་མ།）、《辨法法性论》（ཆོས་དང་ཆོས་ཉིད་རྣམ་འབྱེད།）、《辨中边论》（དབུས་མཐའ་རྣམ་འབྱེད།）。

② 注明：寂护大师（སློབ་དཔོན་ཞི་བ་འཚོ།）的《中观庄严论》（དབུ་མ་རྒྱན།）、智藏大师（ཡེ་ཤེས་སྙིང་པོ།）的《中观二圣谛》（དབུ་མ་བདེན་གཉིས།）、嘎玛拉西拉（ཀ་མ་ལ་ཤཱི་ལ།）的《中观明见》（དབུ་མ་སྣང་བ།）。

③ 哲、阿：哲钦布喜饶和阿强秋益西。

④ 《青史》，四川民族出版社，1983年，404页，l. 7 – 409，l. 2；Cha 3a7 – 5a5.

方面既有注释又有论著。当时，雄次邦曲吉喇嘛作了几部注疏，他的弟子娘哲巴曲吉益西（ཉང་བྲན་པ་ཆོས་ཀྱི་ཡེ་ཤེས།）写有《集学论》（བསླབ་པ་ཀུན་ལས་བཏུས་པ།）和《入菩提行》等引修方面的论著。而且，他把《集学论》和《入菩提行》讲授给众弟子，对引导修行方面做了特殊的贡献。

恰巴在桑浦没有住持以前，他已在其他经学院住持。而且，他对《弥勒五经》《因明定量论》《中观二圣谛》《现观庄严论》《中观明相》《入菩提行》① 作了注，以及著有各科目概论。当时，他以颂词形式著有《自疏》和《因明要义无明解脱》（ཚད་མའི་བསྡུས་པ་ཡིད་ཀྱི་མུན་སེལ།）②，而在《中观》方面已写有大小两部要义论著，甚至还有其他论著。但是，笔者所见到的只有以上论著。还有，《内外教派要义》（ཕྱི་ནང་གྲུབ་མཐའ་བསྡུས་པ།）③ 和《智不住生死基五智概论》（ཤེས་བྱ་གཞི་ལྔའི་བཤད་པ།）等。

当时，恰巴大师座前聚集了很多持三藏经的弟子，藏那巴赞珠森格、丹保巴玛吾森格、哲夏哇索南森格、玛恰泽巴森格、娘哲曲吉森格、丹玛贡却森格（ལྡན་མ་དཀོན་མཆོག་སེང་གེ）、念巴云丹森格（གཉལ་པ་ཡོན་ཏན་སེང་གེ）等弟子，被尊称为“八大狮子”，但有些把他们尊称为“藏巴文殊狮子”（གཙང་པ་འཇམ་དཔལ་སེང་གེ།）。而昆觉赛孜莫④、俄觉赛热莫、

---

① 《中观二圣谛释》（དབུ་མ་བདེན་གཉིས་འགྲེལ་པ།）、《中观明相释》（དབུ་མ་སྣང་བའི་འགྲེལ་པ།）、《现观庄严论释》（མངོན་པ་རྒྱན་གྱི་འགྲེལ་པ།）、《中观真实性要义》（དབུ་མའི་དེ་ཁོ་ན་ཉིད་བསྡུས་པ།）、《入菩提行要义》（སྤྱོད་འཇུག་བསྡུས་དོན།）、《宝性论要义》（རྒྱུད་བླའི་བསྡུས་དོན།）、《宝性论广义》（རྒྱུད་བླའི་རྒྱ་ཆེར་བཤད་པ་ཕྲ་བའི་དོན་གསལ།）、《经庄严论详解蔓疏》（མདོ་སྡེ་རྒྱན་གྱི་ལེགས་བཤད་ཡང་རྒྱན་ཉི་འོད་གསལ་བ།）、《经庄严论身之概论》（མདོ་སྡེ་རྒྱན་གྱི་ལུས་རྣམ་བཞག）。源于《噶当文集》，百慈藏文古籍研究室整理，四川民族出现社，2006 年。

② 《正量要义》（རྣམ་ངེས་བསྡུས་དོན།）、《正量注解》（རྣམ་ངེས་འགྲེལ་བཤད།）、《因明要义心灯章节》（ཚད་བསྡུས་ཡིད་ཀྱི་མུན་སེལ་ས་བཅད།）、《因明心灯》（ཚད་མ་ཡིད་ཀྱི་མུན་སེལ།）。源自于《噶当文集》，百慈藏文古籍研究室整理，四川民族出版社，2006 年。之前，出版了《中观三东要义》，Phya. pa. Chos kyi Sen ge. bBu ma Sar gSum gyi sTon Thun，Ed. Helmut Tauscher，Wien，1999.

③ 《善逝》（བདེ་བར་གཤེགས་པ།）和《外道理论明晰》（ཕྱི་རོལ་པའི་གཞུང་རྣམ་འབྱེད།），源自于《噶当文集》，百慈藏文古籍研究室整理，四川民族出版社，2006 年。

④ 萨钦贡嘎宁波的儿子索南孜莫（1142—1182）。

克觉色乃祖、纽觉赛巴列等弟子，被尊称为“四大觉赛”。而嘎旺珠འགར་དབང་གྲུབ།、工布嘉穷、洛哇古瑟、巴普哇（即巴普哇洛珠森格）和西拉（西拉觉色）等弟子，被尊称为“四大智慧”。另外，还涌现了以绛巴丹嘉（འཇང་པ་སྟོན་སྐྱབས།）、多杰韦色（རྡོ་རྗེ་འོད་ཟེར།）、都松钦巴①、雄擦哇（ཞང་འཚལ་པ།）等为主的很多贤者。其中，藏那巴得到文殊菩萨的关照，变得很聪慧，后来发展成为著名的贤者，中观和因明方面有很多论著，代表有《因明正量论大注》《般若波罗蜜多经方便论》《集学论》《入菩提行》《中观经典》等概论。据说，恰巴写有很多反驳月称的文章。其实，藏那巴对月称理论学习很深，后来自夸不会出现第二位，他写有《中观要义》和《中观广义》等论著，而且都属于月称学派的观点。

在经教和因明方面，玛恰绛秋赞珠②造诣最深，他以中观思想为指导做了很多善事。而且，他著有《根本中观颂般若释》（རྩ་བའི་ཤེས་རབ་ཀྱི་ཊཱི་ཀ）、《显句论释》（ཚིག་གསལ་སྟོང་ཐུན་གྱི་ཊཱི་ཀ）、《中观要义释》（དབུ་མའི་བསྡུས་པའི་ཊཱི་ཀ）、《因明笔记释》（རྟོག་གེ་འབོ་བའི་ཊཱི་ཀ། D No. 3869，Ya）。他很崇拜恰巴学派中的杂雅恩札（ཛ་ཡ་ཨནནྡ།）等学者的学风，但只看到了德巴（དད་བག）著的《因明要义》和《宝性论注疏》（རྒྱུད་བླའི་ཊཱི་ཀ）外，没有看到其他这方面的作品。

在恰巴时代，在“微尘无边无尽观”方面的驳文很多，但没有发现很有说服力的驳文，其中巴普哇著的《根本中观注疏》（དབུ་མ་རྩ་བའི་ཊཱི་ཀ）佳作。有一位叫格哇西宁哲夏哇（དགེ་བའི་བཤེས་གཉེན་གྲུ་ཤུལ།）的，他曾拜帕莫竹巴为师，自己改为大手印修行派。但绛巴丹嘉主要讲授《入菩提行》和《俱舍论》，并培养了很多优秀弟子。

---

① 一世噶玛巴（1110—1193）。

② 《庄严中观根本智慧证道》（དབུ་མ་རྩ་བ་ཤེས་རབ་འགྲེལ་པ་འཐད་པའི་རྒྱན།）中引用了《入中论》，并讨论了“二谛”，他频繁引用了《入中论》。

涅西用了9年时间，在乌雄朵（འུ་ཤང་རྡོ།）① 闭关修行，但同时在此讲经说法。后来，涅西培养了著名“九子”弟子，其中桑仁、普塘达贡（ཕུ་ཐང་དར་དཀོན།）、藏巴哲古（གཙང་པ་གྲུ་གུ）等弟子，被尊称为“早三擦”（རྫ་ཚར་གསུམ།）。吾宇巴索南森格、博东仁孜（བོ་དོང་རིན་རྩེ།）、藏巴觉那（གཙང་པ་ཇོ་ནམ།）等弟子，被尊称为“中三擦”（བར་ཚར་གསུམ།）。甲钦日哇（རྒྱ་འཆིང་རུ་བ།）、绛赛（འཇམ་གསར།）、吉南扎森格（སྐྱིལ་ནག་གྲགས་སེང་།）等弟子，被尊称为“晚三擦”（ཕྱི་ཚར་གསུམ།）。他的弟子中松普继承了楚普讲授传承，培养了洛巴哲森（ལྷོ་པ་གྲུབ་སེང་།）为主的很多优秀弟子，其中布顿卡切（བུ་སྟོན་ཁ་ཆེ།）属于该讲授传承。另外，普塘达贡在堆龙措麦和雅隆等地讲经，培养了以聂达玛森格（གཉན་དར་མ་སེང་གེ）和恰域嘎莫（ཁྱུ་ཡུལ་དཀར་མོ།）为主的很多弟子，而且他在藏巴格古夏鲁（གཙང་པ་གྲུ་གུ་ཞ་ལུ།）设立了讲坛。当时，他在夏鲁哇学习《涅西注疏》（གཉལ་ཊཱིཀ）时，布顿仁波切正好到了该寺，与他们建立了学缘关系。而且，布顿仁波切在上师扎西桑波跟前听闻了《涅西注疏》诵传，并讲解了《涅西注疏》。

吾宇巴在萨迦班智达跟前听闻了《释量论》，并自己讲解了《释量论》，培养了以雄朵德巴（ཞང་མདོ་སྡེ་དཔལ།）为主的很多弟子。迄今为止，能延续《释量论》的讲授传承，其归功于萨迦班钦和他。按照桑浦的说法，他在年轻时已成为《正量论》的主宰者，后发展成为《释量论》的提倡者。之后，布顿仁孜在扎绕（བྲག་རམ།）创办了经学院，培养了洛班德吾（སློབ་དཔོན་དེ་རིང་འོང་།）、中观巴西布（དབུ་མ་པ་ཤེར་འབུམ།）、布丹扎森（བུ་སྟོན་གྲགས་སེང་།）等著名学者。

嘉央赛玛（འཇམ་དབྱངས་གསར་མ།）在炯德（སྙང་འདར།）创办了学经院，当时聚集了很多学僧。其中，有位弟子叫贡钦曲格韦色（ཀུན་མཁྱེན་ཆོས་སྐུ

① 韦雄朵佛殿（འོད་ཤང་རྡོའི་གཙུག་ལག་ཁང་།）位于拉萨河（སྐྱིད་ཆུ།）附近曲水县范围，阿达赤热巴（མངའ་བདག་ཁྲི་རལ་པ།）创建得名的。

འོད་ཟེར། 1214—1292)，他在晚年创办了学经院，后又创办了修行院。据传说，他曾到过五台山，对《般若》和《释量论》作了注。但是，他的思想观点方面，在早期和晚期有些差异。当时，诸弟子问他为什么会有差异时，他解释说在修行时需要用不同的入定方法。后来，他成为《时轮》方面的重要导师，有著名的弟子绒巴嘎洛（རོང་པ་ཀ་ལོ།)。

以上恰巴曲吉森格的“八狮”弟子中，藏那巴赞珠森格著有《释量论蔓疏要义》（རྣམ་ངེས་ཊཱི་ཀ་ལེགས་བཤད་བསྡུས་པ།)，它真实表述了俄译师因明学的教法传承，可以说获得优秀的教言，但该论著版本在藏区消失了很长时间。很幸运的是，藏文正楷手写的原文210多页，正好收藏在笔者研究工作的大谷大学图书馆（ཨོ་ཏ་ནི་གཙུག་ལག་སློབ་གྲྭ་ཆེན་མོ།)①，而且该大学图书馆还存有复印件。另外，安多智者喜饶嘉措编著的《古稀文本目录》中，已收录了恰巴“八狮”弟子中的丹保巴玛吾森格著的《因明要义》（པ11811)，雄益西麦朗次成（ཞང་ཡེ་བ་སྨོན་ལམ་ཚུལ་ཁྲིམས།）著的《定量论注》（རྣམ་ངེས་འགྲེལ་པ། པ11808)，嘉央赛玛（འཇམ་དབྱངས་གསར་མ།）著的《定量论疏》（རྣམ་ངེས་ཊཱི་ཀ པ11809)，纽嘉哇拉南巴桑杰热钦（གཉོས་རྒྱལ་བ་ལྷ་ནང་པ་སངས་རྒྱས་རས་ཆེན།）著的《定量论疏》（རྣམ་ངེས་ཊཱི་ཀ པ11814）等经论。

（六）桑浦相关的经学

在萨迦教派中，显宗最著名的学者是雅珠桑杰（གཡག་ཕྲུག་སངས་རྒྱས།)，以及他的弟子绒丹西恰贡日（རོང་སྟོན་ཤེས་བྱ་ཀུན་རིག 1367—1451)，他们都在桑浦学习过佛法。据《青史》② 中记载，雅珠桑杰巴的根本寺院是桑浦寺，他在桑浦系统学习了《中观》。在佛语经典为主的教言方面，据称熟悉程度无人超过他。其实，当时他已成为萨迦甘丹寺（ས་སྐྱ

① Otani University Tibetan Wors Series，Vol. ll. 1989.

② 《青史》，四川民族出版社，1983年，412页，l. 19－413，l. 19；Cha 6b3－7a1，NeW Delhi，1974.

དགའ་ལྡན་དགོན།）的住持。之后，他来回于前藏和后藏讲经，对《般若》教学做出了重要贡献。他著有《般若大中小注疏》，主要讲授《释量论》和《中观论》等经论。但同时，他在实践修炼方面取得成功。在圆寂后，他的遗体火花后遗骨上显出佛像，并出了很多舍利子。弟子中最著名是绒丹玛吾森格（རོང་སྟོན་སྨྲ་བའི་སེང་གེ）①。

在年轻时，绒丹玛吾森格从嘉绒到了桑浦，他学习很勤奋，而且遇到了好时机。在20岁时，他已成为解读各类佛教经典的善知识。除了卫地和拉堆外，他在萨堆麦（ས་སྟོད་སྨད།）等地担任了法主，以讲授佛教经典有名，培养了很多优秀弟子。另外，他对《释量论释》（རྣམ་འགྲེལ་འགྲེལ་པ་དོན་གསལ་ཊཱི་ཀ）和《大般若经》（འབུམ་ཊཱི་ཀ）作了注，在弘扬教法事业方面做出了特殊贡献。到了晚年，他在教学方面取得了极大的成绩。尤其，在仁邦巴的资助下，他的弟子桑杰培（སངས་རྒྱས་འཕེལ།）在锡金创办了经学院，很多聪慧的学僧不仅开阔了视野，而且该地传播了佛法。

宁玛派的第二佛陀，文殊菩萨化身隆钦饶绛巴（ཀློང་ཆེན་རབ་འབྱམས་པ། 1308—1363）在桑浦寺出家为僧。贤者格热扎西（གུ་རུ་བཀྲ་ཤིས།）从1807年开始撰写，到1873年完成的《古扎宗教源流》（ཟླ་འགྱུར་ཆོས་འབྱུང་།）②中说，在19岁时，他在桑浦寺拜大学者赞贡巴（བཙན་དགོན།）③、拉章巴曲巴坚赞（ལྷ་བྲང་པ་ཆོས་དཔལ་རྒྱལ་མཚན།）④、被称为第二法称的曲札尼巴扎巴雄努仁钦（གྲགས་པ་གཞོན་ནུ་རིན་ཆེན།）等为师，系统学习了《般若》和《因明》，深刻理解了专业术语和宗教词义。与此同时，他在雄努嘉布大师（གཞོན་ནུ་རྒྱལ་པོ།）跟前学习了《入中论》等经论，在邦译师（དཔང་ལོ་ཆེན།）跟前学习了《俱舍论》，在邓增嘉布（ཏིང་འཛིན་རྒྱལ་པོ།）等跟前学

① 公元367年，绒丹释迦坚赞诞生在四川嘉绒，1449年圆寂。

② 古热扎西著：《古扎宗教源流》（གུ་བཀྲའི་ཆོས་འབྱུང་།），中国藏学出版社，1990年，第215页。

③ 林堆（གླིང་སྟོད།）第15法嗣主。

④ 林堆第17法嗣主。

习了《五部经论》（ཟབ་མོ་མདོ་ལྔ།）和《诗歌》。在3年时间内，他已非常熟悉所学的词义，几乎到所有学经院巡回立宗答辩。因此，他有渊博的理论知识、敏锐的佛法智慧、严密的逻辑思维。在经论学习方面，达到了无法想象的博览境界，获得学者称号，名震藏区。

堪钦阿旺曲扎（1592—1641）在《藏族学者教派辨析论》（བོད་ཀྱི་མཁས་པ་སྔ་ཕྱི་དག་གི་གྲུབ་མཐའི་ཤན་འབྱེད་མཐའ་དཔྱོད།）和《漫谈》（或《六部经函漫谈》པོད་ཆེན་དྲུག་གི་འབེལ་གཏམ།）①中说，在桑浦达玛（དར་མ།）与贡钦绒丹（ཀུན་མཁྱེན་རོང་སྟོན།）辩经，其结果达玛输给了贡钦绒丹，从此他与绒丹变成为竞争对手。后来，贡钦绒丹对《四十部经论》（གཞུང་ལུགས་བཞི་བཅུ།）作了注，达玛为了超过他，对《六十部经论》（གཞུང་དྲུག་ཅུ།）作了注。据说，仁达瓦弟子中的辩论高手贾曹杰·达玛仁钦，与贡钦绒丹辩论，其结果绒丹输给了贾曹杰。实际上，这便是带有成见的说法，但贾曹杰与绒丹在桑浦辩论又是事实。

博东班钦秋列朗杰（བོ་དོང་པཎ་ཆེན་ཕྱོགས་ལས་རྣམ་རྒྱལ།）很喜欢在桑浦立宗答辩，他的亲传弟子晋美蚌（འཇིགས་མེད་འབངས།）在《博东班钦传》②中说，雅巴（གཡག་པ།）亲自到场，邀请了桑浦上下院诸法主。在向诸大师供养斋茶时，雅巴问温布哇大师（དཔོན་པོ་བ།）："今年好像诸经函立宗答辩，具体准备了那些经函立宗辩论，《正理宝藏》辩不辩论。"温布哇回答说："我已答应讲授几十万部经函，其中包括《正理宝藏》。"所以，大堪布雅巴提出的问题，吉祥无畏辩才温布哇这样回答的，达尼钦布雅巴听后非常高兴，以合掌形式向他表示敬意。而且，他非常高兴

① Nga22bi－2；The Collection Works of mKhan-chen Ngag-dBang Chos-grags, Vol. IV, Published by, Sakya Cheopheling, Monastery, P. O. Rimbick Bazar, Dist. Dorjeeling, W. B. India, 2000, P. 44.

② 西藏文丛《岗坚智库》（གངས་ཅན་རིག་མཛོད།），西藏藏文古籍出版社，1991年，第69页。

地说，好神奇啊！洛钦师徒（སློབ་ཆེན་ཡབ་སྲས།）① 碰到了无法比拟的甥舅贤者（དཔོན་པོ་མཁས་པ།）。

首先，达玛仁钦到了萨迦，对《释量论》立宗答辩。噶居哇达玛（བཀའ་བཅུ་བ་དར་མ།）对噶居（即十部经论）立宗答辩后，大家都觉得很惊讶，现在可以说洛班温布（即贾曹杰·达玛仁钦）的年龄，与自己所学经文数相等。当时，在萨迦涌现出了如此优秀的格西，从侧面说明了桑浦雅丹（གཡག་སྟོན།）与博东秋列朗杰的激烈辩论。同时，萨迦派大持法者布绒丹西恰贡日，18 岁时在桑浦内邬托经学院学法，他拜林堆巴仁钦朗杰为师，对《定量论》作了注。其实，分析在桑浦贾曹杰对十部经论立宗辩论等后，才知晓桑浦当时占有那么重要的位置。

据《杰塘切钦巴根顿珠巴贝桑布传》② 中记载，杰喜饶森格到了桑浦寺，在甘丹寺，杰西饶森格向杰宗喀巴说，我想到桑浦寺，在杰喜饶森格跟前学法。杰宗喀巴说很好，并向洛班饶秋巴（སློབ་དཔོན་རབ་མཆོག་པ།）和我，分别给了一两金粉和一件优等掩腋衣（ རྔུལ་གཟན་ལེགས་པོ།），金粉捐给了廓巴（ཁོང་པ།），自己穿了掩腋衣。在冬季法会期间，他到达桑浦寺。他没有从摄类中班学起，而直接从摄类大班学习，后获得了思维敏捷和指导清晰的赞誉。在桑浦寺，杰根顿珠巴在杰喜饶森格跟前听闻了因明学。不久，格鲁派把三大寺发展成为显教经论的学习中心，桑浦寺的学经则渐渐趋于衰落。据《杰赤江活佛文集》（སྐྱབས་རྗེ་ཁྲི་བྱང་རིན་པོ་ཆེའི་གསུང་འབུམ།）中记载，格鲁派按例要到桑浦寺，主要参加桑浦夏季法会。

据《东嘎藏学辞典》③ 中记载，在 14 世纪，杰宗喀巴在桑浦堪布

---

① 洛钦绛秋孜莫和洛钦扎巴坚赞。

② 《杰塘切钦巴根顿珠巴贝桑布传·宝贝串链》（རྗེ་ཐམས་ཅད་མཁྱེན་པ་དགེ་འདུན་གྲུབ་པ་དཔལ་བཟང་པོའི་རྣམ་ཐར་ངོ་མཚར་རྨད་བྱུང་ནོར་བུའི་ཕྲེང་བ།）。

③ 东嘎洛桑赤列著：《东嘎藏学辞典》，中国藏学出版社，2002 年，第 2094 页。

森格日布（སེང་གེ་རི་བོང་།）跟前听闻了《释量论》，而且，对嘎西（བཀའ་བཞི། 四部经函）立宗答辩。后来，堪布扎巴森格拜杰宗喀巴为师，经他的弟子们的努力，格鲁派在桑浦迅速得到发展，当时桑浦显露出了萨迦和格鲁两派的局面，总共有11个扎仓，分别为：（1）白塞（སྤེལ་སེ།）（2）尼玛塘（ཉི་མ་ཐང་།）（3）达波扎仓（དྭགས་པོ་གྲྭ་ཚང་།）（4）朗嘉赛康（རྣམ་རྒྱལ་གསེར་ཁང་།）（5）克白（ཁེ་སྤེ།）等林堆五扎仓（གླིང་སྟོད་གྲྭ་ཚང་ལྔ།）（6）卓宁（སྒྲོས་རྙིང་པ།）（7）西哇（གཞི་བ།）（8）娘绒（ཉང་རོང་།）（9）乃果（གནས་སྒོ་བ།）（10）卓萨哇（སྒྲོས་གསར་བ།）（11）热哇堆麦（ར་བ་སྟོད་སྨད）等，其中林麦有六个扎仓，共11个扎仓。后来，部分扎仓渐渐合并到了其他扎仓，由于部分扎仓合并到了其他寺院，所以桑浦寺除了夏季法会外，平常生活在桑浦的约有30位僧侣。但是，在夏季法会期间，聂塘热哇堆巴（སྙེ་ཐང་ར་བ་སྟོད་པ།）选派10位僧侣，他们中既有堪布又有维持秩序的僧官。另外，甘丹夏孜堪布临时担任桑浦林麦的名誉夏仲。当然，若想详细了解桑浦，可以翻阅林堆罗桑嘉措的化身，尼塘阿旺雄努丹贝尼玛（ཉི་ཐང་ངག་དབང་གཞོན་ནུ་བསྟན་པའི་ཉི་མ།）著的《桑浦历代法嗣及诸贤者传·莲花束》（གསང་ཕུའི་གདན་རབས་དང་སྐྱེས་ཆེན་དམ་པའི་རྣམ་ཐར་བརྗོད་པ་པད་དཀར་ཚུན་པོ།）。

（七）桑浦经典理论教学制

桑浦第六任主持者，雪域经论教学的开创者，恰巴曲吉森格曾颁布了桑浦经学院的教学规则，后来虽说极少部分流失外，从根本上讲在卫藏四大寺院依然流传着该教学规则。

1. 班级制度

从恰巴曲吉森格开始分类班级，学经成绩优异者可以晋升到更高的级班。但是，为了提高学经成绩，一般分为高级班和低级班。而且，在各班级辩经时，规定了时间长短和辩经经论。但到目前为止，没有见到当时颁布的关于学制方面的任何文本。以色拉寺色瑟扎仓（སེར་བྱེས་གྲྭ

ཚང་།）为例，有如下十五个班级和答辩经论。

（1）堆琼增扎（བསྡུས་ཆུང་འཛིན་གྲྭ། 略本摄类学班），1 年时间主要学习“赤白显色的概论”（ཁ་དོག་དཀར་དམར་གྱི་རྣམ་བཞག）。

（2）堆仲增扎（བསྡུས་འབྲིང་འཛིན་གྲྭ། 中本摄类学班），1 年时间主要学习“相违相属的概论”（འགལ་འབྲེལ་རྣམ་བཞག），而且要求复习“摄类单元”（བསྡུས་ཚན་ཕྱི་མ།）内容。

（3）堆钦增扎（བསྡུས་ཆེན་འཛིན་གྲྭ། 广本摄类学班），1 年时间主要学习“应成”（ཐལ་འགྱུར།）、“心识”（བློ་རིགས།）和“因识”（རྟགས་རིགས།）。

（4）雄萨巴增扎（གཞུང་གསར་བའི་འཛིན་གྲྭ། 新经班），1 年。

（5）雄宁巴增扎（གཞུང་རྙིང་པའི་འཛིན་གྲྭ། 旧经班），1 年。

（6）色郭萨巴增扎（ཟུར་བཀོད་གསར་པའི་འཛིན་གྲྭ། 新单训班），1 年。

（7）色郭宁巴增扎（ཟུར་བཀོད་རྙིང་པ་འཛིན་གྲྭ། 旧单训班），1 年。

（8）帕钦增扎（ཕར་ཕྱིན་འཛིན་གྲྭ། 般若学），1 年。

以上是五年制度“帕钦增扎”（般若班级），主要学习《现观庄严论》《现观庄严论明义释》《疏要庄严论》（རྣམ་བཤད་སྙིང་པོ་རྒྱན།），以及色拉杰赞巴（སེ་ར་རྗེ་བཙུན་པ།）著的《般若总纲和辨析》（ཕར་ཕྱིན་སྤྱི་དོན་དང་མཐའ་དཔྱོད།）。但是，般若班单独学习期间，主要学习“了不了义”“意形”（བསམ་གཟུགས།）、“因缘”等，约有 20 位学僧，需要独立学习。

（9）扼玛赛巴（དབུ་མ་གསར་པ། 新中观），2 年。

（10）扼玛宁巴（དབུ་མ་རྙིང་པ། 旧中观），2 年。

在 4 年期间，主要学习《入中论及注疏》《中论》，以及宗喀巴著的《中观明义》（དབུ་མ་དགོངས་པ་རབ་གསལ།）和色拉杰赞巴著的《中观总纲》等经论。

（11）堆哇萨巴增扎（འདུལ་བ་གསར་པའི་འཛིན་གྲྭ། 新律经班），2 年。

（12）堆哇宁巴增扎（འདུལ་བ་རྙིང་པའི་འཛིག་གྲྭ། 旧律经班），2 年。

在 4 年期间，主要学习《律经根本律》（འདུལ་བ་མདོ་རྩ།）、根钦措纳（ཀུན་མཁྱེན་མཚོ་སྣ།）著的《措注疏太阳光》（མཚོ་ཊཱི་ཀ་ཉི་མའི་འོད་ཟེར།）、色拉杰

赞巴著的《戒经总纲》（འདུལ་བའི་སྤྱི་དོན།）等经论。

（13）泽增扎（མཛོད་འཛིན་གྲྭ། 俱舍论班级），2 年。主要学习世亲著的《俱舍论自注》（མངོན་མཛོད་རང་འགྲེལ།）、琼嘉巴央（མཆིམས་འཇམ་པའི་དབྱངས།）著的《俱舍论注疏庄严》（མངོན་མཛོད་འགྲེལ་མངོན་པའི་རྒྱན། 或叫《琼俱舍论注疏》）、杰根顿珠巴著的《俱舍释明鉴》（མངོན་མཛོད་ཊཱི་ཀ་ཐར་ལམ་གསལ་བྱེད།）等经论。

（14）噶让增扎（བཀའ་རམས་འཛིན་གྲྭ། 噶让班级），3 年。主要学习《律经》和《俱舍论》。之后，堪仁波切（མཁན་རིན་པོ་ཆེ།）向优秀学僧授予“拉让巴”学位称号，依照学僧答辩成绩依次，分别授予“措让巴”、“林塞”、“日让巴”（རིགས་རམས་པ།）等学位称号。

（15）拉让巴增扎（ལྷ་རམས་པའི་འཛིན་གྲྭ། 拉让巴班），拉萨祈愿大法会上立宗答辩的学僧，认真复习《律经》《俱舍论》《释量论》等经论。除了极少数有充裕时间者外，一般要求在所有的法会期间和法会假期上，只能完成一次立宗答辩。在 5 至 6 年内，学僧不分昼夜地需要学经。按惯例，在每年的秋季法会时，拉让巴学僧在各扎仓立宗答辩。在冬季法会时，在经学院对五部大论立宗答辩。第二年，在拉萨祈愿大法会上，三大寺高僧大德中央，考僧对五部大论立宗答辩。虽然，其他扎仓在教材和班级方面有些差异，但整体来讲没有大的区别。

2. 定期法会和法会假期

一年，按照天数来确定法会（ཆོས་ཐོག）和假期（ཆོས་མཚམས།）。在法会期间，主要训练辩经技巧和跟随老师学习经论，在附带需要背诵经典正文。在假期时，主要跟随老师学习经论和需要背诵经典正文，附带训练辩经技巧。后来，新开创了各年级相互辩经比赛。但是，在历史文献中，并没有发现究竟有多少法会和假期。以吉祥哲蚌寺为例：

（1）春季大法会，藏历三月三日至藏历四月三日。

（2）夏季大法会，藏历五月十六日至藏历六月十六日。

（3）秋季大法会，藏历八月三日至藏历九月三日。

（4）冬季大法会，藏历十一月十六日至藏历十二月十六日。

（5）萨噶（ས་དཀར།）大法会，藏历九月十六日至藏历十月十六日。

（6）第一夏季法会，藏历四月十六日至藏历五月七日。

（7）五供法会假期，藏历十月十六日至藏历十一月一日。

（8）中法（བར་ཆོས།）辩经，藏历二月三日至藏历二月十七日。

在法会名称上，与色拉寺有所差异。但总体来讲，法会程序基本相同。

3. 各辩经院巡回立宗辩论惯例

一般学经优秀的学僧，为了展示各自渊博的佛学知识，习惯到其他寺院、其他扎仓和其他康仓立宗答辩。宗喀巴大师到卫藏各著名寺院立宗辩论。后来，色拉寺色麦经学院的同届学僧，各扎仓间相互立宗答辩。据说，在拉萨祈愿大法会上，赫赫有名的贤者罗萨林哲霍背经领诵师罗桑达杰（བློ་གླིང་ཁྲི་ཧོར་སྐྱོར་དཔོན་རིན་པོ་ཆེ་བློ་བཟང་དར་རྒྱས། 1899—1967）立宗答辩时，与著名学者色瑟哲霍罗桑旺秋（སེར་བྱེས་ཁྲི་ཧོར་བློ་བཟང་དབང་ཕྱུག 1901—1997），从中观防应（དབུ་མ་ཐལ་ཟློག）角度相互因法立宗辩论。同样，著名贤者色瑟藏巴阿旺格登（སེར་བྱེས་གཙང་པ་ངག་དབང་དགེ་འདུན། 1913—1963）立宗答辩时，与木雅洛桑，从遮遣（སེལ་འཇུག）和缘体（སྒྲུབ་འཇུག）角度相互因法立宗辩论。当时，辩论内容需要记录在案，迄今为止都要说的佳话。

在降普①冬季法会（འཇང་དགུན་ཆོས།）期间，惯例哲蚌罗萨林优秀学僧要到色拉寺色瑟扎仓立宗答辩，而色瑟扎仓的优秀学僧要到哲蚌罗萨林立宗答辩，我们的大经师尼玛坚赞（1910—1987）和拉嘉巴（ལྷ་རྒྱབས། ？—1960）等，哲蚌罗萨林诸贤者到色瑟扎仓立宗答辩，而色瑟扎仓的格西藏巴阿旺格登和格西强巴曲培（1913—1960）等，色拉寺

① 拉萨西南吉曲下游（སྐྱིད་ཆུའི་སྨད།）降普寺（འཇང་དགོན།），在冬季法会期间，格鲁派僧众聚集在降普寺举行因明学辩论会。

色瑟扎仓诸贤者到哲蚌罗萨林立宗辩论。当时，流传着很多相互激烈辩论的传奇故事。另外，降普冬季法会上，在晚会立宗答辩时，色拉寺色瑟扎仓格西塔克（ཐབས་མཁས། 1908—1991），与哲蚌罗萨林格西次康喇玛（ཚུལ་ཁང་བླ་མ། 1913—?），关于常与无常方面的因法辩论。当时，虽说没有机会在场见到那些贤者格西，相互依存的解脱证悟等，但当听到他们的辩论故事后，油然生起与自己上师似的虔诚信仰。

4. 摄类学

恰巴曲吉森格开创了以结合《因明七论》来阐释经藏的摄类学，学僧往往分为不同班级，并允许自由立宗答辩。一般，因法立宗者站立在学经班的中央，先要做出非常谦恭的姿态，袈裟从肩膀拿下后大声辩论，开辩要从“底如何有法”（དྷཱི་ཇི་ལྟར་ཆོས་ཅན།）开始，先要发出“底”（དྷཱི།）声。之后，袈裟挤在腰间开始辩论经典疑问，到了应成立宗时，需要击掌。当能周旋（ཁྱབ་མཐའ་འགོད་པ།），询问原因（རྒྱུ་མཚན་འདྲི་བ།），转三轮（འཁོར་གསུམ།）等程序。在立宗者破观点时，往往表现出羞耻感，也需要敬盐巴。但是，立宗者（དམ་བཅའ་བ།）无论立大小问题，都要以“成（འདོད།）”、“所举因不成（རྟགས་མ་གྲུབ།）”、“为何（ཅིའི་ཕྱིར།）”、“不对（མ་ཁྱབ།）”等形式来回答，或者要说“有（ཡོད།）”、“没有（མེད།）”、“是（ཡིན།）”、“不是（མིན།）”。按惯例，不能用形容词等来回答问题，到目前为止辩论依然有着鲜活的生命力和丰富的智慧性。

恰巴的摄类学，从红白颜色角度分成为十八摄类单元，其实以摄类学为依据。热堆巴彭域色康丹曲朗杰（ར་སྟོད་པ་འཕན་ཡུལ་སེར་ཁང་པ་དམ་ཆོས་རྣམ་རྒྱལ།）给赞布阿旺赤列林周（བཙན་པོ་ངག་དབང་འཕྲིན་ལས་ལྷུན་འགྲུབ།）背诵正文，在此基础上写出了《释量论的摄类经典智慧入门》（ཚད་མ་རྣམ་འགྲེལ་གྱི་བསྡུས་གཞུང་ཤེས་བྱའི་སྒོ་འབྱེད། 或叫《赞布摄类学》和《热堆摄类学》），从此经学初学者把它视为《摄类学经》（བསྡུས་གྲྭའི་མདོ།）。但同时，在拉卜楞寺自学成名的阿芒贡却坚赞（དབལ་མང་དཀོན་མཆོག་རྒྱལ་མཚན། 1764—

1853）在《拉卜楞寺志》① 中说，恰巴曲吉森格是桑浦第四任住持。之前，恰巴已在很多经学院住持。尤其，他写有《因明自性大小摄类》（ཚད་མའི་དེ་ཉིད་བསྡུས་པ་ཆེ་ཆུང་།），他把经论中的疑难问题单独提炼出来，为了便于初学者的分析和理解。在此基础上，他开创了《因明七论》疑难知识汇总学，后被称为《摄类学》和《恰巴摄类学》。

隆朵喇嘛阿旺洛桑（སྒྲོང་རྫོལ་བླ་མ་ངག་དབང་བློ་བཟང་།）从《释量论》等因明经论中整理名词而写成的《名词分类》（མིང་གི་རྣམ་གྲངས།）② 中说，在桑浦等诸大经学院，恰巴曲吉森格开创了符合经部正理逻辑的摄类学③，以红白颜色和实性（རྫས་ཆོས།）虚性（ལྡོག་ཆོས།），以不违（འགལ།）不违（མི་འགལ།）和总论（སྤྱི།）别论（བྱེ་བྲག），以相联（འབྲེལ།）无联（མ་འབྲེལ།）和性异（ཐ་དད།）无异（ཐ་མིན།），以相同相违（རྗེས་སུ་འགྲོ་ལྡོག）和因果（རྒྱུ་འབྲས།），以前强（སྔ་བཙན།）中强（བར་བཙན།）后强（ཕྱི་བཙན།）和性相（མཚན་མཚོན།），以因多（རྟགས་མང་།）法多（གསལ་མང་།）和违悖（དགག་པར།）相互（པར་ཚུར།），以实违（དངོས་འགལ།）经违（བརྒྱུད་འགལ།）和等遍（ཁྱབ་མཉམ།）种类（རྣམ་པ།），以是变（ཡིན་འགྱུར།）不变（མིན་འགྱུར།）和是歪（ཡིན་ལོག）非歪（མིན་ལོག），以有证（ཡོད་རྟོགས།）无证（མེད་རྟོགས།）和恒证（རྟག་རྟོགས།）实证（དངོས་རྟོགས།），总共分为18摄类单元。但是，从班钦却拉韦色（པཎ་ཆེན་མཆོག་ལྷ་འོད་ཟེར།）开始算起，直到14任达仓热堆巴喇嘛彭域色康巴丹曲朗杰（འཕན་ཡུལ་སེར་ཁང་པ་དམ་ཆོས་རྣམ་རྒྱལ།），给赞布阿旺赤列林周背诵正文，该传承被称为“赞布摄类学（བཙན་པོ་བསྡུས་གྲྭ།）”，它总共分为21摄类单元，分别：（1）红白颜色（ཁ་

① 注明：由阿邱甘丹曲廓林（ཨ་མཆོག་དགའ་ལྡན་ཆོས་འཁོར་གླིང་།）刻版的。

② 《隆朵阿旺洛桑文集》，西藏社科院古籍出版社，1991年，第608页。

③ 注明：恰巴曲吉森格认为《因明心解》（ཚད་མ་ཡིད་ཀྱི་མུན་སེལ།）等因明经典中摄类单元不是很明确，当时恰巴上师摄类单元没有写在书上，是口头向初学者讲述的。其传承习惯到目前为止还未中断，在各寺院经学院经师向初学者以口头来讲述摄类学。

དོག་དཀར་དམར།）（2）真实成就（གཞི་གྲུབ།）（3）反体认识（ལྡོག་པ་ངོས་འཛིན།）（4）反是反非（ཡིན་ལོག་མིན་ལོག 附带是实非实）、（5）简明因果（རྒྱུ་འབྲས་ཆུང་བ།）、（6）总别（སྤྱི་བྱེ་བྲག）、（7）实质反体（རྫས་ལྡོག）、（8）相违相属（འགལ་འབྲེལ།）、（9）有智无智（ཡོད་རྟོགས་མེད་རྟོགས། 附带中层）、（10）性相（མཚན་མཚོན།）、（11）因果轮回（རྒྱུ་འབྲས་འཁོར་ལོ།）。

略本摄类学，总共分为11单元，（12）附和者品遍（རྗེས་འགྲོ་ལྡོག་ཁྱབ། 附带否定和肯定）（13）六声算法（དྲུག་སྒྲ་རི་ཚུལ། 附带摄类单元均使用许诺）（14）否定法（དགག་གཞི་རི་ཚུལ།）（15）提问安立（དྲིས་འཕངས་ཀྱི་རྣམ་བཞག）。若以中根来说，中摄类分为4单元，（16）应成安立（ཐལ་འགྱུར་གྱི་རྣམ་བཞག）、（17）遣余（གཞན་སེལ།）、（18）遣除趋入（སེལ་འཇུག་སྒྲུབ་འཇུག）、（19）境有境（ཡུལ་ཡུལ་ཅན།）、（20）象式（གམཚོན་སྦྱོར།）、（21）论式（རྟགས་སྦྱོར།）。若从大根来讲，大摄类分成为5单元，除了以上附带四正言外，包括大实虚（རྫས་ལྡོག་ཆེ་བ།）、大违缘（འགལ་འབྲེལ་ཆེ་བ།）、大应成（ཐལ་འགྱུར་ཆེ་བ།）等7单元，总共有28单元，这些将成为打开因明学宝库的一把钥匙。

5. 督查背诵经论正文

有些特定的经论正文，堪布要监督检查口头背诵的情况。按例在辩论训练没有开始前，在班级背经领诵师的领诵下，各班级全体学僧一起背诵所有经论正文。在恰巴曲吉森格时期，不太清楚哪些经论需要监督清查背诵。但后来到了格鲁派时期，已有明确规定监督检查各寺教材的背诵情况。据阿芒贡却坚赞著的《拉卜楞寺志》中记载，在藏历铁虎年（1710年）的7月份，知识渊博的噶居巴格西阿旺扎西（བཀའ་བཅུ་བ་ངག་དབང་བཀྲ་ཤིས། 1678—1738）任命为经学院上师，从32岁直到61岁，他自始至终在经学院讲授经论，后被尊称为“嘉贡赤仁波切（འཇམ་མགོན་ཁྲི་རིན་པོ་ཆེ།）”，又被尊称为“喇嘛赤根仓（བླ་མ་ཁྲི་ཀན་ཚང་།）”。当时，对他的崇拜和尊敬程度，与根钦嘉木样阿旺赞周（ཀུན་མཁྱེན་འཇམ་དབྱངས་ངག་དབང་བརྩོན་འགྲུས།）相媲美。

初建寺院那年，临时把八月设为定期法会、九月设为定期法会、十月设为五供定期法会。每期法会定为15天时间，而十一月十七日设为冬季大法会。当时，根钦尊者依照哲蚌郭芒扎仓的惯例颁布的，4次月期法会，4次中期法会。在摄类时，设为1次法会，总共设有9次不中断的定期法会。到目前为止，依然按照9次法会的惯例。

初建扎仓时期，只有3个学经班。藏历铁兔年，对秋季入寺的新僧，新提出了快速熟悉经义要求，所以必须要背诵经论正文。从此，在几年的时间里，赤仁波切阿旺扎西（ཁྲི་རིན་པོ་ཆེ་ངག་དབང་བཀྲ་ཤིས།）监督检查两次背诵情况。在法会休假期间，也坚持监督检查背诵经论情况。每年新僧自愿组建新的班级，从藏历铁兔年的冬季，开始向新班讲授《般若》。四年后，藏历木羊年结束《般若》课程。接着，开始讲授《中观》。到两年后，藏历火鸡年开始讲授《俱舍论》。但是，老的学僧早已讲授了《戒律论》。总共有13个班级，不间断地讲授五部经论。

在30年里，30个摄类班，师徒口传形式讲授30种摄类学。后来，经不同背经领诵师记录下来的有27种摄类学，没有完整记录结尾的有3种摄类学。其中，背经领诵师扎西嘉措记录下来的大摄类学（བསྡུས་ཆེན།），与其他摄类学相比较，在内容上有着显著的特点。经阿芒洛桑东珠（དབལ་མང་བློ་བཟང་དོན་གྲུབ།）的督促，在美国喀西日出版社已正式出版，它就是著名的“拉卜楞摄类学”，该书中默记经文和辩论技巧等方面讲得很透彻。同时，在热堆等寺，训练摄类单元论述方面也做得很好，而且有很多神奇的辩经故事。

摄类学考试者，每年一般多则有上百位，少则有20至30位。但是，热堆等寺，有着完整的25摄类单元，辨析路线以《七论经》（སྡེ་བདུན་མདོ།）为理论主干，传承没有中断如溪水常流似的，往往殊胜于其他摄类学。以心类学和因类学来讲，需要默记根钦嘉木样阿旺赞周的心类学和因类学正文，它有着不显正理的似因（གཏན་ཚིགས་ལྟར་སྣང་། 相违因、不定因和不成因）、破因的分类（དགག་རྟགས་ཀྱི་རབ་དབྱེ།）、自定和他定概论（རང་རིས་གཞན་རིས་ཀྱི་རྣམ་བཞག）、意现识的辨析（ཡིད་མངོན་གྱི་མཐའ་དཔྱོད།）等，按照赤仁波切阿旺扎西惯例监督检查背诵情况，背经领诵师都要记录各自的背诵。从高智商者来说，需要理解因明学的整体理论。但智商差点来讲，根钦嘉木样阿旺赞周的心类学和因类学中，自派和辨析作为参照，起码简单判定辩论当中的疑难问题。任何学僧必须要考心类学和因类学，但有些学僧要考《因明七论除暗庄严疏》和《因明总纲》。另外，《因类学自派红黄分际》（རང་ལུགས་དམར་སེར་ཟུར་མཚམས།）监督检查背诵，往往安排在晚上法会。据说，背经领诵师格勒嘉措（དགེ་ལེགས་རྒྱ་མཚོ།）曾记录后，把它直接交给他来阅读。而且，他很高兴地说该记录请你写个前言吧，后来写了“红黄分际披上青春衣”，但在语气上似乎自己撰写似的。

在15年的时间里，需要辩论心类学和因类学等，其辨析理路与众不同。继承开派传统的诸推论者，树立战胜摄类理路辩论者的旗帜，让辩论者觉得无可争辩。在《般若》时期，一品（སྐབས་དང་པོ།）、二品（སྐབས་གཉིས་པ།）和四品（སྐབས་བཞི་པ།）等，被视为边列（ཐལ་ཕྱིང་།），剩余几品安排在晚上法会。每年，以随意性来熟练所有的背诵经论。另外，在“意行”方面，有根钦嘉木样阿旺赞周论著，以及降根赤仁波切的《意行正论开门》（བསམ་གཟུགས་ལེགས་བཤད་སྒོ་འབྱེད།）、香根唐切钦巴的《意行正论宝瓶》（བསམ་གཟུགས་ལེགས་བཤད་བུམ་བཟང་།）。在“了不了义智慧”方面，有根钦嘉木样阿旺赞周的《了不了义智慧广本、中本和略本》。在“缘起”方面，有根钦嘉木样阿旺赞周的其他作品，如《缘起广义》等，以上这些经论需要细致阅读。

哲蚌寺和热堆寺，学完“五部经论”后，就授予“桑浦噶久（གསང་ཕུར་བཀའ་བཅུ།）”称号。因此，噶久哇色阿旺扎西在拉卜楞寺，监督检查背诵经论似的，在其他寺院都有各自规定的，需要监督检查的背诵经论。

6. 法会起座对辩

在恰巴时代，不太清楚有没有法会中央起座对辩的习惯。但是，后来渐渐形成了法会中央起座对辩的习惯。一般喇嘛公事员（བླ་མ་གཞུང་ལས་པ།）请两位格西起座漫谈，这时两位驳论者（རྩོལ་བ་གཉིས།）也在不同席位上戴着黄帽起身，直接到前排席位上，但把自己的黄帽（ཞྭ་སེར།）和半月形大氅（ཟླ་གམ།）要放在自己的席位上。之后，先要叩三头，半月形大氅重新穿上，但黄帽仍拿在手上，直接走到喇嘛公事员跟前，喇嘛公事员把答辩的经论交给他们。两位辩论者站在众僧中央，进行表演式的辩论，辩论到一定时间后，喇嘛公事员赞美辩论精彩。但同时，他向辩论者提供《俱舍论》。就在这时，立论者（བཤད་པ་གནང་བ་པོ།）把自己的半月形大氅放在前排席位前，自己戴着黄帽站在辩论者面前。同样，反驳者（རིགས་ལམ་གཏོང་མཁན།）把半月形大氅放在第二排首位前，自己戴着黄帽先高声发出“底如何有法（དྷཱི་ཇི་ལྟར་ཆོས་ཅན།）”中的“底”声，表示辩论开始。但是，试图想了解辩论的规定和细则，请看恰哈格西洛桑次成①（ཆ་ཧར་དགེ་བཤེས་བློ་བཟང་ཚུལ་ཁྲིམས།）的《起坐对辩讨论方式如意珠》（ཚོགས་སུ་ལངས་ནས་བགྲོ་གླེང་བྱེད་ཚུལ་དགོས་འདོད་ཀུན་འབྱུང་།）。

7. 辩论方式

据杰根顿珠巴在《量理庄严论》（ཚད་མ་རིགས་རྒྱན།）中说，第四如何进行辩论中，把辩论分为主体和分支两部分。

第一，要认识辩论的性质，为了相互交流达到清晰，需要训练语言的表达方式，只有这样才能清楚地表述正确内容。其中，把第一又分成为四类：提问题、回答问题、精彩辩论的条件和技巧、辩论的主体和辩论的案例。其中，一又分为小两类：提问方式和回答方式。在辩论时有三种提问方式：差异本质的提问、差异特征的提问、论证方式的提问。同样，在回答问题时有三种回答方式：一个本质（མགོ་གཅིག་པ།）、种类分

① 恰哈格西洛桑次成，1750 出生在蒙古大达参克沃恰根地方（སོག་པོ་དར་ཆེན་ཆེན་པོ་ཁོ་ཤོ་ཆ་གན།），1810 年圆寂。

支（རྩམ་པར་བྱེ་བ།）、听凭放任（བཏང་སྙོམས་སུ་བཞག་པ།）。

第二，天赋很高的智者，需要掌握声明学和因明学，尤其熟悉自派和他派的理论观点。做到满面笑容，语言温和清晰，克服懒惰和克制傲慢，这些都是优秀辩论者具备的基本品格。

第三，辩论者的思想动机方面，不能有贬低对方的愤恨，不能有高估自己的狂妄，不能有违反辨析规则的狡诈等，这些都是需要克服的辩论者的低劣思想。但是，要做到有求知渴望的恭敬态度，要做到厘清对方邪念的悲心，要做到向对方讲明深奥哲学思想的慈心，这些都是需要发扬的辩论者的优秀思想。

第四，在辩论案例方式上，仓促语言犹如很快摧毁对方，面部表情犹如武器开弓，愤怒粗语犹如遇到肉食罗刹，这些都需要克制的辩论者禁忌。而且，自己和对方犹如除障无明法轮，反驳疾风犹如吹不到的泰山，词意不乱犹如诸佛弟子，这些都是辩论案例方面需要掌握的优势。

第五，在辩论结果方面，自己以烦恼来闹心，不能万人诅咒自己，后世报应转生为自己不愿的生命，这些都是辩论者不清净的结果。因此，增长证悟满足的心意，名震四方，以护法变成法王，这些都是辩论者清净的善果。

综上所述，有必要充分了解辩论方面的弊端，并以克服辩论弊端来讨论如来经论的否和肯，自己将要变成弘扬佛法者。如果以动机邪见来辩论佛经的否和肯，往往变成坠落轮回的种子。因此，优秀的辩论者，必须认真对待辩论过程中所持心态的利弊。

在辩经讨论方面，恰哈格西洛桑次成在《辩经讨论要语》（བགྲོ་གླེང་གལ་ཆེ་བའི་གནད།）中说，对方引出的辩理，需要迅速正确睿智地回答。但要想给对方提问，语言准确清晰，问题遵循基本规律。如果教材正言部分有背诵的内容，需要认真地背诵，若忘记了正文，需要巩固背诵。如果自己要想超越于辩友，对辩论的经论语言和内容，必须做到细致的研读。另外，在辩论经论方面，萨班在《智者入门》中的第二章“论入门”中说，听闻讲辩佛祖语，经历智者的传承，经历瑜伽师的修证，经历班智达的讲辩，经历译师的翻译，在印度和西藏三藏智者普遍认同的经论，因而需要认真听闻经典经论。总之，坚持继承与传播形成了《释量论》的闻辩传承。

四、因明学的教学和学位

（一）因明学经院

在三大寺（色拉寺、甘丹寺和哲蚌寺）没有创建以前，已创建了著名的因明教学寺院，在前藏有桑浦、德哇坚（བདེ་བ་ཅན།）、蔡贡唐（ཚལ་གུང་ཐང་།）、噶东（དགའ་གདོང་།）、觉莫隆（སྐྱོར་མོ་ལུང་།）、瑟蒲（ཟུལ་ཕུ།）等，而在后藏区有萨迦（ས་སྐྱ།）、纳塘（སྣར་ཐང་།）、昂仁（ངམ་རིང་།）、博东艾（བོ་དོང་ཨེ།）、乃宁（གནས་རྙིང་།）等。

据《宗喀巴大师传——虔诚信仰》（རྗེ་ཙོང་ཁ་པའི་རྣམ་ཐར་དད་པའི་འཇུག་ངོགས།）中记载：在2年后，他已精通《般若》词义。19岁时，他到桑浦和德哇坚等巡回立宗答辩。当时，他敏捷的思路和丰富的佛语，扬名卫藏，深深吸引了诸格西和智者的心。后来，他到萨迦立宗答辩《般若经》，接下来到拉堆强（ལ་སྟོད་བྱང་།）、达桑丹（འདར་བཟང་ལྡན།）、昂仁①、嘎绒曲德（འགའ་རོང་ཆོས་སྡེ།）等寺立宗答辩。之后，他直接到了觉莫沟（ཇོ་མོ་ནང་།），在曲杰秋列朗杰（ཆོས་རྗེ་ཕྱོགས་ལས་རྣམ་རྒྱལ།）跟前听闻了《六支加行》（སྦྱོར་བ་ཡན་ལག་དྲུག）。接着，他到了博东艾。而且，顺路到了拉萨，在堪钦巴拉（མཁན་ཆེན་པ་ལ།）跟前获得了《噶当菩提道》传承。

① 昂仁曲德（ངམ་རིང་ཆོས་སྡེ།）位于很长的河坝对面，寺名由此而得名的。1225年，释迦森格（ཤཱཀྱ་སེང་གེ།）创建的。

之后，他到了艾寺，在艾经学院①立宗答辩，接着从艾直接到了纳塘寺。

后来，他到了娘堆（ཉང་སྟོད།），再到了乃宁寺，在乃宁寺呆了很短时间，在乃宁修了乃宁陀罗宁密咒，并对《般若经》立宗答辩。在夏季法会时，他到了泽钦地方（རྩེ་ཆེན།），在著名贤者年恩贡噶贝哇（ཉ་དབོན་ཀུན་དགའ་དཔལ་བ།）跟前认真听闻了《般若经》。之后，他到了觉莫隆，在堪布噶西巴罗色哇（མཁན་པོ་བཀའ་བཞི་པ་བློ་གསལ་བ།）跟前听闻了《律经》和《俱舍论》。

接着，他到了纳塘寺，在喇嘛罗杂哇（译师）丹桑（བླ་མ་ལོ་ཙྪ་བ་དོན་བཟང་།）跟前听闻了他的新作《因明注疏》（ཚད་མའི་ཊཱིཀ）。当年，在夏季法会时，他在纳塘对《阿毗达摩集俱舍论上下正言》（ནམ་འགྲེལ་མངོན་པ་གོང་འོག་མདོ་རྩ།）立宗辩论，这成为纳塘寺经论答辩的首创。之后，他到了萨迦寺，以上经论又立宗答辩。据说，他已具备十部经论立宗答辩的能力，但因各经学院仍未形成其他经论答辩的习惯，因而没有立宗答辩。之后，他到了前藏，从春季初十开始，从贡塘到桑浦到泽当②等，在各经学院对《四部经论》及释立宗答辩，但《般若经》早已立宗答辩。在秋季时，他到了吉曲（སྐྱིད་ཤོད། 拉萨河），当时住在布达拉宫，来自桑浦寺、德哇坚寺、贡塘寺，噶东寺、觉莫隆寺、瑟蒲寺等寺院的百位三藏贤者讲授了《中观》《律经》《菩提道次广论》等经论。在春季时，他到了噶东寺。从而说明以上都属于当时很有名的经学寺院。

先后创建了格鲁派寺院，色拉寺、哲蚌寺和甘丹寺，后藏扎什伦布寺、塔尔寺、拉卜楞寺等，格鲁僧侣习惯到大寺学经。卫达仓热堆巴的僧侣，每年藏历十一月的月初直到月底，他们到拉萨西南吉曲（拉萨

---

① 博东艾曲德（བོ་དོང་ཨེ་ཆོས་སྡེ།）是格西·弥扎钦布（དགེ་བཤེས་མུ་ཏྲ་ཆེན་པོ།）1049 年创建的，是邦译师父子（དཔང་ལོ་ཡབ་སྲས།）的寺院。

② 泽当（རྩེ་ཐང་།）是大司徒·绛曲坚赞（ཏའི་སི་ཏུ་བྱང་ཆུབ་རྒྱལ་མཚན།），1315 年创建的。

河）下游的绛地方①。在绛（即绛普寺）冬季法会（འཇང་དགུན་ཆོས།）期间，以三大寺为主的拉萨附近的格鲁派优秀学僧，自觉自愿到绛地方学经。在热堆寺的引导下，所有因明经论，尤其《释量论》和贾曹杰的《释量论释》（རྣམ་འགྲེལ་ཐར་ལམ་གསལ་བྱེད།）作为自派理论，对各类疑难问题需要认真研析，想方设法揭开因明秘语。在因明立宗答辩时，立宗者以自己意愿提出各类疑问，回答者从心理认知上可以直接回答。但是，在绛冬季法会上，要求三大寺的学僧都来训练辩经技巧，时间不算很长。比如说，色拉麦扎仓最早参加郡冬季法会的是，第 94 任甘丹赤钦勒珠赞周（འཇམ་མགོན་ཁྲི་ཆེན་ལྷུན་འགྲུབ་བརྩོན་འགྲུས། 1886—1949）。

在近代历史上，藏族虽说有很多贤者，但很少有人著书立说，因而绛冬季法会在三大寺有很大名气。当时，学僧生活虽说很艰辛，但学经方面废寝忘食。正因如此，有一位藏巴学僧说，如果我出现在绛冬季法会上，说明我已疯了。如果我没有出现在桑浦的夏季法会上，说明我已死了。后来，在三大寺学僧中非常流行该说法。

（二）学位制度

正如没有“阿让巴（སྔགས་རམས་པ།）”和“麦让巴（སྨན་རམས་པ།）”，学僧学完因明经论后，没有“蔡让巴（ཚད་རམས་པ།）”的学衔称号。在贾曹杰以前，只有“嘎西（བཀའ་བཞི། 四部大论）”立宗答辩的传统，当时贾曹杰对嘎觉巴（བཀའ་བཅུ། 十部经典）立宗答辩，并授予了“嘎觉巴（བཀའ་བཅུ་པ།）”的学衔称号。

萨迦强钦让降巴（ས་སྐྱ་བྱམས་ཆེན་རབ་འབྱམས་པ།）创建的锡金庄园

① 绛地方（འཇང་།）成为特殊的因明学习的地方，其主要原因是印度陈那大师的《集量论》礼赞中，提到的石板抛向空中，并祈愿在石板落地的地方因明学教学很发达。据说，石板正好落到拉萨西南降地方。因此，在降地方学习因明，学僧会很快精通因明学知识。

（འབྲས་ཡུལ་སྐྱེད་ཚལ།）①，后来把它改成为因明学方面的 6 座母子经学院（མཚན་ཉིད་ཀྱི་གྲྭ་ཚང་མ་བུ་དྲུག）。在《教派玻璃镜》（གྲུབ་མཐའ་ཤེལ་གྱི་མེ་ལོང་།）中说，“让降巴”称谓在桑杰培（སངས་རྒྱས་འཕེལ།）时代开始出现的。据《果木卸任堪布阿旺尼玛自传》（སྒོ་མོ་མཁན་ཟུར་ངག་དབང་ཉི་མའི་རང་རྣམ།）中记载，在桑浦上下学院，在13 个扎仓中央立宗答辩者，授予“林色（གླིང་བསྲེས།）”学衔称号。在拉萨祈愿大法会上立宗答辩者，授予“拉让巴”学衔称号。在拉萨小召法会上立宗答辩者，授予“措让巴”学衔称号。在哲蚌措钦石板上立宗答辩者，授予“朵让巴”学衔称号。

有些学者认为，早期“格西”两字，与学衔称号没有任何关系。当时，仲敦巴被尊称为“格西仲敦巴”，从此出现了格西两字。后来，在三大寺立宗答辩后，往往授予“格西”学衔称号。但在后藏，扎什伦布、拉泽曲德、昂仁曲德、平措林等寺立宗答辩后，往往授予“嘎钦（བཀའ་ཆེན།）”学衔称号，在达波西珠林（དྭགས་པོ་བཤད་སྒྲུབ་གླིང་།）、阿里扎仓等寺立宗答辩后，往往授予“让降巴”学衔称号，在安多拉卜楞寺答辩考试后，往往授予“朵让巴”学衔称号，在塔尔寺答辩考试后，往往授予“让降巴”学衔称号。但是，萨迦、宁玛、噶举等教派，不太清楚有没有立宗答辩的习惯，但没有活佛身份的因明学高僧，往往被尊称为“堪布”。

五、纳塘寺的因明学传承

在伸长大象鼻子似的草沟里，1153 年，噶当格西顿丹洛珠扎巴（གཏུམ་སྟོན་བློ་གྲོས་གྲགས་པ། 1106—1166）创建了纳塘寺，后来在该寺涌现出了很多非常优秀的贤者。

① 公元 1447 年创建。

据《青史》[1] 中记载：勤钦波（འཆིམས་ཆེན་པོ།）在暗地里与嘉纳扎森（སྐྱག་ནམ་གྲགས་སེང་།）相互沟通后，在纳塘寺设立讲闻坛。当时，噶当派诸贤者显得很不高兴，纷纷要求惩罚他俩。那么，嘉纳扎森悄悄告诉勤钦波，在此不要设立讲闻坛。但是，勤钦波争辩说，我已经提供了很多茶叶，并已把惩罚的茶叶煮了三次茶汁。而且，在第三次斋茶法会上，我也已上交了惩罚的款，当时已获准可以辩论。因此，他们在暗中继续辩论，从而形成了很好的讲坛。而且，先后涌现出了吉丹扎蚌（སྐྱོ་སྟོན་གྲགས་འབུམ།）和曲美巴森格贝（ཆུ་མིག་པ་སེང་གེ་དཔལ།）等很多贤者。

绛丹日巴热哲（བཅོམ་ལྡན་རིགས་པའི་རལ་གྲི། 简称绛热）来自于普唐地方（ཕུ་ཐང་བ།），后来成为桑耶白塔寺的僧侣。在噶哇东（དགའ་བ་གདོང་།）[2]，他给雅尼玛赞珠（དབྱར་ཉི་མ་བརྩོན་འགྲུས།）讲授《般若经》时，不幸患了地方传染病，他专到纳塘找吉丹麦朗次成[3]求医。当时，吉丹麦朗次成约 11 年不见太阳地闭关静修金刚手。据说，绛热（བཅོམ་རལ།）已踏到纳塘门槛时，阳光正好照射到了他的额上。同时，他又正好遇到纳塘寺早晨法会吹海螺的时机，被视为吉祥征兆。吉丹麦朗次成告诉他，你的病不用担忧，你先在河谷北岸学习《定量论》。因此，他在纳塘外沟洞

---

① 《青史》中“俄译师的传承（རྔོག་ལོ་ཙྪ་བ་བརྒྱུད་པ།）”，四川民族出版社，1894 年，第 409 页。

② 觉囊达热纳塔的《娘域上中下奇语金鬘贤者入门》（ཉང་ཡུལ་སྟོད་སྨད་བར་གསུམ་གྱི་ངོ་མཚར་གཏམ་གྱི་ལེགས་བཤད་མཁས་པའི་འཇུག་ངོགས།），西藏人民出版社，1983 年，134—135 页。此书记载：“登译师次成迥乃（སྟེང་ལོ་ཙྪ་བ་ཚུལ་ཁྲིམས་འབྱུང་གནས།），在 15 岁时，在囊噶东嘉德增巴（རྒྱ་འདུལ་འཛིན།）跟前出家为僧。后来，藏区著名学者雅尼玛赞珠担任噶东堪布（དགའ་སྡོང་གི་མཁན་པོ།），而且在噶东举行了非常隆重的讲经说法活动。在雅尼跟前雅唐巴日热（དབྱར་ཐང་པ་རིག་རལ།）听闻了很多经文。在噶东期间，他既显心情舒畅又勤奋认真。后来，日热还患了传染病。”从而说明，娘堆巴（ཉང་སྟོད་པ།）是噶东地方的人，堆龙德庆县管辖范围的噶东（དགའ་སྡོང་།）是卫藏六大寺院之一。在《宗喀巴大师传——虔诚信仰》中说，喇嘛吾玛巴（བླ་མ་དབུ་མ་པ།）一起师徒俩前往噶东地方，第二年宗喀巴大师（1370 年）去的地方不是噶东。

③ 吉丹麦朗次成（སྐྱོ་སྟོན་སྨོན་ལམ་ཚུལ་ཁྲིམས། 1219—1299）的《现观庄严论注疏》，《噶当文集》，百慈藏文古籍研究室整理，四川民族出版社，2007 年。

先后讲授了1千次《定量论》，之后传染病渐渐好转。从此，他在纳塘学经场认真学习经论，而且13万次念修忿怒明王（ཆོས་སྐྱོང་ཞལ་བཞི་པ།），最终显露出了光明的智慧。

与此同时，他在修侍护法神的同时，向众弟子讲授经论，培养出了很多优秀的弟子。当时，藏区的三藏法师三分二据说聚在纳塘寺，著名学者嘉布央（འཇམ་པའི་དབྱངས། ？—1289）也是他的弟子。据说，刚开始邪魔缠身，常常谩骂上师，受到严厉的呵责。后来，他离开了纳塘寺，到了萨迦寺。之后，他受蒙古人的邀请，到了蒙古赫云地方（ཧྲུ་ཡན།），得到当地蒙古头人的供养。就在此地，他撰写完成了《因明集量论的注疏》（ཚད་མ་ཀུན་བཏུས་ཀྱི་ཊཱི་ཀ་བརྒྱུས་པ།），后通过金信使寄给了绛丹巴，但未得到上师的认可。后来，他向上师绛丹巴敬献了一箱墨水，使得上师非常开心，用他敬的墨水撰写了《十六部经典》（བསྟན་བཅོས་པུ་སྟི་བཅུ་དྲུག）①。

贤者吾巴洛萨（དབུས་པ་བློ་གསལ།）是吉热和嘉布央的弟子，吉热对《善逝语》（བདེ་བར་གཤེགས་པའི་བཀའ།）整理出卷数和目录，而且《经典》（བསྟན་བཅོས།）也作了分类和小结②。等于说，他把经论进行了编纂，为此绛央给予了资助和鼓励。尤其，以吾巴等贤者遵照上师的意旨，雕刻了《甘珠尔》和《丹珠尔》印版，并供奉在纳塘经堂。以吾巴罗萨强秋益西（དབུས་པ་བློ་གསལ་བྱང་ཆུབ་ཡེ་ཤེས།）、译师索南韦色（ལོ་ཙཱ་བ་བསོད་ནམས་འོད་ཟེར།）、迥若强秋蚌（རྒྱང་རོ་བྱང་ཆུབ་འབུམ།）等三位贤者的艰苦努力下，不仅找到了《甘珠尔》和《丹珠尔》底本，而且雕刻了印版③，后来

---

① 非常高兴的一件事，完整手抄文集写本，现保存在哲蚌十尊罗汉殿（འབྲས་སྤུངས་གནས་བཅུ་ལྷ་ཁང་།）。另外，康哲索南丹珠（ཁམས་སྤྲུལ་བསོད་ནམས་དོན་གྲུབ།）《绛丹日巴热哲文集》十六卷（བཅོམ་ལྡན་རིགས་རལ་གསུང་རྩོམ་པོད་བཅུ་དྲུག），大概有4800页左右，现输入到电脑并已正式出版，在《噶当文集》，百慈藏文古籍研究室整理，四川民族出版社，2007年。

② 《甘珠尔》和《丹珠尔》目录。

③ 列钦贡噶坚赞的《噶当宗教源流》中说，最初整理的《甘珠尔》和《丹珠尔》时间是堪钦罗桑扎巴（མཁན་ཆེན་བློ་བཟང་གྲགས་པ།）时期。

供奉在嘉央佛殿里。虽然，很多地方供奉着《甘珠尔》和《丹珠尔》，但上部《甘珠尔》和《丹珠尔》供奉在仲巴（གྲོམ་པ།）、萨迦（ས་སྐྱ།）、卡贡唐（ཁབ་གུང་ཐང་།）等寺，而下部在察贡唐（ཚལ་གུང་ཐང་།）供奉了三套《甘珠尔》和《丹珠尔》。达龙附近供奉了三套《甘珠尔》和《丹珠尔》。但同时，布顿仁波切从纳塘借了一套《丹珠尔》，他把《丹珠尔》中重复的内容进行了删除。

纳塘版是西藏第一次雕刻的印版，后来新找到的经论都收录成为母本。而且，没有次序的部分整理成新次序，增加了上千条佛法新名词，之后把它供奉在夏鲁佛殿（ཞ་ལུ་གཙུག་ལག་ཁང་།）。与此同时，在日喀则仁蚌洛班南喀坚赞（རིན་སྤུངས་སློབ་དཔོན་ནམ་མཁའ་རྒྱལ་མཚན།）以它为母本的雕刻印版，供奉在泽当经学院（རྩེ་ཐང་གི་ཆོས་གྲྭ།）。后来，又把以它为母本的雕刻印版，供奉在贡噶（གོང་དཀར།）、丹萨提（གདན་ས་མཐིལ།）等地方。

到后来，康巴人在卫藏各自雕刻印版带到康区，以它为母本的雕刻印版供奉在康区各佛殿。还有，曲杰通哇丹旦（ཆོས་རྗེ་མཐོང་བ་དོན་ལྡན།）雕刻的印版，在卫藏恩夏哇（དབེན་ཤ་བ།）雕刻的印版，楚布曲杰绒迥（མཚུར་ཕུར་ཆོས་རྗེ་རང་བྱུང་བ། 1284—1339）以珠宝雕刻的印版，强巴林雅嘉本钦格宁（ཡར་རྒྱབ་དཔོན་ཆེན་དགེ་བསྙེན་པ།）雕刻的印版，瑟贡邦（གཟི་ཀུན་སྤངས།）一百八十卷雕刻的印版。达泽哇（སྟག་རྩེ་བ།）除了修建佛殿外，在原有的《甘珠尔》和《丹珠尔》上，新找到的很多经文作为母本，而且把它们雕刻成为印版。尤其，后来绛丹日巴热哲弟子嘉布央又找到了很多经卷，这些既是俄译师的恩德，又是喀钦贤者们的恩德，但归根到底是佛祖释迦牟尼的恩德。

在绛丹日巴热哲论著当中，已出版的因明经论有，在绒贡（རང་ཀང་།）著的《经典七论释庄严花》（བསྟན་བཅོས་སྡེ་བདུན་རྒྱན་གྱི་མེ་ཏོག）① 和

---

① 绛丹日巴热哲著：《因明七论释庄严花》（ཚད་མ་སྡེ་བདུན་རྒྱན་གྱི་མེ་ཏོག），中国藏学出版社，1991 年。

《定量论释庄严花》（རྣམ་པར་ངེས་པའི་འགྲེལ་བཤད་ཆེན་པོ་རྒྱན་གྱི་མེ་ཏོག）。但后来出版的有《因明集量论广释庄严花》（ཚད་མ་ཀུན་ལས་བཏུས་རྒྱ་ཆེར་བཤད་པ་རྒྱན་གྱི་མེ་ཏོག）、《观相属论广释的注解和章节》（འབྲེལ་བ་བརྟག་པའི་མཆན་དང་ས་བཅད།）、《辩论正理略本》（རྟོད་པའི་རིགས་པའི་བསྡུས་དོན།）、《辩论正理庄严花》（རྟོད་པའི་རིགས་པ་རྒྱན་གྱི་མེ་ཏོག）① 等因明论著。

同时，贤者曾说，大喇嘛随应救度名义，把自己说成为菩萨化身，从而担任政治职务，但最终毁掉了政教两方面，尤其未来前瞻性的政教合一的封建制度创立者。其实，贤者对萨迦五祖中的八思巴（1235—1280）配有“索森曲”（གསོལ་གཟིམས་མཆོད་གསུམ།）等 13 职员的不满，他著有《指路教言书》（ལམ་སྟོན་བཀའ་སློབ།）。实际上，达钦阿旺贡噶索南（བདག་ཆེན་ངག་དབང་ཀུན་དགའ་བསོད་ནམས། 或达钦阿美夏 བདག་ཆེན་ཨ་མེས་ཞབས། 1597—?）在《萨迦世系》（ས་སྐྱའི་གདུང་རབས་ངོ་མཚར་རིན་ཆེན་བང་མཛོད།）② 中说，藏历火兔年（1267 年），33 岁时，金字使者带着邀请信到达萨迦寺，八思巴准备带着 13 职员出发。当时，绛丹日巴热哲带有讽刺地对八思巴说：“佛祖佛法挫折黑云遮，众生幸福首领手中握，末代比丘变成首领王，没有该三不称殊圣名?”。法王八思巴回答说：“佛法盛衰发展佛祖说，众生幸福各自业力，随应降伏随应导师拜，没有这三不称贤者名”，其实说明了绛丹日巴热哲的讽刺语，对八思巴来说，感到脓上刺针似的。

他的弟子钦嘉布央（མཆིམས་འཇམ་པའི་དབྱངས།）著有《钦俱舍论释》（མཆིམས་མཛོད།），著称为藏族《俱舍论》方面的经典。其实，他写有《集量论释广略》（རྣམ་འགྲེལ་འགྲེལ་པ་ཆེ་ཆུང་།）等两部论著，是《青史》前面提到的经论。但他俩的弟子吾巴洛萨，在因明学方面成为著名学者，这点在他的作品《吾巴洛萨教派》（དབུས་པ་བློ་གསལ་གྲུབ་མཐའ།）可以证明。

---

① 《噶当文集》，百慈藏文古籍研究室整理，四川民族出版社，2007 年，第 53—55 页。

② 达钦阿旺贡噶索南：《萨迦世系》，民族出版社，1986 年，第 174 页。

纳塘巴丹珠桑波（སྣར་ཐང་པ་དོན་གྲུབ་བཟང་པོ།）著有《因明注疏》（ཚད་མའི་ཊཱིཀ།），而且，宗喀巴经师东珠仁钦（དོན་གྲུབ་རིན་ཆེན།）也是纳塘贤者。

在《宗喀巴传》中说，他到了藏纳塘地方，绛丹日巴热哲的大弟子，绛丹巴寺的住持者懂丹日巴森格（ཕྱོང་སྟོན་རིགས་པའི་སེངྒེ།）跟前学习了《因明定量论》，当时在正理破立方面遇到了不小的难度。后来，他到了夏鲁寺，在观世音菩萨跟前虔诚祈祷，昼夜转经，直到脚底出了血泡，他的智慧带来很大启发，精通了五明知识。而且，以精湛的辩论而扬名。当时，他虽说学经条件很差，但在纳塘做到了克服困难认真学经。

纳塘因明教学传承，其实来自于桑浦寺。释迦秋丹（ཤཱཀྱ་མཆོག་ལྡན།）在《略论俄译师如何发展佛法》① 中说，恰巴弟子哲夏哇索南森格（བྲེ་ཤ་བ་བསོད་ནམས་སེང་གེ།）创办了纳塘《定量论》讲坛。另外，下密院创建者杰喜饶森格（རྗེ་ཤེས་རབ་སེང་གེ），他的弟子杰根顿珠巴（1391—1474）都是纳塘的格西。据《青史》② 中记载：当今贤者喜饶森格，他的弟子大贤者根顿珠巴修建札什伦布佛殿和塑了大佛像等，当时在纳塘聚集了众僧，而且讲闻得到很大的发展，已成为格鲁派的重要分支。其实，他们师徒俩都是纳塘寺的格西。

列钦贡噶坚赞在《噶当宗教源流》中说，曲杰喜饶森格在撰写《集量论释》（ཚད་མ་འགྲེལ་གྱི་ཊཱིཀ）时，前言颂词是喇嘛（根顿珠巴）写的。当时，桑浦学僧中流传着，如果根顿珠巴撰写的话，那么谁扮演释者，说明杰喜饶森格著了《释量论释》。但是，关于杰根顿珠巴在纳塘传播因明学方面，他的亲传弟子班钦益西泽莫（པཎ་ཆེན་ཡེ་ཤེས་རྩེ་མོ།）写的《杰

① 《略论俄译师如何发展佛法》(རྔོག་ལོ་ཙཱ་བ་ཆེན་པོས་བསྟན་པ་ཇི་ལྟར་བསྐྱངས་པའི་ཚུལ་མདོ་ཙམ་དུ་བྱ་བ་ངོ་མཚར་གཏམ་གྱི་རོལ་མོ།)。

② 《青史》(上)，“俄译师的传承（རྔོག་ལོ་ཙཱ་བའི་བརྒྱུད་པ།）”，新德里，1974 年，第 412 页。

唐切钦巴根顿珠巴贝桑布传》① 中有明确记载。关于《释量论》的理论，著名的《释量论》学者年俄巴（ཉ་དབོན་པ།）著有《释量论释》（རྣམ་འགྲེལ་གྱི་ཊཱིཀ），当时两部《释量论》释论都有手抄本。而且，有一位名叫洛班阿巴雅格第（སློབ་དཔོན་ཆེན་པོ་ཨ་བྷ་ཡ་ཀིརྟི།）学僧，在纳塘寺对《释量论释》立宗答辩。

公元1447年，他创建了扎什伦布寺。第二年，扎什伦布寺已显露出未来创立因明教学的吉祥前兆。据《杰唐切钦巴根顿珠巴贝桑布传》中说："在他的梦境中，显出了扎什伦布背山顶上坐着宗喀巴大师，山腰坐着桑巴钦布堆哇增（སེམས་དཔའ་ཆེན་པོ་འདུལ་བ་འཛིན།），山底坐着杰根顿珠巴自己。突然，桑巴钦布堆哇增开口说话，杰喇嘛（根顿珠巴）请你翘起耳朵听着，杰宗喀巴大师向我们预言很多东西。当杰根顿珠巴认真听后，虽说听到了很多声音，但大部分并没有听得很清楚。其中，有几句话听得非常清晰，宗喀巴叫着根顿珠巴的名字，该地未来因明《集量论》很昌盛。顿时，根顿珠巴产生了强烈的虔诚信仰。"后来，杰根顿珠巴以《贾曹杰文集》作为基础，自己撰写了因明方面的《量理庄严论》② 和《释量第四章释》等论著。而且，他创办了因明教学，对利益众生方面做了很多功德。

与此同时，在《班钦洛桑益西传》③ 中，在提到雍增（经师）益西坚赞（ཡོངས་འཛིན་ཡེ་ཤེས་རྒྱལ་མཚན།）文集中的《道次上师传》（ལམ་རིམ་བླ་བརྒྱུད་རྣམ་ཐར།）时，班钦洛桑益西显出了精通因明《集量论》。而且，他能背诵杰根顿珠巴的《量理庄严论》。另外，降央麦朗巴哇列巴洛珠（འཇམ་དབྱངས་སྨོན་ལམ་དཔལ་བ་ལེགས་པའི་བློ་གྲོས།）对《因明释量论释》（ཚད་མ་རྣམ་འགྲེལ་གྱི་ཊཱིཀ）作了注，后来被称为《麦释》（སྨོན་ཊཱིཀ），而且他也能背诵

① 《杰唐切钦巴根顿珠巴贝桑布传·宝贝串链》（རྗེ་ཐམས་ཅད་མཁྱེན་པ་དགེ་འདུན་གྲུབ་པ་དཔལ་བཟང་པོའི་རྣམ་ཐར་ངོ་མཚར་རྨད་བྱུང་ནོར་བུའི་ཕྲེང་བ།）。

② 15世纪，杰根顿珠巴著的《量理庄严论》（ཚད་མའི་བསྟན་བཅོས་རིགས་པའི་རྒྱན། ）。

③ 班钦洛桑益西（པཎ་ཆེན་བློ་བཟང་ཡེ་ཤེས། 1663—1737）。

唐切钦巴根顿珠巴的《释量论释》，后来他到日隆曲吉（རིགས་ལུང་ཆོས་སྡེ།），认真训练了辩论技巧。其实，唐切钦巴根顿珠巴在扎西朵卡（བཀྲ་ཤིས་རྡོ་ཁ།）时，向宗喀巴提出了关于《因明学定量论》（ཚད་མའི་རྣམ་ངེས།）方面的疑问，并作了笔记。在甘丹寺，他又向贾曹杰细问了因明问题，在此基础上完成了《量理庄严论》。唐切钦巴根顿嘉措（ཐམས་ཅད་མཁྱེན་པ་དགེ་འདུན་རྒྱ་མཚོ།）在札什伦布寺学习《释量论》时，细致阅读了《量理庄严论》和《麦释》，据说他非常享受《麦释》，并能背诵全部经论。其实，他说在因明学方面，他的老师是《麦释》，给予了很高的评价。在札什伦布寺很盛行摄类学，其原因在《噶当书》（བཀའ་གདམས་གླེགས་བམ།）① 中说："坚参顶上展经院，法王达玛格德耶"，树立了胜利的法幢。

八世达赖喇嘛降贝嘉措（འཇམ་དཔལ་རྒྱ་མཚོ།）在《雍增班智达益西坚赞传》（ཡོངས་འཛིན་པཎྜི་ཏ་ཡེ་ཤེས་རྒྱལ་མཚན་རྣམ་ཐར།）② 中说：他能背诵《因明广义经典释量论》（རྒྱས་པའི་བསྟན་བཅོས་ཚད་མ་རྣམ་འགྲེལ།），和贾曹杰·达玛仁钦的《释量论》中不颠倒作的注《明照解脱道》（ཐར་ལམ་གསལ་བྱེད།）③。而且，他在众贤者跟前系统学习了正理的各种疑难问题。因此，雍增班智达益西坚赞不仅能背诵《明照解脱道》，而且对《释量论》有着情有独钟的爱好，所以在札什伦布寺摄类学和《释量论》的教学很发达。在札什伦布寺，因班钦洛桑益西能背诵唐切钦巴根顿珠巴的《量理庄严论》，后来该寺出现了很多背考贾曹杰·达玛仁钦的《明照解脱道》和《量理庄严论》的学僧。我的上师昂仁格西降央（སྔམ་ངག་རིང་དགེ་བཤེས་འཇམ་དབྱངས།）对扎什伦布寺有着特殊的感情，在背诵考试《量理庄严

---

① 噶当派著名典籍《祖师问道录》（བཀའ་གདམས་ཕ་ཆོས།）和《弟子问道录》（བཀའ་གདམས་བུ་ཆོས།）的总名。

② Publiished by Library of Kyidong Samtenling，1997，p. 16，II，14 – 17.

③ 贾曹杰·达玛仁钦著：全名《释量论释·无倒明照解脱道》（ཚད་མ་རྣམ་འགྲེལ་གྱི་ཚིག་ལེའུར་བྱས་པའི་རྣམ་བཤད་ཐར་ལམ་ཕྱིན་ཅི་མ་ལོག་པར་གསལ་བར་བྱེད་པ།），简称《明照解脱道》。

论》后，班钦朗玛岗（པཎ་ཆེན་ནང་མ་སྣང་།）奖励了坎肩（སྟོད་འགག）、汉地砖茶（རྒྱ་ཇ།）和布料（གསོལ་རས།）等物品。当时，格西绛央把茶叶马上捐给了生活在昂仁的根本上师曲杰巴丹（ཆ་བླ་ཆོས་རྗེ་དཔལ་ལྡན།），但积累福德坎肩一直穿在身上。同时，在印度哲蚌寺的十尊佛殿（འབྲས་སྤུངས་གནས་བཅུ་ལྷ་ཁང་།）①，供奉着纳塘桑杰巴仁（སྣར་ཐང་སངས་རྒྱས་དཔལ་རིན།）著的《因明经典七论经》（ཚད་མའི་བསྟན་བཅོས་སྡེ་བདུན་མདོ།），以及它的注《明照解脱庄严的深义善言宝库》（དགོངས་འགྲེལ་ཐར་ལམ་གསལ་བྱེད་རིག་པའི་ཟབ་དོན་ལེགས་པར་བཤད་པ་རིན་པོ་ཆེའི་གཏེར་མཛོད།）。

六、萨迦的因明学传承

萨迦派的因明学传承，与班钦释迦室利（པཎ་ཆེན་ཤཱཀྱ་ཤྲཱི། 1127—1225）有着密切关联。公元1204年，绰布译师强巴拔（ཁྲོ་ཕུ་ལོ་ཙཱ་བ་བྱམས་པ།）邀请班钦释迦室利到西藏传教，萨班在他的跟前听闻了因明学。释迦秋丹在《因明源流》（ཚད་མའི་ཆོས་འབྱུང་།）② 中说，日巴旺秋曲吉森格（རིགས་པའི་དབང་ཕྱུག་ཆོས་ཀྱི་སེང་གེ）首先创办摄类学讲坛，他是藏历土牛年圆寂的。之后，第13年的藏历水虎年，萨迦班智达（1182—1251）诞生。17岁时，他已系统学完了《释量略论》（རྣམ་ངེས་བསྡུས་པ།）。27岁时，他见到了喀切班钦，他的跟前学习了法圣的因明理论，又后来在其他班智达跟前学习了《因明七论》等经论。可以说，未藏式化的纯印度因明学理论。但同时，他译校了《释量论》，并保证每天每节法会上讲解一次《释量论》，因而涌现出了很多有能力传承《释量论》的弟子。

他认为原先的摄类学不符合教理本身。因此，他新开创了以经部

① 《哲蚌十尊佛殿目录》（འབྲས་སྤུངས་གནས་བཅུ་ལྷ་ཁང་དཔེ་མཛོད་དཀར་ཆག），16397

② Dza 19b7；The Complete Works of gSer-mDog pan-Chen-Sakya-mChog-LDan, Vol. 19，P. 38.

(མདོ་སྡེ།) 和唯识（སེམས་ཙམ་པ།）理论作为依据的摄类学，而且撰写了《量理宝藏释》（ཚད་མའི་རིགས་གཏེར་འགྲེལ་པ།）①。堪钦阿旺扎（མཁན་ཆེན་ངག་དབང་གྲགས།）在《六大经函漫谈》（པོད་ཆེན་དྲུག་གི་འབེལ་གཏམ།）中说，《因明经藏》（ཚད་མའི་མདོ།）、法称的《因明七论》《第一章自注》《定量论自注》等，以上分散的各教理汇总，与因明正理宝11自注相结合来学习，这点在西藏学习因明学方面成为最佳的方法。在自注的引用方面，既有《因明经藏》《释量论》《定量论》，又有《第一章自注》，可以说引用了因明学两位鼻祖的理论。但几乎没有引用圣庄严（ལྷ་རྒྱན།）和法圣（ཆོས་མཆོག）等的注词，不只依赖于圣严等的萨班，其智慧犹如阳光没有照射以前，法称深奥的思想花蕊无法开放似的。因此，萨班把法称的思想传播到了藏区。

根钦嘉木样协巴（ཀུན་མཁྱེན་འཇམ་དབྱངས་བཞད་པ།）在《释量论第一章辨析》（རྣམ་འགྲེལ་ལེའུ་དང་པོའི་མཐའ་དཔྱོད།）② 中说，《量理宝藏自注》的堪布，估计不会是曲杰班钦，说明《量理宝藏自注》本身存在些问题。他的继承者在《六大经函漫谈》③ 中说，萨班亲传弟子吾宇巴日巴森格著有《因明经论大辞典》（ཚད་མའི་བསྟན་བཅོས་རིགས་མཛོད་ཆེན་མོ།），而洛巴根钦仁钦贝（ལྷོ་པ་ཀུན་མཁྱེན་རིན་ཆེན་དཔལ།）写有各种散论。其实，吾宇巴和朵德贝（མདོ་སྡེ་དཔལ།）长时间住持了萨迦经学院，而且取得了很好的成绩，后来成为萨迦学经传承方面的著名继承者，培养出了绛央嘉沃（འཇམ་དབྱངས་སྐྱ་བོ།）、邦大译师（དཔང་ལོ་ཆེན་པོ།）、曲杰喇嘛丹巴（ཆོས་རྗེ་བླ་མ་དམ་པ།）、年俄贡噶贝（ཉ་དབོན་ཀུན་དགའ་དཔལ།）等弟子。其中，年俄著有《释量论释》，而且有着“因明取决于年俄”的说法。年俄的弟子根钦雅米旁曲吉喇嘛（ཀུན་མཁྱེན་གཡག་མི་ཕམ་ཆོས་ཀྱི་བླ་མ། 1350—1414）著有《集量论

① 13世纪时，萨迦班智达贡噶坚赞著，全书汇总为七部量论要义。

② 拉卜楞寺印刷，帕50卷，第5—4页。

③ Nga 21a4 - b1; The Collection Works of mKhan-chen Ngag-dbang Chos-grags, Vol. lV, 41 - 42.

释心灯》（རྣམ་འགྲེལ་གྱི་ཊཱི་ཀ་ཡིད་ཀྱི་མུན་སེལ་བྱ་བ།）和《量理宝藏释光耀》（རིགས་གཏེར་གྱི་ཊཱི་ཀ་རིགས་པའི་འོད་སྟོང་འགྲོ།），其内容通俗，词汇简易，属于简明的因明学论著。

吾宇巴（？—1253）在因明学方面做出了重要贡献。据《青史》①中记载：吾宇巴在萨迦跟随萨班学习了《释量论》，对《释量论》作了认真研析，培养了以雄朵德贝贤者（མཁས་པ་ཆེན་པོ་ཞང་མདོ་སྡེ་དཔལ།）为主的很多弟子。迄今为止，《释量论》传承如此昌盛，与萨班和吾宇巴有功劳。在吾宇巴年轻时，他在桑浦住持讲授《定量论》，但现已改成讲授《释量论》。释迦秋丹在《略论俄译师如何发展佛法》中说，后来桑浦等开始讲授《释量论》，已不是俄译师传来的讲授传承，而变成萨迦诺桑（ས་སྐྱ་ནོར་བཟང་།）和年俄（ཉ་དབོན།）发展来的传承。在卫藏很长一段时期，找不到吾宇巴的《因明经论大辞典》版本。但非常高兴的是，后来在青海塔尔寺印经院发现了保存完好的《因明经论大辞典》版本，而且在印度德里出版了德格版的《因明经论大辞典》。另外，吾宇巴的《释量论略义正理归总》（རྣམ་འགྲེལ་བསྡུས་དོན་རིགས་པའི་སྡོམ།）和《正理实有》（རིགས་པ་གྲུབ་པ།）② 两部论著，现供奉在哲蚌十尊罗汉殿。

最早的《释量论》藏文释本，赞巴丹西（བཙུན་པ་སྟོན་གཞོན།）著的《释量论释雪域庄严》③ 已出版。还有，萨迦巴喇嘛丹巴索南坚赞（ས་སྐྱ་པ་བླ་མ་དམ་པ་བསོད་ནམས་རྒྱལ་མཚན། 1312—1375）著的《因明释量论释广中略》（ཚད་མ་རྣམ་འགྲེལ་གྱི་ཊཱི་ཀཱ་རྒྱས་འབྲིང་བསྡུས་གསུམ།）三本、雅绒达玛（གཡག་རོང་དར་མ།）著的《释量论释》、邦译师洛珠丹巴（དཔང་ལོ་ཙཱ་བ་བློ་གྲོས་བརྟན་པ།）著的《释量论大释》、译师扎巴坚赞（ལོ་ཙཱ་བ་གྲགས་པ་རྒྱལ་མཚན།）著的《释

① 《青史》（上）中“俄译师传承及其他（རྔོག་ལོ་ཙཱ་བ་བརྒྱུད་པ་དང་བཅས་པ།）”。

② 《哲蚌十尊罗汉殿目录》（འབྲས་སྤུངས་གནས་བཅུ་ལྷ་ཁང་དཔེ་མཛོད་དཀར་ཆག），16325—167410 卷。

③ 赞巴丹西著：《释量论的释雪域庄严》（རྣམ་འགྲེལ་གྱི་རྣམ་བཤད་གངས་ཅན་གྱི་རྒྱན།），中国藏学出版社，1987 年。

量论大释》，博东班钦秋列朗杰（1375—1451）著的《因明大疑释》（ཚད་མའི་དཀའ་འགྲེལ་ཆེན་མོ།）《因明疑难分支论正理精髓》（ཚད་མའི་དཀའ་གནད་བྱེ་བྲག་ཏུ་བཤད་པ་རིགས་པའི་སྙིང་།）、《因明量理宝藏的释》（ཚད་མ་རིགས་གཏེར་གྱི་ཊཱིཀ）、《因明略论》（ཚད་མའི་བསྡུས་པ།）、《释量论释》（རྣམ་འགྲེལ་གྱི་ཊཱིཀ）等。另外，非常值得高兴的是，萨迦巴喇嘛丹巴索南坚赞著的《因明释量论精蔓疏》（ཚད་མ་རྣམ་འགྲེལ་གྱི་འགྲེལ་པ་ལེགས་པར་བཤད་པའི་སྙིང་པོ།）、《正理自性定量略论》（བསྡུས་པ་ཆེ་བ་རིགས་པའི་དེ་ཉིད་རྣམ་པར་ངེས་པ།）、《二摄七论精髓真实性明照》（སྡེ་བདུན་གྱི་སྙིང་པོ་རིགས་པའི་དེ་ཁོ་ན་ཉིད་རབ་ཏུ་གསལ་བ་ཞེས་བྱ་བ་བསྡུས་པ་གཉིས་པ།）等论著，已被萨迦佛学院出版①。

在《因明释量论精蔓疏》中说，《因明释量论精蔓疏》是以众贤者顶礼膜拜的佛学大师班丹喇嘛丹巴森格（དཔལ་ལྡན་བླ་མ་དམ་པ་སེང་གེ）和邦译师洛珠丹巴的心传弟子，知识非常渊博的文殊菩萨化身喇嘛丹云坚赞贝桑波（བླ་མ་དོན་ཡོན་རྒྱལ་མཚན་དཔལ་བཟང་པོ།）和获得丰富教理秘诀的格西朱巴坚赞贝桑波（གྲུབ་པ་རྒྱལ་མཚན་དཔལ་བཟང་པོ།）等有关。这又充分说明了与《释量论大注》译者邦译师洛珠丹巴弟子有关。但是，《释量论大注》是一部全面展示因明哲学观的经典，而且，在历史演变方面也不可或缺的善教书。

以上有些经论情况不是很清楚，但晋扎仁波切（འཇིགས་བྲལ་རིན་པོ་ཆེ།）的本寺波绒白玛曲顶寺（སྤོ་རོང་པདྨ་ཆོས་སྡིང་།），收藏着手抄的《因明正理光明》（ཚད་མ་རིགས་པའི་སྣང་བ།）论著。在藏族贤者当中，博东班钦秋列朗杰是论著最丰富的学者，在《六大经函漫谈》中说，大译师扎巴坚赞的弟子是博东班钦秋列朗杰，有佛的32相和佛的80随好，他著有112部经论，被尊称为“堆钦”（འདུས་ཆེན། 大集者）。在萨迦教派中，有著名的“六大贤者”（མཁས་པ་སྒོ་དྲུག）说法，其中经藏方面最有名的有雅丹

① The Collection Works of Bla-ma Dam-pa bSod-nams rGyal-mThsan, Volume-Dha, Published by Sakya College, Mussoorie Road, P. Q. Rajpur, Distt, Dehera Dun, U. P. lndia, 1999.

巴桑杰贝（གཡག་སྟོན་སངས་རྒྱས་དཔལ།）和绒丹西恰根日（རོང་སྟོན་ཤེས་བྱ་ཀུན་རིག 1376—1449），雅丹巴桑杰贝拜博东班钦秋列朗杰的弟子赞珠贝（བརྩོན་འགྲུས་དཔལ།）为师，雅丹巴桑杰贝的弟子绒丹西恰根日，1435 年在彭波创建了那林扎寺（ན་ལེནྡྲའི་དགོན།），据说当时该寺聚集了约 3000 位僧侣，他著有《因明经藏释》（ཚད་མདོའི་འགྲེལ་པ།）、《因明学释》（ཚད་མའི་འགྲེལ་པ།）、《因明学大概论七论庄严》（ཚད་མའི་སྤྱི་དོན་ཆེ་བ་སྡེ་བདུན་གྱི་རྒྱན།）、《因明学小概论七论疑难月光》（སྤྱི་དོན་ཆུང་བ་སྡེ་བདུན་གནད་ཀྱི་ཟླ་ཟེར།）、《因明理量宝藏释》（ཚད་མ་རིགས་གཏེར་གྱི་འགྲེལ་པ།）等。与此同时，萨迦在显密两方面最权威的学者是色朵班钦释迦秋丹（1428—1507），他拜绒丹为师，后来成为著名的学者，他著有《理量宝藏释推理除难》（རིགས་གཏེར་འགྲེལ་པ་རྟོག་གེའི་འཁྲུལ་འཇོམས་ཆེན་མོ།）、《七论略论推理精髓》（སྡེ་བདུན་དེ་ཉིད་བསྡུས་པ་རྟོག་གེའི་སྙིང་པོ།）、《因明释量论释》（ཚད་མ་རྣམ་འགྲེལ་རྣམ་བཤད།）、《因明学史》（ཚད་མའི་ལོ་རྒྱུས།）、《因明七论内库》（སྡེ་བདུན་བང་མཛོད།）、《疑难正理光》（བཀའ་འགྲེལ་རིགས་སྣང་།）、《总论七悦》（སྤྱི་བདུན་ངག་རོལ།）等。但从因明经论的总论和支论角度来讲，《理量宝藏释》（རིགས་གཏེར་འགྲེལ་པ།）是部非常好的教典。后来，色朵班钦所有的论著在不丹王国正式出版，后又在印度德里①再版。还有，绒丹弟子曲隆噶居哇（ཆོས་ལུང་བཀའ་བཅུ་བ།）著有《理量宝藏释正理项链》（རིགས་གཏེར་གྱི་ཊཱིཀྐ་རིགས་པའི་མགུལ་རྒྱན།）。

据《六大经函漫谈》② 中说，钦绕旺秋扎桑（མཁྱེན་རབ་དབང་ཕྱུག་གྲགས་བཟང་།）拜绒丹（ཀུན་མཁྱེན་རོང་སྟོན།）为师，他对《释量论》等经论作了注，其中“真实存在真因成立，真实存在破除也成立”等，提出了“四大周遍”（ཁྱབ་ཆེན་བཞི།）的概念。而且，绒丹和钦绕旺秋俩的弟子，

① The Complete Works of gSer-mDog Pan-Chen Sakya-mChog-LDan，Reprinted，NagwangTopgyal，Delhi. 1988.

② Nga 24a6-b3；The Collection Works of mKhan-chen Ngag-dbang Chos-grags，Vol. lV. PP. 47-48.

是被尊称为后时代弘扬佛法的鼻祖根钦桑杰培哇（ཀུན་མཁྱེན་སངས་རྒྱས་འཕེལ་བ།）①，他虽没有留下什么论著，但在教学方面为萨迦教法做出了特殊贡献。另外，著名的贤者索南森格，或被尊称为果让巴（གོ་རམས་པ། 1429—1489），著有《释量论大释普贤光》（རྣམ་འགྲེལ་ཊཱི་ཀ་ཆེ་བ་ཀུན་བཟང་འོད་ཟེར།）、《加行小释》（ཆུང་བ་སྦྱོར་ཊཱིཀ།）、《理量宝藏思想殊注总义》（རིགས་གཏེར་དགོངས་པ་ཐུན་མོང་མ་ཡིན་པ་འགྲེལ་པའི་སྤྱི་དོན།）、《大理七论明亮》（ཆེ་བ་སྡེ་བདུན་རབ་གསལ།）、《小理宝藏照明》（ཆུང་བ་རིགས་གཏེར་གསལ་བྱེད།）等。据说他有15部论著，其中藏在德格林周顶经学院的版本，已在日本正式出版②。强钦让绛巴（བྱམས་ཆེན་རབ་འབྱམས་པ།）的弟子班钦蚌朝森巴（པཎ་ཆེན་འབུམ་ཕྲག་གསུམ་པ། 1433—1504），据说在3个月时间内背诵了《般若十万颂》，后来被尊称为"蚌赤森（འབུམ་ཕྲག་གསུམ། 三万颂）"，在萨迦堪布阿白（ས་སྐྱ་མཁན་པོ་ཨ་པད།）编著的《萨迦目录》中，能看到他的作品《理量总义》（རིགས་གཏེར་སྤྱི་དོན།）。

据《六大经函漫谈》③ 中说，根钦强钦让绛巴本寺的住持降央根嘎曲桑（འཇམ་དབྱངས་ཀུན་དགའ་ཆོས་བཟང་། 1433—1503），他著有《释量论释理义明རྣམ་འགྲེལ་གྱི་ཊཱིཀྐ་གཞུང་དོན་རབ་གསལ།》。但强钦让绛巴的大弟子后来到了别的寺院讲授说法，而他的弟子克珠丹萨（མཁས་གྲུབ་བསྟན་གསལ།）著有《因明大因类学》（ཚད་མའི་རྟགས་རིག་ཆེན་མོ།）。强钦让绛巴的大弟子到大寺学经是蚌朝森巴，他对《释量论》等作了注，该注有着词少易懂的特点。还有，他著有《总义正理辨析分类本》（སྤྱི་དོན་རིགས་མཐའ་དཔྱོད་རིགས་པའི་རྣམ་གྲངས།），它的风格是符合三教各寺口语④。嘉哇强巴（རྒྱལ་བ་བྱམས་

---

① 注明：强钦让绛巴，1412。

② 1968年，在日本出版。

③ Nga 28b5-29a2；The Collection Works of mKhan-chen Ngag-dbang Chos-grags, Vol. lV. PP. 56-57.

④ Nga 29a5；The Collection Works of mKhan-chen Ngag-dbang Chos-grags, Vol. lV. P. 57.

ཆེན་པ།）和本寺住持共同的弟子是班钦雄嘉巴（པཎ་ཆེན་གཞུང་བརྒྱ་པ།），他对《理量宝藏》作了注①。而且，根钦强钦让绛巴培养了以莫贡娘堆嘎钦巴（ཐུས་ཀོང་ཞང་སྟོད་བཀའ་ཆེན་པ།）为主的很多优秀弟子。但同时，住持主寺的班钦贡堆（པཎ་ཆེན་ཀོང་སྟོན།）著有《因明总义心类因类学》（ཚད་མའི་སྤྱི་དོན་བློ་རྟགས།）。但是，在根钦强钦让绛巴弟子中，到大寺学法有嘉哇穆让绛巴（རྒྱལ་བ་ཐུས་རབ་འབྱམས་པ།），他著有《释量论释七论思想庄严》（རྣམ་འགྲེལ་གྱི་ཊཱི་ཀ་སྡེ་བདུན་དགོངས་རྒྱན།）、《理量释理路清明太阳》（རིགས་གཏེར་གྱི་ཊཱི་ཀ་རིགས་ལམ་གསལ་པའི་ཉི་མ།）、《意识两总义金刚雷震》（རྣམ་རིག་གཉིས་ཀའི་སྤྱི་དོན་རྡོ་རྗེ་ཐོག་འབེབས།）等，其教派观点与根钦强钦让绛巴一脉相承。还有，萨迦巴扎巴洛珠（ས་སྐྱ་པ་གྲགས་པ་བློ་གྲོས། 1367—1446）的弟子是达仓译师喜饶仁钦（སྟག་ཚང་ལོ་ཙྪ་བ་ཤེས་རབ་རིན་ཆེན།），他写有《教派全知》（གྲུབ་མཐའ་ཀུན་ཤེས།）等16部论著，其中在因明方面有《理量宝藏大注》（རིགས་གཏེར་ཊཱི་ཀ་ཆེན།）②。另外，还听说秀钦次成仁钦（ཞུས་ཆེན་ཚུལ་ཁྲིམས་རིན་ཆེན། 1697—1774）写有因明方面的论著，他是在因明学方面很有造诣的一位学者。

与此同时，珞沃堪钦索南林周（གློ་བོ་མཁན་ཆེན་བསོད་ནམས་ལྷུན་གྲུབ། 1456—1532）著有《理量宝藏大释正理入门》（རིགས་གཏེར་འགྲེལ་བཤད་ཆེན་མོའི་རིགས་པ་ལ་ཞུགས་པར་འཇུག་སྒོ།），但擦钦罗萨嘉措（ཚར་ཆེན་བློ་གསལ་རྒྱ་མཚོ། 1502—1566）的弟子是芒图勒周嘉措（མང་ཐོས་ཀླུ་སྒྲུབ་རྒྱ་མཚོ། 1523—1596），他的《文集（ཀ）》中的《宗法句注——善教阳光》（ཕྱོགས་ཆོས་འཁོར་ལོའི་རྣམ་བཤད་ལེགས་བཤད་ཉི་མའི་འོད་ཟེར། 简称善教阳光），在内容上有着独特的特点。还有，《善教阳光》中的《真实成立理注辨析疑析》（ཚད་མ་གྲུབ་པའི་གཞུང་འགྲེལ་མཐའ་དཔྱོད་དོགས་དཔྱོད།）、《因句三理清明》（གཏན་ཚིགས་འཁོར་ལོའི་གཞུང་གསུམ།），在《意现识的善教阳光》（ཡིད་མངོན་གྱི་ལེགས་བཤད་ཉི་མའི་འོད་ཟེར།）中的《意清眼开正理杆子》（བློ་གསལ་མིག་འབྱེད་རིགས་པའི་ཐུར་མ།）、《量

① Nga 29b2; The Collection Works of mKhan-chen Ngag-dbang Chos-grags, Vol. lV. P. 58.

② 收录在萨迦堪布阿白编辑的《萨迦目录》。

果两口传承》（ཚད་འབྲས་གཉིས་པའི་གསུང་རྒྱུན།）、《善教阳光篋开自我广论》（ལེགས་བཤད་ཉི་མའི་འོད་ཟེར་ཟ་མ་ཏོག་ཁ་ཕྱེ་བ་ལས་རང་ཉིད་རྒྱས་བཤད།），在《善教阳光》中的《不相违论述》（མ་བསལ་བའི་རྣམ་བཤད།）、《极成相违恒河流》（གྲགས་བསལ་གངྒའི་ཆུ་རྒྱུན།）、《支分灭实释恒河流》（ཡན་ལག་རྫས་འགོག་གི་རྣམ་པར་བཤད་གངྒའི་ཆུ་རྒྱུན།）、《论轨释甘露篋开》（སྒྲུབ་ངག་གི་རྣམ་བཤད་བདུད་རྩིའི་ཟ་མ་ཏོག་ཁ་ཕྱེ་བ།）、《灭境敌者论述别人无法行境要义》（འགོག་ཡུལ་ཕྱི་རོལ་གྱི་རྣམ་བཤད་གཞན་གྱི་སྤྱོད་ཡུལ་མིན་པའི་གནད་ཀྱི་སྙིང་པོ།）、《因明经典无理解的百正言》（ཚད་མའི་བསྟན་བཅོས་ལ་མ་གོ་བརྒྱ་རྩ།）、《释量论先立加行》（རྣམ་འགྲེལ་སྔ་ལྡང་གི་སྦྱོར་བ།）等。同时，收录在《文集（ང）》① 中的《推理总义善教阳光》（རིགས་ལམ་སྤྱིའི་རྣམ་བཞག་ལེགས་བཤད་ཉི་མའི་འོད་ཟེར།）、《因明理量宝藏疑难要义晰明》（ཚད་མ་རིགས་གཏེར་གྱི་དཀའ་འགྲེལ་གནད་ཀྱི་སྙིང་པོ་གསལ་བྱེད།），以上都属于善教言，总称为《宗法句注——善教阳光》。其中，笔者见到的有特点是宗法句第一注。

在萨迦教理讲授传承方面，最后的继承者是堪钦阿旺曲扎（མཁན་ཆེན་ངག་དབང་ཆོས་གྲགས། 1572—1641），他拜芒图勒周嘉措等为师，著有《因明理量宝藏思想明晰善教妙语》（ཚད་མ་རིགས་གཏེར་གྱི་དགོངས་དོན་གསལ་བར་བྱེད་པའི་ལེགས་བཤད་ངག་གི་དཔལ་སྟེར།）②。同时，与萨迦有关联的宁玛派学者居米旁（འཇུ་མི་ཕམ། 1846—1912），他著有《因明理量宝藏释》《因明集量论释》等。而萨迦绛央钦则旺波（ས་སྐྱ་པ་འཇམ་དབྱངས་མཁྱེན་བརྩེའི་དབང་པོ།）的弟子是罗德旺波（བློ་གཏེར་དབང་པོ། 1847—1914），他著有《因明理量宝藏释七论明灯》（ཚད་མ་རིགས་གཏེར་མཚན་འགྲེལ་སྡེ་བདུན་གསལ་བའི་སྒྲོན་མེ།），堪布洛珠坚赞著有《因明理量宝藏释》，堪布洛珠桑波布著有《因明理量宝藏

① Nga；The Collection Works of Mang-ThosKlu-sGrub-rGya-mTso，Vol-D，Published by Sakya College，MussoorieRoad，P. Q. Rajpur，Distt，Dehera Dun，U. P. lndia，1999.

② Ka：The Collection Works of mKahan-chen Ngag-dpang Chos-grags，Vol. l. Published by SakyaCheopheling，Monastery，P. O. RimbickBazar，Dist，Dorjeeling，W. B. lndia，2000.

三善教》（ཚད་མ་རིགས་གཏེར་ལེགས་བཤད་བཟང་པོ་གསུམ་ལྡན།）等。近代，萨迦法王卓玛颇章的达赤仁波切堪布桑杰丹增（བདག་ཁྲི་རིན་པོ་ཆེས་མཁན་པོ་སངས་རྒྱས་བསྟན་འཛིན།）和堪布阿白（མཁན་པོ་ཨ་པད།）俩，都听闻了《因明理量宝藏》，但据说他们俩的讲授方式是宁玛堪布西嘎（རྙིང་མ་མཁན་པོ་གཞན་དགའ།）的传承。在《续部集密论目录》（རྒྱུད་སྡེ་ཀུན་བཏུས་དཀར་ཆག）中说，绛央洛叠（འཇམ་དབྱངས་བློ་གཏེར།）在居米旁跟前听闻了《因明理量宝藏》。

七、布顿派和噶举派的因明学传承

布顿（བུ་སྟོན་རིན་ཆེན་གྲུབ། 全称为布顿仁钦珠 1290—1364）亲传弟子扎策巴仁钦朗杰（སྒྲ་ཚད་པ་རིན་ཆེན་རྣམ་རྒྱལ།）著的《布顿译师传掌心花》① 中记载，布顿的父亲叫喇嘛坚赞贝桑波（བླ་མ་རྒྱལ་མཚན་དཔལ་བཟང་པོ།），他出生在娘若那西仁波切林（ཉང་རོ་སྣ་བཞི་རིན་པོ་ཆེ།），生来具有伟人的品质。据说，他是世俗招引苦果氏族“札”（ཟག）的第十七代后裔。而母系高贵血统家族中先后出了几位旧密法瑜伽师舅舅（དབོན་པོ།），其中喇嘛札丹（བླ་མ་ཟག་སྟོན།）以密宗和因明词义精通而著称，母亲的上师是玛索南蚌（སློབ་དཔོན་མ་བསོད་ནམས་འབུམ།），出生在藏堆绰普附近的夏麦穆措地方（ཤབ་སྨད་མུ་མཚོ།），布顿也诞生在此地。

布顿学习佛法及到各寺立宗答辩方面，在《布顿译师传掌心花》中说，弘扬佛法的根本在于讲闻，所以他很艰苦地完成了佛经学习。在学习因明一年后，到了秋季，他跟随父亲札丹巴（ཟག་སྟོན་པ།）到了卫藏，在拉萨等各寺立宗答辩。之后，在夏季他又到了后藏，在后藏各寺立宗答辩。当时，在卫地有著名学者喀绕巴强贤（ཁ་རག་པ་བྱང་གཞོན།）、夏贤巴（ཤག་གཞོན་པ།）、赞嘎巴（རྩན་དགོན་པ།）等，在藏地有著名学者巴

① 《布顿译师传掌心花》（བུ་སྟོན་ལོ་ཙཱ་བའི་རྣམ་ཐར་སྙིམ་པའི་མེ་ཏོག）。

丹森格（དཔལ་ལྡན་སེང་གེ）、卫擦巴（དབུ་ཚད་པ།）、绛迦巴（འཇམ་སྐྱ་པ།）等一群孤傲的学者，以前未遇到真正有学问的贤者，当他们听说布顿要来立宗答辩，而且听说他已到了博览群书的境界。他们提前充分备战，试图想方设法驳倒他。但到了后来，布顿成为正理和解脱辩论方面的勇者，在摧毁疑难法会方面的能手，在教派教言方面成为如大海般的智者，在修持和反驳方面成为无惧的高手，在所有和一切法义方面成为自如的高僧，在观察辨析法和非法方面成为著名的贤者。从 21 岁开始，他到各寺巡回立宗答辩，持有邪教观点的反驳者，用引经据典和正理正因来驳倒他们，从此他们无法有机会战胜他。但“布顿”名字的由来，在贤者间流传着特殊的说法，父亲顿巴（སྟོན་པ།）得到的儿子也是顿巴（སྟོན་པ།），从此把他称为“布顿”（བུ་སྟོན།）。

在《布顿译师传掌心花》中说，他到塔巴林寺（ཐར་པ་གླིང་།），在塔洛尼玛坚赞（ཐར་ལོ་ཉི་མ་རྒྱལ་མཚན།）跟前学习了 14 个月，在每过 2 个月或 3 个月或 4 个月，他往往提出专题性问题，从而强化自己的专业知识。在 4 年里，他主要学习《月八戒论释》（སྒྲ་ཙནྡྲ་པའི་མདོ་འགྲེལ།），辅助学习《积分论释》（སྒྲ་ཀ་ལཱ་པའི་མདོ་འགྲེལ།），后成为精通声明学的学者。虽然，他从未到过印度，但在塔巴林寺期间，他在塔洛尼玛坚赞（ཐར་ལོ་ཉི་མ་རྒྱལ་མཚན།）跟前系统学习了声明学。而且，他翻译了几本印度版的《声明学》。

拉萨雪印经院出版的《布顿文集》26 卷中，因明方面有《因明定量论含义》（ཚད་མ་རྣམ་ངེས་མཚན་དོན།）和《定量论释词义照明》（རྣམ་ངེས་འགྲེལ་བཤད་ཚིག་དོན་རབ་གསལ།）。在《布顿听闻书》（བུ་སྟོན་གསན་ཡིག）中记载了一种因明传承，分别为佛祖释迦牟尼（སངས་རྒྱས་ཐུབ་པ།）、文殊菩萨（འཇམ་དབྱངས།）、阿罗汉护法（དགྲ་བཅོམ་པ་ཆོས་སྐྱོང་།）、世亲（དབྱིག་གཉེན།）、陈那（ཕྱོགས་ཀྱི་གླང་པོ།）、自在圣（དབང་ཕྱུག་སྡེ།）、达玛嘎德（ཙ་ཀྲིརྟི།）、天主慧（ལྷ་དབང་བློ།）、释迦慧（ཤཱཀྱ་བློ།）、光慧（འོད་ཀྱི་བློ།）、法生功（ཆོས་འབྱུང་བྱིན།）、善护（དགེ་སྲུང་།）、调伏天（དུལ་བ་ལྷ།）、慧生护（ཤེས་རབ་འབྱུང་གནས་

སྨྲས་པ།)、西拉彭巴桑波（གཞན་ལ་ཕན་པ་བཟང་པོ།）、俄译师（རྔོག་ལོ་ཙཱ་བ།）、琼仁钦扎（ཁྱུང་རིན་ཆེན་གྲགས།）、嘉玛强秋扎（རྒྱ་དམར་བྱང་ཆུབ་གྲགས།）、恰巴（ཕྱྭ་པ།）、藏纳巴（གཙང་ནག་པ།）、达玛扎西（དར་མ་བཀྲ་ཤིས།）、年巴（གཉལ་པ།）、博东哇（བོ་དོང་བ།）、懂扎巴贝（སྟོང་གྲགས་པ་དཔལ།）、洛巴珠森（སློ་པ་གྲུབ་སེང་།）等，在很多因明学贤者跟前，他听闻了无数次讲授《定量论》的课。

另外有一种因明学的传承，分别为佛祖释迦牟尼、文殊菩萨、阿罗汉护法、比丘梅旺嘎（བཙུན་པ་མེ་ཁ་ག）、世亲、陈那、自在圣、法称、天主慧、释迦慧、慧生护、法圣（ཆོས་མཆོག）、阎摩利（ཛ་མ་རི།）、调伏天、香嘎仁达（ཤ་ཀ་རནྡ།）、瓦哥班智达（ཝ་གི་པཎྜི་ཏ།）、班钦释迦室利（པཎ་ཆེན་ཤཱཀྱ་ཤྲཱི།）、曲杰萨迦巴（ཆོས་རྗེ་ས་སྐྱ་པ།）、吾宇巴索森（འུ་ཡུག་པ་བསོད་སེང་།）、康丹韦色坚赞（ཁང་སྟོན་འོད་ཟེར་རྒྱལ་མཚན།）等。但是，布顿听闻了从班钦释迦室利传来的萨迦派的《释量论》讲授传承。而且，他的弟子扎策巴仁钦朗杰（1318—1388）也是一位著名的因明学者。还有，夏鲁仁钦索南培著有《定量论加行释》（རྣམ་ངེས་སྦྱོར་ཊཱི་ཀ）。

噶举派的因明学传承，达隆雅唐金刚寺（སྟག་ལུང་ཡ་ཐང་རྡོ་རྗེ་གདན།）第17任住持达隆夏仲阿旺朗杰（སྟག་ལུང་ཞབས་དྲུང་ངག་དབང་རྣམ་རྒྱལ། 1571—1626）在《宗教源流神奇海》（ཆོས་འབྱུང་ངོ་མཚར་རྒྱ་མཚོ། 或简称《达隆宗教源流》）① 中说，《因明释量论释》（ཚད་མ་རྣམ་འགྲེལ་གྱི་ཊཱི་ཀ）等，引用了13大释论而完成的。还有，邦译师、布顿、洛钦强则（ལོ་ཆེན་བྱང་རྩེ།）等的弟子，达隆译师释迦桑波（ཤཱཀྱ་བཟང་པོ། 1322—1404）著有《释量论释》。而且，七世噶玛巴曲扎嘉措（ཆོས་གྲགས་རྒྱ་མཚོ། 1454—1506）在因明学有着很高的造诣。

① 达隆夏仲阿旺朗杰著：《达隆宗教源流》（སྟག་ལུང་ཆོས་འབྱུང་།），西藏藏文古籍出版社，1992年。

在《贤者喜宴》的噶玛噶仓章节①中说，因明教学以《集量论》作为基础，但七论堪布（སྡེ་བདུན་མཁན་པོ།）往往选用《大因明》（ཚད་མ་རྒྱས་པ།）、《释量论中注》（རྣམ་འགྲེལ་འབྲིང་འགྲེལ།）、《定量论略注》（རྣམ་ངེས་བསྡུས་འགྲེལ།）和《正理滴论》（རིགས་གཏེར།）等来开讲。在解析疑难问题方面，辅助使用《四部分支经论》（ཡན་ལག་བསྟན་བཅོས་བཞི།），有时“广”、“中”、“略”分类方式来讲解。其中，《因明七论》使用释迦圣庄严等的印度释，而且归纳和总结后，著有《因明善教众河汇集正理理论大海》（ཚད་མའི་ལེགས་བཤད་ཀྱི་ཆུ་བོ་ཀུན་འདུས་རིགས་པའི་གཞུང་ལུགས་ཀྱི་རྒྱ་མཚོ།），未参考藏族本土的任何因明论著。

八世噶玛巴米吉多杰（མི་བསྐྱོད་རྡོ་རྗེ། 1507—1554）是因明学方面的贤者。据《贤者喜宴》中记载：他系统学习了《慈氏四论》（བྱམས་ཆོས་གཞན་བཞི།）、《集量论》、《释量论》、《定量论》、《正理滴论》等因明经论。以《俱舍论上下》、《律经根本律》、《入中论》、《二灭》（བརྟག་གཉིས།）、《历算集论》（རྩིས་ཀུན་བདུས།）等显密经论。以《俄译师教本》（རྔོག་ལོ་ཙྪའི་ཡིག་ཆ།）和《恰巴教本》（ཕྱ་པའི་ཡིག་ཆ།）、萨迦班智达的《戒学》等论著，先后有25部经论。而且，他自己写有30部论著。与此同时，四世竹巴根钦玛噶波（འབྲུག་པ་སྐུ་ཕྲེང་བཞི་པ་ཀུན་མཁྱེན་པདྨ་དཀར་པོ། 1527—1596）是著名的学者，他针对《因明经藏》（ཚད་མའི་མདོ།）和《因明七论》写有《文殊菩萨教理庄严》（རྗེ་བཙུན་འཇམ་པའི་དབྱངས་དགོངས་རྒྱན། ང 和 ཅ།），针对《因明七论》写有《总纲正理要义》（སྤྱི་དོན་རིགས་པའི་སྙིང་པོ། ང 和 ཆ།）。而且，四世竹巴根钦白玛噶波的25部论著已全部出版。

其实，噶举派法的基本特色是修行，所以在因明教学方面他们没有投入更多的精力，以玛尔巴、米拉日巴、达布拉杰为主，包括开创噶举四大八小的前辈，他们克服眼前的种种困难来闭关静修，在修行方面取

① 巴吾祖拉成瓦（དཔའ་བོ་གཙུག་ལག་ཕྲེང་བ།）著：《贤者喜宴》，民族出版社，1986年。

得了很多优异的成绩，反而因明方面的论著极少。正因如此，噶举诸寺院重视创立禅修院（སྒྲུབ་གྲྭ།），却忽视了创立学习因明的经学院（བཤད་གྲྭ།）。在卫藏地区，几乎没有经学院很发达的噶举著名寺院。

公元1179年，止贡觉巴吉丹贡布（འབྲི་གུང་སྐྱོབ་པ་འཇིག་རྟེན་མགོན་པོ། 1143—1217）在止贡创建了止贡提寺（འབྲི་གུང་མཐིལ།），当时在附近创立了止贡尼玛江绕经学院（འབྲི་གུང་ཉི་མ་ལྕང་ར་བཤད་གྲྭ།）。与此同时，米拉日巴尊者虽说没有写过因明论著，但他并非不懂因明理论。在《米拉日巴道歌》中说，洛丹从因明总论角度写的《因明辩论问答》（རྩོད་པ་བཙུགས་པའི་བཀའ་ལན།）中，在粗略论述因明学教派观问题时。提到了米拉日巴尊者当时回答的话："丹巴请不要迷恋程序化的概念，在禅修时法性需要记在基心上，续位不能只靠无明来对治，空性智慧需要心中生起，其他妒忌等五毒其结果往往投到恶趣，它不能把自己烧毁。我虽不清楚你派的因明学，但自派的因明学在喇嘛擦玛（བླ་མ་ཚད་མ།）跟前已获得正理诀窍，意志的真实是真正禅修的熏气，真正的自身是得到体温的正因，虔诚的施主是真正供养的承担者。你的欲望会给丹巴的因明带来嫉妒的因明，地狱的痛苦被视为真实的感受。因此，有所知识需要因明来证明，因而因明学显得很重要。如果精通因明学，其他学问并会顺带学会。所以，先要学会用因明学来提问，如果都能回答，自然获得真信。"

以因明实体性相角度来讲，现量性相和比量性相，矛盾因和关联因，以及现而不语因等的教派说法方面。米拉日巴尊者是这么说的："丹巴你的心已交给了邪魔，心已不信你及本尊，甚至纯洁佛祖的灵验也被怀疑，你怎么会信任我。你要满意的佛法，需要慈悲和出离净相的应成，没有盐味的因明蔬菜，自续舌腭烫了也要喝完。在肚中装有了嫉妒的心，向上赞美自己傲慢的情绪，往往引来嫉妒的呕吐。而向下诋毁他人的谩骂，往往舍弃轻蔑的屎尿。自他伤害像毒药似的变为病根，邪教像罪孽似的变得不清楚。但是，现象往往被意识决定，不分先后要相信心识光明的空性，因而没有比量相违的法性。”

如果有违逆和现而不悟的因，必有佛心殊性的法相矛盾因，而矛盾因与无明变为缘联因。从佛教徒的角度来讲，形象显现有着违逆两因，这其实是现而不悟的因。据说当时洛丹摸着头发在傻笑。可以说明米拉日巴尊者懂得因明理论，这与后来抄写重复的十几部因明论著要强很多。

八、格鲁派的因明学传承

格鲁派因明讲授的传承源头，与杰仁达瓦雄努洛珠（རྗེ་རེད་མདའ་བ་གཞོན་ནུ་བློ་གྲོས། 1349—1412）有密切关联，如果在再往前追溯的话，阿芒贡秋坚赞在《拉卜楞寺志》① 中说，法称弟子拉旺罗（ལྷ་དབང་བློ།）对《释量论自疏》新增后的三章作了新注，他的弟子释迦慧对《释量论自疏》和《拉旺罗的自注》又作了注。他的弟子喜饶迥乃贝巴对《后三章》作注叫《释量论庄严》（རྣམ་འགྲེལ་གྱི་རྒྱན།），俗称为“庄严堪布”（རྒྱན་མཁན་པོ།）。他的弟子法圣或（又叫嘉阿邓巴 རྒྱལ་ཛ་བཟུན་པ།）著有《定量论释正理》（རྣམ་ངེས་ཊཱི་ཀ་འཐད་ལྡན།），他的弟子杂玛热（ཛ་མ་རིས། 又译作阎摩利）著有《释量论庄严注疏》（རྣམ་འགྲེལ་རྒྱན་གྱི་འགྲེལ་བཤད།），他的弟子德瓦拉（དུལ་བའི་ལྷ། 又译作调伏天）著有《正理滴论释》（རིགས་ཐིགས་ཀྱི་འགྲེལ་པ།），该书对初学因明学者有很大帮助。他的弟子雄嘎日达或叫婆罗门德西嘎哇（ཤཱཀྱ་ནནྡའམ་བྲམ་ཟེ་བདེ་བྱེད་དགའ་བ།）著有《释量论释》（རྣམ་འགྲེལ་གྱི་འགྲེལ་བཤད།），他的弟子是瓦哥班智达（ཡ་གུ་པཎྜི་ཏ།），他的弟子是班智达释迦室利，他的弟子是萨迦班钦（ས་སྐྱ་པཎ་ཆེན།），他对《释量论》翻译和讲授基础上写有《理量宝藏自注》（ཚད་མ་རིགས་གཏེར་རང་འགྲེལ།），而

① 注明：阿却甘丹曲廓林（ཨ་མཆོག་དགའ་ལྡན་ཆོས་འཁོར་གླིང་།）版本。

且在《释量论》译目中说，能把声义正确表述的在雪域唯有他。从因明翻译精确程度上来讲，以该书成为新因明的典范。他的弟子吾宇巴日巴森格著有《释量论正理库》（རྣམ་འགྲེལ་རིགས་མཛོད།）。据《宗喀巴传》中说，宗喀巴大师读到《释量论正理库》时，泪流满面。之后，因明学的传承是雄朵德贝（ཞང་མདོ་སྡེ་དཔལ།）、绛迦南喀贝（འཇམ་སྐྱ་ནམ་མཁའ་དཔལ།）、邦洛珠丹巴（དཔང་བློ་གྲོས་བརྟན་པ།）、喇嘛丹巴索南坚赞（བླ་མ་དམ་པ་བསོད་ནམས་རྒྱལ་མཚན།）、年恩贡嘎贝瓦（ཉ་དབོན་ཀུན་དགའ་དཔལ་པ།），直到杰仁达瓦雄努洛珠。

另外，经师益西坚赞在《道次喇嘛传承传》（གསུང་ལམ་རིམ་བླ་བརྒྱུད་རྣམ་ཐར།）中说，在贤者年恩贡嘎贝瓦和说教王堪钦桑杰贝瓦（ལུང་རིགས་སྨྲ་བ་མཁན་ཆེན་སངས་རྒྱས་དཔལ་བ།）俩跟前学习了因明释量论，彻底理解了无垢正理的“推理八事”（རྟོག་གེའི་ཚིག་དོན་བརྒྱད།），成为名震佛界的智者。之后，他主学《因明七论经注》（སྡེ་བདུན་མདོ་འགྲེལ།），辅助阅读智慧圆满的萨迦班智达和吾宇巴日巴森格的善教。可以说，他透彻理解了吉祥法称的因明理论真见，并著有《释量论释广略两部》（རྣམ་འགྲེལ་གྱི་ཊཱི་ཀ་ཆེ་ཆུང་།）和《释量论总义》（རྣམ་འགྲེལ་སྤྱི་དོན།）。

据《宗喀巴传——虔诚信仰》中说，细致阅读《显密经典义注》几遍后，根据经论正文和注解，基本理解了完整的理论架构，清晰地认识了各章节结构。而且，以正理思路正确引用内容，并做到无碍自如地讲授内容。同时，他完全理解了中观和因明的正理，自觉开创了中观和因明的正理法，受到北方诸贤者的顶礼，成为教言金鬘的新开创者。宗喀巴大师把佛言中的“了不了义和了义不了义”（རྣམ་པར་འབྱེད་པ།）方面，开创了新的阐释学派。他在杰仁达瓦跟前，第一次获得《中观》和《因明》的正理法，仁达瓦成为无法比拟的重要上师。

在印度因明理论中，杰仁达瓦属于哪派理论体系问题，在《六大经函漫谈》中说，杰仁达瓦与雅巴属于同时代，他著有《释量论注疏正理如意》（རྣམ་འགྲེལ་གྱི་ཊཱི་ཀཱ་རིགས་པའི་འདོད་འཇོ་བྱ་བ་པུསྟི།），该论著继承了庄严堪布的理论体系，在他的《注疏》的结尾部分说，法称驳倒对方的吉祥智慧理论，正理分类智慧源于《释量论庄严》，真言善说犹如纯净恒河似的传承，以上善言智慧善机开派继承者。很幸运的是，杰赞仁达瓦著的《释量第四章广释·因明释量释正理如意》（རྣམ་འགྲེལ་ལེའུ་བཞི་པའི་རྒྱས་འགྲེལ་ཚད་མ་རྣམ་འགྲེལ་གྱི་རྣམ་བཤད་རིགས་པའི་འདོད་འཇོ།）① 已正式出版。

宗喀巴大师在杰仁达瓦跟前听闻了因明学。克珠杰在《宗喀巴传虔诚之门》中说，诸师徒从萨迦到了拉堆，再往北到了昂仁，秋季和夏季都待在昂仁学法。当时，杰仁达瓦撰写了《大乘阿毗大磨集论大释》（མངོན་པ་ཀུན་བཏུས་ཀྱི་ཊཱི་ཀ་ཆེན་མོ།），据说经论撰写将要结束时，宗喀巴能背诵几乎所有内容。而且，当时在场弟子请求下，他讲了一次《广释经典因明释量论自注》（རྒྱས་པའི་བསྟན་བཅོས་ཚད་མ་རྣམ་འགྲེལ་གྱི་རང་འགྲེལ།）。之后，宗喀巴闭关禅修，期间细读了吾宇巴的《释量论正理库》（རྣམ་འགྲེལ་གྱི་རྣམ་བཤད་རིགས་མཛོད།），并细致研析了“第二章道论”内容，他对法称的理论和正理产生了强烈的虔诚心。秋季，他仍待在那里，每次阅读《释量论》，常感动得泪流满面。当年的冬季，他住在德哇坚，为了春季巡回立宗答辩，认真温习了几部经论。之后，他前往后藏，先到了纳塘寺，依照上师指令他听闻了喇嘛译师丹桑巴（བླ་མ་ལོ་ཙྪ་བ་དོན་བཟང་པ།）的新著《因明释》。夏季，他在纳塘对《释量论》《俱舍论上下》《经藏正文》等立宗答辩，它成为纳塘寺最初的辩经活动。

之后，他前往各寺，在拉普寺（ལྷས་ཕུ་དགོན།）向有智慧的三藏法师（སྡེ་སྣོད་འཛིན་པ།），从正理正法角度讲授了《因明释量论》的精髓，尤其结合了理论与实践经验。以往，诸三藏法师从未听闻到这种讲法，当时他们都被宗喀巴的善言深深吸引，而且充分享受到了佛法甘露。后来，宗喀巴又断断续续讲了几次经论。以前，在雪域只有因明名词的臆说，

① The Collection Works of Red-mDa Wa gZhon-nu-Blo-Gros, Published by Sakya College, Mussoorie Road, P. Q. Rajpur, Distt, Dehera Dun, U. P. India, 1999.

在判断和解释时往往倾向其他经论的观点，从未思考过因明对实践经验的使用。但是，它并非简单的男比女的伟大道理，有正义感的诸贤者，把它视为优秀的具有实践经验的经典，这点的确需要感恩宗喀巴大师。可以说，整个雪域无法报答宗喀巴的恩功。据《宗喀巴自传》中记载："在北方，学习和没有学习因明经论者共同认为，没有像宗喀巴一样精通《经论》和《七论》的人。而且，在实践方面具有丰富经验的贤者。"其实，文殊菩萨曾预言陈那大师，你正在撰写的论著，未来将成为众生的眼睛，贤者把它视为基本准则。而且，人类殊胜的教言告诉了我们，我们不仅要发现正理，而且用心研析它。在《因明集量论》的礼赞中说："因明实有顺序和逆序，得到彻底觉悟释迦佛，正法成为真实立宗依，唯有正法解脱途径，深奥真理获取两乘法，道第疑难结集正理法，显露正法获得殊胜喜，无畏狮子吼似赞语题。"

在宣讲真实的贤者方面，立宗方式有四顺序和四逆序，在贾曹杰和克珠杰论著中并没有全部论述，但在隆朵①的《因明名词类型》（ཚད་མ་མིང་གི་རྣམ་གྲངས།）中全部进行了论述。达仓译师喜饶仁钦在《知识精通》（རིག་གནས་ཀུན་ཤེས།）中说，论及《七论》等内容时，他认为藏族前辈把因明视为正理学，他们没有把因明归于内明学范畴。正因如此，早期没有把因明学和声明学当成佛学，佛祖与外教长飞生仙人（དྲང་སྲོང་རིང་འཕུར་སྐྱེས།）共同听闻"观行禅修无影"（ལྷག་སྦྱོད་ལ་བསམ་གཏན་གཟུགས་མེད།）秘诀似的。

根钦布顿在《布顿教法史》中，把它（因明学）归于公共文化类范畴。同时，曲杰喇嘛丹巴（ཆོས་རྗེ་བླ་མ་དམ་པ།）等把"加行再认识"、"隐蔽成就法"、"具备四法相"都视为加行范畴，但邦译师师徒把加行分成为预言加行和明智加行，明智加行又视为事相。因此，宗喀巴大师

① 《隆朵阿旺洛桑文集》(ཀློང་རྡོལ་ངག་དབང་བློ་བཟང་གི་གསུང་འབུམ།)，西藏藏文古籍出版社，1991 年，645 页—647 页。

说北方存在真的因明经论。其实，在《宗喀巴传》中说，他虽以论述方式来反驳的，但语气中显露出不太赞成这种说法。宗喀巴大师除了《因明七论除暗庄严疏》外，没有正式的因明学论著。但是，他在讲授因明学时，据说贾曹杰作了详细记录，因而宗喀巴留下了《因明大备忘录》、《现量章节备忘录》、克珠杰记录的《现量章节注疏宗喀巴言》等作品。

据《六大经函漫谈》① 中说，杰仁达瓦最得意的弟子是宗喀巴，他著有《释量论注·无倒明照解脱道》（རྣམ་འགྲེལ་གྱི་ཊཱིཀ་ཐར་ལམ་གསལ་བྱེད་བྱ་བ།）。其实，有可能与贾曹杰的《释量论注明照解脱道》搞错了，班智达疏忽导致了错误的说法，值得研究。

在雪域贤者当中，精通《因明七论》的学者，非第二文殊菩萨、贾曹杰·达玛仁钦莫属，这点他的因明著作充分可以证明。列钦贡嘎坚赞在《噶当宗教源流》中说，心传弟子贾曹杰·达玛仁钦，在后藏乃宁寺出家为僧。他很小开始学习各类知识，在具有上弘戒传承堪布（སྟོད་འདུལ་མཁན་བརྒྱུད།）跟前受了具足戒。后来，他在雪域开创派雄努洛珠（གངས་ཅན་གྱི་ཤིང་རྟ་ཆེན་པོ་གཞོན་ནུ་བློ་གྲོས།）跟前听闻了所有藏经，成为著名的贤者。当时，涌现出了7位饶降巴格西，其中贾曹杰辩经高手著称。之后，他在萨迦寺、桑浦内邬托寺、经学院泽当等寺，对“噶居”巡回立宗答辩，他的精彩辩论，言教贤者们赞不绝口。

在泽当辩经后，宗喀巴已有很大的名声。而且，曾在杰仁达瓦跟前学习时，贾曹杰和宗喀巴是教友。当时，宗喀巴正好住在聂堆村（གཉལ་སྟོད།），贾曹杰前去拜访他。在他俩漫谈交流当中，宗喀巴现出无所不知，贾曹杰顿感很喜悦，又觉得很满足。从此以后，直到宗喀巴圆寂以前，贾曹杰始终侍奉于宗喀巴身边。而且，听闻了宗喀巴讲的显密

① Nga；22a2；The Collection Works of mKhan-chen Ngag-dbang Chos-grags，Vol. IV，P. 43.

所有经论，后成为非常有智慧的贤者。但是，关于渊博教言的七贤者方面，在《自性》（དེ་ཉིད།）中是这样记载的，七大善知识（བཤེས་གཉེན་བདུན།）分别：殊胜勤奋者尼玛坚参（སྒྲུངས་པའི་མཆོག་གྱུར་ཉི་མ་རྒྱལ་མཚན།）、殊胜弟子洛桑扎巴（སློབ་ཀྱི་མཆོག་གྱུར་བློ་བཟང་གྲགས་པའི་དཔལ།）、殊胜修炼者贡嘎贝桑（ཉམས་ལེན་མཆོག་གྱུར་ཀུན་དགའ་དཔལ་བཟང་།）、殊胜智者尼玛坚赞（ཤེས་རབ་མཆོག་གྱུར་ཉི་མ་རྒྱལ་མཚན།）、殊胜慈悲贝觉喜饶（བརྩེ་ལྡན་མཆོག་གྱུར་དཔལ་འབྱོར་ཤེས་རབ།）、殊胜讲解者索南喜饶（འཆད་མཁས་མཆོག་གྱུར་བསོད་ནམས་ཤེས་རབ།）、殊胜辩论者达玛仁钦（རྩོད་པའི་མཆོག་གྱུར་དར་མ་རིན་ཆེན།）。说明，杰仁达瓦曾出现了非常殊胜的七弟子，其中贾曹杰是辩论方面的殊胜高手。

第司桑杰嘉措（1653—1705）在《格鲁宗教源流·黄琉璃》（དགེ་ལྡན་ཆོས་འབྱུང་བཻ་སེར།）中说，第二任甘丹赤巴贾曹杰·达玛仁钦，藏历第六绕迴木龙年诞生在后藏，在乃宁堪布仁钦坚赞跟前出家为僧，先后拜贡坚贡嘎贝（གངས་ཅན་ཀུན་དགའ་དཔལ།）、嘎西巴仁钦多杰（བཀའ་བཞི་པ་རིན་ཆེན་རྡོ་རྗེ།）、杰仁达瓦等为师，系统学习了显密所有经论，当时成为著名的贤者，而且他在杰仁达瓦和朵列巴（ཏོག་ལོད་པ།）跟前受了具足戒。之后，他到萨迦、桑浦、泽唐等寺，对“噶居”巡回立宗答辩。他在辩论中的精彩表现，充分展示了他在正理方面的坚实基础。

在泽当答辩结束后，宗喀巴大师名声大震，贾曹杰为了与宗喀巴辩论，专到聂堆村（གཉལ་སྟོད་གྲོང་།）拜见宗喀巴，在宗喀巴跟前听闻了身语意的功德经。尤其，听闻了法四依（རྟོན་པ་བཞི།）① 后，他对宗喀巴产生了强烈的崇信。此后的 12 年时间里，他伴随在宗喀巴身边，听闻了宗喀巴讲授的所有经论，并把经论牢记心上，成为记录库。后来，贾曹杰成为精通显密经论的著名贤者，而且他的善教深深吸引了众多弟子，他们认为他的身上有很多宗喀巴大师的特质。

---

① 法四依（རྟོན་པ་བཞི།）：依法不依人（གང་ཟག་ལ་མི་རྟོན་ཆོས་ལ་རྟོན།）、依义不依语（ཚིག་ལ་མི་རྟོན་དོན་ལ་རྟོན།）、依智不依识（རྣམ་ཤེས་ལ་མི་རྟོན་ཡེ་ཤེས་རྟོན།）、依了义经不依不了义经（དྲང་དོན་ལ་མི་རྟོན་ངེས་དོན་ལ་རྟོན།）。

贾曹杰主要著作有：《因明经释》（ཚད་མདོའི་རྣམ་བཤད།）、《明照解脱道》（རྣམ་འགྲེལ་བསྡུས་དོན་ཐར་ལམ་དེ་ཉིད་གསལ།）、《观相属论释太阳中心》（འབྲེལ་པ་བརྟག་པའི་རྣམ་བཤད་ཉི་མའི་སྙིང་པོ།）、《因明引道》（ཚད་མའི་ལམ་ཁྲིད།）、《释量达释》（རྣམ་ངེས་དར་ཊཱིཀ）、《量学理滴论达释》（རིགས་ཐིགས་དར་ཊཱིཀ）。《因明引道》是因明内涵与道第结合来论述的因明引道论，在西藏历史上是第一部。《违逆概论》（འགལ་འབྲེལ་རྣམ་བཞག），尤其《明照解脱道》（རྣམ་འགྲེལ་ཐར་ལམ་གསལ་བྱེད།），它并非《释量论》的字面解释，而是对因明学中所有疑难进行了深入的驳斥和探析，可以说是以往没有的优秀经典。后来，格鲁派所有因明教本把它作为基本依据，该经论成为因明学方面的“了义上师”（ངེས་པ་དོན་གྱི་སློབ་དཔོན།）。另外，还在《噶当宗教源流》中说，有《因明释量论广略论述》（ཚད་མ་རྣམ་འགྲེལ་གྱི་རྣམ་བཤད་ཆུང་བ།）、《因明释量论释广略》（ཚད་མ་རྣམ་འགྲེལ་གྱི་རྣམ་བཤད་ཆེ་བ།）、《量学理滴论》（རིགས་ཐིགས།）、《因明经藏》（ཚད་མ་མདོ།）、《量理宝藏》（ཚད་མ་རིགས་གཏེར།）、《观相属论释》（འབྲེལ་བ་བརྟག་པའི་རྣམ་བཤད།）、《释量论要义大章节》（རྣམ་འགྲེལ་གྱི་བསྡུས་དོན་ས་བཅད་ཆེན་མོ།）。其中，《因明量理宝藏释善言精》（ཚད་མ་རིགས་པའི་གཏེར་གྱི་རྣམ་བཤད་ལེགས་པར་བཤད་པའི་སྙིང་པོ།）在卫藏没有版本，只在安多拉卜楞寺保存的《贾曹杰文集》版中有收录，我本人托人从拉卜楞寺卖了一本并带到日本。

克珠杰·格勒贝桑（མཁས་གྲུབ་རྗེ་དགེ་ལེགས་དཔལ་བཟང་། 1385—1438），据《格鲁宗教源流·黄琉璃》中记载，他先拜杰仁达瓦等为师，并在杰仁达瓦跟前出家为僧，系统学习了所有经藏，成为著名的贤者。而且，把他视为克珠拉旺罗（མཁས་གྲུབ་ལྷ་དབང་བློ།）的转世，被尊称为克珠曲杰（མཁས་གྲུབ་ཆོས་རྗེ། 常简称克珠杰）。后来，他到卫藏等地，17 岁时被博东班钦秋列朗杰瓦的经教所折服。

在色拉曲登（སེ་ར་ཆོས་སྡིངས།），他正式拜见到文殊法王宗喀巴，对宗喀巴产生了虔诚的信仰。而且，他在贾曹杰和持戒者扎巴坚赞跟前听闻了很多经文。他在因明学方面的主要著作有：《因明七论除暗庄严疏》

(རྣམ་བཤད་ཡིད་ཀྱི་མུན་སེལ།)、《释量论释正理大海》(རྣམ་འགྲེལ་ཊཱིཀ་ཆེན་རིགས་པའི་རྒྱ་མཚོ།)、《因与果大概论》(ཚད་འབྲས་རྣམ་བཞག)等，而且论著都有正式版本。但是，班钦德勒尼玛（པཎ་ཆེན་བདེ་ལེགས་ཉི་མ།）在《克珠杰传》中说，《释量论略注正理金穗》(རྣམ་འགྲེལ་ཊཱིཀ་ཆུང་རིགས་པའི་སྙེ་མའམ་རིགས་པའི་སྙིང་པོ། 或《释量论略注正理要义》）到目前仍没有正式版本。

贾曹杰和克珠杰在讥讽解词上有些差异，据说克珠杰在《释量论释正理大海》(རྣམ་འགྲེལ་ཊཱིཀ་ཆེན་རིགས་པའི་རྒྱ་མཚོ།）中，对贾曹杰的《明照解脱道》(ཐར་ལམ་གསལ་བྱེད།）予以批评，但这并不代表克珠杰不尊重贾曹杰，而是他俩在参考的根本经源上有分歧。据《章嘉教派》① 中说，关于因明七论方面，克珠杰以《班钦法圣的释》(པཎ་ཆེན་ཆོས་མཆོག་གི་འགྲེལ་པ།）为依据，而克珠尼玛以《拉旺罗的注疏》(ལྷ་དབང་བློའི་འགྲེལ་པ།）为依据。杰宗喀巴在讲授《释量论》时，采取了新的参照各类注释的做法，而且隆朵在《因明名词分类》中也采取了类似的做法。

关于《明照解脱道》和《定量论释》两部论著中出现的讥讽词语方面的分歧问题，在色拉杰赞在《第一章辨析》中这么记载的，一世达赖喇嘛根顿珠巴（1391—1474）依据宗喀巴师徒和杰喜饶森格的观点，著有《因明庄严论》(ཚད་མ་རིན་རྒྱན།）等，其教派观点不仅继承了贾曹杰的观点。而且，一世达赖喇嘛根顿珠巴的因明教言，往往被说成贾曹杰的第二《因明要义》。以上所述，三师徒和根顿珠巴的教本，实际上成为格鲁派的总教材。每位格鲁派的学僧，在引用方面成为公认的经论。而且，要向教材经论脱帽恭敬，这点在朵丹绛贝嘉措（རྟོགས་ལྡན་འཇམ་དཔལ་རྒྱ་མཚོ། 1374—1436）和堆增扎巴坚赞（འདུལ་འཛིན་གྲགས་པ་རྒྱལ་མཚན། 1374—1436）等论著证明。其实，宗喀巴弟子在因明学方面均为著名的学者，在此不一一介绍。

① 章嘉若必多杰的《章嘉教派》(ལྕང་སྐྱ་གྲུབ་མཐའ།)，中国藏学出版社，1989 年，147 页。

第七任甘丹赤巴杰洛珠丹巴（ཁྲི་ཐོག་བདུན་པ་རྗེ་བློ་གྲོས་བརྟན་པ། 1402—1478），以宗喀巴和贾曹杰为师，后来成为著名的学者，据《格鲁宗教源流·黄琉璃》中记载，他编有《释量论的引道》（རྣམ་འགྲེལ་གྱི་ལམ།）。但第八任甘丹赤巴杰麦朗贝（ཁྲི་ཐོག་བརྒྱད་པ་རྗེ་སྨོན་ལམ་དཔལ། 1414—1491），据《噶当宗教源流》中记载，曲杰饶降巴麦朗贝，在藏历木马年出生在翼日羌地方（གཡས་རུ་བྱང་གི་སའི་ཆར།）的密教世家，生来既机灵又聪慧。后来，他到了恰札寺（བྱ་ཟལ་དགོན།），拜正在该寺学习大菩提心的根顿珠巴为师，认真听闻了三藏经论，成为精通经论的贤者，而且他把三藏经论背诵的很熟练。之后，他杰赞喜饶森格跟前听闻了《续密》（འདུས་པའི་རྒྱུད།）和《明灯》（སྒྲོན་མ་གསལ་པ།）等密法，在泽唐大经院对《四部大论》为主的36部经典立宗答辩，当时成为非常著名的善讲者。

相传，在清朝皇帝面前，他与强钦饶降巴桑杰培巴（བྱམས་ཆེན་རབ་འབྱམས་པ་སངས་རྒྱས་འཕེལ་བ།）辩论佛法，当时辩倒了对方，获得了“恰列囊巴嘉瓦”（ཕྱོགས་ལས་རྣམ་པར་རྒྱལ་བ། 战胜四方）的美誉。之后，他到了卫藏，在各大扎仓讲经说法，先后培养了很多著名弟子。之后，他前往后藏，在扎什伦布待了很长一段时间，而且他在娘堆寺（ཉང་སྟོད་དགོན།）创办了新的讲坛。之后，他在田嘉泽察地方（ཐོན་རྒྱལ་བྱེད་ཚལ།）待了一段时间。后来，他到色拉寺讲经说法，又到甘丹寺经学院讲经说法。他的主要论著有：对宗喀巴经论第四章作了注，叫《释量论第四章释》，又被称为《麦释》（སྨོན་ཊཱིཀ），是一本公认的格鲁派和扎什伦布时轮扎仓的共同教本。而且很高兴的是，在印度藏族图书馆保存着该版本，后甘肃民族出版社已正式出版。

关于结丹贡噶桑波（ལྕེ་སྟོན་ཀུན་དགའ་བཟང་པོ། 1426—1504），据《噶当宗教源流》中记载：大菩萨贡噶桑波，藏历火马年出生在结氏家族（ལྕེའི་རིགས།），他年幼时出家为僧。之后，他到了泽唐寺，在此集中精力学法，成为著名的贤者，著有《释量论行释》（རྣམ་འགྲེལ་གྱི་སྦྱོར་ཊཱིཀ）等很多作品。而且，他以宗喀巴说法为依据，写有著名的《因明释量论疑难广注》（ཚད་མ་རྣམ་འགྲེལ་གྱི་ཊཱི་ཀ་དཀའ་འགྲེལ་ཆེན་མོ།）经典。另外，还有玛康巴扎巴桑波（སྨར་ཁམས་པ་གྲགས་པ་བཟང་པོ།）著的《释量论总论教理灯》（རྣམ་འགྲེལ་སྤྱི་དོན་ལུང་རིགས་སྒྲོན་མེ།）、藏丹贡噶坚赞（གཙང་སྟོན་ཀུན་དགའ་རྒྱལ་མཚན།）著的《因明经藏释》（ཚད་མ་མདོའི་ཊཱི་ཀ）、克珠杰弟子诗人象雄巴曲旺扎巴（སྙན་ངག་མཁན་ཞང་ཞུང་པ་ཆོས་དབང་གྲགས་པ།）著的《定量合理释》（རྣམ་ངེས་འཐད་ལྡན་གྱི་འགྲེལ་བཤད།）等，很多论著。

（一）哲蚌寺

在雪域经学寺院当中，其规模最大的属哲蚌寺，该寺是嘉央曲杰扎西巴丹（1379—1449）公元1416年创建的。据《噶当宗教源流》中记载，喇嘛（嘉央曲杰）在宗喀巴跟前发誓，自己需要听闻70部经论。后来，他讲授的经论据说约有130部，而且他在哲蚌寺生活了约30年。据传，他每次听闻完整部经论后，能很流畅地从头至尾重讲一遍，所以被称尊为“嘉央曲杰”（འཇམ་དབྱངས་ཆོས་རྗེ། 即文殊法王）。之后，宗喀巴大师把讲授佛法重任交给了他。

据巴丹喇嘛丹巴益桑泽瓦（དཔལ་ལྡན་བླ་མ་དམ་པ་ཡིད་བཟང་རྩེ་བ། 又名郭译师雄努贝 འགོས་ལོ་ཙཱ་བ་གཞོན་ནུ་དཔལ།）说，在智慧方面，哲蚌寺历史上没有出现过能超越于他（嘉央曲杰）的格西。后来，喇嘛（嘉央曲杰）获得的所有物资分成三类：一部分用来修造佛经和佛像；一部分用来买药为人治病；还有一部分用来建设法器和培养弟子。他曾说，格西博朵瓦（དགེ་བཤེས་པོ་ཏོ་བ།）非常重视讲授教理经典；所以他要讲授很多教理经典。格西坚阿瓦（དགེ་བཤེས་སྤྱན་སྔ་བ།）非常重视修造佛的身意语，所以他要修造很多佛经、佛像和佛塔；格西普琼瓦（དགེ་བཤེས་ཕུ་ཆུང་བ།）非常重视敬供佛像，所以他也要喜欢供养佛像。

1. 郭芒教材

关于郭芒扎仓的旧教材，堪贡日曲迥（མཁན་གུང་རུ་ཆོས་འབྱུང་།）著的《般若》和《因明》为基本教材，其他教材笔者不太熟悉。但是，新教材是以根钦嘉木样协巴阿旺赞珠（ཀུན་མཁྱེན་འཇམ་དབྱངས་བཞད་པ་ངག་དབང་བརྩོན་འགྲུས། 1648—1722）撰写的论著，他拜章嘉阿旺曲丹（ལྕང་སྐྱ་ངག་དབང་ཆོས་ལྡན། 1642—1714）等为师学法，后成为理论造诣很高的学者。他在因明学方面主要著作有：《白红颜色》（ཁ་དོག་དཀར་དམར།）、《摄类学概论》（བསྡུས་གྲྭའི་རྣམ་བཞག）、《因类学》（རྟགས་རིགས།）、《心类学》（བློ་རིགས།）、《摄类学广论》（བསྡུས་ཆེན་རྣམ་བཞག）、《释量论释第二章因明疑难记录》（རྣམ་འགྲེལ་ལེའུ་གཉིས་པའི་ཚད་མའི་དཀའ་གནད་ཀྱི་ཟུར་བཀོད།）、《释量论释第一章解析》、《释量论释第二章解析》、《释量论释第三章解析》等，这些经典的木刻板在拉卜楞寺保存完好。另外，拉卜楞寺第二任住持杰阿旺扎西（རྗེ་ངག་དབང་བཀྲ་ཤིས།）著的《摄类学》，在印度已正式出版。

二世根钦晋美旺布（སྐུ་ཕྲེང་གཉིས་པ་ཀུན་མཁྱེན་འཇིགས་མེད་དབང་པོ། 1726—1791）以拜章嘉若必多杰等为师，他著的《释量论概论正理大海》（རྣམ་བཤད་རིགས་པའི་རྒྱ་མཚོ།），其中前中后都以诗歌形式作了注，书名叫《注珍珠灯》（ཚིག་འགྲེལ་རིན་ཆེན་སྒྲོན་མེ།）。杰贡唐丹贝卓美（རྗེ་གུང་ཐང་བསྟན་པའི་སྒྲོན་མེ། 1762—1823）著的《观所缘缘论疏·陈那庄严论》（དམིགས་བརྟགས་འགྲེལ་པ་ཕྱོགས་སྣང་དགོངས་རྒྱན།），松巴堪布益西巴觉（སུམ་པ་མཁན་པོ་ཡེ་ཤེས་དཔལ་འབྱོར། 1704—1788）著的《因明七论心宝》（ཚད་མ་སྡེ་བདུན་སྙིང་ནོར།），丹达拉让巴（བསྟན་དར་ལྷ་རམས་པ། 1578—?）著的《导师标准贤者正行语·大乐阶梯》（སྟོན་པ་ཚད་མའི་སྐྱེ་བུར་སྒྲུབ་པའི་རྣམ་བཞག）、《因类疑难》（རྟགས་རིགས་དཀའ་གནས།）、《观所缘缘论意义》（མ་དམིགས་རྟགས་ཀྱི་གོ་དོན།）、《宗法轮明照》（ཕྱོགས་ཆོས་འཁོར་ལོའི་གསལ་བྱེད།）、《自综概论》（རང་སྡེའི་རྣམ་བཞག）、《续部其他教派释》（རྒྱུད་གཞན་གྲུབ་པའི་འགྲེལ་པ།）等论著，在印度已正式出版。

曲杰阿旺巴丹（ཆོས་རྗེ་ངག་དབང་དཔལ་ལྡན།）著的《释量论释第二章词义解释》，洛桑达央（བློ་བཟང་རྟ་དབྱངས། 1867—1937）著的《因类学解析》《心类学解析》，拉卜楞寺贤者杰洛珠嘉措著的《招加行要义照明》（བསྡུས་སྦྱོར་སྙིང་པོ་དགོངས་གསལ།）、《因类学解析》、《心类学解析》等都有拉萨雪版本，而且在印度也已正式出版。但是，在杰洛珠嘉措的《文集》

中，提到了嘉木样协巴《文集》中错字修改问题。另外，觉乃喇嘛仁波切洛桑嘉措（ཅོ་ནེ་བླ་མ་རིན་པོ་ཆེ་བློ་བཟང་རྒྱ་མཚོ།）著的《增长经典因明释量论要义正理宝题目》（བསྟན་བཅོས་ཚད་མ་རྣམ་འགྲེལ་གྱི་བསྡུས་དོན་རིགས་པའི་གཏེར་གྱི་ཁ་བྱང་།）有拉萨雪版本，而且在印度图书馆已出版。郭芒卸任堪布蒙古阿旺尼玛（སྒོ་མང་མཁན་ཟུར་སོག་པོ་ངག་དབང་ཉི་མ།）著的《摄类学》在印度出版，以及拉卜楞寺格西木格桑丹嘉措（དམུ་དགེ་བསམ་གཏན་རྒྱ་མཚོ།）著的《知识门类明慧正理库》（ཤེས་བྱའི་རྣམ་གྲངས་བློ་གསལ་རིགས་མཛོད།），在青海民族出版社已出版。

2. 洛萨林教材

哲蚌洛萨林扎仓的旧教材，以堪嘉央嘎罗（མཁན་འཇམ་དབྱངས་དགའ་བློ། 又叫列巴曲觉，ལེགས་པ་ཆོས་འབྱོར། 1429—1503）撰写的论著为主。据《格鲁宗教源流·黄琉璃》中记载，列巴曲觉出生于藏历土鸡年。他在贡日曲罗（གུང་རུ་ཆོས་བློ།）和洛班巴罗（སློབ་དཔོན་དཔལ་བློ།）跟前学习了《般若》和《因明》，在洛班奈丹巴（སློབ་དཔོན་གནས་བརྟན་པ།）跟前学习了《戒律》和《俱舍论》，在帕索曲杰（པ་སོ་ཆོས་རྗེ། 1402—1473）和班钦跟前学习了《密法》，后来成为大堪布。早期，他在桑浦和热瓦麦寺（ར་བ་སྨད།）听闻佛法。之后，他到康区传教，但不久返回卫藏，在哲蚌洛萨林讲授经论约20年，而且担任了哲蚌赤巴。当时，他经常讲授五部大论，主要弟子有遍知者根敦嘉措，在因明学方面主要著作有《释量论释正理大海照明》（རྣམ་འགྲེལ་རྣམ་བཤད་རིགས་པའི་རྒྱ་མཚོ།）和《摄类学》等。

新教材是以堪班钦索南扎巴（1487—1554）撰写的论著为主，据《格鲁宗教源流·黄琉璃》中记载，第十五任甘丹赤巴班钦索南扎巴，出生于泽当囊巴朗巴家（རྩེ་ཐང་ནང་པ་ལམ།）。他在索南钦布扎西跟前出家为僧，赐法名为索南扎巴。同时，他在桑浦尼玛塘（གསང་ཕུ་ཉི་མ་ཐང་།）、色拉寺色瑟扎仓等学法。之后，他拜喇嘛丹云巴丹（བླ་མ་དོན་ཡོད་དཔལ་ལྡན།）为师，系统学习了宗喀巴大师的经论，成为著名的贤者。而且，他在泽唐等寺对“饶降”（རབ་འབྱམས།）立宗答辩。藏历土牛年，52岁时，他登上了甘丹赤巴法座。

他在色拉大乘洲、觉莫隆、帕莫寺、尼堆（ཉི་སྟོད།）、韦朗（འོད་སྣང་།）、曲德仁钦洲（ཆོས་སྡེ་རིན་ཆེན་གླིང་།）等寺，先后担任住持，并做了很多有益于有情众生的善事。后来，他为遍知者索南嘉措（1543—1588）举行了剃度仪式，并给三世达赖喇嘛取了法名。为了未来获得弘扬佛法的机缘，他著有《释量论第四章解析》和《心因类学》等。其中，《释量论第四章疑难释明晰》，印度哲蚌洛萨林已出版①。另外，木雅格西次成朗杰著的《因类学概论明镜》（རྟགས་རིགས་རྣམ་བཞག་ཆོས་ཀུན་གསལ་བའི་མེ་ལོང་།）②、次康堆仓活佛嘉央赤列云丹嘉措（ཚུལ་ཁང་སྟོད་མཚམས་སྤྲུལ་སྐུ་འཇམ་དཔལ་འཕྲིན་ལས་ཡོན་ཏན་རྒྱ་མཚོ། 1913—?）著的《摄类学要义·智慧喜宴》（བསྡུས་གྲྭའི་དོན་ཀུན་བསྡུས་པ་ལེགས་བཤད་མཁས་པའི་དགའ་སྟོན།）、洛萨林卸任仁波切嘉巴桑培（བློ་གླིང་མཁན་ཟུར་རིན་པོ་ཆེ་འཇམ་དཔལ་བསམ་འཕེལ།）著的《心因学论述使用汇集·心明眼界》（བློ་རིགས་ཀྱི་རྣམ་བཞག་ཉེར་མཁོ་ཀུན་འདུས་བློ་གསལ་མིག་འབྱེད།）③。还有，笔者的上师嘉贡尼玛坚赞（འཇམ་མགོན་ཉི་མ་རྒྱལ་མཚན།）著的《禅师修行经典》（གྲུབ་ཐིན་བསྒྲུབས་པའི་བསྟན་བཅོས།），后来他觉得没有意义而中途没有写。但是，生活在印度的藏族学者普遍认为，其实在因明学方面他属最权威的学者，他的弟子中对佛法有成绩者是拉仁巴阿旺平措（1922—1997），他著有《释量论释正义喜供》（རྣམ་འགྲེལ་ཊཱི་ཀ་གཟུར་གནས་དགྱེས་པའི་མཆོད་སྤྲིན།），该书甘肃民族出版社已出版。还有，弟子日罗曲格（རིགས་སློབ་ཆོས་དགེ།）著的《因类学》、帕热格朗杰旺钦（ཕ་ར་རྣམ་རྒྱལ་དབང་ཆེན།）著的《导师标准正人修法》（ཚད་མའི་སྐྱེས་བུར་སྒྲུབ་ཚུལ།）等。甘丹夏孜扎仓与哲蚌洛萨林使用同一教材，因而没有必要单独介绍。

---

① DrpungManastic，Mundgod，1989

② DrpungManastic，Mundgod，1989

③ DrpungManastic，Mundgod，1989

（二）色拉大乘洲

西藏第二大经学院色拉大乘洲，是降钦曲杰释迦也失（བྱམས་ཆེན་ཆོས་རྗེ་ཤཱཀྱ་ཡེ་ཤེས། 1354—1435）于1419年创建的。据《格鲁宗教源流·黄琉璃》中记载，降钦曲杰释迦也失出生在察贡唐（ཚལ་གུང་ཐང་།），他能直接讲授经典要义，因有“知宿住随念”（སྔོན་གནས་རྗེས་དྲན།）的智力，后修证获得了多闻子秘法。同时，他拜宗喀巴大师为师，明朝时永乐皇帝（1408年）邀请宗喀巴大师到内地传教。当时，宗喀巴大师担心自己在内地圆寂，派弟子降钦曲杰代表自己到内地。因此，他在内地生活了很长时间，把南京印的《甘珠尔》藏文第一版本请到西藏，从此西藏开创了《甘珠尔》木刻版，但他没有留下很多著作。

色拉第三任住持贡日坚桑（གུང་རུ་རྒྱན་བཟང་། 1383—1450），据《格鲁宗教源流·黄琉璃》中记载，仓麦曲杰坚赞桑波（མཚུངས་མེད་ཆོས་རྗེ་རྒྱན་མཚན་བཟང་པོ།）于藏历水猪年出生在贡日堆（གུང་རུ་སྟོད།）。在卫藏期间，他拜宗喀巴大师和菩萨热振（བྱང་སེམས་ར་སྒྲེང་པ།）为师，学习了显密理论，成为著名的贤者。在宗喀巴师徒及众僧中央，他接受了弥足戒（བསྙེན་པ།）。之后，他到桑浦贝色（གསང་ཕུ་སྤེ་སེར།）等寺学法，在教义和正理方面变得无与伦比，被尊称为“仓麦曲杰”（མཚུངས་མེད་ཆོས་རྗེ། 即无与伦比法主）。后来，他登上了色拉寺法座，在孜莫擦（བཙུན་མོ་ཚལ།）①和尼增寺（གདན་ས་ཉིས་འཛིན།）讲经说法，著有《因明经典智者喜宴》（ཚད་མའི་བསྟན་བཅོས་མཁས་པ་དགའ་སྐྱེད།）。藏历铁马年圆寂，享年68岁。他的主要著作有：《现观庄严论释》《中论释》《入中论释》《四百颂释》《中观总义》等，其中三部论著已正式出版②。

---

① 注明：该寺在达孜县，由持戒扎巴坚赞（འདུལ་འཛིན་གྲགས་པ་རྒྱལ་མཚན།）所建。

② 《贡日坚赞桑波文集》（གུང་རུ་རྒྱལ་མཚན་བཟང་པོའི་གསུང་འབུམ།），百慈藏文古籍研究室整理，中国藏学出版社，2007年。

1. 色瑟众贤者教材

色瑟旧教材是以根钦仁钦罗周森格（ཀུན་མཁྱེན་རིན་ཆེན་བློ་གྲོས་སེང་གེ）撰写的论著为主，据《格鲁宗教源流·黄琉璃》中记载，洛珠仁钦森格出生在拉堆穆瑟地方（ལ་སྟོད་མུས་སྨད།），属于旧密教后裔。他以拜根顿珠巴和嘉央曲杰为师，后成为著名的贤者。他曾在哲蚌瑟康（འབྲས་སྤུངས་ཟུར་ཁང་།）学法，并登上了色拉寺法座，创立了中观和因明讲坛。而且，他有很多论著，其中在因明学方面著有《因明总义智者倾倒》（ཚད་མའི་སྤྱི་དོན་མཁས་པའི་ཡིད་འཕྲོག）。

新教材以色拉杰赞曲吉坚赞（སེ་ར་རྗེ་བཙུན་ཆོས་ཀྱི་རྒྱལ་མཚན། 1469—1544）撰写的论著为主，据杰赞弟子班钦德列尼玛著的《杰赞巴传》①中记载，因前世积累知识的习气，他在短短几个月学法后，学到了摄类加行方面所有的正理。而且，他给因类学和心类学的初学者，在开启智慧方面带来了很多启发。但同时，在大经学院摄类班的因明初学者中，如动物世界之中的狮子一般，他的辩才无人能比。当时，所有喇嘛僧侣认为，在正理初学者中，从未出现过像他一样的精通正理者。后来，他在根钦曲觉跟前主要听闻了《因明释量论》，辅助听闻了《因明经藏》、《因明七论》、《辩论正理庄严论》（བཀལ་བརྟག་རིགས་རྒྱན།）等总义，《明照解脱道》等因明知识，《达玛仁钦释》（དར་མ་རིན་ཆེན་ཊཱི་ཀ）等。之后，他在班钦隆日嘉措（པཎ་ཆེན་ལུང་རིགས་རྒྱ་མཚོ། 1418—?）跟前听闻了《释量论释》、《喻法论聚宝》（དཔེ་ཆོས་རིན་ཆེན་སྤུངས་པ།）、《蓝色正注手册》（བེ་དུམ་སྔོན་པོ་ཆ་འགྲེལ།）、《零星许持》（རྗེས་གནང་ཁ་ཡར།）等。到15岁时，他在因明七论等方面已获得很大成绩，名声大震。

在佛法传承中因明学方面，他著作有：《释量论第一章解析》、《第二悟果智和第三悟果智解析》（འབྲས་རྟོགས་གཉིས་པ་དང་གསུམ་པའི་མཐའ་དཔྱོད།）、

---

① 班钦德列尼玛著（པཎ་ཆེན་བདེ་ལེགས་ཉི་མ།）的《杰赞巴传》（རྗེ་བཙུན་པའི་རྣམ་ཐར།），蒙古国克绕钦莫（སོག་ཡུལ་ཁུ་རལ་ཆེན་མོ།）出版。

《释量论第四章解析》、《听闻附录》（མཉན་བྱ་ཟུར་བཀོད།）等，拉萨雪版本在印度色拉寺雕刻了一模一样的新版本。但在《杰赞巴传记》中记载，在《因明总义》中，只看到了不完整的《解析第二章》。

与此同时，强泽晋巴曲培嘉措（བྱང་རྩེ་སྦྱིན་པ་ཆོས་འཕེལ་རྒྱ་མཚོ།）著有《心类学概论教言聚集教义宝库》（བློ་རིགས་རྣམ་བཞག་ལེགས་བཤད་ཀུན་བཏུས་ལུང་རིགས་བང་མཛོད།）和《因类诠释明灯》（རྟགས་རིགས་བརྗོད་དོན་གསལ་བའི་མེ་ལོང་།），隆朵喇嘛著有《因明名词分类》，格仓罗桑嘉央麦朗（ཀེའུ་ཚང་བློ་བཟང་འཇམ་དབྱངས་སྨོན་ལམ། 1791—?）著有《因明的道辑》（ཚད་མའི་ལམ་བསྒྲིགས།），经师普觉（ཡོངས་འཛིན་ཕུར་ལྕོག1824—1901）著有《经师摄类学》（ཡོངས་འཛིན་བསྡུས་གྲྭ།）、《经师因类学》（ཡོངས་འཛིན་རྟགས་རིགས།）、《经师心类学》（ཡོངས་འཛིན་བློ་རིགས།）等。但是，甘丹强泽扎仓，与色拉色瑟扎仓使用统一教材，在此不一一介绍。

（三）扎什伦布寺

扎什伦布寺在卫藏格鲁派四大寺院之一，是一世达赖喇嘛根顿珠巴1447年创建的，除了《释量论》背诵考试外，《明照解脱道》和《正理庄严论》（རིགས་རྒྱན།）等，经论需要背诵考试。但是，因明教学和辩论历史，在介绍纳塘寺时有详述，在此不作重复。但因明教材方面，扎什伦布比其他寺院丰富很多。

1. 图桑林扎仓教材

笔者的《定量论》正言教师，色拉杰赞巴喇嘛图桑林根钦曲觉巴桑（སེ་ར་རྗེ་བཙུན་པའི་བླ་མ་ཐོས་གླིང་ཀུན་མཁྱེན་ཆོས་འབྱོར་དཔལ་བཟང་།）著的《释量论加行释智者项链》（རྣམ་འགྲེལ་སྦྱོར་ཊཱི་ཀ་མཁས་པའི་མགུལ་རྒྱན།）、《释量论解析》（རྣམ་འགྲེལ་མཐའ་དཔྱོད།）①、《总论正理庄严论教义释正理庄严暗明》（སྤྱི་དོན་རིགས་རྒྱན་གྱི་དགོངས་འགྲེལ་རིགས་རྒྱན་ནུབ་སེལ།）等，图桑林索南坚赞（ཐོས་གླིང་བསོད་

① 《释量论解析》（རྣམ་འགྲེལ་མཐའ་དཔྱོད།）：第一本关于释量论方面的解析经论。

ནམས་རྒྱལ་མཚན།）著的《释量论第四章总论》（རྣམ་འགྲེལ་ལེའུ་བཞིའི་སྤྱི་དོན།）、《释量论第四章解析》等，图桑林桑杰巴仁（ཐོས་གླིང་སངས་རྒྱས་དཔལ་རིན།）著的《释量论总论如意宝》（རྣམ་འགྲེལ་སྤྱི་དོན་རིན་ཆེན་གཏེར་མཛོད།），图桑林强丹罗珠嘉措著的《释量注疏大注观镜》（རྣམ་འགྲེལ་རྣམ་བཤད་ཊཱི་ཀ་ཆེན་ལྟ་བའི་མེ་ལོང་།）、《释量论第一章解析善言曼》（རྣམ་འགྲེལ་ལེའུ་དང་པོ་མཐའ་དཔྱོད་ལེགས་བཤད་ཀྱི་ཕྲེང་བ།）、《释量论第二章解析》（རྣམ་འགྲེལ་ལེའུ་གཉིས་པའི་མཐའ་དཔྱོད།）等，图桑林哲梅西尼（ཐོས་གླིང་དྲི་མེད་བཤེས་གཉེན།）著的《释量论如意宝》（རྣམ་འགྲེལ་ཡིད་བཞིན་ནོར་བུ།），图桑林罗桑西尼（ཐོས་གླིང་བློ་བཟང་བཤེས་གཉེན།）著的《总论正理庄严论》（སྤྱི་དོན་རིགས་རྒྱན།），图桑林格登洛桑（根敦洛桑 ཐོས་གླིང་དགེ་འདུན་བློ་བཟང་།）著的《释量论释智慧开启》（རྣམ་འགྲེལ་སྤྱི་དོན་བློ་གྲོས་ཁ་འབྱེད།），杰赞弟子图桑林达纳格登罗桑（ཐོས་གླིང་རྟ་ནག་དགེ་འདུན་བློ་བཟང་།）著的《释量论第一章解析》①、《释量论第二章解析》②、《释量论第三章解析》③、《释量论第四章解析》④ 等，都属教材范畴。其实，藏族学者对《释量论》有很深的解析，1985 年，扎什伦布寺的阿旺多杰在印度德里再版了拉萨雪版本的《释量论解析》。

2. 吉康扎仓教材

吉康贤德巴罗珠坚赞（དཀྱིལ་ཁང་པཎྜི་ཏ་བློ་གྲོས་རྒྱལ་མཚན།）著的《释量论第四章解析》《释量论麦释》（རྣམ་འགྲེལ་སྨོན་ཊཱི་ཀ）等，丹巴达桑（བསྟན་པ་དར་བཟང་།）著的《释量论教义宝库》（རྣམ་འགྲེལ་ལུང་རིགས་གཏེར་མཛོད།），堆增洛周贝巴（འདུལ་འཛིན་བློ་གྲོས་སྦས་པ།）著的《阅读释量论第一章解析 · 如意珍珠项链》（རྣམ་འགྲེལ་ལེའུ་དང་པོའི་མཐའ་དཔྱོད་བསྒྲགས་པས་དོན་གྲུབ་རིན་ཆེན་ཕྲེང་བ།）、《释量论第二章解析正道宝贝项链》（རྣམ་འགྲེལ་ལེའུ་གཉིས་པའི་མཐའ་དཔྱོད་རིགས་ལམ་ནོར་བུའི་ཕྲེང་བ།）、《释量论第四章总论》（རྣམ་འགྲེལ་ལེའུ་བཞི་པའི་སྤྱི་དོན།）等

① 一面 6 行木刻版，全书共 207 页。

② 一面 6 行木刻版，全书共 70 页。

③ 一面 6 行木刻版，全书共 260 页。

④ 一面 6 行木刻版，全书共 183 页。

有很多。

3. 甘丹夏孜扎仓教材

根钦列巴丹珠（ཀུན་མཁྱེན་ལེགས་པ་དོན་གྲུབ།）著的《释量论释心明项链》（རྣམ་འགྲེལ་གྱི་ཊཱི་ཀ་བློ་གསལ་མགུལ་རྒྱན།）、《释量论第四章解析》等两部经论。

（四）达仓热堆教材

据《隆朵文集》① 中说，雄巴根钦秋拉韦色（ཤངས་པ་ཀུན་མཁྱེན་མཆོག་ལྷ་འོད་ཟེར།）著的《释量论第一章宝贝项链》（རྣམ་འགྲེལ་ལེའུ་དང་པོའི་ནོར་བུའི་ཕྲེང་བ།）②、《释量论第二章顺序宝贝库》（རྣམ་འགྲེལ་ལེའུ་གཉིས་པའི་ལུགས་འབྱུང་རིན་ཆེན་བང་མཛོད།）③、《释量论逆序教言库》（རྣམ་འགྲེལ་ལུགས་ལྡོག་ལེགས་བཤད་བང་མཛོད།）④、《释量论第三章教理百颂》（རྣམ་འགྲེལ་ལེའུ་གསུམ་པ་ལུང་རིགས་སྙིང་བརྒྱ།）⑤、《释量论第四章照明解脱教义庄严论》（རྣམ་འགྲེལ་ལེའུ་བཞི་པ་ཐར་ལམ་གསལ་བའི་དགོངས་རྒྱན།）⑥ 等，贡秋曲培（དཀོན་མཆོག་ཆོས་འཕེལ།）著的《释量论各章节记录神奇》（རྣམ་འགྲེལ་ལེའུ་སོ་སོའི་ཟུར་བཀོལ་ངོ་མཚར་གཅེས་བསྡུས།）、《第一章加行释》（རྣམ་འགྲེལ་ལེའུ་དང་པོའི་སྦྱོར་ཊཱིཀ）等，扎琼云丹嘉措（གྲྭ་ཆུང་བ་ཡོན་ཏན་རྒྱ་མཚོ།）著的《释量论阳光》（རྣམ་འགྲེལ་ཉི་མའི་འོད་ཟེར།）⑦、杰喜饶森格（རྗེ་ཤེས་རབ་སེང་གེ།）讲经记录本《释量论照明解脱道阳光》（རྣམ་འགྲེལ་ཐར་ལམ་གསལ་བྱེད་ཉི་མའི་འོད་ཟེར།）⑧、林麦阿旺班觉（གླིང་སྨད་ངག་དབང་དཔལ་འབྱོར།）著的《因类学明灯》⑨，仲切列桑（འབྲུང་ཚེ་ལེགས་བཟང་།）著的《心

① 《隆朵阿旺洛桑文集》，西藏藏文古籍出版社，1991 年，592—593 页。

② 一面 6 行木刻版，全书共 100 页。

③ 一面 6 行木刻版，全书共 33 页。

④ 一面 6 行木刻版，全书共 23 页。

⑤ 一面 6 行木刻版，全书共 113 页。

⑥ 一面 6 行木刻版，全书共 76 页。

⑦ 一面 6 行木刻版，全书共四章。

⑧ 一面 6 行木刻版，全书共四章。

⑨ 一面 6 行木刻版，全书共 24 页。

类学》①，班洛色康巴丹曲南嘉（དཔོན་སློབ་གསེར་ཁང་པ་དམ་ཆོས་རྣམ་རྒྱལ།）著的《摄类单元》（བསྡུས་ཚན་ཉེར་གཅིག）②。其实，《摄类单元》（བསྡུས་ཚན་ཉེར་གཅིག）被说称为“热堆摄类学”（ར་སྟོད་བསྡུས་གྲྭ），再法相院初学者们把它视为理论支柱。还有，仲切列桑讲法传承《第四章解析》。

（五）达布阿里日扎仓教材

韦卡罗桑赤列（འོལ་ཁ་བློ་བཟང་འཕྲིན་ལས། 或列隆西巴多杰 སླེ་ལུང་བཞེད་པའི་རྡོ་རྗེ།）著的《因明成就章节旁庄严论》（ཚད་མ་གྲུབ་པའི་ལེའུ་ཟུར་རྒྱན།）。

（六）其他格鲁派的因明经论

笔者不太清楚属于哪个扎仓的教材，比如说赤贡秋曲培（ཁྲི་དཀོན་མཆོག་ཆོས་འཕེལ།）著的《释量论各章节记录神奇汇集》（རྣམ་འགྲེལ་ལེའུ་སོ་སོའི་ཟུར་བཀོད་ངོ་མཚར་གཅེས་བསྡུས།）、强巴曲秋（བྱམས་པ་ཆོས་མཆོག）著的《释量论解析宝贝环链》（རྣམ་འགྲེལ་མཐའ་དཔྱོད་ནོར་བུའི་འཕྲེང་བ།）、贡日仁钦强曲（གུང་རུ་རིན་ཆེན་བྱང་ཆུབ།）著的《释量论》、刚坚巴朵丹韦色（གངས་ཅན་པ་སྟོབས་ལྡན་འོད་ཟེར།）著的《因类学合理发光》（རྟགས་རིགས་འཐད་པའི་འོད་འབར།）、刚坚巴曲格班觉（གངས་ཅན་པ་ཆོས་སྐྱ་དཔལ་འབྱོར།）著的《释量论解析教理宝库》（རྣམ་འགྲེལ་མཐའ་དཔྱོད་ལུང་རིགས་གཏེར་མཛོད།）、年布释迦坚赞（ཉན་པོ་ཤཱཀྱ་རྒྱལ་མཚན།）著的《续部其他证成释》（རྒྱུད་གཞན་སྒྲུབ་པའི་ཊཱིཀ）和《因果概论（ཚད་འབྲས་ཀྱི་རྣམ་བཞག》）、喜饶达（ཤེས་རབ་དར།）著的《因明总论》、朗杰次成（རྣམ་རྒྱལ་ཚུལ་ཁྲིམས།）著的《释量论解析教理大海》（རྣམ་འགྲེལ་མཐའ་དཔྱོད་ལུང་རིགས་རྒྱ་མཚོ།）、恰札巴洛桑格列（བྱ་བྲལ་པ་བློ་བཟང་དགེ་ལེགས།）著的《因类正断概论》（རྟགས་ཡང་དག་གི་རྣམ་བཞག）、图格格西洛桑年扎（ཐོར་གོད་དགེ་བཤེས་བློ་བཟང་སྙན་གྲགས།）著的《因类学》等，有很多经论教材。

---

① 一面6行木刻版，全书共30页。

② 一面6行木刻版，全书共21页。

说明

脚注中缩写如下：

D：ThesDedGe edition of the Tibetan Tripitaka. སྡེ་དགེ་པར་མའི་བཀའ་འགྱུར་དང་བསྟན་འགྱུར། 德格版《甘珠尔》和《丹珠尔》。

T：The Taisho edition of the Tripitaka in Chinese. རྒྱ་ནག་འགྱུར་གྱི་ཐ་ཞོ་པར་མའི་བཀའ་འགྱུར་དང་བསྟན་འགྱུར། 内地版《甘珠尔》和《丹珠尔》。

Toh：A Catalogue of The Tohoku University Collection Tibetan Works on Buddhism，Tohoku Univ. 1953. ཐོ་ཧོ་ཁུའི་དཀར་ཆག་ནང་གསལ་བའི་རྗེ་ཡབ་སྲས་གསུང་འབུམ་ལྷ་ས་པར་མ། 日本大正目录中的拉萨版《宗喀巴师徒文集》

པ：ཨ་ཁུ་རིན་པོ་ཆེ་ཤེས་རབ་རྒྱ་མཚོས་མཛད་པའི་དཔེ་རྒྱུན་དཀོན་པའི་ཐོ་ཡིག NeW Delhi，1963。阿克喜饶嘉措珍贵备忘录，印度新德里，1963 年。

藏传因明在主要寺院的发展

吉美桑珠

一、近代藏传因明辩经之父宗喀巴大师

藏传佛教格鲁派创始人宗喀巴大师（1357—1419）生于青海省湟中县的一个牧民家庭，六岁时被噶当派名僧曲吉东珠仁钦带到夏琼寺进行培养。七岁受沙弥戒，法号称洛桑扎巴。大师从六七岁就表现出异于常人的神童智慧，未经过老师的指点，和小僧人一起玩耍中学会了藏文字母和拼读。在曲吉东珠仁钦大师身边学习了十年，受到了良好的基础教育，十六岁时进藏，为求名师几乎走遍了前后藏各教派诸大寺院，拜仁达瓦等名师四十多人。二十四岁时在那塘寺参加了因明、大小乘阿毗达摩、律学等四论答辩，得到了该四论的最高评价。此后又游学萨迦、桑普、泽当等寺参加般若学和其他大论的答辩，以超人的智慧和辩才博得了学界的称赞。大师在三十岁前学完了显宗经典名著大论。三十一岁时著述了旷世之作《般若金珠蔓论》。此后又用多年时间学习了续部密法，得到了各派的密法传承。

宗喀巴大师是闻、思、修全面结合的典范。善于思考，勇于探索

是大师的一个突出特点。大师求知若渴，但却绝不盲从。对前人的疏论、学说、概念甚至词义解说都要经过寻根究底的审视考察，才决定取舍。如大师在《缘起理赞》中说："如此珍贵无比之法，却被学浅无知之辈，搞得就像马兰花草，交错倒置乱无头绪"，"见此情景于心不忍，千辛万苦探索求知"，"当时研究教内教外，众多有关疏解论议，使我产生种种怀疑，不得其解，忧心如焚。"就是这种严肃认真的治学精神促使他对显密经典理论展开了全面深入的研究，汲取前人正确的理论，批判错误的观点，提出新的论证见解，使得长期被无知、曲解、邪说云雾覆盖的龙树、弥勒的显密经典学说重放光明。大师对显密理论在逻辑上的统一性、合理性，教理的开掘和解释的高度精确化方面做出了前所未有的贡献。大师开拓性的研究成果，都反映在一字千金的论著中。大师一生著作共有十九函，一百七十四种。经论字数相当于十九部《菩提道次第广论》。在理论上具有分辨能力的人，对各种经论解说进行对比后，对宗喀巴不产生深刻的敬仰是不可能的。

宗喀巴大师降世时藏传佛教正处于一个衰败的年代。僧侣戒行不严，教风不正，思想混乱。宗喀巴大师以大智大勇肩负起了改革振兴佛教的历史使命，除了力挽狂澜、大刀阔斧地从教义理论上进行正本清源、拨乱反正外，还从整顿戒律，整顿教风，建立学院式的寺院，加强经学正规教育，培养戒律严明、兼通显密教理的知识型的僧侣队伍方面做出了具有深远意义的贡献。

宗喀巴的这种突出贡献，得到了各个教派的充分肯定。宁玛派称颂宗喀巴是莲花生的化身，宁玛派著名学者居米旁作赞说："佛菩萨的终极理，缘起性空甚深义，造出正确可信论，除您之外还有谁?"第八世噶玛巴作赞说："北方佛陀殊胜教，邪风侵扰衰败时，驱邪扶正宗喀巴"，"说空无敌宗喀巴"。在宗喀巴众弟子中，建寺兴教、著书立说、作上师法王者，在藏传佛教史上做出过特殊贡献的高足弟子，见于史书的就有一百零六人，普通僧俗弟子有数十万人。达赖喇嘛和班禅就是他的两大弟子的转世系统。宗喀巴大师的亲传和再传弟子将他的因明学等清净法脉传遍了我国西南、西北各少数民族地区和北部满蒙地区，成了明清两代王朝朝廷信奉的主要宗教，并在北京建起了属黄教的喇嘛庙雍和宫等。

宗喀巴降生六百年之际，藏传佛教得到了第二次向外辐射的大好机遇。①

宗喀巴大师之前藏传佛教对因明学的学习不太重视，说学因明是为了批驳外道的理论和观点，那么在西藏没有外道，所以学因明是没有太大的必要，认为众生解脱轮回要学般若经、中观、修行等。而宗喀巴大师对因明学的那些经典的理解，却不同于之前的藏族学者，因明学并不仅仅是为了批驳外道的理论和观点，宗喀巴大师认为，任何人的修行，从初发心到成佛果的过程中，应从下而上，由浅入深，次第不能有丝毫的错乱，更不能漏缺某部分而专修某一层次的法义。在宗喀巴大师的学说体系当中，量论因明学实际上是一套从论证抉择信仰到内在修行解脱的逻辑体系，它以认识论为前提，因而在逻辑的成立上有稳固的基础。而在宗喀巴大师的整个量论因明学的展开中，处处不离逻辑，又处处不离解脱。将逻辑与解脱有机地结合成一个完整体系可以说乃是宗喀巴大师量论因明学的最大特点，《因明量论除意暗论》则集中体现了宗喀巴大师的整个量学思想。

二、甘丹寺

藏传佛教格鲁派创始人宗喀巴大师亲自创建的第一座藏传佛教寺

① 以上内容均参考互动百科。

庙“甘丹寺”建于明永乐七年（1409年）。甘丹寺是格鲁派六大寺院之首，而且是最早的一座寺院，甘丹寺的最高住持称为“甘丹赤巴”，意为甘丹寺法台。因为甘丹寺是格鲁派的祖寺，所以“甘丹赤巴”也是整个格鲁派的住持，地位仅次于达赖喇嘛和班禅。宗喀巴大师圆寂后由其大弟子贾曹杰·达玛仁钦（1364—1432）和克珠杰·格勒贝桑次弟继承他的法座，称为“座主”（赤巴），从此则产生了“甘丹赤巴”的传承系统。从宗喀巴大师创立格鲁派为始祖以来，到现在共传法台102任。甘丹寺内分两大扎仓，即强孜扎仓和夏孜扎仓，两大扎仓学习经论为宗喀巴三师徒的论著因明学等五部大论，因此甘丹寺是藏传因明学习的主要场所之一。过去该寺学因明的人数最多3300—5000名之多。

历代甘丹寺法台讲授因明学大师

（1）宗喀巴大师在甘丹寺讲授因明学十年（1409—1419）。

（2）贾曹杰·达玛仁钦在甘丹寺讲授因明学八年（1419—1431）。

（3）克珠杰·格勒贝桑在甘丹寺讲授因明学八年（1431—1438）。

（4）夏鲁巴·勒巴坚赞在甘丹寺讲授因明学十二年（1438—1450）。

（5）雅德·洛周却觉在甘丹寺讲授因明学十三年（1450—1463）。

（6）瓦索·却吉坚赞在甘丹寺讲授因明学十年（1463—1473）。

（7）洛周旦巴在甘丹寺讲授因明学五年（1473—1478）。

（8）幕蓝白在甘丹寺讲授因明学十年（1480—1490）。

（9）杰魂·洛桑尼玛在甘丹寺讲授因明学两年（1490—1492）。

（10）旦玛·耶喜桑布在甘丹寺讲授因明学五年（1493—1498）。

（11）达端·洛桑智巴在甘丹寺讲授因明学十一年（1500—1511）。

（12）嘉样喜热达勒呗洛周在甘丹寺讲授因明学十九年（1511—1530）。

（13）佳然·却君嘉措在甘丹寺讲授因明学四年（1535—1539）。

（14）弥尼·多杰桑布在甘丹寺讲授因明学十五年（1539—1554）。

（15）德瓦剑吧·格勒白桑在甘丹寺讲授因明学十年（1558—1567）。

现任甘丹寺法座第102位热宗吐旦尼玛隆多旦增诺布还在继续讲授因明学。

三、甘丹寺学习因明学的班级制度

1. 因明班：主要学习《因明摄类学》等，学习时间为四年。

2. 因明理论班：主要学习因明初级、中级、高级班的课程和《集量论》《因明七论》《释量论》等，学习时间为两年。

3. 新般若班：主要学习《大乘菩萨行“十地”和“五道”》《佛教四大宗派论》《甚深缘起探讨》等，学习时间为两年。

4. 般若班：主要学习《般若现观庄严论》《般若波罗蜜多探讨》《了不了义分析探讨》《般若八种共同成就七十义之论》等，学习时间为一年。

5. 新中观论班：主要学习《入中根本论》《入中根本论注疏》《中观理聚六论》等，学习时间为两年。

6. 久中观论班：主要学习宗喀巴大师著述的《中观根本论注疏》，《入中论》，色拉寺杰增却吉坚赞所著的《入中论注疏》等，学习时间为两年。

7. 新律藏班：主要学习措那巴·喜热桑布所著的《律藏注疏》等，学习时间为两年。

8. 旧律藏班：主要学习《律藏根本论》《律藏注疏》（色拉寺杰增却吉坚赞著）等，学习时间为两年。

9. 俱舍论班：主要学习《俱舍根本论》《俱舍论注疏》等，学习时间为两年。

10. 五部大论综合高级班：主要学习《集量论》《因明七论》《释量论》《般若现观庄严论》《入中论》《律藏根本论》《俱舍根本论》等，学习时间为三年。毕业后颁发相应的佛学学位。

11. 准备考拉然巴格西班：拉然巴格西，是藏传佛教格西中级别最高的学衔，也是藏传佛教显宗中最高的学位。每位申请拉然巴格西学位的考僧，必须在拉萨大昭寺举行的祈愿大法会期间，通过三大寺（甘丹寺、哲蚌寺和色拉寺）高僧提出的佛学疑难问题的答辩，并得到认可才能获得这一佛学学衔。这种学位档次高、难度大、名额少，报考人数较多，几乎五大藏区格鲁派寺院中的活佛、名僧都到这里会考。一个僧人要想获得这一级学位，必须废寝忘食地奋斗十几年，甚至几十年才能如愿以偿，有的奋斗一生也很难得到这个学位。塔尔寺的法台、堪布、僧官中凡取得拉然巴格西学位的多属在本寺取得噶然巴学位后，再经过七八年乃至十几年的苦心钻研而到拉萨三大寺报考答辩后获得的。对这类考僧各寺院十分关心，为其提供便利条件，特地派人派马，准备盘缠送达西藏，考取后荣归本寺。在当代塔尔寺荣获拉然巴格西学位的只有却西·罗桑华丹隆柔嘉措活佛1人，于1957年在拉萨深造期间考取的。

格西考试，是藏传佛教传统上的对经过显宗等各学科几十年修行的喇嘛进行学位认定的一种方式。格西分为四等，即多然巴格西、林斯格西、措然巴格西和拉然巴格西，其中拉然巴格西为最高学位。目前，前三个等级的格西考试主要由各寺院自行进行考评测定。而拉然巴格西必须经过拉萨传召大法会严格的考试程序。在 1986 年、1987 年两年传召大法会中，拉萨的哲蚌寺、色拉寺、甘丹寺三大寺共有 17 名高僧考取了拉然巴格西学位。

四、甘丹寺培养出来的藏传因明大学者及其著作

1. 宗喀巴大师关于因明学著作有：《因明量论除意暗论》《因明七论光》《现量第三章节注疏》《因明道行》等。

2. 贾曹杰·达玛仁钦关于因明学著作有：《量经释》《宗喀巴大师座前听受因明之详细备忘录》《释量论义·阐明解脱道真实性》《六十正理论注疏》《依宗喀巴大师听讲而写六十正理论讲记》《观相属论解脱·日藏》《相违相属之建立论》《宗喀巴大师座前听受现量品之随闻录》《释量论本颂解脱·无倒阐明解脱道》《量决定论大疏·善显密意论上卷》《量决定论大疏·善显密意论下卷》《量真理滴论释·善说心要》等。

3. 克珠杰·格勒贝桑关于因明学著作有：《量释论广释·正理海中自比量品解说》《量释论广释·正理海中成量品解说》《量释论广释·正理海中现量品解说》《量释论广释·正理海中悟他比量品解说》《量果建立广论》《现量品注疏》等。

4. 克珠晋巴达杰关于因明学著作有：《心理论之探讨等难义略解》《因理论之探讨等难义略解》等。

五、色拉寺

色拉寺全称“色拉大乘寺”，藏传佛教格鲁派六大主寺之一。与

哲蚌寺、甘丹寺合称拉萨三大寺，是三大寺中建成最晚的一座。该寺由藏传佛教格鲁派祖师宗喀巴大师，委派其八大弟子之一的释迦也失于明代永乐十七年（1419 年）兴建。释迦也失曾代表宗喀巴大师到南京朝觐永乐皇帝，被封为“妙觉圆通慧慈普应辅国显教灌顶弘善西天佛子大国师”，赐给印诰，并颁赐大量经书、佛像、僧衣、法杖、绸缎和金银，这些成为了他修建色拉寺的资粮。色拉寺属全国重点文物保护单位，位于拉萨北郊 3 公里处的色拉乌孜山麓。其全盛期寺中有僧 8000 余人，规模略次于哲蚌寺。于明王朝宣德九年（1434）释迦也失再次应召赴北京，受封大慈法王。

色拉寺的辩经，是一种佛学知识的讨论，也可以说是僧人们的一种学习方式。色拉寺的僧人们每天有一次辩经课。这是一种富于挑战性的辩论，双方唇枪舌剑，言词激烈，辩论者往往借助于各种手势来增强辩论的力度，他们或击掌催促对方尽快回答问题，或拉动佛珠表示借助佛的力量来战胜对方。辩论场上的热烈气氛使人们也深受感染。

色拉寺培养出来的藏传因明的大学者及其著作

杰增却吉坚赞关于因明学著作有：《量释论广释·比量品解说》《量释论广释·正理海中成量品解说》《量释论广释·正理海中现量品解说》《量释论广释·正理海中悟他比量品解说》《量果建立广论》《现量品注疏》。

六、哲蚌寺

哲蚌寺是藏传佛教格鲁派六大寺庙之一，新中国建立前这里的僧侣数目多达 10000 人。位于拉萨市西郊 10 公里处的根培乌山上，海拔3800米，沿山势逐层而建。该寺是格鲁派祖师宗喀巴大师的徒弟绛央曲杰扎西班丹在大贵族朗嘎桑的资助下，于明永乐十四年（1416年）动工兴建的，名为“白登哲蚌寺”，后简称“哲蚌寺”。在藏语里“白登”意为祥瑞庄严，“哲蚌”意为堆积大米。哲蚌寺建成后，很快发展为格鲁派寺院中实力最雄厚的寺院。寺院占地面积约25万平方米，规模宏大。寺内原有七大扎仓（经学院），后合并为洛萨林、郭芒、德央、阿巴四大扎仓，西藏众多的名僧大都曾在此学经，最盛时有僧众近万人，是藏传佛教最大的寺院。寺内保存大量藏族古文献和经籍。哲蚌寺的四周没有草木，都是砂石荒山，寺内却有几处树木繁盛的院场，这便是哲蚌寺的辩经场。每个扎仓都有两个这样的辩经场。辩经场一般设于扎仓附近，主位有一级一级的辩经台，辩经的时候僧人们依次就座，原则上全寺僧人都可辩经，但实际上能够凭着足够佛学知识而登上辩经台的，只有少数能够逐级在扎仓和全院性的大辩论中获胜，最终取得最高荣誉“格西”学位。

哲蚌寺培养出来的藏传因明的大学者及其著作

（1）第一世达赖喇嘛根顿珠巴的因明学著作有：《量理庄严论》《量释论妙解·自利比量品之解说》《量释论妙解·现量品之解说》。

（2）默朗贝的因明学著作有：《释量论第四章注解》。

（3）章嘉·若必多杰的因明学著作有：《智者因明学》等。

七、萨迦寺

萨迦寺在西藏自治区日喀则市西南约168公里的本波山下。仲曲河将寺院分为南北两寺，北寺在河北岸的本波山麓，已废圮；南寺在河南岸小块平地上，是一组形似城堡的建筑。据记载，萨迦派祖师昆·关却杰布于1073年即宋神宗熙宁六年始建萨迦北寺。1260年，元世祖忽必烈尊萨迦派第五代祖师八思巴为国师，1264年令其总管佛教及藏族地区行政事务。1268年八思巴授意萨迦本钦（元代西藏地方官名）夏迦桑布征集卫藏十三万户的人力、财力，并在元朝中央政府的资助下，从内地调来汉、蒙古族工匠与藏族工匠一起建造了萨迦南寺。

萨迦五祖，是指萨迦派发展壮大过程中，做出过杰出贡献的五位宗教领袖，其中前三位并未出家，称为白衣三祖，后两位是僧人，称为红衣二祖。四祖、五祖成就最高，影响最大，四祖即藏传佛教中少有的通“五明佛学”者——萨迦班智达，五祖深得四祖真传，为元始祖忽必烈之帝师，掌管全国宗教和西藏地方政权。

萨迦寺培养出来的藏传因明大学者及其著作

（1）萨迦班智达贡噶坚赞的因明学著作有：《因明正理藏论》《因明正理藏论自注》。

（2）芒提·鲁珠嘉措的因明学著作有：《释量论初起辩论结合论式》《释量论中起辩论结合论式》《正理藏论第一日中起辩论》《正理藏论第三日中起辩论结合论式》《理路总建立·善说日光论》《意现识·善说日光论·启智慧眼正理匙》。《敌论解说·非依他行境之精仪》《善说日光论中论解说·启甘露宝瓶》《善说日光论·启甘露宝瓶中自性广说品》《善说日光论中不相违解说·极成相违·恒河长流》《善说日光论遮支分实有解说·恒河长流》《善说日光论中因论三论明解》《宗法九句解说·善说日光论中不共之特性》《善说日光论中成量品解释及探讨释疑》《正理藏论释难精义第一章解说·善说日光》《正理藏论释难精义第二章解说·善说日光》《正理藏论释难精义第三章观总别品解说》《正理藏论释难精义第四章观遗余品·善说日光》《正理藏论释难精义中第六章观相属品解说》《正理藏论释难精义中第七章观相违品》《正理藏论释难精义中第八章观性相品解说》等。

（3）萨迦喇嘛·索南坚赞的因明学著作有：《量释论释嘉言心要》《广摄理义释篇》《七论心要理智真实性显明篇第二摄要》等。

八、塔尔寺

塔尔寺始建于公元1560年，距今已有600多年的历史，占地面积600余亩，寺院建筑分布于莲花山的一沟两面坡上，殿宇高低错落，交相辉映，气势壮观。位于寺中心的大金瓦殿，绿墙金瓦，灿烂辉煌，是该寺的主建筑，它与小金瓦殿（护法神殿）、大经堂、弥勒殿、释迦殿、依怙殿、文殊菩萨殿、大拉让宫（吉祥宫）、四大经院（显宗经院、密宗经院、医明经院、时轮经院）、酥油花院、跳神舞院、活佛府邸、如来八塔、菩提塔、过门塔、时轮塔、僧舍等建筑形成了错落有致，布局严谨，风格独特，集汉藏技术于一体的宏伟建筑群。殿内佛像造型生动优美，超然神圣。栩栩如生的酥油花，绚丽多彩的壁画和色彩绚烂的堆绣被誉为"塔尔寺艺术三绝"，寺内还珍藏了许多佛教典籍、历史、文学、哲学、因明、医药、历法等方面的学术专著。每年举行的佛事活动"四大法会"，更是热闹非凡，游人如潮。

寺庙的建筑涵盖了汉宫殿与藏族平顶的风格，独具匠心地把汉式三檐歇山式与藏族檐下巧砌边玛墙、中镶金刚时轮梵文咒和铜镜、底层镶砖的形式融为一体，和谐完美地组成一座汉藏艺术风格相结合的建筑群。塔尔寺不仅是藏传佛教圣地，而且是造就大批藏族知识分子的高级学府之一，寺内设有显宗、密宗、天文、医学四大学院。

宗喀巴去西藏6年后，其母香萨阿切盼儿心切，让人捎去一束白发和一封信，要宗喀巴回家一晤。宗喀巴接信后，为学佛教而决意不返，给母亲和姐姐各捎去自画像和狮子吼佛像1幅，并写信说："若能在我出生的地点用十万狮子吼佛像和菩提树（指宗喀巴出生处的那株白旃檀树）为胎藏修建一座佛塔，就如与我见面一样"。第二年，即明洪武十二年（1379），香萨阿切在信徒们的支持下建塔，取名"莲聚塔"。此后180年中，此塔虽多次改建维修，但一直未形成寺院。明嘉靖三十九年（1560），禅师仁钦宗哲坚赞于塔侧倡建静房1座修禅。17年后的万历五年（1577），复于塔之南侧建造弥勒殿。至此，塔尔寺初具规模。万历十年（1582）第三世达赖喇嘛索南嘉措第二次来青海，翌年春，由当地申中昂索从措卡请至塔尔寺。三世达赖向仁钦宗哲坚赞及当地申中、西纳、祁家、龙本、米纳等藏族部落昂索指示扩建塔尔寺，赐赠供奉佛像，并进行各种建寺仪式。从此，塔尔寺发展很快，先后建成达赖行宫、三世达赖灵塔殿、九间殿、依怙殿、释迦殿等。经四世达赖指示，万历四十年（1612）正月，正式建立显宗学院，讲经开法，标志着塔尔寺成为格鲁派的正规寺院。塔尔寺是藏传佛教格鲁派著名的六大寺院之一，其寺院教育制度与学位授予方法也与拉萨三大寺基本一致。塔尔寺的辩经和学位制度兴起于1622年，由塔尔寺第一任法台沃色嘉措大师开创，到了第五任法台却藏·南杰班觉时有了更大的发展。藏传佛教培养学僧的制度，颇具研习价值，其中辩经的传承，更是世间独一无二者。所谓的辩经，它是一种抉择，透过"应成"的理论能够逐一排遣矛盾、去除疑惑，且能越趋深入，得到最严密和正确的抉择，此抉择慧即是思所成慧。

塔尔寺的主要教学场所可以分为三类：一是上讲经院，这是全寺性质的学经、讲经、辩经活动场所，位于寺院的九间佛院，寺院北面的赤康；二是下讲经院，主要是指在大经堂内进行的学经活动，包括在大经堂内的回廊；三是夏日辩经院，主要是夏季举行学经、辩经的场所，一般是在寺院玉池贡玛的树林里，还包括东面的九开间的讲经房。辩经起源于印度，藏传佛教的辩经是从印度那烂陀寺传来的，后来便成为藏传佛教格鲁派攻读显宗经典的重要途径与方法。

展开辩经时，首先念“底”字，是开启智慧。在佛界中，文殊菩萨就是智慧的象征，而文殊菩萨的心咒是“嗡阿热巴杂那底”，用“底”便是请文殊菩萨来开启智慧。高扬右手表明文殊菩萨就在身后，击掌具有三层意思：一层是一个巴掌拍不响，世上一切都是合缘的结果；二层是无常，无常即稍纵即逝；三层是用清脆的响声敲醒心中的慈悲与智慧，驱赶心中的恶念。右手向下伸出并拉回，则是一种愿望，通过心中的慈悲和善念，把众生从苦难中拯救出来。辩经时，无论质询或答辩者，都只能针对提出的问题问或答：是？否？或一定、不一定；除非质问者要答辩者深入解释说理，这时答辩者才能陈述一大串，否则辩论将流于各说其道。西藏三大寺的辩经方式，是一站一座；后藏扎什伦布寺的僧人在辩经时，无论问者或答者，两人是对立站着。辩经时有一套标志动作和方式，初学者还得不断地重复练习，否则拍掌、跺脚的方式不易掌握。辩经采用的是一问一答的方式，也有很多人参与提问的，但回答者不能反问，只回答“是”或“不是”。提问者可以做出各种动作，也可以高声怪叫，或者做出各种奚落对方的举止，甚至当回答者回答不上提问时，众人还会发出“嘘”的嘲弄声。无论怎样，辩经对人的智慧的启蒙，不能不说是一种极其有效的方法。藏传佛教的辩经制度中，学院的课程以五部大论为中心，学僧必须背熟，并由浅入深的论集有《释量论》《现观庄严论》《实性论》，以及其他教派的论集等。从这一点上就不能看出，藏传佛教对藏族语言文化的影响，这影响一直延续到藏族的哲学理论、文学艺术以及习俗风情。

以学习辩经及逻辑为入门，进而研究佛教四大宗派更深层哲理的、德性的、教义上的种种论集，是辩经学院课程的安排。通常整个课程修学完成后，学僧将能深入经藏，成为一位非常称职的佛法老师，可任教佛学院和寺院；也可选择进入密教学院，学习密教经典或闭关禅思体验较深层的觉悟。

九、隆务寺

隆务寺历史悠久，据记载最早建于宣德元年（1462 年），名僧三桑木旦仁钦重建隆务寺。其弟罗哲森格为当时隆务寺的宗教领袖，是一位精通大小五明、佛学造诣很深的学者，受到宣德皇帝的尊奉，被封“弘修妙悟国师”。明万历年间，隆务寺大经堂建成，明帝于天启二年（1622 年）赐题“西域胜境”匾额，悬于经堂门首。1630 年，夏日仓一世嘎丹嘉措（被认为是桑木旦仁钦转世）主持隆务寺，颇受当地群众尊崇，修建了该寺的辩经院。清乾隆二十三年，清廷封夏日仓一世为“隆务寺呼图克图宏修妙悟国师”。隆务寺的经堂、佛殿等建筑宏伟壮观，装饰华丽，文物丰富。经堂内供奉明朝皇帝赏赐的释迦牟尼等塑像数十尊，造型精美，庄严肃穆。保存宗喀巴大师法衣一件，高 11 米的宗喀巴大师像，底座周长 26 米，通体贴金，上下周围镶嵌金玉宝石，更显得金碧辉煌。还有夏日仓一世至七世的衣钵，成千上万件的法器，精美的壁画、堆绣、唐卡等艺术品，浩瀚的佛教经卷典籍，佛教艺术博物馆。为全国重点文物保护单位。该寺活佛多出高僧，著述颇丰。例如，一世夏日仓的《夏日仓噶丹嘉措全集》、阿绕仓所著《天楼柱式》、堪钦仓所著《辩论初阶》等都很有影响，在藏区广为流传。该寺学经采用拉萨色拉寺举巴扎仓教程，并于色拉寺、甘丹寺设有冷本康村，供本寺僧人入藏学经居住。

隆务寺佛事活动频繁，主要有每年正月祈愿法会。此会于农历正月初七至十六日举行，其间有十六日的“跳欠”等活动；二月春季学经期一个月；三月由时轮学院举办辩经、考试活动，历时一个月；五月全寺集中念经15天；农历六月十五日至八月一日住夏45天，寺僧不得外出；八月后半月为秋季学经期；九月“降凡节”于二十二日举行纪念释迦牟尼在忉利天为其母摩耶夫人说法后重返人间的活动；十月“五供节”纪念宗喀巴圆寂；冬季学经期，分为两期，第一期为十一月全月，第二期从腊月初七开始，二十一日结束，在每月十五日和三十日，还举行寺僧在佛像前念经、悔罪的仪式。

1607年，夏日仓噶丹嘉措诞生，被认定为三木旦仁钦的转世，从而形成了夏日仓活佛系统。清雍正十二年（1734）由第二世夏日仓阿旺嘉措建立密宗学院，清乾隆三十八年（1773）由第三世夏日仓根敦赤列拉杰创建时轮学院，从而发展成显密双修的格鲁派大寺，僧人最多时达到2000人，曾下辖有数十座属寺，发展成为显密双修的格鲁派大寺。寺内有总法台1名，代理寺主总揽全寺教育和行政，法台下有干巴13至15名，直接管理全寺宗教活动，并设总僧官1名，负责全寺教规的执行和学经纪律。

隆务寺培养出来的藏传因明的大学者及其著作

（1）堪钦·根敦嘉措的因明学著作有：《摄类论嘉言·教理日光》。

（2）吉美旦曲嘉措的因明学著作有：《释量论科判依克珠杰大疏略篇》。

十、拉卜楞寺

公元1709年第一世嘉木样协巴创建拉卜楞寺，甘肃藏区开始有了因明之辩经院。另外，理塘强巴林、色须寺等康区各大经院以及广惠寺、佑宁寺、德扎寺等安多不少寺院也有因明学之辩经院。

拉卜楞寺培养出来的藏传因明的大学者及其著作

（1）嘉木样协巴阿旺尊珠的因明学著作有：《赤白色辩》《辩理初级之建立嘉言》《应成大义之建立略篇》《量释论第二品正量之难义另开略篇》《量释论探讨·显明解脱道第一品之探讨》《量释论探讨·显明解脱道第二品之探讨》《量释论探讨·显明解脱道第三品之探讨》。

（2）贡唐·关却丹白卓麦的因明学著作有：《正理路篇·幻化之钥》《观所缘论释·陈那密意庄严》等。

（3）贡唐·洛珠嘉措的因明学著作有：《心理论之探讨等难义略解》《因理论之探讨等难义略解》《摄类论正理藏之意趣显明镜》。

（4）华热若色的因明学著作有：《因明论附篇》《因明论探讨之补遗》《初级辩论本文》《幻变理论》。

（5）贡唐洛珠的因明学著作有：《悟慧论之探讨》《因理论之自宗探讨》《因明量论广释要义》等。

“持因心”浅析

祁顺来

持因心是因明推理学说的重要组成部分，是因明研究者的一项重要研究课题。本文以藏传因明经典著作《因正理论》思想，对持因心之性相、分类等基本理论作了初步探讨，旨在揭示持因心在因明推理和论证等思维活动中的意义及功用，为进一步研究藏传因明学说提供资料。

一、持因心之性相

什么是持因心，持因心就是人们认识论式之因的心识。藏·班智达在《释量论第一、四品难点明示》中说：“士夫心续上能成引生自果比量之因，且能思量因相之心识为持因心之性相。”[①] 意思是说人们内心思量因之三相而生比量，认识这一能生比量之因的识就是持因

① 《藏·班智达罗桑旦巴嘉措文集》，人民出版社，2005年，第61页。

心。这一性相明确指出持因心不是比量而是引生比量之因。产生比量之因实际上就是因三相，由量识认知因三相之识就是持因心。洋增普觉强巴在《摄类理路幻钥》中“以所作为因成立声音无常”的论式为例，对持因心定义如下：“此识对‘声是所作’及‘凡是所作皆为无常’二者之义不欺诳，自身既是依赖自因‘所作’引生成立‘声音无常’比量之因，又是此论式正确敌论者心续之了别，此为‘以所作为因成立声音无常’持因心之性相。”① 这一性相中不但明确指出持因心是比量之因，而且具体指出持因心是论式对象即敌论者心续上的一种认识。通过上述定义我们可以看到持因心是敌论者正确认识论式三相之识，普觉强巴的定义明确指出：此识对“声是无常，所作性故”论式的宗法相“声是所作”和后遍相“凡是所作皆为无常”不欺诳，说明持因心是敌论者对论式之宗法相和后遍相（或遣遍相）的正确认识。这种认识因为对自境不欺诳，所以应是一种量识，或是量识的第二刹那——已决智。

论式的因三相本来是一个正确因的三个必备条件，其特点由三个判断来表示，即宗法判断、后遍判断和遣遍判断。在为自比量时，持因心是推论者自己对论式因三相的心中意想，或者说是推论者自己所认知的三个正确判断。在为他比量时，立论者用语言具体表述三相而成为一个推论语，这种表述的语言不是持因心，因为它不是心法。持因心指敌论者听闻立论者所表述的推论语后而生起的三相忆念，也就是被敌论者忆念认定三相的思维形式。因明对判断的论述不多，但也明确指出判断是一种分别识，是一种理性思维形式，因明中称为结合意义分别识。结合意义分别识之性相：是将差别事与差别法结合认知之执著识。判断不是色法，而是心法，判断不是无分别，而是分别识。那么持因心就是正确认知因三相的三个判断，也就是三个将差别

① 《摄类理路幻钥》，甘肃民族出版社，1982 年，第 271 页。

事和差别法结合认知的分别识。

通过对持因心性相的分析，我们清楚看到持因心就是指量识认定的因三相，因三相是推理的前提，所以说持因心就是指被量识认定的推理前提。未被量识认定的前提是难以推出结论的，就是说不知前提正确与否，或存有疑惑的人，是无法进行推理，或推出的结论同样会有疑惑，这样的推理是毫无意义的。对前提存有疑惑持因心不是真正的持因心，因为它未能认定因三相，它不是比量的直接因，故不能生起比量。

形式逻辑认为，一个推理要能够推出真实的结论，必须具备两个基本条件，一是前提必须真实，二是推理形式结构正确。形式逻辑所提供的只是推理的规则，这种规则制约着前提与结论的形式推导关系，只能保证推导过程的正确性，不能保证前提的真实性。而因明逻辑推理不但要保证推导过程的正确性，而且要保证前提的正确性，这是因为因明的因三相原理不但确定了推导过程必须正确，而且因三相定义要求对三相之内涵必被量识认定，这就确定前提必须正确。若前提有误，就成似因，或不成、或不定、或相违都是似因。因明推理，必须在因三相成立的条件下进行，也就是在前提正确的条件下进行，所以说，因明推理要保证前提的正确性。这是因明与形式逻辑在推理前提的要求上的区别。

前面已说持因心是认识三相的心法，但在普觉强巴所作定义中何故只讲三相中之宗法和后遍二相而未讲遣遍相，这是因为藏传因明是根据法称因明思想在同一论式中的后遍成立者遣遍必然成立，就是说同一论式中的后遍判断和遣遍判断二者同质。《释量论》明确指出：“说二相随一，义了余一相，能引生正念。”① 是说在因与所立法关系上的后遍和遣遍二相，其中了知一相，能引生了知其他一相之正念。

① 法尊译：《释量论》，中国佛教协会印，第2页。

所以在讲持因心之性相时，只讲认知周遍二相中的其中一相，另一相自然也就被认知了。法称的这一观点与陈那的三支论式有一定差别。

二、持因心的分类

根据持因心是引生比量之因和敌论者正确认知因三相的识这两个特征，持因心可以分为思量宗法持因心和思量周遍持因心二种。

（一）思量宗法持因心

思量宗法持因心之性相：《摄类理路幻钥》结合“以所作为因成立声音无常”的论式对思量宗法持因心定义为：“自身对‘声是所作’义不欺诳，并既是依赖自因‘所作’引生以所作为因了悟‘声音无常’比量之因，又是以所作为因成立声音无常论式的正确敌论者心续之了别，为思量宗法持因心之性相。”①

思量宗法持因心之分类：思量宗法持因心分为思量宗法之量识和思量宗法之已决智二种。

1. 思量宗法之量识又分二种：

（1）思量宗法之现量：如在有烟的山上观见烟的现量。

（2）思量宗法之比量：如了知声音无常的比量。

2. 思量宗法之已决智内分二种：

（1）思量宗法现量流续之已决智：如在有烟的山上观见烟现量的第二刹那。

（2）思量宗法比量流续之已决智：如了知声音无常比量的第二刹那。

---

① 《摄类理路幻钥》，甘肃民族出版社，1982年，第271页。

（二）思量周遍持因心

思量周遍持因心之性相：《摄类理路幻钥》说：“自身对‘凡是所作皆为无常’义不欺诳，并既依赖自因‘所作’引生以所作为因了悟‘声音无常’比量之因，又是以所作为因成立声音无常论式的正确敌论者心续之了别，为思量周遍持因心之性相。”①

思量周遍持因心之分类：思量周遍持因心分思量周遍之量识和思量周遍之已决智二种。

1. 思量周遍之量识分二种：

（1）思量周遍之现量：如在厨房里观见从火生烟之现量

（2）思量周遍之比量：如为成立声音无常而以所作为因时，了知常住非所作性的比量。

2. 思量周遍已决智分二种：

（1）思量周遍现量流续已决智：如在厨房观见从烟生火现量的第二刹那。

（2）思量周遍比量流续已决智：如为成立声音无常而以所作为因时，了知常住非所作性比量的第二刹。

通过以上划分，我们可以看清持因心有思量宗法和思量周遍两种持因心。这两种持因心一般是两个性质判断，思量宗法持因心是一个单称判断，思量周遍持因心是一个全称判断。

为什么说思量宗法持因心是一个单称判断，因为这种持因心所断定的是某一特定个别事物具有（或不具有）某种性质的判断。如思量宗法持因心“声音是所作”，这一判断只表示声音的总体是所作，而不表示凡是声音——属于声音的每一个体都是所作。如果说“声音是所作”这一判断能断定某类事物的全部具有（或不具有）某种性质，

① 《摄类理路幻钥》，甘肃民族出版社，1982 年，第 271 页。

也就是说这一判断能表示“凡是声音都是所作”的话，那么“所量是常住”、“性相不是性相”等判断同样也能断定这类事物的全部具有或（不具有）某种性质。这样“所量是常住”这一判断也能表示所量的全部个体都有常住性质的判断。然而这一判断恰恰不能断定这类事物的全部具有（或不具有）某种性质。如果我们将“所量是常住”这一判断理解为“凡是所量都是常住”，它就是一个不符实义的假判断，因为凡是所量不一定是常住。若说“凡是所量都是常住”我们可用应成式来反驳：瓷瓶（有法）也应成常住，是所量故。此应成式之因成立，瓷瓶存在故。此应成式之周遍成立，尔所承许故。若对此应成的立宗答“许”，则承认瓷瓶常住，承认瓷瓶是现量不可缘取、由分别假立的共相。这样就与瓷瓶的实义相违了。同样“性相不是性相”是一个正确判断，它只表示性相的总体不是性相，决不表示“凡是性相都不是性相”之义。前一个“性相”是一个集合概念，是指“性相”总体。后者是在非集合意义上使用的，是指各种事物具体的性相。从这里我们可以得出这样一个结论：一个论式的立宗和因之宗法相都是在同一欲知有法上断定具有（或不具有）某种性质的判断，所以这一欲知有法是什么性质的概念，决定着立宗判断和宗法判断是单称判断还是全称判断。一般来讲，一个合因式的欲知有法必是一个集合意义上的概念，论式的立宗和三相因中之宗法相必是一个单称判断。这一问题，藏传因明家已有论述，恰巴曲桑在《量论总摄除意暗论》对论式之诤事有法下定义时说：“诤事（欲知有法）的性相，于某一事体上所立法不成不遣者。”（རྩོད་གཞིའི་མཚན་ཉིད་ནི་གཞི་ལྟོག་པ་གང་ལ་བསྒྲུབ་བྱའི……ཆོས་གྲུབ་བསལ་མེད་པའོ）这一定义中的“某一事体”就是指某一事物的自体（或总体），“所立法不成”是指在敌论者心续中所立法在某一事物的自体上不可成立。一个“无过欲知有法”必须观待一个正确敌论者，正确敌论者必须是一个由量识认定论式宗法相成立，但对所立宗存有疑惑且欲了知的人。也就是说正确敌论者必须是一个已经了知论式之宗法相成立，但不知论式之立宗是否成立的人。所以恰巴说“于某一事体上所立法不成”，如果敌论者对论式之立宗已经了知，那么这一敌论者就不是一个正确敌论者，其欲知有法也是一个有过欲知有法，这样的立宗也是一个有过之立宗，这种立宗就是陈那所说“似宗九过”中的相符极成过。性相中之“所立法不遣”是指所立法在某一事体上与量识不违，就是说所立法完全存在于欲知有法上，这样的立宗才是一个正确的立宗，否则，就是一个有过之立宗，这种过失就是“似宗九过”中之现量相违、比量相违、自教相违、世间相违、自语相违等过。这里恰巴曲桑对诤事有法的定义，首先肯定了诤事（论诤的具体事物）在其自体或总体上具有所立法这一属性。而不是在论诤的具体事物的每一个体上具有所立法这一属性。同样在认识论式的宗法判断时，其主项必是一集合概念，所以说思量宗法持因心是一个单称判断。

为什么说思量周遍持因心是一个全称判断，因为这种持因心所断定某类事物的全部都具有（或不具有）某种性质的判断。如思量周遍持因心“凡是所作皆为无常”，这里表示了“所作”类事物的全部都具有“无常”的性质，也就是说凡属于“所作”的每一个体事物都具有无常性。显然这一判断是一全称性质判断，所以说思量周遍持因心是一全称判断。藏传因明《摄类学》周遍设立品中对周遍判断和非周遍判断作了明确规定，如《色・摄类学》中说：“凡是存在被常住和实有二者之一所周遍、凡是存在必是常住和实有二者之一、凡是存在就是常住和实有二者之一等三种说法，义无差别，是周遍之异名故。”[①] 以上三种判断形式皆为周遍判断，除此三种外其他判断形式一般都不是周遍判断。上述周遍形式我们用常见的周遍例句表示，如

① 《因明学概要及其注释》，色昂旺扎西著，民族出版社，1987 年，第 172 页。

“凡是所作皆被无常所周遍”、“凡是所作必是无常”、“凡是所作便是无常”，这三种周遍判断所表意思完全相同。其特点是主项之前都冠以全称量项对主项的全部外延作了断定，显示作为主项事物的所有个体都具有中项事物的性质。《形式逻辑》中说，在语言表达中全称量项可以省略。但是在藏传因明中绝对不可省略，如果省略了全称量项此判断就会成为单称判断，如“凡是所作都是无常”的判断省略了全称量项就成为“所作是无常”这样一个无量项判断，藏传因明中将会作为单称判断来对待。这一问题《色. 摄类续篇》作有明确论述：“复说‘凡是所作都是无常’是一周遍形式，然而‘一切所作是无常’就不是周遍，‘一切法都是常住’同样不是周遍。因为《七论庄严》说‘凡是色法皆是所量’、‘凡是眼识皆是量识’二者皆为周遍。”① 从《续篇》中的这些举例看，凡是周遍判断其全称量项中含一“是”字，若一判断的量项没有“是”字义，那么它就不是一个周遍判断，当然也不是全称判断。如“所作是无常”，它就没有周遍意义，而是一个只表主项自体或总体的单称判断。这种分辨单称和全称判断的方法，实际上与藏语语法特征有关。我们在翻译这种全称命题时，也往往会译成一个假言判断，如“如果是所作那么就是无常”，这与《入正理论》中所说“若是所作，见彼无常”的周遍判断是一致的。由于这种假言判断的前件上具有“是”义，所以藏传因明中以全称判断来对待。

持因心的分类，首先将母项持因心划分为思量宗法和思量周遍持因心两个子项，这两个子项是相互排斥的，就是思量宗法和思量周遍持因心二者相违，无共依。再将这两个子项再作为母项分别划分出量识和已决智两个子项。从这种划分可以明确看到持因心一定是一个不欺诳的正确判断。因为所有量识都对自境不欺诳。已决智是量识的第

---

① 《拉・摄类与色・摄类续篇合册》，香港天马出版社，2001 年，第 499 页。

二刹那，同样对自境不欺诳。所以说凡是持因心是一个符合实义的正确判断。

如何成立持因心不欺诳，《释量论第一、四品难点明示》中作如此论证：“思量成立声音无常因三相之量识和已决智（有法），对成立声音无常的因三相不欺诳，由此断除了对此论式因三相的增益，此等量识和已决智与此论式之因三相有系属关系故。首先从持声之根现识将声音无常作为所持义而生起现识，从此现识生起了悟声音是所作的量识，再从此量识和思量成立声音无常论式周遍关系的量识二者生起思量成立声音无常论式之已决智，从此识生起了悟声音无常的比量。”① 以上引文指出，思量宗法和周遍持因心之量识和已决智，主要是敌论者由此等心识断除对论式因三相的增益，故对宗法相和周遍相不欺诳。

三、对不同观点的讨论

持因心是否是自果比量的直接因，有人认为：持因心是认识论式因三相的忆念，所以它不是比量的直接因，而是间接因，因为在持因心和比量之间被忆念所间隔。提出这一问题的依据是《集量论释》所说“了知因并非比量之直接因，因为此二者之间被忆念所隔断。”其实，《集量论释》所讲此义不能成立持因心不是比量之直接因，因为这里误解了《释》中所讲含义，此语是指在论证声音无常时，思量宗法相之量识和了知所立的比量二者之间被思量周遍关系的忆念所间隔，并非指持因心与比量之间被忆念所间隔，故这一引言不能成立持因心不是比量之直接因。

① 《藏·班智达罗桑旦巴嘉措文集》，人民出版社，2005年，第62页。

持因心是一种心法，有人认为：这一心法应是心王，是心法故。这一应成式的周遍不成，就是说凡是心法不一定是心王。心法可分为心王和心所二种，这里面所讲的持因心不是心王而是一种心所，心所有五十一种，持因心属五种别境，五种别境是欲、胜解、念、定、慧五种，持因心是此五种之中的念即忆念。凡是忆念皆属分别，然而凡是持因心不一定都是分别识，有成为持因心的现量故。

《集量论》说："比与比度生"，意思是比度和比度所生的比量。此句是论述似现量时所说，是说比度识与由比度识生起之比量都不是现量，而是似现量。这里的比度识就是指持因心。有人说："没有成为持因心之比量，《集量论》说'比与比度生'，将持因心和比量分别列出故。"此论式之周遍不成立，就是说《集量论》虽将持因心和比量分别列出，但不能说明没有成为持因心之比量。实际上在持因心中有成为持因心的比量，如思量周遍持因心就是一个依因"喻"而生起的比量。思量周遍持因心既是持因心，又是比量，所以说，思量周遍持因心就是一个成持因心的比量。

既然持因心是似现量，那么就不可能有成为思量宗法和思量周遍的现量，这与上面分类中所说有思量宗法和思量周遍的现量是否相矛盾，古印度因明论师庄严师也认为持因心是似现量，故无持因、法系属关系的现量。对这一问题，藏．班智达认为：说持因心是似现量，是因为持因心有现量和分别识二种，这里是以作为分别识的持因心而说为似现量，并不是说所有持因心都是似现量。这里有一个问题如何理解，愿与因明研究者一起讨论：前面提到持因心是忆念，那么凡是持因心是否都是忆念，若是，历史上的因明家一致认为所有忆念都是分别识，这样凡是持因心皆成分别识。若说凡是持因心皆为分别识，就不可能有成为持因心的现量。因为凡是现量必为离分别。对此问题是否可以这样理解，这样的持因心只能在为他比度时出现，因为为他比度时，立论者用语言表达为他比量式——推论语，敌论者闻后生起三相之忆念，由此忆念引生比量。这种忆念就是持因心。若说凡是持因心不一定是忆念，因为有成持因心的现量。一切现量都远离分别，在亲自领受中生起。此等持因心只能在为自比度时出现，在为自比度时，立论者自身获得论式宗法和周遍相之现量和现量的第二刹那——已决智，从而生起比量。这一现量和已决智就是为自比量式之持因心，此等持因心在为他比度时不可能出现，因为为他比度时其持因心都是忆念，是分别识。对上述问题这样理解是否合理，共同讨论。

有随顺释迦慧因明思想者认为，持因心只有思量宗法之持因心，不承认思量周遍持因心。对此问题我们可作这样的分析，一个正确因必须具足三相，否则就不是正因。只有从具足三相的正因产生比量。那么正确认识三相之心法就是持因心，持因心是产生比量的直接因。若无具足三相之因，也就没有正确认识三相的持因心。若只从思量宗法持因心可生比量，那么正因也不需具足三相，宗法一相就可作为正因了。对“凡是持因心被思量宗法持因心所周遍”的问题，藏．班智达以应成作如此反驳：若是这样，所谓因相除宗法相外不应安立周遍二相，凡是持因心皆被思量宗法持因心周遍故。因已许。若对立宗答“许”，那么“具足三相”就不是正因之性相了。①

① 《藏·班智达罗桑旦巴嘉措文集》，人民出版社，2005年，第60页。

藏族量理摄类学否定是与否定非译解*

——以《塞氏·摄类学》为中心

夏吾李加

本文是继《藏族量理摄类学形色与显色译解》和《藏族量理摄类学证有证无译解》之名，有幸刊发于《因明》第七辑和《藏传因明研究》【1】之后，又把《塞氏·摄类学》的第三否定是与否定非品作为主题，试着进行译释解析的阶段性成果。但是，迄今为止尚未建立藏汉因明专业术语翻译标准化体系，亦缺乏可资借鉴的摄类学权威汉译本，故汉译中必有不妥之处。所以，笔者一点心得权当抛砖引玉，还望方家补充更正为盼！

* 本文获得国家社科基金重大招标项目“百年中国因明研究”（批准号12&ZD110）、国家社科基金青年项目“《塞氏·摄类学》翻译与研究”（批准号10CZJ007）、西南民族大学“藏传因明文化的传承实践与应用创新研究团队”建设计划（编号14CXTD02）资助。

一、题解

藏族量理摄类学第三“否定是与否定非［1］”① 品的主要理论依据以下黑体：在《释量论》第一为自比量品中，“其言从他遮，及言从他返。……彼体从众返，彼如是通达。……若由遮非树②”；“故从彼彼遮，此因缘类别，从彼差别故，即善能通达。……知所有诸义，谓遮返体性，故似非各异，现从彼余返。其总与共依，为所行境者，由知与言说，广作错义名③”。在上述第二品中准确界定和熟练掌握“有”与“无”概念以后，通过“否定是与否定非”的思辨理路，旨在阐明摄类学中的“是”与“非”的概念及其义理。根据藏族量理摄类学理论，每当人们认识某一事物，在观念中形成其概念之时，就已经否定了非既定认识对象的其他事物。假如我们认识了既定的电脑，同时也就否定了非电脑。同样，当我们认识非电脑的同时也就否定了电脑。所谓“否定是”，就是认知非；所谓“否定非”，就是认知是。同理，“否定有”，就是非有，即成无；“否定无”，就是有，即成有。正如祁顺来教授所云④：所谓“否定”，是植根于感性认识

---

① 拉卜楞木刻版第11叶上2行—15叶上3行间；塔尔寺木刻版第13叶上6行—18叶上3行间，民族出版社，第57—65页。

② 色喜·洛曲旦巴：《饶尔多·摄类学》，第36页，青海民族学院，2006年重印版；多吉杰博选编：《古印度因明学选编》（第一册），民族出版社，1988年，第217、220、222页；法尊编译：《释量论释》（汉译本），中国佛教协会印行，1982年，第3—5页。

③ 塞氏·阿旺扎西：《塞氏·摄类学未完版》，青海佛学服务中心，2001年，第387—388页；多吉杰博选编：《古印度因明学选编》（第一册），民族出版社，1988年，第216页；法尊编译：《释量论释》（汉译本），中国佛教协会印行，1982年，第2、4、70—71、77—78页。

④ 祁顺来：《藏传因明学通论》，青海民族出版社，2006年，第57页。

上的一种理性认知方式。只有通过这种理性认知方式，方可准确把握具有否定性质的概念及其判断。也就是说从概念的正、负两个层面确定观念中的概念所反映的对象事物是否具有其属性，进而增强认识客体实在物的正确性和精确度。于是乎，在量理摄类学中连续重叠应用否定词语（ལོག་པའི་ཐ་སྙད），对于选定的概念否定再否定，屡次反复否定以后，预设认识对象的概念含义渐趋明亮化。这种否定词语的应用，虽可重叠至无穷，但有自己可循的规律。正如塞氏所云“若是‘否定是无’应用两次、四次、六次等偶数加以重叠，则遍是无；若是‘否定是无’应用三次、五次、七次等奇数如何重叠，则遍是否定是无”①，故以重叠的奇数与偶数的和与差来判断“是”与“非”。这样的叠用方式，杨化群先生译为“单数计、双数计”②。该理路除了本品以外，还可通用于本书第二证有证无品及其义理在第十五应许规律品和第十六第六畴声品为代表的其他理论中的实用③。并且，华瑞·洛桑饶塞认为：通过否定是非与证有证无的四句判断法推论第二十三排他品中的否定非实有法的义自相之排他④。如此强化训练的认识方法，不仅有利于开发闻思实践者的智商，而且可以升华否定方式认知客观事物的思辨能力，还通过否定判断方式锻炼演绎推理法的应用与实践。对此《巴朗·摄类学》中记载，据历代饶尔多巴量理学家们的口传，摄类学理论是否精通就要看“是”与“非”理路应用的熟练程度。……文殊怙主大法台·阿旺扎西给每个班级讲授量理摄类

① 塞氏·阿旺扎西：《塞氏·摄类学未完稿》，青海佛学服务中心，2001 年，第 394、402 页。

② 杨化群：《藏传因明学》，西藏人民出版社，2002 年，第 116 页。

③ 周加克编：《因明疏解详论》（藏文），甘肃民族出版社，1997 年，第 10—15 页；恰日·嘎藏陀美整理：《宗喀巴师徒因明论集》（藏文），甘肃民族出版社，2000 年，第 314—327 页。

④ 塞氏·阿旺扎西：《塞氏·摄类学》（藏文），民族出版社，2009 年，第 58 页。

学期间，对于同一个论题，讲授不同的能立“是”与能立“非”理路，使各个班级对阵辩论实践中产生绝妙效果。随后，文殊师利贡塘·丹贝卓美的晚间课程《摄类学》讲义中又强调，务必学会在同一个论题上立论“是”与“非”二者的理路，正所谓“从是中见非，从非中见是，乃是谙熟摄类学理路的标志”①。因此，万芒班智达·贡觉坚赞在他的摄类学中讲道：通过建构“倘若否定是，则为非；如若否定非，则为是”的思辨理路，开始抉择谛实有和谛实无为主的互排相违关系的破与立②。这种否定理路克服对立以求达到统一，他不是简单抛弃、消灭对立面和旧事物，而是更新和超越既定思维方式。如果人们缺乏这种否定性，就没有前进的动力，就不能实现人的“独立之思想，自由之精神”的境界。现在我们弘扬中华民族传统文化，倡议建立创新性国家，就得有这样否定是与否定否的辨证理路，它是创新思维的活水源泉和直接动力。这就是建立“否定是与否定非”品的学术价值和现实意义。

在《塞氏·摄类学》系统中“否定是与否定非”品，尽管作为独立的摄类义项，以《塞氏·大摄类学》和《饶氏·摄类学》为例建立于第三品③。同时较为早期的《赞普·摄类学》④ 中，作为小理

① 恰日·嘎藏陀美整理：《摄类论集》（藏文），甘肃民族出版社，2000 年，第 229—230、320 页；周加克编：《因明疏解详论》（藏文），甘肃民族出版社，1997 年，第 18—35 页。

② 恰日·嘎藏陀美整理：《摄类论集》（藏文），甘肃民族出版社，2000 年，第 283 页。

③ 饶氏·索南旺杰、塞氏·阿旺扎西：《饶氏·摄类学及其塞氏·摄类学未完稿》，青海佛学服务中心，2001 年，第 24—37、387—421 页。

④ 第一世赞普敏珠尔诺们汗·阿旺赤列林珠：《赞普摄类学·理路善说宝藏》（藏文），第 5 叶下 5 行至 9 叶下 4 行间，塔尔寺木刻版。

路第二品进行阐述。但是，在《饶尔多·摄类学》[①] 系统中“否定是与否定非”品设计于第四品，而且《饶尔多·摄类学》中“否定是与否定非”品之后还附论“成是与成非”品。更特别的是，在《扎雅·摄类学》中附论“成是与成非”以后还附录了其略义[②]；在《罗林·摄类学》中作为第五品单独设立“成是与成非”品[③]；在《吉宿尔·摄类学》中作为第七品单独设立“成是与成非”品[④]；在《阿哥贡塘·摄类学》中作为第八品单独设立“成是与成非”品[⑤]；在《堪钦·摄类学》和《拉德·摄类学》中作为第七品单独设立“成是与成非”品[⑥]。不过，它们只有驳他宗部分，并无立自宗和断除诤论两大部分。这一内容在《塞氏·摄类学》系统没有独立设品，对此贡塘阿哥·洛珠嘉措的解释的是：“成是与成非”内容融合在（第六、二十六品）大小因果和（第十五品）应许规律中[⑦]，故此从略而不作。这又是《塞氏·摄类学》体系，在量理摄类义项思路和理论结构等层

① 色喜·洛曲旦巴：《饶尔多·摄类学》，青海民族学院，2006年重印版，第48—54页；永增普觉巴·洛桑慈诚向巴嘉措：《永增·摄类学》，甘肃民族出版社，2002年，第32—37页。

② 扎雅·洛桑罗布：《扎雅·摄类学门论幻化钥匙》（藏文），第12叶下4行至13叶下2行间，引自《扎雅·洛桑罗布文集》第6函第3部，昌都察雅子寺协珠群科林木刻版。

③ 罗塞林结巴堪布·曹康朵参活佛·绛白赤列云丹嘉措：《罗林·摄类学》（1952年修订而成），第16—18页，印度：新德里电子印书馆1992年第4次刊印。

④ 吉宿尔·洛桑京巴：《吉宿尔·摄类学》（藏文），第15叶上5行、第32叶下1行至33叶上5行间，引自《吉宿尔·洛桑京巴文集》第三函第八部，TBRC电子版。

⑤ 恰日·嘎藏陀美整理：《宗喀巴师徒因明论集》（藏文），甘肃民族出版社，2000年，第324—327页。

⑥ 堪钦·根敦嘉措：《堪钦·摄类学》（藏文），青海民族出版社，1988年，第377—387页；更登三木旦整理：《拉德·摄类学》（藏文），甘肃民族出版社，1999年，第112—116页。

⑦ 恰日·嘎藏陀美整理：《宗喀巴师徒因明论集》（藏文），甘肃民族出版社，2000年，第259页。

面不同于其他摄类学的一大特色。

在此值得一提的是，如果缺乏对于量理摄类学的系统闻思和辩论实践，即便是学富五车的班智达①，亦难以破解变幻无穷而重叠应用的否定是非概念及其理路。因此，我们仅靠单一的汉译途径，力图实现准确无误地再现，则是难上加难。正如德国哲学诠释学家汉斯-格奥尔格·伽达默尔（Hans-Geoeg Gadamer）所言：我们仍然以对陌生语言进行翻译为例。在对某一文本进行翻译的时候，不管翻译者如何力图进入原作者的思想感情或是设身处地把自己想象为原作者，翻译都不可能纯粹是作者原始心理过程的重新唤起，而是对文本的再创造（Nachbildung），而这种再创造乃受到对文本内容的理解所指导，这一点是完全清楚的。同样不可怀疑的是，翻译所涉及的是解释（Auslegung），而不只是重现（Mitvollzug）②。因此之故，我们不妨把以下翻译内容看作只是笔者对于本品的一种不成熟的理解和阐释，以求抛砖引玉。倘若有意熟练掌握否定是与否定非品的义理，则必须融入藏传佛教寺院中潜心闻思量理摄类学的基础上，重在参与辩论实践，方可取其精粹。

---

① 司徒班钦·却吉炯乃：《享誉大司徒噶玛丹贝宁协自传·无垢水晶明镜》，第47叶下第4至7行间，引自《司徒班钦·却吉炯乃全集》第14函第1部，德格八邦寺木刻版；许钦·慈诚仁钦：《慈诚仁钦自传》，第46叶上1至下6行间，引自《许钦·慈诚仁钦全集》第9函（第323叶上1至下6行）第23部，德格更庆寺木刻版；噶玛江村编：《工珠·云丹嘉措闻思录》（藏文），民族出版社，2012年，第16—17页。

② ［德］汉斯-格奥尔格·伽达默尔：《诠释学Ⅰ真理与方法——哲学诠释学的基本特征》（洪汉鼎修订译本），商务印书馆，2013年，第542页。

二、译文

（一）驳他宗

有人说：若是否定非实有法，则遍是否定非识。那么，以瓶为有法，应是否定非识，为否定非实有法故。汝已许此因周遍也，此因若不成立，则仍以瓶为有法，应是否定非实有法，是实有法故。此因若不成立，则仍以瓶为有法，应是实有法，是能表实际功能者故。此因若不周遍，应当有周延。盖能表实际功能者，为是实有法之性相故。若根本许，则仍以瓶为有法，应不是否定非识，盖为否定是心识故。此因若不成立，则仍以瓶为有法，应当是否定是心识，盖非识故。此因若不成立，则仍以瓶为有法，应非是识，是物故。此因若不周遍，应当有周延也。盖识与物二者无同位体故。[2]

有人说：若是否定非色，则遍是否定非瓶。那么，以声为有法，应成为否定非瓶，是否定非色故。汝已许此因周遍也，此因若不成立，则仍以声为有法，应是否定非色，是色故。此因若不成立，则仍以声为有法，应是色，是声故。若根本许，则以声为有法，应非否定非瓶，盖为否定是瓶故。此因若不成立，则仍以声为有法，应是否定是瓶，盖为非瓶故。此因若不成立，仍以声为有法，应是非瓶，是声故。此因若不周遍，应当有周延也。盖声与瓶二者无同位体故。[3]

复次，以旃檀之香为有法，应是否定非瓶，是否定非色故。汝已许此因周遍也，此因若不成立，则仍以旃檀之香为有法，应是否定非色，是色故。此因若不成立，则仍以旃檀之香为有法，应是色，是香处故。若根本许，则以旃檀之香为有法，应非是否定非瓶，盖为否定是瓶故。此因若不成立，则仍以旃檀之香为有法，应是否定是瓶，盖为非瓶故。此因若不成立，仍以旃檀之香为有法，应是非瓶，是香故。此因若不周遍，应当有周延。盖香与瓶二者无同位体故。

有人说：若是否定是实有法之否定，则遍是否定是实有法。那么，以遍智为有法，应是否定是实有法，盖为否定是实有法之否定故。汝已许此因周遍也，此因若不成立，则仍以遍智为有法，应是否定是实有法之否定，是实有法故。此因若不周遍，应当有周延也。盖否定是实有法之否定与实有法二者，为是等遍故。若根本许，则仍以遍智为有法，应非否定是实有法，盖为否定非实有法故。此因若不成立，则仍以遍智为有法，应是否定非实有法，是实有法故。此因若不成立，则仍以遍智为有法，应当是实有法，盖为物、识、不相应行三者之任何一种故。此因若不成立，则仍以遍智为有法，应当是物、识、不相应行三者之任何一种，是识故。此因若不成立，则仍以遍智为有法，应是识，是量［4］故。此因若不成立，则仍以遍智为有法，应当是量，是遍智故。［5］

复次，以声是无常为有法，应是否定是实有法，盖为否定是实有法之否定故。汝已许此因周遍也，此因若不成立，则仍以声是无常为有法，应是否定是实有法之否定，盖非否定是实有法故。此因若不成立，则仍以声是无常为有法，应非是否定是实有法，是实有法故。此因若不成立，则仍以声是无常为有法，应是实有法，尔为无常应是实有法，盖尔为实有法故。若根本许，则仍以声是无常为有法，应非否定是实有法，盖为否定非实有法故。此因若不成立，则仍以声是无常为有法，应是否定非实有法，是实有法故。此因若不成立，则仍以声是无常为有法，应是实有法，盖为不相应行故。此因若不成立，则以声为有法，尔为无常应是不相应行，盖尔为实有法故。

有人说：若是否定非实无，则遍是否定非无。那么，以“有”为有法，应是否定非无，盖为否定非实无故。汝已许此因周遍也，此因若不成立，则仍以“有”为有法，应是否定非无实有法，盖为实无［6］故。此因若不成立，则仍以“有”为有法，应是实无，盖为无法引起实际作用者故，此因若不周遍，应当有周延。盖无法引起实际作用者，为是实无之性相故。于上述处，若言此因不成立，则仍以“有”为有法，应是不能引起实际作用者，盖非是能表实际功能者故。此因若不成立，则仍以“有”为有法，应非是能表实际功能者，故非是能生自果之功能者。此因若不成立，则仍以“有”为有法，应非是能生自果之功能，盖无尔之果。此因若不成立，则仍以“有”为有法，应无尔之果，盖尔为恒常故。若根本许，则仍以“有”为有法，应非否定非无，盖为否定是无故。此因若不成立，则仍以“有”为有法，应是否定是无，非是无故。此因若不成立，则仍以“有”为有法，应非是无，非是量识未缘故。此因若不成立，则仍以“有”为有法，应非是量识未缘，盖为量识能缘故。此因若不成立，则仍以“有”为有法，应是量识能缘者，是量识能量故。此因若不成立，则仍以“有”为有法，应是量识能量，盖为遍智所量故。此因若不成立，应是遍智之所量，盖为存在［7］故。［8］

有人说：若是否定非非所造性，则遍是否定非无。那么，以恒常为有法，应是否定非无，盖为否定非非所造性故。汝已许此因周遍也，此因若不成立，则仍以恒常为有法，应是否定非非所造性，盖为非所造性故。此因若不成立，则仍以恒常为有法，应是非所造性，盖非是无常故。此因若不成立，则仍以恒常为有法，应非是无常，盖非是刹那顷故。此因若不周遍，应当有周延也。盖刹那顷者，为是无常之性相故。若根本许，则仍以恒常为有法，应非是否定非无，故否定是无。此因若不成立，则仍以恒常为有法，应否定是无，盖非是无故。此因若不成立，则仍以恒常为有法，应非是无，盖为存在故。［9］

有人说：若是否定是常，否定非是常，否定是，否定非是，则遍是否定是常，否定非是常。那么，以无为之虚空［10］作为有法，应是否定是常，否定非是常，盖为否定是常，否定非是常，否定是，否定非是故。汝已许此因周遍也，此因若不成立，则仍以无为之虚空作为有法，应是否定是常，否定非是常，否定是，否定非是，盖为否定是常，否定非是常，否定是故，此因若不成立，则仍以无为之虚空作为有法，应是否定是常，否定非是常，否定是，盖否定是常，否定是常故。此因若不周遍，应当有周延也。盖否定是常，否定是常与否定是常，否定非是常，否定是二者，为是等遍故。若根本许，则仍以无为之虚空作为有法，应非是否定是常，否定非是常，盖为否定是常之否定是故。此因若不成立，则仍以有法为彼，应是否定是常之否定是，盖非是否定是常故。此因若不成立，则仍以无为之虚空作为有法，应非是否定是常，是恒常故。此因若不成立，则仍以无为之虚空作为有法，应是恒常，盖非是与法刹那顷之同位体故。此因若不周遍，应当有周延。盖不是与法刹那之同位体，为恒常之性相故。［11］

有人说：若是有者，则遍是恒常。那么，以遍智为有法，应是恒常，有故。汝已许此因理周遍也，此因若不成立，则仍以遍智为有法，应是有者，盖为现观证悟诸法本性之究竟智慧故。［12］

有人说：若是否定是常，则遍是否定是常，否定是常。那么，以瓶为有法，应是否定是常，否定是常，盖为否定是常故。汝已许此因周遍也，此因若不成立，则仍以瓶为有法，应是否定是常，非是恒常故。若根本许，则仍以瓶为有法，应非是否定是常，否定是常，盖否定是常为否定非是常故。此因若不成立，仍以瓶为有法，否定是常应是否定非是常，盖否定是常为恒常故。此因若不成立，仍以瓶为有法，否定是常应是恒常，盖有否定是常故。此因若不成立，则仍以瓶为有法，应有否定是常，以有非是恒常故。此因若不成立，则仍以瓶

为有法，应有非是常，是补特伽罗之无我［13］故。［14］

有人说：若是否定非实有法之否定非，则遍是否定非实有法，否定非实有法。那么，以声为有法，应当是否定非实有法，否定非实有法，盖为否定非实有法之否定非故。汝已许此因理周遍，此因若不成立，则仍以声为有法，应是否定非实有法之否定非，是实有法故。若根本许，则仍以声为有法，应非否定非实有法，否定非实有法，盖否定非实有法为否定是实有法故。此因若不成立，则仍以声为有法，否定非实有法应当是否定是实有法，盖否定非实有法非是实有法故。此因若不成立，则仍以声为有法，否定非实有法应非是实有法，否定非实有法为是恒常故。此因若不成立，则仍以实有法为有法，否定非尔应当是恒常，盖有否定非尔故。［15］

（二）立自宗

否定非有与有二者，为是同义，亦是等遍。故若是否定非有，则遍是有；若是有，则遍是否定非有。否定是有与非是有二者，为是等遍。故若是否定是有，则遍非是有；若非是有，则遍是否定是有。无我［16］等一切存在，可依次类推。［17］

《塞氏·摄类学》之三“否定是与否定非”品竟

三、注解

［1］否定是与否定非，黄明信译为“是与非”①；祁顺来教授译为“从是返与从非返品”，并且阐释到：从“是”返，表示其反面即“非”，从“非”返表示其正面即“是”。若从“是瓶”返转是对瓶

① 黄明信：《黄明信藏学文集：藏传佛教·因明·文献研究》，中国藏学出版社，2007年，第386、399页。

的否定，指瓶的负概念即非瓶，从“非瓶”返转是否定非瓶，指瓶的正概念，即对瓶的肯定①；在《因明辞典》中译为“是之否定、非之否定”②。

［2］这一轮是本品“驳他宗”部分第一段辩论，其中心论点是：若是否定非实有法，则不能周遍为否定非识；其难点是：准确解析和分辨否定是识与否定非识之间的关系；其重点是：本论题瓶乃否定是心识。

［3］这一轮是本品“驳他宗”部分第二、三段辩论组成，围绕共同的命题而开展的两层推论，意在熟练应用这一思辨理论。其中心论点是：若是否定非色，则不能周遍为否定非瓶；其难点是：通过“否定非”理路，准确把握和界定“色”概念的种属关系及其内涵与外延；其重点是：对于第二段辩论的论题声和瓶，以及第三段辩论的论题旃檀之香和瓶之间，是否具有同位体关系。

［4］量，源自梵语ཚད་མ③，最初指进行丈量或测量的标准尺度。从这个层面看，黑格尔的《小逻辑·第一编存在论》中的纯量、定量、程度构筑的“量”和“尺度”④，以及《逻辑学·第一编有论》中的第二部分量、定量、量的比率构成的大小量和特殊的量、实在的尺度、本质之变组成的尺度⑤，具有积极的比较研究价值。但是，通过历代印藏量理学家们的传承创新与应用实践，从外在的物化测量逐步提升到内在慈悲化的认识智量高度。当然，它务必始于认识的初级

① 祁顺来：《藏传因明学通论》，青海民族出版社，2006年，第57页。

② 姚南强主编：《因明辞典》，上海辞书出版社，2008年，第168页。

③ 《丹珠尔对勘本》（藏文），中国藏学出版社，2002年，第97卷第3、31、57、252、442、469、614、900页。

④ ［德］黑格尔（Hegel，G. W. F.）：《小逻辑》（贺麟汉译本），商务印书馆，1997年，第218—240页。

⑤ ［德］黑格尔（Hegel，G. W. F.）：《逻辑学》（杨一之汉译本上卷），商务印书馆，1982年，第192—420页。

阶段，以次第上进，不提倡跨越式。正如法尊大师所云：量的定义为“新证不欺诳的了别”①。其中包括三层含义，其一“新证”简别“已决智”；其二“不欺诳”简别“思察”；其三“了别”简别“有色根”。因为已决智、思察、有色根三者皆非量，然易与量相混，所以要加以简别。如此一来，作为正确的“量”必须具足以上三项条件，缺一不可。这是通常情况意义上对于“量”的界定，如果不断探究更为宏富深奥。譬如：林镇国先生认为：pramana 原意为“丈量”，在哲学上义为“正确认知的工具”（the means of valid cognition），一般汉译为“量”是直译，也切合原来的用法。但是，鸠摩罗什却译为“信”（孟子曰：信，言合于意也），显然是一种意译，反映出他的诠释。这种将认识论的任务视为针对“信念”的“证成”（justification）活动，接近现代西方主流知识论的观点，然是否为印度知识论的立场，在现代学者之间有所争论。有人即认为印度逻辑认知经验出发，并非从命题出发。从命题出发的考察，才有关于命题信念的证成问题②。所以，印藏量理学科的核心概念“量”和西方古典逻辑学中“量”之间的异同，在此无法胪陈。

［5］这一轮是本品“驳他宗”部分第四、五段辩论，通过不同的论题对同一论点的进一步推论和细化。其中心论点是：若是否定是实有法之否定，则不能周遍为否定是实有法；其难点是：通过这种叠用否定理路认识：否定是实有法之否定，乃是实有法；其重点是：对于第四段辩论的论题遍智，乃是否定是实有法之否定；对于第五段复论形式进一步辩论辨析讨论的论题“声是无常”，亦是否定是实有法

① 王志远主编：《百年佛教高僧大德丛书之法尊大师文汇》，华夏出版社，2012 年，第 60 页。

② 林镇国：《空性与方法：跨文化佛教哲学十四论》，台北市：政大出版社，2012 年，第 4—5 页。

之否定。

［6］实无，法尊大师译为“无事”①。指不能表实际功能者，又称无实有法、无实在物。可分为有份实无与无份实无，一切恒常者，为有份实无；兔角或石女之子为例的一切无者，为无份实无。在此基础上，塞氏认为②实无、非所造性、无为法和非实有法四者，为是等遍。对此达哇博士用现代话语对共相形式的“实无”做了这样的阐释③：“恒常”概念还包括另外一层意义，那就是说它是一种“实无”的存在，也就是说它是一种“虚构”的存在。概念反映事物的普遍属性，但只具有普遍属性的特殊事物在实在事物中是不存在的，譬如对于“商品”这一概念来说，拥有该概念时，大多数人必然知道它是用来进行买卖的这样一种属性。但是，在现实生活中存在的仅仅是一个个特殊的、具体的、还有其他繁杂属性的商品，而不单单是用来买卖的单一属性的商品。换句话说，这一普遍规定，只是思维的构造，现实中不存在与之完全相对应的实实在在的商品。故此“商品”这一概念，纯粹是“实无”的存在，也就是“虚构”的存在。

［7］正如在《佛说般若中论二万五千颂》中所云：……倘若一切遮蔽状态设法圆满净治，或者欲除遮蔽而设想诸法处于无蔽状态，则必须悉心研习般若理论④。还有在《论真理的本质》中所说的：“……如果我们把拉丁语译成‘无蔽’，而不是译成‘真理’。那么，这种翻译不仅更加‘合乎字面’，而且包含着一种指示，即要重新思

① 沙门法尊译编：《释量论·释量论释》，中国佛教协会印行，1982年，第28、178—181、305—306页。

② 塞氏·阿旺扎西：《塞氏·摄类学未完稿》（藏文），青海佛学服务中心，2001年，第407页。

③ 达哇：《藏传因明思维逻辑形式研究》，青海人民出版社，2008年，第17—18页。

④ 《甘珠尔对勘本》（藏文）第26卷，中国藏学出版社，2007年，第60—63页。

考通常的正确性意义上的真理概念，并予以追思，深入到存在者之被解蔽状态和解蔽过程的那个尚未被把握的东西那里……。‘真理’乃是存在者之解蔽，通过这种解蔽，一种敞开状态才成其本质”① 和本品中的“遍智之所量为存在”，是否有一定的比较研究的空间呢？仅供学界参考。

［8］这一轮是本品“驳他宗”部分第六段辩论，其中心论点是：若是否定非实无，则不能周遍否定非无；其难点是：准确掌握“否定非无”与“否定是无”的思辨理路；其重点是：否定是无，乃是本论题“有”。

［9］这一轮是本品“驳他宗”部分第七段辩论，其中心论点是：若是否定非非所造性，则不能周遍为否定非无；其难点是：准确判断本论题恒常与否定非非所造性之间的关系；其重点是：明确本论题恒常为何推论为否定是无的理路规则。

［10］无为之虚空，首先界定虚空的概念，塞氏引用陈那论师的《俱舍论解说》中的“虚空，乃无障碍性，也就是具有无限伸张的时空者”（ནམ་མཁའ་ནི་སྒྲིབ་པ་མེད་པའི་རང་བཞིན་ཏེ་གང་ན་གོ་ཡོད་པའོ）一句，释名为“具有能容分辨功能者乃虚空”（གོ་འབྱེད་པས་ན་ནམ་མཁའོ）②。宗喀巴大师对此亦有相仿的表述（ནམ་མཁའ་བཞིན་དུ་གོ་འབྱེད་པའི་སྒོ་ནས་ཡིན）③，还有达那·更敦洛桑在《通用·摄类学》中更加明确地讲道“通过只否定可触阻碍的方式，为生成有形物而提供能容时空者，为是虚空之性相”（ཐོགས་བཅས་ཀྱི་རེག་པ་བཀག་ཙམ་གྱི་སྒོ་ནས་གཟུགས་ཅན་སྐྱེ་བའི་གོ་འབྱེད་པ་ནམ་མཁའི་

① ［德］马丁·海德格尔著，孙周兴汉译：《路标》，商务印书馆，2000 年，第 217—219 页。

② 塞氏·阿旺扎西：《塞氏·摄类学未完稿》（藏文），青海佛学服务中心，2001 年，第 405 页。

③ 《宗喀巴·洛桑智华文集》第 18 函《善说金珠·中观讲义略记》（藏文），青海民族出版社，1986 年，第 1276 页。

མཚན་ཉིད)①。这就是说自身对于向外他物不仅不产生阻碍作用，他物对于向内自身也不产生阻碍作用，并有他物得以生成且存在的时空之恒常者。当然，这一释名主要从虚空的作用层面进行界定的，并非虚空的本质属性。因为在摄类学中“仅否定可触阻碍之无遮”，界定为是虚空之性相。而且对虚空是否列为五大种性之一，佛教四大哲学流派内部各持己见。于是，道炜格西·喜饶嘉措大师基于《俱舍论》②认为，无为之依，乃是未被因缘聚合而成之一切所知，包括非无常之诸存在和一切恒常者。在此无为差别之质成而言，共有虚空、择灭和非择灭三者。其中之虚空，乃是他物对我方的存在既无法阻碍，自己亦不能阻碍对方的存在之常质，也就是作为气之所依处而殊胜成质者。……无为之虚空，为是恒常；饰器（法尊法师译为“庄严具”）③空间与间隙空间，为是无常。饰器空间为显色，间隙空间为明暗变迁者，白昼显明，夜晚陷暗。饰器空间与间隙空间，也有人称之为显色与形色的存在空间，主要基于这类间隙或空间，虽然不是严格意义上的物质，但意识以形状或颜色的方式反映他们，也因此将其归为法处摄取色。通常情况下，虚空之界与虚空二者，承许为恒常④。简而言之，人们所能看到的蔚蓝天空，只是物相。真实的虚空，是心识认知的对象，并非人类视觉所能摄取的对象。因而无为之虚空，指无色无相的虚空状态，也就是宇宙空间。

［11］这一轮是本品“驳他宗”部分第八段辩论，其中心论点

① 多吉杰博编：《藏传因明学丛书·量理宝藏论·通用摄类学》（藏文），民族出版社，1988 年，第 472 页；《雪域十明精粹大全》（第四卷），民族出版社，2003 年，第 1068 页。

② 《丹珠尔对勘本》（藏文）第 79 卷，中国藏学出版社，2001 年，第 96 页。

③ 法尊译编：《集量论略解》，中国社会科学出版社，1982 年，第 20 页。

④ 夏尔东教授校订：《喜饶嘉措文集》（藏文第 3 卷），青海民族出版社，1984 年，第 347—348 页。

是：若是否定是常，否定非是常，否定是，否定非是，则不能周遍为否定是常，否定非是常；其难点是：连续重叠应用“否定是、否定非”之理路；其重点是：通过长期辩论“否定是与否定非”的实践和摄类学中界定的无为之虚空来看，无为之虚空，乃是否定是常否定是常。

[12] 这一轮是本品“驳他宗”部分第九段辩论，比较前后组织的辩论来看内容非常精简，没有应成论式一环扣一环的层层推理的形式化结构，即本品主题“否定是与否定非”过于机械化、公式化的形式。但却蕴含着非形式化的判断“是”、“非”的义理，而且显露出重要的一个哲学问题。这一辩论的中心论点是：若是有者，则不一定是恒常；其难点是：遍智是否存在的问题，因为小乘经量论者和婆沙论者不承认遍智。所以，这里为“遍智”界定的含义“现观证悟诸法本性之究竟智慧”，也是大乘论者的观点。如果想深入了解“遍智”的义理，则要系统研习《现观庄严论第一品彰显遍智十法》[①]，在此无法详述；其重点是：让初学者了解遍智的内涵。然而，在此值得一提的是小乘婆沙论者和经量论者不承认最终的“遍智”一说[②]，只认可破除烦恼障以后的“一切智”。正如北京大学哲学系的张祥龙所言的“一定要深察名号，不同的表述方式有重大的宗教、哲理上的后果”[③]。这样一词的差别，背后所隐藏的是小乘与大乘在哲学层面产生的截然不同的分歧。但是，在摄类学很多摄类义项中不止一次地

① 杰增·确吉坚赞：《现观庄严论释难广疏·龙王戏海论》（藏文）上册第132—512页；下册第551—660页，中国藏学出版社，1998年。

② 第二世嘉木样协巴·晋美旺布：《宗派略义宝鬘论》（藏文），民族出版社，2002年，第20—26页；章嘉·若必多吉：《宗派义理庄严论》（藏文），中国藏学出版社，1989年，第51、67、92页。

③ 张翔龙：《拒秦兴汉和应对佛教的儒家哲学》，广西师范大学出版社，2012年，第156—158页。

着重讨论“遍智”为主题的相关问题。从这个层面看，有些学者所谓的摄类学中的哲学思想以小乘经量论的主张为核心的看法，似有商榷的空间。况且，据萨班的《智者入门》记载，法称论师明示“为入外境义，吾依经量论”①。特别在洛窝堪钦·索朗林周所造《智者门论》中进一步引用法称论师所云：如果转趋进入外境义，吾依经量论者的阶梯②。还有更重要的是在《贡塘·摄类学》③中，通过引证龙树《中论》中的“未曾有一法，不从因缘生”④一段，明确阐明了摄类学的哲学主张属于无自性论者流派，绝非归属于经理量论者为例的实在论者派系。

［13］在摄类学中时常能立之因“补特伽罗之无我”，如果按现在的话语来表述就等于说“此乃事物之普遍规律”，意谓一切事物的本质规律，代表着事物的总法则。这是小乘婆沙论者和经量论者的哲学主张，他们不承认“法我执”、“法无我”（法我执与法无我的关系是对于同一所缘进行能缘感受的直接相违）、“十地本智”、“所知障”、“殊胜化身”和“报身”等概念⑤。故不用“法无我”，因而该论题至少中观应成派不认可。所谓补特伽罗之无我中的“我”，指绝

---

① 萨班·贡噶坚赞：《智者入门》（藏文），民族出版社，1981年，第136页。

② 布达拉宫管理处整理：《藏族十明文化传世经典丛书萨迦系列第3卷》，青海民族出版社，2013年，第410页。

③ 恰日·嘎藏陀美整理：《宗喀巴师徒因明论集》（藏文），甘肃民族出版社，2000年，第223—224页。

④ ［印］龙树造：《中观理聚六论》（藏文），民族出版社，1997年，第36页；［印］龙树造、汉藏诸大论师释译：《龙树六论：正理聚及其注释》，民族出版社，2000年，第36页。

⑤ 洛桑罗布：《宗派明炬论》（藏文），西藏藏文古籍出版社，2006年，第55、104页；第二世嘉木样协巴·晋美旺布：《宗派略义宝鬘论》（藏文），民族出版社，2002年，第17—26页；章嘉·若必多吉：《宗派义理庄严论》（藏文），中国藏学出版社，1989年，第51、67、92页；第一世嘉木样协巴·阿旺宗主：《宗派广论·普贤田日》（藏文），甘肃民族出版社，1992年，第250页。

对独立而恒常的自在实体，否定这种实体者便是“无我”。基于众生有情绝无这种意义上的自在实体，故名“补特伽罗之无我”。这既然是人的本性，那他必定是存在物。但是，它存在于众生有情之上的一种共有属性，因而也是一个非刹那性意义上的存在。这种存在其实就是一种不能被感官认识的存在，也就是非所作的存在。

［14］这一轮是本品“驳他宗”部分第十段辩论，其中心论点是：若是否定是常，则不能周遍为否定是常，否定是常；其难点是：通过本品的逻辑思想准确判断“若是否定是常，则遍是恒常”的思辨理路；其重点是：本论题瓶为否定是常非是否定是常。

［15］这一轮是本品“驳他宗”部分第十一段辩论，其中心论点是：若是否定非实有法之否定非，则不能周遍为否定非实有法，否定非实有法；其难点是：通过这种否定非理路重叠应用实践的基础上，进一步掌握以“否定非尔”为代表的摄类学中实用频率极高的代词“尔”的熟练应用；其重点是：对于本论题声，非是否定非实有法，否定非实有法。

［16］无我，俄国著名学者舍尔巴茨基院士认为，无我理论的奠基石是佛陀世尊之前便存在的。如同大雄并非第一个宣布耆那教义的人，而只是接受并使这一在他以前便存在的教义发扬光大；同样，世尊大约也接受并传播了他在哲学实验室中发现的一种教义，这实验室便是他那时代的印度。实际上，据说他也特别强调地否认自己创立了一种新学说，而只是声称自己追随了一种为过去的佛陀们在久远时代创立的教义。通常人们将这种声明解释为宣教手段，但这些声称之下，大约不至于没有一点历史根据的①。

［17］本品中只设立了驳他宗和立自宗，没有断除诤论部分。而

---

① ［俄］舍尔巴茨基：《小乘佛学：佛教的中心概念及法的意义》（立人汉译版），中国社会科学出版社，1994年，第124—125页。

且立自宗中通过等遍关系将“否定式与否定非”的判断方式进行了提要钩玄、妙达主旨式的精简处理，从略了专业术语的定义及其分类的赘述。经笔者多方咨询和访谈了解到：对此目前藏语学界有种种解说，归纳起来主要有两种。第一类认为：在“否定是与否定非”的驳他宗中一并解决了断除诤论的疑难问题，因而没有必要单独设立断除诤论。然而在《塞氏·大摄类学》中包含本品立自宗内容的基础上，详细阐述了每个对偶概念的定义及其分类范畴。更为重要的是不仅有断除诤论部分，而且组织三十余段辩论进行破解。同时驳他宗有二十五段辩论，相比本品中的十一段多了一倍有余①，所以第一类看法值得思考。第二类认为：正如伽达默尔先生所言“哲学文本并不是真正的文本或作品，而是进行了诸多时代的一场谈话记录”②。现在通行的《塞氏·摄类学》，经门徒将其讲义整理编纂而成册，并非专题性研究成果。故有部分内容脱落遗漏现象，否则每品必须具备驳他宗、立自宗、断除诤论三层形式化结构。对此，我们看《饶氏·摄类学》，是第二世嘉木样协巴·晋美旺布的特别委托下专门撰写的教科书③。但是，其中第十五、十七、十八和十九品，以及二十三品附论表名式均无断立自宗和除诤论两个部分④，因而第二类看法也不完全准确。笔者看来凡是摄类学著作，不一定具足驳他宗、立自宗、断除诤论三层结构，由于其中有些摄义归类的内容是纯粹方法论层面通用的理

① 塞氏·阿旺扎西：《塞氏·摄类学未完稿》（藏文），青海佛学服务中心，2001年，第387—421页。

② ［德］汉斯-格奥尔格·伽达默尔：《诠释学Ⅱ真理与方法——补充和索引》（洪汉鼎修订译本），商务印书馆，2013年，第16页。

③ 万芒班智达·关却乎坚赞：《拉卜楞寺志》（藏文），甘肃民族出版社，1991年，第414页；饶氏·索朗旺嘉：《饶氏·摄类学》（藏文），青海佛学服务中心，2001年，第319—320页。

④ 饶氏·索朗旺嘉：《饶氏·摄类学》（藏文），青海佛学服务中心，2001年，第152—161、175—217、263—264页。

路，至少在藏传因明学科领域共通遵守的公理性范式。况且，经过历代印藏量理学家们的不断传承创新以后的摄类学，早已挣脱形式逻辑的桎梏，实现了非形式逻辑应用实践的自由梦。故此没有必要浪费笔墨，严格按照其格式胪陈。

藏传因明辩论精神与利众道德

班字尔慈智加措

一、道德的重要性

我认为，人与一般动物的区别，主要在于道德的有无。如果一个人丧失了道德，那么他所拥有的一切技能都会成为导致社会混乱的祸根。假如一个国家元首没有了道德，那么他治国理政的方法无法令人心悦诚服，最终将会使整个国家动荡不安；假如医生没有了道德，即使他的医术再高，非但不能治疗众人的疾病，消除苦难，反而有可能成为残害生命的刽子手；假如教书育人的老师没有了道德，即使他的学识再渊博，非但不能做到为人师表，授人以渔，反而会因播撒恶知识的毒瘤之种，糟蹋一代又一代的人，从而影响国民的整体素质。

因此，在我国古代，非常重视知识与道德为一体的教育之道。我们看《大学》，第一句就是谈道德与智慧相结合的人生价值："大学之道，在明明德，在亲民，在至于至善。”①那么，古人为什么要如此重视道德呢？孔子在《大学》中回答这个问题时说：“君子先慎乎德，有德此有人，有人此有土，有土此有财，有财此有用。”②《论语》中也说：“德不孤，必有邻。”③《论语》中还说：“君子之德风，小人之德草，草上之风，必偃。”④

以上都是从个人的利益或自利的角度谈道德的重要性。那么道德的价值是否只有从自利的角度谈起？其实不然。墨子认为利人、利他、利天下的社会责任感，即“兼爱”，是最高尚的道德情操。《孟子》中说：“墨子兼爱，摩顶放踵利天下，为之。”⑤这种以不惜个人健康和生命利天下利益的道德情操，一般人是很难达到的。如果一个国家元首能大力提倡良好的道德情操，而且自己能以德治国，也是一种自利利他之道啊。《论语》说：“为政以德，譬如北辰，居其所而众星共之。”⑥这就是说，若能以德治国，就会赢得百姓的拥护，这即是自利；《论语》中还说：“道之以德，齐之以礼，有耻且格。”⑦这种以自身的道德行为去教育和感化百姓的执政之德，便是利他之道。因此，对于一个领导而言，道德修养就显得极为重要。

如果忽视道德而只重视经济，会引起什么样的后果呢？《大学》

① 意思是，大学的根本宗旨，在于阐明完美、光明的德性；在于使人民受到感化，成为新人；在于达到道德上完美无缺的理想境界。

② 意思是，君子首先要慎修德性，为什么呢？因为有了美德就会拥有民众；拥有民众就会拥有土地；有了土地就会有财富；有了财富就会有享用。

③ 意思是，有道德的人不会孤独，一定会有仰慕的人来陪伴。

④ 意思是，君子的道德像风，小人的道德像草，草上有了风，就会倒伏。

⑤ 意思是，墨子主张兼爱，哪怕从头顶到脚跟都磨伤，只要对天下有利，他也干。

⑥ 意思是，当政者以德行来治理国家，就像北极星一样，安居其所，其他的星辰井然有序地环绕着他。

⑦ 意思是，用道德来治理百姓，用礼仪来约束他们，则人们不但有廉耻之心，而且能纠正自己的错误。

中说："德者本也，财者末也。外本内末，争民施夺，是故财聚则民散，财散则民聚。"这就是说，美德是本，财富是末。如果表面讲德而实际重财，那么民众就会争利、劫夺便会发生。因此，财富屯聚于上民众就会离散，财富散布于下，民众就会聚合。

佛教是具有殊胜教育性的，慈悲而智慧的宗教。良好的道德在佛教道义中是大力提倡的。佛教的一切教义，可以归于四句话："诸恶莫做，众善奉行，自净其意，是诸佛教。"简单地说，所谓佛教，就是一种劝诫人们尽量避免做伤害他人的事，尽其所能帮助所有人，认识自己，净化自心，让自身智慧与道德、理论和实践高度结合的殊胜教育。为了防止所有伤害其他生命的语言和行为，佛陀制定了完美的别解脱戒。由于受戒众生自身的根基差异，别解脱戒又分成多种不同的层次。也就是说，一切遍知的佛陀深知众生的所有痛苦都是由自己的思想行为所决定的，为了防止痛苦的发生和发展，制定了戒律，即道德原则。

我们先从分析居士的五戒入手，来了解佛教提倡的利己利人的真谛。五戒，即五个道德原则：不杀生、不偷盗、不妄语、不邪淫、不饮酒。佛教道义中强调，人们若想取得心灵进步，必须遵守它们。例如，对于一个不懂事的孩子而言，"别碰火炉"、"别吃毒药"、"不要走向悬崖"等父母的耳提面命是非常重要的。尽管当时他并不知道为什么，但当他长大之后，就会了解父母这样说是为了防止他受到伤害。同样的道理，一些戒律对一个初业者而言，可能会认为是一种约束行为的沉重枷锁，但当他们充分了解戒律的功德时，不但不会把它当作枷锁，反而会将它视为自己的庄严。随着认真、系统地学习佛法，便会知道佛法中所制定的一切戒律并非只是如持戒的限制，而是追求更高道德行为的引路师。这样，一切良好的道德就会变得自动自发，不可能产生要犯戒的念头。

佛教注重为人类讲述宇宙人生的真谛，所以绝不会强迫任何人接受佛教道义，而是以巧妙的方法让他们明白其中的真实意义。因此，佛教弟子深知遵守戒律，避免残酷和伤害的行为，并非仅仅为遵守佛教教义，害怕被人发现而遭受惩罚，亦并非为了获取某种奖励，而是因为了解这种行为的后果，深知它对现在与未来，会给自己和周边所有人带来深切的痛苦。所以，戒杀生不但不是一种什么都不敢做的消极行为，而是一种积极的行为，因为它的意义在于培养完全不害的态度，并希望其他众生幸福。这种高尚的道德情操，只有学修佛教教义后才会得到，一般的世间学问及法律不会有如此的效率。其实，所谓法律上的限制，是要通过对人部分行为的约束，来维持社会的秩序。佛教的道德教育，是让人明白真相而自动自发。一个是来自内心的洞察，而另一个则是来自外部的控制。

二、良好的道德素养是藏传佛教因明学辩论的根本

对于藏传佛教因明学辩论，通常人们会有一种误解，认为是击败对手的一种锐利的语言武器，它的最终目的只是胜负。所以，在与人进行辩论的时候，可以不择手段，可以不需要顾虑辩论手段是否符合道德准则。其实这样的理解，是对因明学辩论最大的亵渎，是对其神圣价值的诋毁。实际上，从事因明学辩论的人更需要良好的道德素养。因明学的辩论是一把开启佛法教理宝库的金钥匙，是摧邪显正的锐利武器。如果辩论不以良好的道德素养为根基，那么辩论者的辩论技巧与口才，有可能成为颠倒是非的卑劣手段。譬如一个武林高手，依仗自己的拳脚之力，欺压良民百姓，不仅得不到众人的尊崇，还严重违背了武学宗旨。“武”字是由“止”字和“戈”字构成，“停止

武力”是武学的最高境界。同理，因明学辩论的最终目的亦非凭借自己的学识与辩才傲居一切学者之上，而是为了寻求洞察宇宙人生真谛的无欺智慧。这种智慧是从远离过失的禅定中生起来的，而禅定又是以增上戒学为先导，即以优良的道德为前提条件。所以，我们必须要明白由戒生定，由定生慧的因果关系。

三、藏传佛教因明学辩论是修炼利众道德的特殊方式

（一）辩论中道德的修炼之道

笔者是藏传佛教格鲁派六大寺院之一——拉卜楞寺闻思学院的学僧。在藏传佛教格鲁派各大寺院中，遵循显密双修，先显后密。显宗教义是格鲁派僧人学习的根本，所以显宗学院地位极其重要。我在拉卜楞寺学习佛学教理数十年，我所在的闻思学院，藏语叫“泰伞穆朗”，是根据“博学之、审问之、慎思之、明辨之、笃行之”的意义意译的。

在该学院，首先要遵循背诵与辩论相结合的学习方法。背诵的理由是因为义由词显，词不存于胸臆，义必无所属从。辩论的理由是对所学内容难以去除疑惑时，通过辩论达到答疑解惑的目的。因此，凡是进入闻思学院学习的僧人，必先广闻教理，闻后思维，通过辩论祛除所有疑惑，尔后认真修持，这也是格鲁派显宗学院学习的常规。

闻思学院学习的内容主要有经律论三藏、戒定慧三学，以及毗婆沙、经部师、唯识派、中观派四大宗义。进入学院，首先要拜一位德相具足的善知识，听闻教理，以背诵和辩论的形式通晓五部大论，即《因明》《般若》《中观论》《俱舍论》《律学》。五部大论分十三级学习，学完最少需要十五年，其中因明部全部学完需要五年。

学习因明学过程中的辩论一般在辩经院进行，分为三种辩论形式。一为本级僧人互相问答，答辩者一至二人，提问者人数不限；二为两位学僧到上班级充当答辩者，由所有上班级僧人提问；三为答辩者俩人到下班级去辩论，由下班级级长或学习优秀者提问，其他僧人也可以发问。辩论时，答辩者盘腿坐于中央，仰面目视提问者，聚精会神，准备应辩；提问者站立于答辩者前方，可以随意活动。准备辩论时，立辩双方都有自己的辩论动作，比如提问者双手拍掌高呼："谛！极达尔砌见。"① 拍掌时以左手象征经函或方便，右手象征智慧宝剑或智慧，然后在胸前双手拍击，象征悲智双运。也就是说，发愿要以慈悲为根本的智慧，断除自他双方对法义上的无知、邪执、疑惑等一切不正确的认识而趋向自利利他、觉行圆满的无上菩提之境。由此可知，辩论一开始就进入了净化内心和道德修养的特殊训练之道。

（二）辩论思想与利众精神紧密结合

从藏传因明辩论者所需品格的要求中我们可以看出，因明辩论是一种寻求究竟智慧、训练利众精神的殊胜之道。因明辩论并不是因为双方意见不合而进行，而要遵循一整套完整的辩论规则。对辩论者专业、情绪、品德都有严格的规定。

对辩论者的专业和情绪要求：

首先立辩双方有一方未经专业训练，或对辩论内容不熟练时，不可以辩论；其次，双方虽经专业训练，但是如果没有能裁决胜负的证人，不可以辩论；第三，如果参与辩论的任何一方情绪不稳，不可以辩论。

---

① "谛"是梵文，意为"觉智，心智"，是文殊菩萨的种子字。高呼"谛"字有两层意义：一是向佛智慧的化身文殊菩萨祈求加持；二是通过辩论求证如文殊般通达真理的智慧。"极达尔砌见"是藏语，意思是说"应如何论辩？"或者"我们应以何法作辩论之题？"

对辩论者的品德要求：

贬低对方的嗔恨心、抬举自己的贪欲心、抛弃正理的獠诳心等都是辩论者应该远离的卑劣思想，这些思想应该被智者所唾弃。若以这样的思想辩论，将会被烦恼扰乱身心，被众人嘲讽诅咒，来世会领受恶报。布顿大师说：“觊觎自扬名而贬对方，獠诳争辩粗语具恶意，种种绮语之言焚他意，现今辩论此亦地狱因。”文殊怙主萨迦班智达也说：“谎言与诡辩，不决胜败论。”在圣地印度素有第二佛陀美誉的世亲菩萨也说：“唯欲求胜诤，此非贤者行。”那么辩论者应该具备怎样的优良品德？那就是追求真理的崇敬心、希望破除他人邪见的悲悯心、欲于他人开示深广教理的仁慈心。以这样的思想品德与人进行辩论，会增长自身悟德而充满喜悦，众人称赞的声誉也会传遍四方，以理维护具有利众功德的佛之正法才会成为名副其实的佛法之王。因此月成大师在《入中观论》中说：“若于自见起爱著，及嗔他见即分别，是故若能除贪嗔，观察速当得解脱。”

四、果性、自性、不可得三种正因是抉择人生意义的无谬方法

无论何种知识，如果对自己的实际人生没有任何意义，对大众亦无任何利益价值，那么它就不会长驻于人间。反言之，如果一种知识对于人生大义或利益大众都有着不可估量的价值和意义，却因忽视或没有正确认识而丢弃，也是令人痛惜的。因明学在我国内地几乎成为绝学的原因就是后者。除了极少数人了解到它的价值以外，大多数学者都把因明辩论当作展示口才或智力的游戏，认为它对实际人生并无太大助益。殊不知，“因明”是寻求宇宙人生的真理，祛除自他迷暗的最佳方法。“因”是指推理的根据、理由；“明”是知识、智慧。

“因明”是通过宗、因、喻所组成的三支论式进行推理证明的学问。能否得到一个正确的结论，推理论证至关重要。而在推理论证中，“因”是第一要素。

为了得到正确无误的结论，深入研究“因”的性质极为重要。如果你所列举的理由或原因有误，那就是“以误传误”，就没有推理论证的必要了。所以辩论前必须研究正因和似因的差别，考察“因”是否正确。这个过程不能靠感觉来决定的，而是以一系列严密的理论来加以论证和选择。换言之，具“因三相”① 的因是正确因，而不具足因三相的因是似因。另外，需说明的是，“因”是获取正确知识的手段，而不是求学者的最终目的。譬如一个人想去美国，就需要乘坐火车或飞机到达目的地。为了能够安全到达，检查交通工具是非常有必要的，但这并非是最终目的。同理，辩论亦非人生的终极目标，否则就本末倒置了。

（一）果性因与人生的抉择

果性因是利用事物之间的因果关系而进行推理的一种方法，它是以“果”推出“因”的存在，即“有果必有因”。例如：“有烟之山上有火，有烟故。”这个论式中的“烟”是“火”的果性因。《释量论》中说：“因法所有性，若无则不生，此果是正因。”比如“火”有燃烧、光亮等许多特征，但这些“火”的特征并非由“烟”的理由得知，因为有烟不一定有这些。因此以“烟”因要所立的“火”果，是与烟有无则不生的因果关系的火的本质属性。

根据具体事物在因果联系上的不同特点，可以将果性因分为五种：

1. 成立亲因之果性因

① 因三相：遍是宗法性，通品定有性，异品遍无性。

如：有烟的山坡上有火，有烟故。因为在这个推论中的火是烟的直接结果。

2. 成立因先行之果性因

如：空中飘浮之青烟，自因火已先行，是烟故。在这个推论中，因为是烟的理由来论证其因火必先行。因为烟不会无中生有。

3. 成立差别因之果性因。

如：照见色相的眼识，定有引起眼识的外境，因眼识是若无外境不生之识故。眼识的产生需要具备三缘，即不共增上缘、所缘缘、等无间缘。缺三缘中的任何一缘，眼识不会生其。在这个论式中论证眼识必须要有外境，即所缘缘。但它并不是眼识的唯一因，而是眼识的组成部分，是生起眼识之因的一部分，所以称之为差别因。

4. 成立因自体之果性因

如：苦谛必有自因，是暂时性的物故。这个论式中的所立法是“有自因”，论式之因是“暂时性的物”。论式以“暂时性的物”为理由，论证苦谛必有自因。这是《释量论》中所说的：“由是暂时性，成苦性有因。”的密意。

5. 比知因法之果性因

也可论证连带因的果性因。如：在口中所含糖块上的现时糖味，自因前一刹那糖味引生现时糖质的功能必已先行，是现时糖味故。糖有糖的色体和糖的甜味两种，糖的甜味，出自糖体，因此，糖体和糖味具有连带关系。糖味并非此刻突然产生的，而是有前因的糖味续流。《释量论》中说：“由味知色等，是比知因法。”由口中糖味可知口中有糖体，这一糖体的认识是由糖味而引生，所以说，从现有的糖味可推知此糖味有引生糖体的功能。

以上是因果推理中常见的几种格式，果性因的应用并不限于这几种，凡是有因果关系都可以应用果性因推理。比如从某人乐善好施的表现，可以推断他具有慧根；从某人不伤害生命，且乐于助人的行为，可以推断他心中有善念；从某人态度粗暴，可以断定他缺乏修养等等。

那些破坏和谐、扰乱社会、害人害己、为非作歹的人都不相信因果报应，原因是因果法则已超出了他们的认识范围。大多数人的认识，只能涉及今生此世，对于去世和未来世如何，在他们心目中都是未知数。如果人们能够接触到由陈那和法称论师所著的因明理论，精通果性因的推理规则，应用果性因的推理，推知因果关系，从而引发自觉遵守道德的意识，避免或减少害人害己的悲惨事件发生，难道有比这更好的公德教育吗？

（二）自性因与人生意义

自性因是以同体相属关系，在论证若是此因，即是此宗的推理论式中常用到。如：声音无常，所作性故。这个论式中，作为因的“所作性”与作为所立法的“无常”，性质相同，而且它们的外延完全重合。如果我们真的能够推知凡是所作性，皆是无常的道理，那么从而可以知道人身、财富、权势、地位、亲仇、敌友、时间都是无常的道理。若是从根本上明白了这个道理，就不敢不珍惜身体，不敢见利忘义，不会贪赃枉法，不会以权谋私，不会残害生灵，也不会懒惰消极。自性因对于建立人生价值的意义，不言而喻。关于自性因，需要讲的很多，但由于种种原因，暂时不予详述。另外，再举一例。事先声明，这只是举个例子而已，大家不要停留在例子本身上，而要去领悟这个例子所示的深意。譬如有人用手指指月亮时，如果只看手指，永远也看不到月亮，但是顺着手指所指的方向去寻找月亮，就很容易看到月亮。如果善于思考，只研究这个论式，也会受益无穷啊！

（三）不可得因与人生意义

通俗地说，所谓不可得因，是指以某种理由，否定某种现象或事物的存在时，充当否定理由的因。也可以这样理解，不可得论式的所立法必须由一遮止法来充当，其立宗命题就是一个否定命题。这一否定判断所否定的对象，就是论式遮依上的所遮法。以什么理由去否定呢？是以不可得因，即“未被量识所缘”为理由去否定。比如在茶几上没有茶杯，不可得故。因为茶杯是一个若有正常的眼睛即可看见的物体，如果一个正常的眼睛仔细看过后，仍然没有在茶几上找到茶杯，那么可以断定茶几上确实没有茶杯，因此茶几上没有茶杯的否定论题是成立的。但是，事物本身是复杂多变的，有的事物在眼前必能看到，可有些事物虽然在眼前，却不一定能看到。因为这些事物，因某种原因，对某些人而言，成为了隐蔽性事物。隐蔽性事物有三类：空间性隐蔽、时间性隐蔽、自性性隐蔽。所以，不可得因分为“可现不可得因”和“不可现不可得因”两大类。佛经中说：“吾与似吾之补特伽罗能臆断补特伽罗，一补特伽罗不能臆断另一个补特伽罗，可损害故。”① 第一句表明可现不可得因，第二句表明不可现不可得因。

不可得因对建立人生价值的意义也是极为明显的。如果一个人对不可得因做过深入研究而对生起定解，那么，他绝不会因自己没有看到而否认客观存在。因为他知道自己未获量识之前，不能贸然褒贬他人过功。难道还有比这更具说服力的道德教育吗？

最后，我衷心希望大家能够擦亮自己的眼睛，看清珍宝、保护珍宝、珍惜珍宝！

2015 年农历四月初八于拉卜楞寺

① 意思是说，如佛陀和像佛陀一样有能看透事物本质智慧的人，可以衡量一个人，但一般人绝不可以随便衡量另外一个人，因为在他相续中还没有看透其实相的智慧。

སྐྱེའུ་སྟེང་བློ་བཟང་དཔལ་ལྡན་གྱི་རྣམ་ཐར་ལས་ཚད་མའི་འཆད་ཉན་གྱི་མཛད་རྗེས་སྐོར་གླེང་བ།*

སྟག་བྱེ།

སྔོན་འགྲོའི་གཏམ།

ཡུལ་མདོ་སྨད་ཀྱི་པཎྜི་ཏ་ཆེན་པོ་སྐྱེའུ་སྟེང་བློ་བཟང་དཔལ་ལྡན་མཆོག་ནི་ཀུན་གྱིས་མཁྱེན་གསལ་ལྟར། མདོ་སྨད་རེབ་གོང་གསེར་ལྗོངས་ཡུལ་གྱི་སྐྱབས་མགོན་བདུན་པ་ཆེན་པོ་སྐལ་ལྡན་བློ་བཟང་འཕྲིན་ལས་ལུང་རྟོགས་རྒྱ་མཚོ་དཔལ་བཟང་པོ་དང་ཀིརྟི་སྐུ་ཕྲེང་བཅུ་བ་བསྟན་པ་ཚེ་རིང་དཔལ་བཟང་པོ་སོགས་ཀྱི་ཡོངས་འཛིན་དུ་བཞུགས་ཤིང་། ཤོང་གི་སྙན་ངག་གི་བསྟན་བཅོས་དག་ནི་རྒྱ་གར་གྱི་སློབ་དཔོན་དགེ་དབང་དང་དཔའ་བོ། བོད་རང་གི་མཁས་གྲུབ་རྗེ་དང་ཞང་ཞུང་པ་ཆོས་དབང་གྲགས་པ་སོགས་ཀྱི་གསུང་ཡང་ཟིལ་གྱིས་གནོན་པ་ལྟ་བུར་ཡོད་པ་དམ་པ་གང་དེའི་བརྩམས་གནང་མཛད་པའི་བསྟན་བཅོས་དངོས་སུ་མཇལ་ན་རྟོགས་ཐུབ། དེ་ཡང་འཇམ་དབྱངས་བླ་མ་ཡོངས་འཛིན་བློ་བཟང་

---

* 此篇论文的汉译内容摘要见本文末尾。

དཔལ་ལྡན་མཆོག་གི་སྐུ་ཚེ་གཅིག་གི་མཛད་པ་དེར་མཁས་པ་གཞན་དག་དང་འདྲ་བའི་ཆ་དང་མི་འདྲ་བའི་ཆ་གང་མང་ཞིག་ཡོད་པའི་ཁྱད། ཁོང་གི་མཛད་པ་ལས་སྙན་ངག་གི་མཛད་པའི་གྲགས་པ་དེ་ཕྱོགས་ཀུན་ལ་ཁྱབ་པར་མི་མང་ཤོས་ཤིག་ལ་རྒྱུས་མངའ་ཧ་ཅང་ཆེ། དོན་དུ་དམ་པ་ཁོང་ཉིད་ལ་སྙན་ངག་ཁོ་ན་ཙམ་མ་ཡིན་པར་ཚད་མ་སོགས་གཞུང་གཞན་དག་ལའང་སོ་སྐྱེས་དག་གིས་བསྒྲུན་དུ་མེད་པའི་མཛད་པ་གལ་ཆེན་མང་དུ་ཡོད། དེ་བས་འདིར་ཁོང་གི་མཛད་འཕྲིན་ལས་ཚད་མའི་སྐོར་གྱི་མཛད་པ་དག་ཀུན་གྱི་སྤྱན་སྔར་དམིགས་སུ་བརྗོད་འདོད་པ་ཡིན་སོད། ཡིན་ནའང་དམ་པ་ཁོང་གི་རྣམ་ཐར་ནི་མང་པོ་ཞིག་མེད་པས། སྐབས་བབས་སུ་ཁྲི་ཆེན་འཇམ་པའི་དབྱངས་ཐུབ་བསྟན་རྒྱ་མཚོ་མཆོག་གིས་ཚོགས་བཅད་ཀྱི་ལམ་ནས་མཛད་པའི《ཡོངས་འཛིན་བློ་བཟང་དཔལ་ལྡན་གྱི་རྟོགས་བརྗོད་ཐོག་མཐའ་བར་དུ་དགེ་བ་ངོ་མཚར་སྤྲིན་གྱི་སྒྲ་དབྱངས》①ཞེས་པ་དང་། མར་ནང་འཇིགས་མེད་དམ་ཆོས་རྒྱ་མཚོས་མཛད་པའི《འཇམ་དབྱངས་བླ་མ་ཡོངས་འཛིན་ཆོས་ཀྱི་རྒྱལ་པོ་བློ་བཟང་དཔལ་ལྡན་གྱི་ཞལ་སྔ་ནས་ཀྱི་ཐུན་མོང་བའི་རྣམ་ཐར་ཆ་ཙམ་བརྗོད་པ་རྫོགས་ལྡན་དེ་ཉིད་སྣང་བ》②ཞེས་བྱ་བ། གཞན་ཡང་འཇིགས་མེད་བསམ་གྲུབ་ཀྱིས་བརྩམས་པའི《འཇམ་དབྱངས་བླ་མ་ཡོངས་འཛིན་པཎྜི་ཏ་བློ་བཟང་དཔལ་ལྡན་གྱི་རྣམ་ཐར་མདོར་བསྡུས》③ཞེས་པ་གསུམ་གཞིར་བཟུང་ལ། དེ་དག་ལས་ཀྱང་ཁོང་གི་དངོས་སློབ་མར་ནང་འཇིགས་མེད་དམ་ཆོས་རྒྱ་མཚོས་མཛད་པའི་རྣམ་ཐར་རྫོགས་ལྡན་དེ་ཉིད་སྣང་བ་ཞེས་པ་རིམ་

① བློ་བཟང་དཔལ་ལྡན། བློ་བཟང་དཔལ་ལྡན་གྱི་ལྷུག་རྩོམ་ཕྱོགས་བསྒྲིགས། སྟོད་ཆ། ཀྲུང་གོའི་བོད་ཀྱི་ཤེས་རིག་དཔེ་སྐྲུན་ཁང་། 1990ལོའི་ཟླ10པའི་པར་ཐེངས་དང་པོ། ཤོག་ངོས3པ་ནས25བར་གསལ།

② མར་ནང་འཇིགས་མེད་དམ་ཆོས་རྒྱ་མཚོ། འཇམ་དབྱངས་བླ་མ་ཡོངས་འཛིན་ཆོས་ཀྱི་རྒྱལ་པོ་བློ་བཟང་དཔལ་ལྡན་གྱི་ཞལ་སྔ་ནས་ཀྱི་ཐུན་མོང་བའི་རྣམ་ཐར་ཆ་ཙམ་བརྗོད་པ་རྫོགས་ལྡན་དེ་ཉིད་སྣང་བ། མར་ནང་འཇིགས་མེད་དམ་ཆོས་རྒྱ་མཚོའི་གསུང་འབུམ་པོད་ང་པར་བཞུགས། དན་ཏིག་དགོན་ཆེན་གྱི་ཤིང་དཔར།

③ འཇིགས་མེད་བསམ་གྲུབ། འཇམ་དབྱངས་བླ་མ་ཡོངས་འཛིན་པཎྜི་ཏ་བློ་བཟང་དཔལ་ལྡན་གྱི་རྣམ་ཐར་མདོར་བསྡུས། 《བོད་ལྗོངས་ཞིབ་འཇུག》 1990ལོའི་དེབ3པ། ཤོག་ངོས136ནས145བར་གསལ།

པར་ཕྱེ་བ་བརྒྱད་ཀྱི་བདག་ཉིད་ཅན་དེ་ཁུངས་གཙོ་བོར་བཟུང་སྟེ་ཁོང་གིས་སྐུ་ཚེ་གང་བོར་ཚད་མའི་སྐོར་ལ་གནང་བའི་མཛད་པ་རགས་ཙམ་གླེང་བ་ལ།

དང་པོ། ཚད་མའི་གཞུང་ལ་ཐོག་མར་སློབ་གཉེར་མཛད་ཚུལ།

སྡེའུ་སྟེང་བློ་བཟང་དཔལ་ལྡན་མཆོག་ནི་བོད་ཆོལ་ཁ་གསུམ་དུ་ཕྱེ་བའི་མདོ་སྨད་ཀྱི་ཆ་རིག་པ་འབྱུང་བའི་གྲོང་ཁྱེར་རམ་ད་ལྟ་ལྷ་རིས་སྒྱུ་རྩལ་གྱི་ཕ་ས་ཞེས་པར་གྲགས་པ། ས་ལ་དགེ་བཅུ་ཚང་ཞིང་དད་ལྡན་མང་ཚོགས་ཐམས་ཅད་དགེ་བའི་ལས་ལ་བརྩོན་སའི་ཡུལ་རེབ་གོང་ཤོག་ཁ་མང་པོས་གྲུབ་པའི་ཡ་གྲུལ་རོང་འབྲོག་ཚོ་ལྔའི་ནང་ཚན་དཔལ་ལྡན་ས་སྐྱ་པའི་གདུང་རྒྱུད་ཚོ་འདུ་ཞེས་བྱ་བའི་གྲོང་སྡེར། མཁས་གྲུབ་ཆེན་པོ་ཚོ་འདུ་མཁན་ཆེན་བློ་བཟང་འཕྲིན་ལས་འཁྲུངས་པའི་སྡེའུ་སྟེང་བློ་བཟང་མཁས་ལོ་དང་། དེ་དབོན་བློ་བཟང་མཁས་མཆོག་ཟེར་བའི་ཆོས་སྲིད་ལ་རྣམ་དཔྱོད་ཀྱི་འཇུག་པ་ཡངས་པ་གཉིས་བྱུང་བའི་ཚ་བོ་སྡེའུ་སྟེང་ཚེ་དབང་ལ་ཚོ་འདུ་མཁན་པོ་སྐུ་ཕྲེང་བཞི་པ་བློ་བཟང་བསྟན་འཛིན་རྒྱ་མཚོ་སོགས་བུ་མིང་སྲིད་མང་ཙམ་བྱུང་བ་ལས། མཁན་སྤྲུལ་མཆོག་གི་གཅེན་ཚོ་འདུའི་སྐུ་དཔོན་ཆོས་མཛད་དུ་གྲགས་པ། དཔའ་ཞིང་དེས་པ། སྙིན་ཞིང་བརྟུལ་ཕོད་པ། མཁས་ཤིང་རང་བཞིན་བཟང་བ་སོགས་སྐྱེ་བོ་གཞན་ལ་ངོམས་པར་འོས་པའི་ཁྱད་ཆོས་དང་ལྡན་པ་དེ་ནི་རྗེ་འདིའི་ཡབ་དང་། བུད་མེད་ཀྱི་རྟེན་ལ་གཡོ་སྒྱུ་ཆུང་བ། དད་གུས་ཆེ་བ། ངང་རྒྱུད་བཟང་བ་སོགས་བསྔགས་པར་འོས་པའི་ཡོན་ཏན་མང་པོས་མཛེས་པ་སྟེ་རྗེ་འདིའི་སྐྱེད་ཡུམ་སྒྲོལ་མ་ཞེས་པ་གཉིས་ཀྱི་སྲས་སུ་རབ་བྱུང་བཅོ་ལྔ་པའི་བགྲང་བྱ་བཅོ་ལྔ་པ་ལྕགས་སྦྲུལ（སྤྱི་ལོ1881）ལོའི་དགུན་སྟོད་ཅིག་ལ་ཉི་གཞོན་བུ་མོའི་འོད་སྟོང་ས་གཞིར་ཁྱབ་པ་དང་བཅས་སྐུ་བལྟམས། ཉིན་བདུན་འགོར་རྗེས་ཡབ་ཀྱིས་རང་གི་བུ་ཆུང་གཙང་མ་པདྨ་དང་འདྲ་བས་བུ་

ཆུང་གི་མཚན་ལ་པདྨ་བཀྲ་ཤིས་ཞེས་གསོལ་ཏོ། །ན་ཚོད་ཅུང་ཟད་རྒྱས་པ་ནས་བརྡེ་བྱ་རྒྱུའི་འདུན་པ་ཤིན་ཏུ་ཆེ་བས་རྟ་རྒྱུའི་སྤྱོལ་བའི་སྐྱར་རིང་པོའི་གྲྭ་ཚང་དུ་བསྐྱལ་ན་ལེགས་ཉེས་ཇི་ལྟར་འགྱུར་བའི་ལུང་བསྟན་ཞུས་པ་ལྟར་རང་དགོན་གྱི་ཆོས་སྐོར་འཛུག་པར་ཐག་བཅད། དགུང་ལོ་བཅུ་པ་ལྕགས་སྟག（སྤྱི་ལོ1890）ལོར་རིབ་གོང་སྒྲུབ་པའི་དགའ་ཚལ་བཙོ་བརྒྱད་ཀྱི་ནང་ཚན་དབེན་གནས་དམ་པ་སྐྱིའུ་སྟེང་དགའ་ལྡན་ཆོས་འཕེལ་གླིང་①གི་སྒྲུབ་གྲྭར་ཞུགས། སྒྲུབ་གྲྭར་ཞུགས་པ་ནས་དགུང་ལོ་ཉེར་གསུམ་བར་དུ་སྔ་ཕྱིར་བྱང་རྩེའི་མཁས་པའི་ཁྱུ་རྒྱན་སེམས་དཔའ་ཆེན་པོ་གླིང་ཀུའི་ལྷ་རམས་པ་བློ་བཟང་ཆོས་གྲགས་དང་། རྗེ་ཞྭ་དམར་པཎྜི་ཏ་དགེ་འདུན་བསྟན་འཛིན་རྒྱ་མཚོ།② རྗེ་བཙུན་འཇིགས་མེད་བསམ་གཏན་

---

① སྐྱིའུ་སྟེང་དགའ་ལྡན་ཆོས་འཕེལ་གླིང་ནི་མཚོ་སྔོན་ཞིང་ཆེན་རྨ་ལྷོ་ཁུལ་རོང་པོ་གྲོང་རྫལ་གྱི་ཤར་ཕྱོགས་ཐོ་རྒྱ་བརྒྱད་དེ་སོང་ན་སྤྱི་ལེ་སུམ་ཅུ་ཡི་མཚམས་སུ་ཡོད། བྱམས་ཆེན་མཁན་པོའམ་མཁན་ཆོས་འདུ་བློ་བཟང་འཕྲིན་ལས་མཆོག་གིས་སྤྱི་ལོ1732ལོར་ཕྱག་བཏབ། ད་ལྟ་དགོན་འདིར་འདུ་ཁང་གཅིག་དང་མགོན་ཁང་། ནང་ཆེན་གསུམ། གྲྭ་ཤག་ཉེར་བདུན། མ་ཎི་ཁང་། མཆོད་རྟེན་ཆེན་པོ། སྣང་སྤྱིལ་གཉིས་དང་དགེ་འདུན་པ་ཉི་ཤུ་ལྷག་བཞུགས། སྤྱི་ལོ2013ལོའི་དབྱར་གནང་སྐབས་བདག་གནས་དེར་ཡུལ་དངོས་བརྟག་དཔྱོད་དུ་བསྐྱོད་དུས་དགོན་པ་དེར་དགུང་ལོ་བརྒྱད་ཅུ་ལྷག་བཞེས་ཤིང་མཚན་ལ་བློ་བཟང་རབ་བརྟན་ཞུ་བ་ཞིག་བཞུགས་པ་དེ་ནི་སྐྱིའུ་སྟེང་བློ་བཟང་དཔལ་ལྡན་མཆོག་གི་མདུན་ནས་རབ་བྱུང་བསྒྲུབ་པའི་དགེ་འདུན་པ་ད་ལྟ་འཚོ་གཞེས་གནང་ཡོད་པ་གཅིག་པུ་ཡིན།

② ཞྭ་དམར་པཎྜི་ཏ་དགེ་འདུན་བསྟན་འཛིན་རྒྱ་མཚོ་ནི་མཚོ་སྔོན་ཁྲི་ཤོར་རྒྱལ་མོའི་ཉེ་འདབས་མདའ་བཞིའི་ཉིན་ཐུབ་ཤོག་ཁའི་ཞྭ་དམར་ཚོ་བ་ནས་རབ་ཡིད་བགྲང་བྱ་ཞི་དྲུག་པ་ཆུ་བྱི་སྟེ་སྤྱི་ལོ1852ལོར་དགེ་ཞིང་ལེགས་པའི་ལྟས་ཕུན་སུམ་ཚོགས་པ་དང་བཅས་སྐུ་འཁྲུངས། པཎ་ཆེན་བསྟན་པའི་ཉི་མ་དང་། སྐུ་མཆེད་བློ་བཟང་བསྟན་པ་རྒྱ་མཚོ་དཔལ་བཟང་པོ་རྣམ་གཉིས་ཀྱིས་སྐུ་གོང་མའི་ཡང་སྲིད་དུ་ངོས་འཛིན་མཛད། དགུང་གྲངས་བརྒྱད་ཀྱི་སྟེང་ཐར་ཤུལ་དགེ་འདུན་ཆོས་སྐྱོང་རྒྱ་མཚོ་ལས་རབ་ཏུ་བྱུང་སྟེ་དགེ་འདུན་བསྟན་འཛིན་བཟང་པོ་ཞེས་པའི་མཚན་གསོལ། དགུང་ལོ་བཅུ་གཅིག་གི་སྟེང་ལ་མོ་བདེ་ཆེན་གདན་ས་ཆོས་གླིང་དུ་སྐུ་ཕྲེང་གོང་མ་རྣམས་ཀྱིས་བྱིན་གྱིས་བརླབས་པའི་ཆོས་ཀྱི་ཁྲི་ལ་ཞབས་སེན་གྱི་པདྨོ་བཀོད། སྔ་ཕྱིར་སྐྱིའུ་སྟེང་དགོན་ལ་ཡང་ཐེངས་མང་ཕེབས་ཏེ་བཞུགས། དེ་ནས་སླ་བྲང་བཀྲ་ཤིས་འཁྱིལ་དུ་ཕེབས་ཏེ་རྗེ་ཤེས་རབ་རྒྱ་མཚོའི་ཞབས་པད་ཚུལ་བཞིན་བསྟེན། རྗེ་དེ་ལས་བསྟན་པའི་གཞི་མ་སོ་ཐར་གྱི་སྡོམ་པ་ཡོངས་སུ་རྫོགས་པའི་དངོས་པོ་ཡང་དག་པར་བཞེས་ཤིང་སྔར་གྱི་མཚན་ལ་མཁན་པོའི་མཚན་ཟུར་ཙམ་བསྣན་ནས་དགེ་འདུན་བསྟན་འཛིན་རྒྱ་མཚོ་ཞེས་གསོལ་ཞིང་ཐུབ་པ་སངས་རྒྱས་བཅོམ་ལྡན་འདས་ཀྱི་རྒྱལ་ཚབ་ཏུ་བཞེངས། ཟུང་འཇུག་གྲུབ་པའི་དབང་པོ་རྗེ་འཇིགས་མེད་བསམ་གཏན་ལས་ཡབ་རྗེ་གསེར་ཁང་པའི་རྣམ་ཐར་སྣད་ཆ་སོགས་གསན། མཁས་པའི་དབང་ཕྱུག་ཚངས་སྲས་དགྱེས་པའི་བློ་ལྡན་ལས་སྔན་ངག་མེ་ལོང་གི་འགྲེལ་བ་དབྱངས་ཅན་དགྱེས་གླུ་གསན། མཚོ་སྔོན་བཀའ་འགྱུར་བ་ཆེན་པོ་འཇམ་དབྱངས་ཚུལ་ཁྲིམས་རྒྱ་མཚོ་མཆོག་ལས་རྒྱལ་བའི་བཀའ་འགྱུར་རོ་ཅོག་གི་བརླག་ལུང་གསན། ཁྲི་ཆེན་འཇམ་པའི་དབྱངས་སོགས་ཀྱི་ཞུས་ངོར་རོང་པོ་དགོན་ཆེན་དུ་གསན་མཁན་ལྔ་བརྒྱ་ལས་བརྒལ་བར་ཆོས་རྒྱུན་མང་པོར་སྤེལ། རབ་བྱུང་བཅོ་ལྔ་པའི་ཆུ་ཡོས་ཏེ་སྤྱི་ལོ1903ལོར་བྱང་རྒྱུད་ལེགས་བཤད་སྒྲོག

དཔལ་བཟང་པོ། རོང་པོའི་གྲྭ་ཚང་གི་རིགས་སྨྲའི་ཡང་རྩེར་སོན་པ་བྱང་ཆུབ་ཀུན་སྤངས་བློ་བཟང་བསྟན་པ། མཁས་ཆེན་དུས་ཞབས་པ་མཚོ་བྱུང་དགྱེས་པའི་དཔལ།[①] མཁན་ཆེན་ལྷ་རམས་པ་བློ་བཟང་ཆོས་གྲགས། ཀིརྟི་བློ་བཟང་འཕྲིན་ལས་བསྟན་པ་རྒྱ་མཚོ་བཅས་བརྟེན་ནས་རིམ་པ་བཞིན། བློག་དང་ཆོས་སྤྱོད་སྣ་ཚོགས་ཀྱི་ཞལ་འདོན། ལམ་རིམ་ཆེན་མོའི་སྐྱེས་བུ་ཆུང་འབྲིང་གི་སྐོར། རྡོ་རྗེ་འཇིགས་བྱེད་དཔའ་བོ་གཅིག་པ་བདུད་ལས་རྣམ་རྒྱལ་གྱི་དབང་སྣ་གོན་དང་བཅས་པ། འཇམ་དཔལ་བཀའ་སྟོད་ཧ་ལ་ནག་པོའི་རྗེས་གནང་བེའུ་བུམ་སྙིང་བའི་ལུང་དང་བཅས་པ། སུམ་རྟགས་རྩ་འགྲེལ། ངག་སྒྲོན། ཟ་མ་ཏོག་སོགས་དག་ཡིག་ཆེ་ཆུང་དང་། སྤྱོད་འཇུག་ཆེན་མོ་ཡོངས་རྫོགས། རྣམ་ཐར་མགུར་མ་ཆོས་འབྱུང་སྣ་ཚོགས། མཛངས་བླུན་ཞེས་བྱ་བའི་མདོ། ལས་བརྒྱ་པ། རྟོགས་བརྗོད་བརྒྱ་པ། རྩིས་རིག་པ་དང་། དབྱངས་ཅན་བྱཱ་ཀ་ར་ཎ་རྩ་འགྲེལ་དང་། སྙེབ་

པའི་དགལ་ཚལ་དམ་པ། སྔོ་ཚ་བཀྲ་ཤིས་ཆོས་སྡིངས་ཞེས་ཕྱོགས་ཐམས་ཅད་ལས་རྣམ་པར་རྒྱལ་བའི་ཆོས་སྡེ་ཆེན་པོ་དེ་ཉིད་ཕྱག་འདེབས་གནང་། སྤྱི་ལོ1904ལོར་མདོ་སྨད་ཙོང་ཁའི་ཡུལ་གྱི་ཆོས་སྡེ་ཆེན་པོ་སྐུ་འབུམ་བྱམས་པ་གླིང་དུ་བརྩེ་ཆེན་ཕྱག་ན་པདྨ་དུར་ཁྲིག་གར་གྱིས་རྣམ་རོལ་ཀུན་གཟིགས་རྒྱལ་བའི་དབང་པོ་བཅུ་གསུམ་པ་ཆེན་པོའི་རིགས་ཀྱི་ཙོད་པན་དུ་བཞེངས། རྗེ་བཙུན་བླ་མ་མཆོག་དང་འཁོར་མཁས་གྲུབ་མང་པོ་དབེན་པའི་གནས་མཆོག་སྐེའུ་སྟེང་དགའ་ལྡན་ཆོས་འཕེལ་གླིང་དུ་བསུས། དེ་ལྟར་ལུང་དང་རྟོགས་པའི་དཀྱིལ་འཁོར་ཡོངས་སུ་རྫོགས་པའི་བདག་ཉིད་ཆེན་པོ་འདིའི་སྐུ་དངོས་ཀྱི་གདུལ་བྱ་རེ་ཞིག་རྫོགས་པ་ན་དགུང་གྲངས་རེ་གཅིག་བཞེས་པ་ཆུ་བྱི་སྟེ་སྤྱི་ལོ1912ལོར་དབེན་གནས་བཟང་པོ་བཀྲ་ཤིས་རྩེར་ངོ་མཚར་བའི་མཚན་མ་དང་བཅས་གཟུགས་སྐུའི་བཀོད་པ་ཞི་བའི་དབྱིངས་སུ་གཤེགས་པའི་ཚུལ་བསྟན་པ་ཡིན་ནོ། །གསུང་རྩོམ་ལ《སྐྱབས་རྗེ་ཀིརྟི་རིན་པོ་ཆེ་བློ་བཟང་འཕྲིན་ལས་ཀྱི་རྣམ་ཐར་》དང་། 《བྱང་ཆུབ་བདེ་ལམ་གྱི་ཁྲིད་དམིགས་སྐྱོང་ཚུལ་ཤིན་ཏུ་གསལ་བར་བཀོད་པ་དགེ་ལེགས་འོད་སྣང་འགྱེད་པའི་ཉིན་བྱེད།》《རྫོགས་དཀྱིལ་བདུན་ལས་མ་རྒྱུད་དཀྱིལ་འཁོར་དྲུག་དང་རྡོར་དབྱིངས་དབང་གི་བརྗེད་བྱང་གདུང་སེལ་བདུད་རྩིའི་ཁྲུས་རྫིང་།》《རྒྱལ་བའི་བཀའ་འགྱུར་རིན་པོ་ཆེའི་ཐོབ་ཡིག་ནོར་བུའི་ཕྲེང་མཛེས།》《མེ་ཏོག་བཅུད་ལེན་གྱི་ཟིན་བྲིས་མདོར་བསྡུས་དཀའ་ཐུབ་སྤྱོད་པའི་རྒྱན།》《དཔལ་གསང་བའི་བདག་པོ་འཁོར་ལོ་ཆེན་པོའི་སྒྲུབ་ཐབས་མདོར་བསྡུས་བདུད་སྡེ་ཟིལ་གྱིས་གནོན་པའི་བཞད་སྒྲ།》《ཞྭ་དམར་ལམ་རིམ》སོགས་ཀྱི་བཀའ་རྩོམ་པོད་འབྲིང་དགུ་ཙམ་བཞུགས།

① མཁས་ཆེན་འདི་ནི་སྐེའུ་སྟེང་བློ་བཟང་དཔལ་ལྡན་མཆོག་གི་སྒྲ་དང་རྩིས་ཀྱི་སློབ་དཔོན་གཙོ་བོ་ཡིན་ལ། ལ་ལར་རོང་པོ་དུས་འཁོར་བ་སྟག་ཆེན་མཚོ་བྱུང་དགྱེས་པའི་དཔལ་ཞེས་ཀྱང་འབོད། རྩེ་ཁོག་རྡོ་རྗེ་རྫོང་གི་ཨ་ཁུ་བརྩོན་འགྲུས་ལགས་ཀྱིས་གསུངས་པ་ལྟར་ན། ཁོང་ནི་རོང་པོ་དུས་འཁོར་གྲྭ་ཚང་གི་བླ་མ་སློབ་ཆུང་བ་ཞེས་པ་དེ་ཡིན་ཞིང་། སྐབས་དེར་རོང་པོ་དགོན་ཆེན་ན་ཐུན་མོང་རིག་གནས་ལ་མཁས་པའི་ཚད་འཛུགས་ས་ཡིན་པ་དང་། མཚན་དངོས་ལ་དུས་ཞབས་པ་ཆེན་པོ་བློ་བཟང་དཔལ་ལྡན་ཞེས་ཞུ་བར་བཤད།

སྲུང་རིན་ཆེན་འབྱུང་གནས་རྩ་འགྲེལ། དབྱངས་ཅན་དགྱེས་གླུ་དང་དཔྱིའི་དགོངས་རྒྱན། ལམ་གཙོའི་མཇུབ་ཁྲིད། སྐྱབས་འགྲོ། སྲིད་དཔོན་གྱི་བླ་མའི་རྣལ་འབྱོར་གཉིས། འཕོ་བ་དཔའ་བོ་གཡུལ་དུ་འཇུག་པའི་སྒོ་ཁྲབ། འཇིགས་བྱེད་རིམ་གཉིས་གསང་ཆེན་བདེ་ལམ་རྣམས་ཀྱི་ཁྲིད་དང་ལེགས་བཤད་སྙིང་པོའི་རྩ་བཤད། ཐུགས་རྗེ་ཆེན་པོ་རྒྱལ་བ་རྒྱ་མཚོ། འཇམ་དབྱངས་དམར་སེར། འཇམ་དབྱངས་དཀར་ནག སྒྲོལ་ལྗང་གཙོ་འཁོར་གསུམ་པ་སོགས་དབང་ལུང་མན་ངག་གི་ཆོས་བཀའ་མཐའ་ཡས་པ་གསན།

དགུང་ལོ་ཉེར་བཞི་པའི(སྤྱི་ལོ1904)ཧོར་ཟླ་དང་པོའི་ཚེས་བཅུ་གསུམ་ཉིན་ཉེ་གནས་བློ་བཟང་ཟླ་བ་དང་བསྟེབས་ཏེ་དཔལ་བཀྲ་ཤིས་ཆོས་སྡིངས①སུ་ཕེབས་ཤིང་སྐྱབས་རྗེ་དགེ་འདུན་བསྟན་འཛིན་རྒྱ་མཚོ་མཆོག་ལ་རྟེན་འབྲེལ་གྱི་ཕྱག་རྟེན་དང་བཅས་བྱིན་རླབས་ཞུས། ས་གའི་ཡར་ཚེས་ལ་ཡོངས་ཀྱི་དགེ་བའི་བཤེས་གཉེན་ཆེན་པོ་མཛོད་དགེ་ཞལ་སྔ་ནས་བློ་བཟང་རྒྱ་མཚོ་བ་མཚན་ཉིད་དགེ་རྒན་དུ་བཀའ་བསྒྱུར་བ་ལྟར་རྗེ་འདི་ཉིད་གཅིག་པུ་ལ་ར་བསྟུས་གྲྭའི་དབུ་ནས་དཔེ་ཁྲིད་གནང་བར་རྟགས་གསལ་གྱི་འགྲོ་ཕྱོགས་ཚེགས་མེད་དུ་མཁྱེན་པར་བརྟེན་ཉིན་ཤས་ནས་དགེ་ཕྲུག་སྙིང་བ་རྣམས་དང་ལྷན་ཅིག་ཆུང་འབྲིང་གཉིས་ཀ་ཕྱོགས་སྡེབས་སུ་ཁྲིད། སྐབས་དེའི་མཛོད་དགེ་བློ་བཟང་རྒྱ་མཚོ་ཞུ་བ་འདི་ནི་ཁོང་གི་ཚད་མའི་དགེ་རྒན་ཐོག་མ་དེ་ཡིན་པར་འདོད་དེ། རྒྱུ་མཚན། སྐུའུ་སྐྱིད་བློ་བཟང་དཔལ་ལྡན་གྱིས་ཚོ་པོང་མིག་དམར་དང་ཙོ་ནེ་ཞ་ར་སོགས་འཛིན་གྲྭ་སྙིང་བའི་བཟང་རྩེ་རྣམས་ཀྱང་ཟིལ་གྱིས་མནན་པས་དགེ་རྒན་ཚང་དང་ཆོས་གྲྭ་བ

① དཔལ་བཀྲ་ཤིས་ཆོས་སྡིངས་སམ་སྡེ་ཚ་བཀྲ་ཤིས་ཆོས་སྡིངས་ཞེས་པའི་དགོན་པ་འདི་ནི་ཞྭ་དམར་སྐུ་ཕྲེང་བཞི་པ་དགེ་འདུན་བསྟན་འཛིན་རྒྱ་མཚོ་མཆོག་གིས་བཏབ་པ་ཡིན་ཞིང་། ཁོང་ཉིད་ཀྱིས་སྤྱི་ལོ1887ལོའི་ཟླ12པའི་ཚེས27ཉིན་རེབ་གོང་ཕྱོགས་ནས་རི་ཁྲོད་པ་བརྒྱད་ཁྲིད་དེ་དེང་གི་མཚོ་སྔོན་ཞིང་ཆེན་མཚོ་ཤར་དཔའ་ལུང་ས་ཆའི་མཆེར་མོ་ཆེར་ཕེབས་ཤིང་དེ་གར་སྒྲུབ་པ་ཉམས་བཞེས་གཙོ་བོར་མཛད་དེ་བཞུགས་པས་རི་ཁྲོད་པ་མང་པོ་འདུས་ནས་སྡེ་ཚའི་རི་ཁྲོད་པ་ཞེས་མིང་ཆགས།

ཀུན་གྱིས་ཁོང་གིས་རོང་པོ་ནས་བསྟུས་གྲྭ་བརྩད་སྒྲོང་བར་འདོད་པར། ཁོང་གིས་ལན་དུ་སྨྲུང་བ་མ་བྱས་ཚུལ་གསུངས་པ《རྣམ་ཐར་རྫོགས་ལྡན་དེ་ཉིད་སྣང་བ》ལས། "ཉིན་གཅིག་སྐུ་མདུན་དུ་འཕོད་པ་བྱུང་བར། ཞལ་ནས། ཁྱོད་ཀྱིས་སྔར་རྟགས་གསལ་བསླབས་སྒྲོང་བ་ཨེ་བདེན་གསུངས་པར། མ་སྒྲོང་ཚུལ་ཞུས་པ་སྙན་དུ་མ་བཞེས་པར་བརྟེན། བསྟུས་གྲྭའི་རྒྱབ་ཡིག་ཙམ་ཡང་ཀློག་རི་ཞེས་མནའ་ཕུལ་བར། ཨ་ཡ་མཚན། མཚན་ཉིད་འདི་དེ་ལྟར་ཤེས་མི་སྲིད། ཁྱོད་ཀྱིས་རིག་གནས་སོགས་མཐིལ་ཕྱིན་བསླབས་པ་དང་ལྡན་སྐྱེས་ཀྱི་ཤེས་རབ་ཤིན་ཏུ་ཆེ་བའི་སྟོབས་ཡིན་རྒྱུ་རེད། ཅེས་དགྱེས་པའི་ཕེབས་སྒོ་ཐོབ"①ཅེས་གསུངས་པར་གཞིགས་ན། ཁོང་གིས་བཀྲ་ཤིས་ཆོས་སྡིངས་སུ་མ་ཕེབས་པའི་སྔོན་དུ་ཚད་མའི་གཞུང་ལ་སློབ་གཉེར་བྱས་མ་སྒྲོང་བ་རྟོགས་ཐུབ་ལ། དེ་ལས་མཛོད་དགེ་ཞལ་སྔ་བ་བློ་བཟང་རྒྱ་མཚོ་ནི་ཁོང་གི་ཚད་མའི་སློབ་དཔོན་ཐོག་མ་ཡིན་པའང་རྟོགས་ཐུབ་པོ། །སྔོན་ཟླ(ཟླ5པ)ནས་དཔྱིད་ཆོས་ཚུགས་པར་ཆོས་གྲྭར་ཞུགས་ཏེ་རྟགས་གསལ་ཤར་ཤར་བཏང་བས་སློབ་དཔོན་དང་གྲོགས་མཆེད་དག་གིས་དཔག་པར་དཀའ་བའི་བློ་གྲོས་ཞེས་ཆེས་ཆེར་ངོ་མཚར་དུ་འཛིན་པ་བྱུང་། དྲུག་པའི་ཆོས་གཅིག་ནས་བསམ་གཏན་གླིང་དུ་དབྱར་ཆོས་ཚུགས་པར། གོང་དུ་དྲངས་པ་བཞིན་བླ་བྲང་ནས་སྨྲུངས་པ་སྔོན་དུ་སོང་ཞིང་གདན་ས་འདིར་རིགས་སྨྲའི་དྲག་གྲགས་སུ་བརྩེ་བའི་ཞོ་ཐོང་མིག་དམར་དང་། ཙོ་ནེ་ཞ་ར་སོགས་འཛིན་གྲྭ་རྙིང་བའི་བཟང་རྩེ་རྣམས་ཀྱང་ཟིལ་གྱིས་མནན་ཅིང་། འཛིན་གྲྭ་གོང་ནས་དམ་བཅར་འོངས་པ་རྣམས་ཀྱང་རིགས་པའི་སྨྲ་བྱེད་ཆར་དུ་བསྐྱིལ་བས་བློ་གྲོས་དང་ཆོས་སྐད་ཕུན་སུམ་ཚོགས་པའི་སྙན་པ་ཕྱོགས་སུ་རྒྱས་ཤིང་། བཤེས་གཉེན་མཁས་

① མར་ནང་འཇིགས་མེད་དམ་ཆོས་རྒྱ་མཚོ། འཇམ་དབྱངས་བླ་མ་ཡོངས་འཛིན་ཆོས་ཀྱི་རྒྱལ་པོ་བློ་བཟང་དཔལ་ལྡན་གྱི་ཞལ་སྔ་ནས་ཀྱི་ཐུན་མོང་བའི་རྣམ་ཐར་ཆ་ཙམ་བརྗོད་པ་རྫོགས་ལྡན་དེ་ཉིད་སྣང་བ། མར་ནང་འཇིགས་མེད་དམ་ཆོས་རྒྱ་མཚོའི་གསུང་འབུམ་པོད་ང་པར་བཞུགས། དན་ཏིག་དགོན་གྱི་ཤིང་དཔར། ཤོག་གྲངས་བཅུ་དྲུག་གི་ སྲིབ་ངོས།

དབང་རྣམས་ཀྱི་ཡིད་དབང་འཕྲོག་པ་བྱུང་། དབྱར་མཇུག་མཛོད་དགེ་ཞལ་སྔ་ནས་མཆོག་རང་ཡུལ་དུ་ཕེབས་པས་དཔེ་ཁྲིད་ཞུ་ཡུལ་མེད་ཀྱང་དཔེ་ཆ་རྒྱུན་གཟིགས་ཧུར་ཐག་བཏང་། དབལ་མང་དྲུག་སྒྲ་ལ་གཟིགས་པས་རྣམ་མཁྱེན་དྲུག་སྒྲ། དགག་གཞི་དྲུག་སྒྲ། དྲིས་འཕངས་དྲུག་སྒྲ་རྣམས་རང་སྟོབས་ཀྱིས་ཐུགས་སུ་ཆུད་ཅིང་། རྣམ་མཁྱེན་གྱི་སྒྲ་བཟོད་ན་སྤུ་ཟིང་བྱེད་པ་དང་མཆི་མ་འཁྲིགས་པ་ཡང་བྱུང་། དེའི་རྗེས་འཛིན་གྲྭ་བསྡུས་ཆེན་དུ་སྤྱོས་ཏེ་ཁྲུ་རེའི་དགེ་བཤེས་ཆེན་མོ་ལེགས་བཤད་རྒྱ་མཚོ་བར་དགེ་རྒན་ཞུས་ནས་བསྡུས་ཆེན་ལ་དཔེ་གཟིགས་དང་དཔེ་ཁྲིད་སྨར། མ་འགྲངས་པར་སྐུ་འབུམ་བྱམས་པ་གླིང་གི་དགེ་བཤེས་ཆེན་པོ་ཨ་ནུ་ཧོར་ཆེན་ཡེ་ཤེས་རྒྱ་མཚོ་བ་གདན་ས་དེར་ཕེབས་པ་དགེ་རྒན་དུ་བཀུར་ཏེ་འཛིན་གྲྭ་དང་ལྡན་ཅིག་རྟགས་རིག་གི་དཔེ་ཁྲིད་མནོས། ཉིན་མོ་བསྡུས་ཆེན་གྱི་རྩོད་པ་དང་། མཚན་མོ་རྗེ་ཉིད་ནས་སྐྱོར་མགོ་བཟུང་སྟེ་གསེར་ལག་དྲུང་ཆེན་འཇམ་དབྱངས་རྒྱ་མཚོ་སོགས་འཛིན་གྲྭ་གོང་འོག་གི་མི་མང་པོར་རྟགས་རིག་བསྐྱར་བས་རྗེ་ཉིད་གོང་འོག་ཀུན་གྱིས་ཟླ་མི་ཕོད་པར་གྱུར་ཏེ་འཛིན་གྲྭ་རྟགས་རིག་ཏུ་སྤྱོས་སྐབས་སྤར་སྨྲས་གྲགས་ཅན་སོགས་བཟང་གྲྭ་མང་པོ་བསྡུས་གྲྭར་ལུས། ཕོང་ཉིད་བསྡུས་གཞུང་ལ་འདི་ལྟ་བུའི་ཐུལ་དུ་བྱུང་དོན་ཡང་ལྡན་སྐྱེས་ཀྱི་ཤེས་རབ་ཁོ་ནར་བརྟེན་པ་ཙམ་མ་ཡིན་པར། སྡུག་ཚུས་ཀྱང་ཆེས་ཆེར་བྱས་ཡོད་དེ། 《རྣམ་ཐར་རྫོགས་ལྡན་དེ་ཉིད་སྣང་བ》ནུ། “ངས་དགེ་བཤེས་ཚང་ལ་དྲིས་པས་རྟགས་རིག་ཤེས་མཁན་ཁྱོད་ལས་ལྷག་མེད་ཟེར། དཔེ་སྟོས་བྱེད་རབས་ཀྱང་ངོ་། ད་ནས་ནམ་གྱང་འཛུར་ཏེ་ཉལ་ན་བཟང་། ཏ་ཙང་སྡུག་ཚུས་བྱེད་ཆེན་ལུས་ལ་ནད་ཀྱང་འཇུག་ཉེན་ཆེ། འདིས་ཤ་ཞིག་ཉོས། ཞེས་དངུལ་སྲང་དོ་གནང་བ་

གསོལ་རས་སུ་ཞུས”①ཞེས་ཞྭ་དམར་རྡོ་རྗེ་འཆང་གིས་ཏོར་ཆེན་ཡེ་ཤེས་རྒྱ་མཚོར་དྲིས་ཏེ་ཤེས་གསལ་བྱུང་ནས་སྐྱེའུ་སྟེང་ཡབ་སྲས་གཉིས་བར་གླེང་མོལ་མཛད་པའི་གཏམ་འདི་ལས་ཀྱང་ཁོང་གིས་ཟས་གོས་ངན་ངོན་ལ་བརྟེན་ནས་སྡུག་ཏུས་ཅི་ཙམ་སྤྱད་ཡོད་པ་ཤེས་ཐུབ་པོ། །

གཉིས་པ། བར་དུ་ཚད་མའི་སྒྲ་འདོགས་དཔྱིས་ཕྱིན་པར་ཆོད་པ།

དམ་པ་ཁོང་ཉིད་ཀྱིས་སློབ་གཉེར་མཛད་སའི་གདན་ས་ཆེན་པོ་བཀྲ་ཤིས་ཆོས་སྡིངས་ནི་གྲྭ་ས་གཞན་དང་མི་འདྲ་བར་དང་པོ་གསར་ཚུགས་ཀྱི་སྐབས་ནས་བཟུང་ཕྱོགས་ཡས་མས་ནས་སྦྱངས་པ་སྟོན་སོང་གི་དགེ་བཤེས་འཛོམས་ཆེ་བ་དང་། བཙུགས་ནས་ཀྱང་ལོ་ཟླ་ཉིན་ཞག་རེ་རེར་མདོ་དབུས་ཀྱི་གྲྭ་ས་ཆེན་པོ་ནས་མཁས་པའི་ཁྲིམ་ཐག་ཆོད་པ་པད་མའི་ཚལ་ལ་བུང་བ་བཞིན་དུ་འདུས་པས་མཁས་དགུ་འཛོམས་ཆེ་བ་ཞིག་ཡིན་ནའང་། རྗེ་འདིས་ཆོས་ཐོག་གསུམ་ཙམ་འགྲིམ་པ་ལ་བརྟེན་ནས་སྐྱེའུ་སྟེང་བློ་བཟང་ཞེས་ཆོས་གྲྭ་ཁྲིག་ལྟེམ་མེ་བའི་པཎྜི་ཏ་ཐམས་ཅད་ཟིལ་གྱིས་མནན་པར་མ་ཟད་རྟོག་གེ་བའི་གྲགས་པ་མདོ་དབུས་ཀྱི་གྲྭ་ས་ཆེན་པོ་རྣམས་སུ་ངང་གིས་རྒྱས། དགུང་ལོ་ཉེར་དྲུག་པ་མེ་རྟ(སྤྱི་ལོ1906)ལོའི་དཔྱིད་ཆོས་དང་པོ་ལ་བློ་རིག་གྲུབ་མཐའ་ས་ལམ་རྣམས་ཀྱི་རྩོད་པ་རྫོགས་ཤིང་། བློ་རིག་རྩོད་སྐབས་རྣམ་འགྲེལ་ལེའུ་བར་ཐབས་སུ་གང་འགྱུར་དང་བློ་རྟགས་གཉིས་ཀར་རྟགས་གསུམ་དང་བློ་རིག་བདུན་གྱི་མཚན་ཉིད་དབྱེ་བ་ཙམ་ཞིག་ལ་འདྲིས་པ་བྱས་པ་མ་ཡིན་པར། རྣམ་འགྲེལ་ཊཱི་ཀ་ཆེན། ཐར་ལམ་གསལ་བྱེད། སྒོ་མང་དང་རྟ་ནག་པའི་རྣམ་འགྲེལ་རྣམས་ལ་ཞིབ་གཟིགས་དང་། སྒོ་མང་ཡིག་

① མར་ནང་འཇིགས་མེད་དམ་ཆོས་རྒྱ་མཚོ། འཇམ་དབྱངས་བླ་མ་ཡོངས་འཛིན་ཆོས་ཀྱི་རྒྱལ་པོ་བློ་བཟང་དཔལ་ལྡན་ཀྱི་ཞལ་སྔ་ནས་ཀྱི་ཐུན་མོང་བའི་རྣམ་ཐར་ཆ་ཙམ་བརྗོད་པ་རྫོགས་ལྡན་དེ་ཉིད་སྣང་བ། མར་ནང་འཇིགས་མེད་དམ་ཆོས་རྒྱ་མཚོའི་གསུང་འབུམ་པོད་ང་པར་བཞུགས། དན་ཏིག་དགོན་གྱི་ཤིང་དཔར། ཤོག་གྲངས་བཅོ་བརྒྱད་ཀྱི་ཉིན་ངོས།

ཆ། རིགས་རྒྱན། སྡེ་བདུན་རྒྱན་རྣམས་རྩོད་གཞུང་བྱས་ཏེ་བསྡུས་རྟགས་བློ་གསུམ་གྱི་སྐབས་ཚད་མའི་སྤྱི་དོན་ཡོངས་སུ་རྫོགས་པ་ལ་སྦྱངས་གསལ་ཐག་ཆོད་དུ་བྱས་པའི་ཚུལ་ལ། རྟོགས་བརྗོད་དུའང་། "དབུ་ཚད་སེང྄ྒེ་མཐིང་སྣོལ་གྱི། །རྟག་གེའི་གསང་ཚིག་རིགས་པའི་འཕྲུལ། །སོ་སོའི་དགོངས་ཟབ་རྒྱ་མཚོའི་གཏིང་། །ལག་མཐིལ་རྐྱས་བཞིན་གཟིགས་པར་མཛད། །"① ཅེས་བསྟགས་སོ། །སྐབས་དེར་ཞྭ་དམར་པཎྜི་ཏས་རྗེ་དགེ་འདུན་གྲུབ་ཀྱི་ཚད་མའི་སྐོར་ཊཱི་ཀ་སོགས་ལུང་མང་པོ་དཀྲུས་གཅིག་ཏུ་གནང་བ་ལ་གསན། དགུང་ལོ་ཉེར་བདུན་པ་མེ་ལུག(སྤྱི་ལོ1907)ལོར་དཔྱིད་ཆོས་དང་དབྱར་ཆོས་གཉིས་སྐབས་ཚར་བཟུང་བར་གདམས་ངག་ཡན་ལ་རྩོད་པ་མཐིལ་ཕྱིན་དང་། དགུན་ཆོས་ལ་བདེན་གཉིས་དང་བདེན་བཞིའི་རྩོད་པ་དང་དཔེ་གཟིགས་མཛད། དགུང་ལོ་ཉེར་བརྒྱད་པ་ས་སྤྲེལ(སྤྱི་ལོ1908)ལོར་སྐབས་ཚར་དཔྱིད་ཆོས་དང་བསམ་གཏན་གླིང་ནས་དབྱར་ཆོས་ཚུགས་སྐབས་སྐོར་ལམ་རྫོགས་ཀྱི་བར་ལ་རྩོད་པས་བདར་ཤ་བཅད་ཅིང་། ཕར་ཕྱིན་གྱི་གཞུང་རྩོད་ལ་བདར་ཤ་གཅོད་ནུས་པའི་སྤོབས་པ་དང་ལྡན་པར་གྱུར། ལྷ་ནས་བཀའ་སྩལ་བ་ལྟར་གཞུག་སྐོར་སྐབས་བློ་རྟགས་བསྡུས་གསུམ། དོན་བདུན་ཅུ། གཞུང་གསར་རྣམས་རེས་མོས་སུ་བརྩད་པས་གོང་འོག་གང་གི་ཁྲིད་ན་ཡང་ཁས་ལེན་ཟིན་པ་མ་བྱུང་། མཚན་གཅིག་འཛིན་གྲྭ་བཟང་ཤོས་ཤིག་ལ། ཁྲིད་ཆོ་ཐམས་ཅད་ཕྱོགས་བསྒྲིལ་གྱིས་ལན་ཐོབ་དང་། ངེད་ཀྱི་ཐལ་འགྱུར་འདི་ལ་ལན་ཐེབས་པ་བྱུང་ན་མདུན་འདིར་གཟན་ཤམ་ཕུད་དེ་རྒྱལ་དུ་སྟེར་རོ་ཞེས་ཞལ་ཤོམ་དང་བཅས་ལུང་རིགས་དྲག་ཆར་འཛོ་བ་བཞིན་གནང་བས་ཁོང་ཚོ་གྲགས་མེད་དུ་བཏང་བར་འཁོན་འཛིན་བྱེད་པའང་འགའ་ཞིག་བྱུང་བར་བཤད། འཛིན་གྲྭ་གོང་མ་ནས་ང་རྒྱལ་ཅན་འགའ་དམ་བཅར་བྱུང་བ་ལ་བཞེངས་ཏེ་བགྲོ་

① བློ་བཟང་དཔལ་ལྡན། བློ་བཟང་དཔལ་ལྡན་གྱི་ལྷུགས་རྩོམ་ཕྱོགས་བསྒྲིགས། སྟོད་ཆ། ཀྲུང་གོའི་བོད་ཀྱི་ཤེས་རིག་དཔེ་སྐྲུན་ཁང་། 1990ལོའི་ཟླ10པའི་པར་ཐེངས་དང་པོ། ཤོག་ངོས8པ།

སྙིང་བཏང་ན་བཞིན་མདངས་ཉམས་ཤིང་རྫུལ་ཆུའི་ཐིགས་ཕྲེང་མི་ཟགས་པ་མེད་པས། གྲོགས་ལྷག་བསམ་ཅན་འགས། དེ་དག་ལ་ལུང་རིགས་ཚ་དྲག་ཅན་མ་གཏོང་ཞེས་ཞུས་པར། ཕར་སྐོར་ཚུར་སྐོར་ཅུང་ཟད་མ་བྱས་པར་ཇི་ལྟར་རྩོད། ཕར་སྐོར་ཚུར་སྐོར་ཅུང་ཟད་བྱས་པས་ཀྱང་རང་རང་གི་དམ་བཅས་ཚུགས་མི་ཐུབ་ན་ངས་ཅི་བྱེད་ཅེས་གསུང་སྐབས་པོ་གནང་བར་བཤད། "འཛིན་གྲྭ་གཤམ་མར་དམ་བཅར་ཕེབས་ན། བཟང་རྩེ་རྣམས་ཀྱང་ལངས་རྒྱུར་སེམས་ཁྲལ་བྱེད་ཅིང་། ང་བཟང་ང་དྲག་ཟེར་མཁན་རྣམས་ཀྱང་ལངས་ཚེ་སྐད་ཀྱི་གདངས་ཆག བཞིན་གྱི་མདངས་ཉམས། གོས་ཀྱི་སྣེ་འདར་བ་ཀུན་གྱིས་མངོན་སུམ་དུ་མཐོང"①ཞེས་མར་ནང་མཆོག་གིས་རྣམ་ཐར་དུ་གསུངས་འདུག རྗེ་ཁོང་ཉིད་དགུང་ལོ་སོ་གཉིས་པ་ཆུ་བྱི(སྤྱི་ལོ1912)ལོར་སྔར་བཞིན་བཀའ་ཆོས་མང་དུ་གསན་པ་དང་། དཔེ་ཁྲིད་དཔེ་གཟུགས་སོགས་ནམ་རྒྱུན་ལྟར་དང་། རྩོད་པའི་ཚེ་ཐལ་ཕྲེང་ཙམ་རེའི་སྟེང་ནས་མགོ་མེད་མཇུག་རྫུམ་གྱི་རྩོད་པ་ཚིག་གི་ན་ཡམ་ལ་འབྱམས་ནས་ཉམས་ལེན་གྱི་གནད་དང་བཤད་བྱའི་རྩ་བ་ལ་ངེས་པ་གང་ཡང་རྙེད་རྒྱུ་མེད་པའི་མཚན་ཉིད་པ་སྐམ་པོ་རྣམས་དང་མི་འདྲ་བར་མདོ་རྒྱུད་གཉིས་ཀྱི་ཚིག་གཅིག་ཀྱང་མ་ལུས་པར་ལུང་རིགས་ཀྱིས་གཏན་ལ་ཕབ་སྟེ་མི་རྟག་པ་རགས་པ་སྒོམ་པ་ནས་བཟུང་འབྲས་བུ་ཆོས་སྐུ་མངོན་དུ་བྱེད་པའི་བར་ད་ལྟ་ནས་རང་རྒྱུད་ལ་བསྐོར་ཏེ་ཇི་ལྟར་ཉམས་སུ་ལེན་རྒྱུའི་ལམ་རྣམས་ཀྱི་ངོ་བོ་གོ་རིམ་གྲངས་ངེས་དང་བཅས་པ་མཐའ་ཆོད་པའི་ཡན་ལག་ཏུ་གསེར་ཕྲེང་རྩོད་གཞུང་དུ་བཟུང་ནས་སྒོ་མང་ཡིག་ཆ་གཙོ་བོར་གྱུར་པའི་སེར་འབྲས་སྔ་ཕྱིའི་ཡིག་ཆ་ལ་ཞིབ་དཔྱོད་བཅས་ཕར་ཕྱིན་གཅིག་པུར་ལོ་དྲུག་གི་རིང་ལ་རྩོད་པས་བདར་ཤ་བཅད། ལོ་འདིར་ཁྲིབ་བདག་

① མར་ནང་འཇིགས་མེད་དམ་ཆོས་རྒྱ་མཚོ། འཇམ་དབྱངས་བླ་མ་ཡོངས་འཛིན་ཆོས་ཀྱི་རྒྱལ་པོ་བློ་བཟང་དཔལ་ལྡན་གྱི་ཞལ་སྔ་ནས་ཀྱི་ཐུན་མོང་བའི་རྣམ་ཐར་ཆ་ཙམ་བརྗོད་པ་རྗོགས་ལྡན་དེ་ཉིད་སྣང་བ། མར་ནང་འཇིགས་མེད་དམ་ཆོས་རྒྱ་མཚོའི་གསུང་འབུམ་པོད་ང་པར་བཞུགས། དན་ཏིག་དགོན་ན་ཀྱི་ཤིང་དཔར། ཤོག་གྲངས་ཉེར་བཞིའི་སྤྲིབ་ངོས།

རྡོ་རྗེ་འཆང་ཞྭ་དམར་རིན་པོ་ཆེའི་དགོངས་པ་ཆོས་དབྱིངས་སུ་འཐིམས་པས་དེ་ནས་བཟུང་སྔི་ཚ་ནས་ཀྱང་མ་བཞུགས་པར་ཕེབས་མདོའི་ཟལ་མོའི་སྒྲུབ་སྡེ་དགེ་ལེགས་དང་པོའི་ཆོས་རྫོང་སོགས་དབེན་པ་ནས་དབེན་པར་ཕེབས་ཏེ་མདོ་སྔགས་ཕྱོགས་མེད་ཀྱི་གཞུང་ལ་གཙོ་བོ་རང་སྟོབས་ཀྱིས་སྦྱངས་པ་མཛད་པས་པཎྜི་ཏ་ཆེན་པོའི་གོ་འཕང་བརྙེས་པ་ཞིག་གོ །

གསུམ་པ། མཐའ་མར་བྲོ་སློབ་རྣམས་ལ་ཚད་གཞུང་གི་ཁྲིད་ཐེངས་གང་མང་གནང་བ།

དེ་ཡང་སྐྱེའུ་སྙིང་བློ་བཟང་དཔལ་ལྡན་མཆོག་གི་ཚད་མའི་མཛད་རྗེས་གཙོ་བོ་ནི་འཆད་པའི་འཕྲིན་ལས་ཕྱོགས་སུ་གཞོལ་ཆེ་བས། འདིར་དེ་དག་ཙམ་ཞིག་མོ་སྨོས་བརྗོད་ན། ཁོང་གིས་ཚད་གཞུང་གི་དཔེ་ཁྲིད་ཐོག་མ་དེ་ནི་རང་ལོ་ཉེར་ལྔའི་སྙིང་ཡིན་ཏེ། ཁོང་ཉིད་དགུང་ལོ་ཉེར་ལྔའི་དབོ་ཟླར(སྤྱི་ལོ1905ལོའི་ཟླ2པ)ཞྭ་དམར་རྡོ་རྗེ་འཆང་མཆོག་གིས་བསྐུས་གྲྭར་གསར་ཞུགས་འགའ་ཤོང་ལ་དགེ་ཕྲུག་ཏུ་ཐྲད་པར་རྩ་བསྐུས་གྲྭའི་སྟེང་ནས་དཔེ་ཁྲིད་དང་། འཛིན་གྲྭ་གཅིག་པའི་སློར་དགེ་བའི་བཤེས་གཉེན་ཐུབ་བསྟན་རྒྱ་མཚོ་དང་། ཞོ་ཐོང་མིག་དམར་སོགས་གོང་འོག་དུ་མར་རྫོད་མཚམས་ཀྱི་དཔེ་ཁྲིད་གནང་ཞིང་། ས་ག་ཟླ་བར(ཟླ4པ)དཀར་པོ་དགོན་བཀྲ་ཤིས་ཕུན་ཚོགས་གླིང་དུ་ཁྱབ་བདག་བླ་མ་མཆོག་སྟོན་འཁོར་བཅས་ཀྱིན་ཏེ་དབྱིད་ཆོས་ཚུགས་པར་རྟགས་རིག་བཙུད་ཅིང་། སྐབས་དེར་མར་ནང་རྡོ་རྗེ་འཆང་མཆོག་གི་གྲོགས་སེམས་དཔའ་ཆེན་པོ་ངག་དབང་ཆོས་ལྡན་སོགས་དགེ་ཕྲུག་གསར་རྙིང་མང་དུ་འདུས་པར་དེ་ནས་བཟུང་ཆོས་ཆེས་མཚམས་མེད་པར་རང་རང་གི་བློ་ཁ་དང་འཚམས་པའི་དཔེ་ཁྲིད་རྒྱུན་མ་ཆད། དགུན་ཆོས་སྐབས་དགེ་ཕྲུག་རྣམས་ལ་དཔེ་ཁྲིད་རྒྱུན་སྐྱོལ་མཛད། དགུང་ལོ་ཉེར་དྲུག་པའི(སྤྱི་ལོ1906)དབྱིད་ཆོས་སྐབས་སྔི་ཚར་དོན་བདུན་ཙུའི་རྫོད་པ

དང་དགེ་ཕྲུག་སོ་སོར་དཔེ་ཁྲིད་གནང་། ཞོར་ཉིད་དགུང་ལོ་ཉེར་བདུན་པར(སྤྱི་ལོ1907)དཔྱིད་ཆོས་དང་དབྱར་ཆོས་གཉིས་སྐོ་ཚར་བཟུང་བར་འཛིན་གྲྭ་གཤམ་མ་རྣམས་ལ་སྐབས་བབ་ཀྱི་དཔེ་ཁྲིད་ཆོས་ཐོག་ཆོས་མཚམས་མེད་པར་སྩོལ་བ་དང་། དཀྱུས་ཆོས་ལ་བདེན་གཉིས་དང་བདེན་བཞིའི་རྩོད་པ་དང་དཔེ་གཟིགས། ཞལ་སློབ་སོ་སོར་ཚིག་གི་ན་ཡམ་ཙམ་མིན་པའི་གཞུང་བཤད་མཐུབ་ཚུགས་སུ་སྟོན་པ་དང་། དགུང་ལོ་ཉེར་བརྒྱད་པར(སྤྱི་ལོ1908)སྐོ་ཚར་དཔྱིད་ཆོས་དང་བསམ་གཏན་གླིང་ནས་དབྱར་ཆོས་ཚུགས་སྐབས་འཛིན་གྲྭ་སོ་སོའི་དགེ་ཕྲུག་རྣམས་ལ་བསྡུས་གྲྭའི་དཔེ་ཁྲིད་བློ་ཁ་དང་བསྟུན་ཏེ་གང་འཚམ་གྱིས་སྩོལ་བར་མཛད། བརྒྱད་པའི་བཅོ་བརྒྱད་ནས་ཉིན་བཅུ་གསུམ་གྱི་རིང་ཞྭ་དམར་ལམ་རིམ་གྱི་དམིགས་ཁྲིད་སྐྱོང་བ་ལ་རྗེ་གཅིག་གསོལ་བའི་ཐུན་གསེང་དུ་འཛིན་གྲྭ་གོང་འོག་གི་དགེ་ཕྲུག་རྣམས་ལ་སྐབས་བབ་ཀྱི་དཔེ་ཁྲིད་གནང་། དགུང་ལོ་ཉེར་དགུ་བ་ས་བྱིའི་དཔོ་ཟླར(སྤྱི་ལོ1909ལོའི་ཟླ2པ)དཔྱིད་ཆོས་དང་ཕོར་སྐབས་བབ་ཀྱི་རྩོད་པ་དང་། དོན་གཉེར་བ་རྣམས་ལ་དཔེ་ཁྲིད་དཀྲུས་བཞིན་བསྐྱངས། དེར་མཐུད་ཀྱིས་གསང་འགྲོག་དགོན①དུ་དཔྱིད་ཆོས་རྫིང་མ་དང་། ཀོའུ་བ་དགོན②དུ་

① དཔེན་གནས་གསང་འགྲོག་བཤད་སྒྲུབ་འཕེལ་རྒྱས་གླིང་ནི་ལ་མོ་བདེ་ཆེན་དགོན་པའི་དགོན་ལག་དང་གྲུབ་མཐའ་དགེ་ལུགས་པ་ཡིན། ད་ལྟའི་མཚོ་སྔོན་གཙན་ཚ་རྫོང་གི་ནུབ་ཕྱོགས་ཀྱི་སྤྱི་ལེ38མཚམས་སུ་སྐྱ་རྒྱའི་ཡུལ་ཚོའི་གསང་འགྲོག་སྐད་དུ་ཆགས། དགོན་པ་འདི་ནི་མཁས་གྲུབ་ཀྱི་དབང་ཕྱུག་གཡེར་གཞོང་ཆེ་བ་རིན་པོ་ཆེས་བོད་རབ་བྱུང་བཅུ་པའི་མེ་འབྲུག་སྟེ་སྤྱི་ལོ1616ལོར་མཛད། སྐའུ་སྟེང་བློ་བཟང་དཔལ་ལྡན་ཉིད་དགུང་ལོ་ཉེར་དགུའི་སྟེང་གནས་འདིར་ཞྭ་དམར་པཎྜི་ཏ་འཁོར་དང་བཅས་ཕེབས་ཏེ་དཔྱིད་ཆོས་རྫིང་མ་མཛད།

② ཀོའུ་བ་བཤད་སྒྲུབ་དར་རྒྱས་གླིང་ནི་ད་ལྟའི་མཚོ་སྔོན་གཙན་ཚ་རྫོང་མཁར་གྱི་ནུབ་ཕྱོགས་སྤྱི་ལེ20ཙམ་གྱི་སར་ཚོ་དྲུག་ཡུལ་ཚོའི་ཁོངས་སུ་ཆགས། དགོན་པ་འདི་ནི་ཐོག་མར་ཀོའུ་བ་གཞོན་ནུ་བྱང་ཆུབ་འོད་ཟེར་གྱིས་རྣ་འགྲམ་སྐར་མ་ཐང་དུ་བྱ་ཁྱུང་དགོན་པ་དང་ཕལ་ཆེར་དུས་མཉམ་དུ་བཏབ་པར་བཤད་ལ། ཕྱིས་སུ་ད་ལྟའི་དགོན་གནས་འདིར་སྤར། སྐའུ་སྟེང་ཉིད་དགུང་ལོ་ཉེར་དགུའི་སྟེང་གནས་འདིར་ཞྭ་དམར་པཎྜི་ཏ་འཁོར་དང་བཅས་དབྱར་ཆོས་ཚུགས་པར་བཙུད་ལོ་དང་བལྟས་ལོ་ཙམ་མ་ཡིན་པར་གཞུང་དོན་གྱི་གོ་བ་འཚོལ་བ་ནས་ཚིག་འཁྲི་ཕྲ་མོ་གཅོད་པ་ཡན་ཆད་ལ་གང་ཞིབ་ཀྱིས་ཚོགས་སྒྲུབ་པར་གསན་སྦྱོང་དང་། འཛིན་གྲྭ་སོ་སོའི་དགེ་ཕྲུག་རྣམས་ལ་ལེགས་པར་བཤད་པའི་སྐྱེས་སྐྱོབ་མེད་པར་སྩོལ་བར་མཛད་པ་དང་། ཞྭ་དམར་པས་འཇམ་དཔལ་ཞལ་ལུང་གི་ཁྲིད་ཉིན་ལྔ་དང་། དཔེན་ས་ཡབ་སྲས་བཀའ་འབུམ་གྱི་ལུང་བཅས་གནང་པའང་གསན་ཏེ་ཁྲིད་ལ་ཟིན་བྲིས་ཀྱང་བཏབ།

དབྱར་ཆོས་ཚུགས་པར་བརྩད་ལོ་དང་བལྟས་ལོ་ཙམ་མ་ཡིན་པར་གཞུང་དོན་གྱི་གོ་བ་འཚོལ་བ་ནས་ཆོག་འཁྲི་ཕྲ་མོ་གཅོད་པ་ཡན་ཆད་ལ་གང་ཞིབ་ཀྱིས་ཆོགས་སྒྲུབ་པར་གསན་སྦྱོང་དང་། འཛིན་གྲྭ་སོ་སོའི་དགེ་ཕྲུག་རྣམས་ལ་ལེགས་པར་བཤད་པའི་སྐྱེས་སྐྱོ་བ་མེད་པར་སྤེལ་བར་མཛད་པ་དང་། དགུན་ཆོས་སྐབས་ཀྱང་དེ་བཞིན་ནོ། །དགུང་ལོ་སུམ་ཅུ་བར(སྤྱི་ལོ1910)སྟང་རའི་གསེར་ཁང①དུ་དཔྱིད་ཆོས་དང་པོ་ལ་སྐབས་གཉིས་པའི་ལམ་ཤེས་ཀྱི་ཡན་ལག་རྫོགས་པའི་བར་དང་། དགེ་འདུན་ཉི་ཤུའི་སྟོད་པ། འཛིན་གྲྭ་དུ་མར་དཔེ་ཁྲིད་གནང་བ་རྣམས་ལ་མ་ཐྲལ་བར་མཛད་བཞིན། ས་ཟླར་རེབ་གོང་དུ་རྟེ་དགོན་ལྷུན་གྲུབ་ཆོས་རྫོང་དུ་དཔྱིད་ཆོས་གཉིས་པར་སྐབས་གཉིས་པའི་མཐོང་ལམ་རྫོགས་པའི་བར་གྱི་སྟོད་པ་དང་། དགེ་ཕྲུག་བསྐྱངས། ལོ་འདིར་ཁོང་གིས་མར་ནང་འཇིགས་མེད་དམ་ཆོས་རྒྱ་མཚོ་ལ་བསྟུས་གྲྭའི་ཁྲིད་གནང་བ་རྣམ་ཐར་དུ། "ཟླ་དགུ་བའི་ཚེས་བཅོ་བརྒྱད་ལ་བླ་མ་རྡོ་རྗེ་འཆང་ཆེན་པོའི་བཀས་ཕྲན་བུ་རྗེ་འདི་བའི་གསུང་གི་བདུད་རྩི་སྤྱོད་པའི་དགེ་ཕྲུག་ཏུ་སྡོད་པ་ལྟར་རྭ་བསྟུས་གྲྭའི་དབུ་ནས་མཛུབ་ཁྲིད་སལ།"② ཞེས་པ་ལྟར། མར་ནང་ཚང་ལ་ཁོང་གིས་ཉིན་རེར་དཔེ་ཁྲིད་ལན་གཉིས་རེ་མ་ཆགས་པར་ཁ་དོག་དང་རིགས་ལམ་འཕྲུལ་ལྡེའི་སྟེང་ནས་སྤྱིར་བཏང་གི་ཁས་ལེན་འགྲོ་ཕྱོགས་དང་སྟོད་པ་བྱེད་ཚུལ་ལན་མང་པོའི་བར་ཐུགས་སྐྱོ་ངལ་མེད་པར་འདོམས་པའི་བཀའ་དྲིན་བསྐྱངས། དེ་ནས་བཟུང་སློ་ཐམས་ཅད་ནས་ཐམས་

① སྟང་རའི་གསེར་ཁང་། ད་ལྟའི་མཚོ་སྔོན་གཅན་ཚ་རྫོང་སྟང་ར་ཡུལ་ཚོའི་ཚོགས་རྒྱལ་སྡེ་བ་ན་ཆགས་ཡོད། གཙུག་ལག་ཁང་འདི་ཉིད་ནི་ལུང་རྟོགས་གཉིས་ཀྱི་གླིང་བརྫོལ་བའི་དགེ་ལྡན་བསྟན་པའི་མེས་པོ། ཆོས་རྗེ་དོན་གྲུབ་རིན་ཆེན་རེབ་གོང་ནས་ད་ལྟའི་བྱ་ཁྱུང་དགོན་པའི་གནས་སུ་བསྐྱོད་སྐབས་སྟང་ར་བརྒྱུད་དུས་བཞེངས་པར་བཤད་ལ། སྐྱེའུ་སྟེང་བློ་བཟང་དཔལ་ལྡན་ཉིད་དགུང་ལོ་སུམ་ཅུའི་སྟེང་གནས་འདིར་ཕེབས་ཤིང་། དཔྱིད་ཆོས་དང་པོའི་དཔེ་ཁྲིད་སྐབས་ཞྭ་དམར་པཎྜི་ཏའི་སྐུ་མདུན་ནས་གསེར་ཆོས་བཅུ་གསུམ་གྱི་རྗེས་གནང་ཞུས།

② མར་ནང་འཇིགས་མེད་དམ་ཆོས་རྒྱ་མཚོ། འཇམ་དབྱངས་བླ་མ་ཡོངས་འཛིན་ཆོས་ཀྱི་རྒྱལ་པོ་བློ་བཟང་དཔལ་ལྡན་གྱི་ཞལ་སྔ་ནས་ཀྱི་ཐུན་མོང་བའི་རྣམ་ཐར་ཆ་ཙམ་བརྗོད་པ་རྫོགས་ལྡན་དེ་ཉིད་སྣང་བ། མར་ནང་འཇིགས་མེད་དམ་ཆོས་རྒྱ་མཚོའི་གསུང་འབུམ་པོད་ང་པར་བཞུགས། དན་ཏིག་དགོན་ཆེན་གྱི་ཤིང་དཔར། ཤོག་གྲངས་ཉེར་དགུའི་ཉིན་ངོས།

ཅན་དུ་རྗེས་སུ་བཟུང་སྟེ་ཕ་བཟང་གིས་བུ་སྐྱོང་བ་ལས་བརྒྱ་འགྱུར་གྱིས་ལྷག་པའི་བཀའ་དྲིན་ཆེན་པོས་རྗེས་སུ་བསྐྱངས་སོ། །

ཁོང་ཉིད་དགུང་ལོ་སོ་གཅིག་པའི（སྤྱི་ལོ1911）ཧོར་ཟླ་བཞི་པར་སྨི་ཆ་ནས་གོང་འོག་རྣམས་ལ་དཔེ་ཁྲིད་དང་དཔའ་རིའི་ཁུན་གྲྭ་བ་ཆེན་པོ་སོགས་དགེ་ཕྱུག་མང་པོར་ལེགས་བཤད་སྙིང་པོའི་མཇུབ་ཁྲིད་དང་དགུ་བའི་ནང་མར་ནང་འཇིགས་མེད་དམ་རྒྱ་མཚོ་གཅིག་པུ་དང་འཛིན་གྲྭའི་དགེ་ཕྱུག་རྣམས་ལ་སེམས་སེམས་བྱུང་གི་དཔེ་ཁྲིད་ཚར་གཉིས་མཛད། མགོ་ཟླའི（ཟླ11པ）དགུན་ཆོས་ལའང་དགེ་ཕྱུག་སོ་སོར་ཁམས་བསྟུན་གྱི་དཔེ་ཁྲིད་གནང་། དགུང་ལོ་སོ་གཉིས་པར（སྤྱི་ལོ1912）ཡང་ཁོང་རང་ཉིད་ཀྱིས་དཔེ་གཟིགས་དང་དགེ་ཕྱུག་ཚོར་དཔེ་ཁྲིད། མར་ནང་ཚང་ལ་བསྡུས་གྲྭ་དང་བློ་རིག་གི་དཔེ་ཁྲིད་སྩལ། ལོ་འདིར་ཞྭ་དམར་རྡོ་རྗེ་འཆང་མཆོག་དགོངས་པ་ཆོས་དབྱིངས་སུ་འཐིམས་པའི་ཚུལ་བསྟན་ཅིང་། སྐྱེའུ་སྟེང་བློ་བཟང་དཔལ་ལྡན་མཆོག་གིས་ཞྭ་དམར་རྡོ་རྗེ་འཆང་ཚུལ་བཞིན་བརྟེན་ཏེ་བསྟན་པའི་འགྲོ་དོན་སྒྲུབ་ཚུལ་རྣམ་ཐར་དུ། “དེ་ཡང་རྗེ་བཙུན་བླ་མ་མཆོག་འདིས་དགུང་ལོ་ཉེར་བཞི་ནས་དགུང་ལོ་སོ་གཉིས་ཀྱི་བར་ལོ་བཅུ་སྐོར་གཅིག་གི་རིང་བླ་མ་རྡོ་རྗེ་འཆང་ཆེན་པོ་མཚན་བརྗོད་པར་དཀའ་བ་དེ་ཉིད་ཀྱི་ཞབས་པད་དུ་བཅར་ནས་བསམ་སྦྱོར་གཉིས་ཀྱིས་ཚུལ་བཞིན་དུ་བརྟེན་ཏེ། བསྒྲིགས་གྲྭར་ཞུགས་པ་ནས་སྤྱི་སྐོར་གྱི་འགྲིགས་ལས་ཙུང་ཟད་ཀྱང་མི་འདའ་བར་ལོ་རེ་བཞིན་གྱི་མཆོད་འབུལ་ཆེན་མོ། དབྱར་དགུན་གྱི་དུས་མཆོད་གཉིས། བརྒྱད་པའི་ཞབས་བརྟན། ཉི་ཤོག་ཆེ་སྒྲུབ་རྣམས་ལ་ཆགས་མེད་ཀྱི་ཆོས་སྤྱོད་ཞལ་འདོན་རྣམས་ཐུགས་གཡེང་བ་མེད་པར་ཉམས་སུ་བཞེས་པ་དང་། དཔྱིད་ཆོས་གཉིས། དབྱར་ཆོས། དགུན་ཆོས་ཏེ་ཆོས་ཐོག་བཞི་ལ་རྟུར་ཐག་གིས་དཔེ་ཁྲིད་རྫོད་དང་། འཛིན་གྲྭ་གོང་འོག་ཏུ་དམ་བཅར་ཕེབས་པ་དང་། དགེ་ཕྱུག་རྣམས་བློ་ཁ་དང་འཚམས་པར་སྦྱོང་བ་དང་། ཞར་ཆོས་སུ་དགེ་བཤེས་རིན་པོ་ཆེ་ལས་

དབུ་མའི་མཛུབ་ཁྲིད་ཞུ་བ་དང་། པོ་ཏི་ལྷག་མ་རྣམས་དང་རྗེ་ཡབ་སྲས་ཀྱི་ལེགས་བཤད་གཙོ་བོར་གྱུར་པའི་མདོ་སྔགས་རིག་གནས་ཀྱིས་བསྡུས་པའི་མཁས་པར་བྱ་བའི་གནས་རྣམས་ལ་སྐབས་གང་འོས་སུ་རྩོད་པ་དང་འཕྲོས་པ་སོགས་ཀྱིས་འབེལ་གཏམ་དང་། རང་གིས་ཐུགས་ཀྱིས་དཔྱོད་པ་ཅི་རིགས་པས་ཁོང་དུ་ཆུད་པར་མཛད་པས་སྐལ་བ་བཟང་པོའི་སྡེ་སྣོད་འཛིན་པ་རྒྱ་མཚོ་ལྟ་བུ་དག་དམ་པ་འདིའི་མཁྱེན་དཔྱོད་ལས་འོངས་པའི་ལེགས་བཤད་གསར་བའི་དགའ་སྟོན་སྤྱོད་བས་ནི་ཡིད་ཚིམས། རྟོག་གེའི་ཚང་གིས་སྨྲས་པའི་ཕས་ཀྱི་རྒོལ་བ་དག་སྐྱེས་སྦྲུངས་ཀྱི་སྤྲར་ཁྲིམ་ལས་བྱུང་བའི་དངོས་སྟོབས་ཀྱི་རིགས་པའི་སྡེར་མོ་འཛིགས་སུ་རུང་བས་བསྡིགས་པས་ནི་སྙིང་འདར། གཟུ་བོར་གནས་པའི་མཁས་པ་དང་། དམ་པའི་སྐྱེས་བུ་དག་དཔག་པར་དཀའ་བའི་ཡོན་ཏན་གྱི་ངོ་མཚར་ཟད་མི་ཤེས་པའི་དགའ་བས་ནི་རྒྱུད་གང་སྟེ། སྒྲིས་སྟེང་བློ་བཟང་ཞེས་ཆོས་གྲྭ་ཆེན་པོ་རྣམས་སུ་མཁས་པའི་ཡང་རྩེར་སྒྲོགས་པའི་སྙན་པའི་བ་དན་དཀར་པོ་བཙུགས་པར་གྱུར་ཏོ”[1] ཞེས་གསུངས་པ་བཞིན་ནོ། །ཞྭ་དམར་པཎྜི་ཏ་མཆོག་སྐུ་མྱུ་ངན་ལས་འདས་རྗེས། ཡུལ་ཕྱོགས་དེའི་གྲྭ་བཙུན་འགས་ཁོང་ལ་ཕྲག་དོག་དང་ཞེ་སྡང་གིས་ལོག་སྒྲུབ་ཀྱི་རྩམ་ཡིག་རེ་འགའ་ཡང་སྤེལ་བས་ཁོང་ཉིད་ཐུགས་རབ་ཏུ་སྐྱོ་སྣང་གིས་མདོ་ལས་ཇི་སྐད་དུ། གང་ན་སྤྲོས་དང་རྩོད་པ་ཡོད་དེ་ལས། །དཔག་ཚད་བརྒྱ་ཡི་ཕ་རོལ་འགྲོ་བ་མཆོག །ཅེས་དང་། མང་དུ་ཐོས་པ་ནགས་ཀྱི་ནང་དག་ཏུ། །ལང་ཚོ་ཡོལ་བ་རྣམས་ཀྱི་གནས་པ་བདེ། ཞེས་གསུངས་པ་ལག་ཏུ་བསྟར་ཏེ་གནས་དབེན་པར་ཕྱིན་ནས་ཉམས་བཞེས་དཔེ་གཟིགས་ཡ་མ་བྲལ་བར་བྱ་དགོས་པར་དགོངས་

[1] མར་ནང་འཇིགས་མེད་དམ་ཆོས་རྒྱ་མཚོ། འཇམ་དབྱངས་བླ་མ་ཡོངས་འཛིན་ཆོས་ཀྱི་རྒྱལ་པོ་བློ་བཟང་དཔལ་ལྡན་གྱི་ཞལ་སྔ་ནས་ཀྱི་ཐུན་མོང་བའི་རྣམ་ཐར་ཆ་ཙམ་བརྗོད་པ་རྫོགས་ལྡན་དེ་ཉིད་སྣང་བ། མར་ནང་འཇིགས་མེད་དམ་ཆོས་རྒྱ་མཚོའི་གསུང་འབུམ་པོད་ང་པར་བཞུགས། དན་ཏིག་དགོན་གྱི་ཤིང་དཔར། ཤོག་གྲངས་སོ་དྲུག་ནས་སོ་བདུན་བར་གསལ།

ནས་རེབ་གོང་མར་ནང་ཕྱོགས[1]བཞུགས་སའི་མཐིལ་བྱས་ཏེ། རྡོ་རྗེ་འཆང་འཇམ་དབྱངས་ཐུབ་བསྟན་རྒྱ་མཚོ[2]མཆོག་བླ་མ་རྡོ་རྗེ་འཆང་དེའི་ཚབ་བགྱིས་ཏེ་བཤད་སྒྲུབ་ཡ་མ་བྲལ་བས་རང་གཞན་གྱི་དོན་སྒྲུབ་པར་བྱེད་པ་ལ་ཐེས་མདོའི་ཟལ་མོའི་སྒྲུབ་སྡེ་དགེ་ལེགས་དང་པོའི་ཆོས་རྫོང་དུ་བསྐྱོད་རྒྱུའི་ཐུགས་ཐག་བཅད་དེ་ཁྲིམས་ཟླའི (ཟླ8པ) ཚེས་ཉེར་བརྒྱད་ལ་མཚན་འགྲོས་ཀྱིས་མདོན་ཆུང་གེས་ཐེབས་པར་དགུ་བའི་ཆོས་ལྔ་ལ་ཟལ་མོར་འབྱོར། སྔར་བཞིན་དུ་རང་ཉིད་དཔེ་

① སྤྱི་ལོ1912ལོའི་ཟླ7པའི་ཚེས6ལ་ཞྭ་དམར་དགེ་འདུན་བསྟན་འཛིན་རྒྱ་མཚོ་མཆོག་སྐུ་གཤེགས་རྗེས་ཟླ8པའི་ཚེས28ལ་མཚན་འགྲོས་ཀྱིས་ཐེབས་ཏེ་ཟླ9པའི་ཚེས5ནས་དེང་གི་ཞུན་ཧྭ་ས་ཆའི་ཟལ་མོ་དང་ལྷག་རྡོ། རྡོ་ཕྲུག ཀ་རིང་ལུང་གཡོན་ཐང་བཅས་སུ་གཙོར་བཞུགས་མཛད་དེ་བསྟན་འགྲོའི་འཕྲིན་ལས་སྤེལ་བ་ལ་ཟེར།

② ཐུབ་བསྟན་ཡོངས་སུ་རྫོགས་པའི་མངའ་བདག་ཁྲི་ཆེན་རྡོ་རྗེ་འཆང་འཇམ་དབྱངས་ཐུབ་བསྟན་རྒྱ་མཚོ་དཔལ་བཟང་པོ་ནི། རྩེ་གཞུང་སེང་གེའི་ལྷ་ཞོལ་གྱི་ཆར་གཏོགས་མགོན་ཤུལ་ནས་རབ་བྱུང་བཅུ་བཞིའི་མེ་སྟག་སྤྱི་ལོ1866ལོར་ཡབ་སྐར་མ་དང་ཡུམ་མཚོ་མོ་སྐྱིད་གཉིས་ཀྱི་སྲས་སུ་འཁྲུངས། དགུང་ལོ་དྲུག་གི་སྟེང་རོང་པོ་དཔལ་གྱི་དགོན་ཆེན་དུ་སྐུ་ཕྲེང་གོང་མའི་ཆོས་ཀྱི་ཁྲི་ལ་མངའ་གསོལ། ལྷ་སྡེའི་དགེ་འདུན་ཡོན་ཏན་གླིག་གི་སློབ་དཔོན་དུ་བསྟེན། དགུང་ལོ་བརྒྱད་ཀྱི་སྟེང་སྐྱབས་རྗེ་བློ་བཟང་ལུང་རིགས་རྒྱ་མཚོའི་དྲུང་དུ་རབ་ཏུ་བྱུང་བའི་ཚུལ་ཁྲིམས་དང་ཚོགས་སྟ་མ་དགེ་ཚུལ་གྱི་སྡོམ་པ་ཡང་དག་པར་བཞེས་ཤིང་སོ་ཐར་ཁྲིམས་གཙང་གི་བདུད་རྩིས་ཐུགས་རྒྱུད་ཡོངས་སུ་གཏམས། དགུང་ལོ་བཅུ་གཅིག་པར་མཁས་གྲུབ་བྱེ་བའི་བསྐྱེ་གནས་གྲྭ་ཚང་ཐོས་བསམ་ནོར་བུའི་གླིང་གི་རྩོད་གྲྭར་ཞུགས། དགེ་བའི་བཤེས་གཉེན་དགེ་འདུན་བསྟན་འཛིན་སོགས་ཀྱི་ཞབས་པད་ཚུལ་བཞིན་བསྟེན་ནས་དབུ་ཕར་སོགས་ཀྱིས་མཚོན་པའི་མདོ་ཕྱོགས་ཀྱི་གཞུང་ཆེན་རྣམས་དང་། རྒྱུད་སྡེ་རབ་འབྱམས་ཀྱི་དབང་བཀའ། མན་ངག་རིམ་གཉིས་ཆ་ལག་དང་བཅས་པ། རྩ་བཤད་ཀྱི་རྒྱུད་དགོངས་འགྲེལ་དང་བཅས་པའི་ཁྲིད་བཤད་ལུང་རྒྱལ་བཤད་གླིང་འཕྲོས་ཅི་རིགས་མཛད་པ་ལ་བརྟེན་ནས་མདོ་སྔགས་ཀྱི་བཤད་པ་ཡོངས་སུ་རྫོགས། སྐྱབས་མཆོག་རྡོ་རྗེ་འཆང་ཨ་རོལ་བློ་བཟང་ལུང་རིགས་རྒྱ་མཚོས་མཁན་སློབ་སྦྲགས་མ་དང་། ཀུན་སྤངས་འདུལ་འཛིན་ཆེན་པོ་དགོན་རོང་ཚུལ་ཁྲིམས་རྒྱ་མཚོས་གསང་སྟེ་སྟོན་པའི་སློབ་དཔོན་མཛད་དེ་དགེ་སློང་གི་དངོས་པོར་བསྒྲུབས་ཤིང་མཚན་འཇམ་དབྱངས་ཐུབ་བསྟན་རྒྱ་མཚོ་དཔལ་བཟང་པོར་གསོལ། དེ་ནས་ཞྭ་དམར་རྡོ་རྗེ་འཆང་དགེ་འདུན་བསྟན་འཛིན་རྒྱ་མཚོ་དང་། སྐྱབས་མགོན་དྲུག་པ་ཆེན་པོ་བློ་བཟང་སྐལ་ལྡན་བསྟན་པའི་རྒྱལ་མཚན། གྲུབ་པའི་དབང་ཕྱུག་རྗེ་འཇིགས་མེད་བསམ་གཏན། རྭ་རྒྱའི་སྤྲུལ་སྐུ་བློ་བཟང་ཚུལ་ཁྲིམས་རྒྱ་མཚོ་སོགས་མཁས་གྲུབ་དམ་པ་མང་པོ་ལས་ཟབ་གསང་ཆོས་ཀྱི་བདུད་རྩིས་ཐུགས་ཀྱི་བུམ་བཟང་ཡོངས་སུ་བཀང་། ཤིང་རྟའི་ལོར་གདན་སའི་གསེར་ཁྲིར་བཞུགས་ཏེ་གདུལ་བྱ་མཐའ་ཡས་པའི་དོན་མཛད། དགུང་གྲངས་སོ་ལྔ་པར་དཔལ་ལྡན་རྒྱུད་པ་གྲྭ་ཚང་གི་ཆོས་ཀྱིས་མཐོ་བའི་ཁྲི་ལ་ཞབས་སེན་གྱི་པདྨ་མངོན་པར་བཀོད། སྐབས་འདིར་སྨེའུ་སྟེང་དགའ་ལྡན་ཆོས་འཕེལ་གླིང་དུ་ཕེབས། དེ་ནས་དཔེན་གནས་དཀར་པོ་གཤོང་དུ་ཉིན་མཚན་ཁོར་མོ་ཡུག་ཏུ་སྒྲུབ་པ་ཉམས་བཞེས་མཛད་ཅིང་། ཐུགས་ཀྱི་སྲས་གཅིག་ཡོངས་འཛིན་མཁྱེན་པའི་གཏེར་ཆེན་བློ་བཟང་དཔལ་བ་དང་། མ་ཧཱ་པཎྜི་ཏ་རྗེ་འཇིགས་མེད་དམ་ཆོས་རྒྱ་མཚོ། གོང་ས་སྐྱབས་མགོན་བདུན་པ་ཆེན་པོ་སོགས་ལ་ཟབ་པ་དང་རྒྱ་ཆེ་བའི་དམ་ཆོས་བདུད་རྩིའི་ཆར་ཆེན་མང་དུ་ཕབ། གོང་ས་མཆོག་ལ་མཁན་སློབ་སྦྲགས་མར་མཛད་དེ་རབ་བྱུང་དང་དགེ་ཚུལ་གྱི་སྡོམ་པ་དཀྲུས་གཅིག་ལ་ཕུལ་ནས་མཚན་ལ་བློ་བཟང་འཕྲིན་ལས་ལུང་རྟོགས་རྒྱ་མཚོ་དཔལ་བཟང་པོ་ཞེས་གསོལ། སྒྲུབ་པའི་གནས་མཆོག་བྲག་དཀར་བདེ་ཆེན་འཇིགས་མཛད་རྡོ་རྗེ་རྫོང་ཕུག་འདེབས་གནང་བ་སོགས་རྒྱལ་བའི་བསྟན་པ་ལ་རྒྱལ་བ་ཉིད་དང་མཚུངས་པའི་མཛད་རྗེས་དང་བཅས་དགུང་གྲངས་རེ་གསུམ་པ་རབ་བྱུང་བཅུ་དྲུག་པའི་ས་འབྲུག་སྤྱི་ལོ1927ལོར་སྐུ་སྨྱུ་ངན་ལས་འདས་པའི་ཚུལ་བསྟན།

གཟིགས་དང་བྱ་བཏང་ངག་དབང་ཆོས་འཛིན་ལ་ལམ་ཁྲིད་ཆེན་མོའི་ལྷུགས་ཁྲིད་སྩལ། དགུང་ལོ་སོ་གསུམ་པར(སྤྱི་ལོ1913)ལྷག་རྫོང་མར་ནང་རྡོ་རྗེ་འཆང་ལ་གྲུབ་མཐའ་རིན་ཆེན་ཕྲེང་བ་དང་འཇམ་དབྱངས་བསྟོད་ཕྱིན་རྒྱ་མཚོ་སོགས་ཀྱི་དཔེ་ཁྲིད་གནང་། དེ་ནས་རོང་པོར་ལམ་གྱི་གཙོ་བོ་རྣམ་གསུམ་དང་རིམ་གཉིས་ཀྱི་རྟོགས་པ་མཐའ་དག་ཐུན་མོང་ཚུལ་བཞིན་སུ་ཡང་མངོན་དུ་གྱུར་ཅིང་། ཀ་སར་དུ་བདེ་ལམ་གྱི་ཁྲིད་མདོར་བསྡུས་དང་། ལྷག་རྫོང་མར་ནང་རྡོ་རྗེ་འཆང་གྲོགས་དང་བཅས་པར་ཀུན་འདུས་རྩ་འགྲེལ་དང་མཛོད་རྩ་འགྲེལ་ལྟོ་སྦྱར་བའི་དཔེ་ཁྲིད་གནང་བའི་ཞོར་ལ་མངོན་པ་གོང་འོག་གི་གཞུང་ཆེན་རྣམས་ལ་གཟིགས་རྟོག་རྒྱུན་རིང་བསྐྱངས། གཞན་ཡང་ལོ་འདིའི་དབྱར་སྟོན་གཉིས་ལ་ལྷག་རྗེ་དང་ཀ་རིང་དུ་བཞུགས་ནས་རྗེ་བཙུན་དབུ་མའི་སྤྱི་དོན་དང་རིགས་ཚོགས་ཀྱི་སྐོར་སོགས་ལ་དཔེ་གཟིགས་གནང་ཞོར་མར་ནང་རྡོ་རྗེ་འཆང་ལ་བསམ་གཟུགས་དང་རྟེན་འབྲེལ་སོགས་དང་། སྡེ་ཚ་ནས་ཕེབས་པའི་དགེ་ཕྲུག་རྣམས་ལ་ལམ་ཁྲིད་དང་། ལྷག་མཐོང་། གྲུབ་མཐའ། ས་ལམ། རྟགས་རིག་རྣམས་ཀྱི་མཇུབ་ཁྲིད་གནང་། ཀ་སར་དུ་དགུ་བའི་དུས་ཆེན་ནས་དབུ་མའི་སྐོར་དང་དབང་ཏྲི་ག་ཆེན་མོ་ལ་ཞིབ་གཟིགས། དོན་གཉེར་བ་སོ་སོར་ལམ་ཁྲིད། སེམས་སེམས་བྱུང་། རྗེ་བཙུན་དབུ་མའི་སྤྱི་དོན་བཅས་ཀྱི་མཇུབ་ཁྲིད་སྩལ། དགུང་ལོ་སོ་བཞི་པའི(སྤྱི་ལོ1914)རྟོར་ཟླ་དང་པོར་ཀ་སར་ཚོགས་ཡོངས་ལ་ཟླ་མཆོད་ཁྲིད། ལུང་བཤགས། བཟང་སྤྱོད། སྨན་བླ། སྡོམ་གསུམ་སོགས་ཀྱི་ལྷུགས་བཤད། དོན་གཉེར་བ་སོ་སོར་ཐེག་རིས་ཀྱི་སྐོར་སོགས་ཁྲིད། དགུང་ལོ་སོ་ལྔ་བ་ཤིང་ཡོས་ལོར(སྤྱི་ལོ1915)སྤྱ་ཕྱིར་ལྷག་རྗེ་དང་ཟལ་མོ། མཐུ་བ་དགོན། དན་ཏིག་ཡང་ཏིག་རོང་པོ། ཀ་སར་བཅས་སུ་དཔའ་རིས་ཁྲུན་གྲུ་བ་སོགས་སྐྱེས་ཆེན་མང་པོར་

མཛུབ་ཁྲིད་གནང་། དེ་དུས་ཀིརྟི་ནས་དྲུང་ཆེན་བློ་བཟང་སངས་རྒྱས①ཕེབས་ཏེ་མི་འགྱངས་པར་ཀིརྟི་རིན་པོ་ཆེ་སྐུ་ཕྲེང་དགུ་བའི②ཡོངས་འཛིན་དུ་སྤྱན་འདྲེན་

① དྲུང་ཡིག་བློ་བཟང་སངས་རྒྱས་ཀྱི་རྣམ་ཐར་ཞིབ་རྒྱས་མཛལ་དཀའ་མོད། 《རོང་ཆེན་ཞྭགས་ནག་པ་ཀིརྟི་སྐུ་འཕྲེང་རིམ་བྱོན་གྱི་རྣམ་ཐར་ཕྱོགས་བསྒྲིགས》ཞེས་པར་ཐར་ཐོར་རེ་ཡོད་པ་གཞིར་བཟུང་ནས་བསྒྲིགས་པ་གཤམ་ལྟར། ཁོང་ནི་ཇ་སྟོད་བསུ་བ་ནས་འཁྲུངས་ཤིང་འཁྲུངས་ལོ་གསལ་པོར་མི་ཤེས། གཞོན་དུས་ནས་ས་སྐད་ཚང་དང་། ཞར་ཤུལ་ཚང་བསྟེན་ནས་དུས་འགྱངས། ག་སྨ་སོགས་རིག་གནས་ཆེ་ཕྲ་ཐམས་ཅད་ལ་སྦྱངས་ཤིང་ཇ་བར་ཡོད་སྐབས་སྨན་གྱི་འགྲོ་སོན་ཡང་མང་དུ་གནང་། སྐྱབས་པའི་རྒྱལ་མཚན་འཛིན་པ་ཆེན་པོ་བྲག་དཀར་ཆོས་འཛིན་གྱི་ཡང་སྲིད་ཡིན་པས་བྱིས་པ་ཤེད་མ་བྱེ་བ་ནས་བག་ཆགས་སད་པའི་ཚུལ་གྱིས་ཕྱག་འཚལ་བ་ལ་མོས་པས་ཕྱག་འཚལ་བ་ཚོགས་བསགས་ཀྱི་སྙིང་པོར་ཕྱག་ཏུ་བསྟར་བས་མི་ཚེ་གཅིག་ལ་ཕྱག་བྱེ་ཆེན་ཕྲེད་དང་གཉིས་གྲུབ། སོ་ཉི་ཤུའི་ནང་ཞིག་ནས་རྗེ་བློ་བཟང་འཕྲིན་ལས་ཀྱི་བཀའ་བཞིན་དྲུང་ཡིག་གི་ཁུར་བཞེས་ཏེ་འདའ་བར་མཛད་སྐོ་དེའི་རྒྱུན་བསྐྱངས་ནས་ཀིརྟིའི་སྐུ་ཕྲེང་རིམ་བྱོན་གསུམ་གྱི་དྲུང་ཡིག་བྱས། ཕྱིས་ཞྭ་དམར་པཎྜི་ཏ་ཆེན་པོ་དགེ་འདུན་བསྟན་འཛིན་རྒྱ་མཚོ་ལས་བསྙེན་རྫོགས་ཀྱི་སྡོམ་པ་བཞེས། ཡོངས་འཛིན་རྡོ་རྗེ་འཆང་སུམྦྷཱའི་ཞབས་ནས་ཀྱང་ཆོས་ཀྱི་བགོ་སྐལ་བཞེས་ཤིང་ལུགས་གཉིས་ཆར་ལ་མཁྱེན་སྤྱན་ཡངས་པས་ཀིརྟིའི་ནང་པའི་སྐུ་དཔོན་ཆེ་ཆུང་རིམ་པས་གྲོས་ཕྱོགས་འདྲི་བའི་ཡུལ་དུ་འཛིན། འཇིག་རྟེན་གྱི་སྒྲོས་པ་ལྟ་ཅི་ན་བཟའ་ཡང་སྙིང་རལ་སོགས་ལས་མི་གསོལ་ཞིང་རྒྱུན་དུ་ཕོམ་ནམ་ཡོད་ལ་དགེ་སྦྱོར་གྱིས་དུས་འདའ་བ་ཞིག་ཡིན། བསམ་བཞིན་འདའ་སྐབས་སུ་རྗེ་འཇིགས་མེད་རྡོ་རྗེ་འཆང་ཞབས་ལ་རང་གི་ངང་ཚུལ་སྤྲ་གསང་མེད་པར་ཞུ་བའི་ཡི་གེ་རྒྱ་ལྡན་ཕུལ་བར། རྗེ་དེ་ཉིད་ནས་ཀྱང་། བླ་ཆུན་ལ་མཐོང་ཆེན་པོ་ཡོད་ཀྱང་། མཉམ་འགྲོགས་སུ་སོང་ནས་རྒྱུད་ཆོད་འདི་བཞིན་ཐེག་པ་མེད་ནའང་། ཕོ་གང་ཟག་སེམྣི་འདྲ་བ་རེད། ཅེས་ཡི་རངས་དང་བཅས་གསུངས་པར་མཛད། ཁོང་གིས་སྤྱི་ལོ1914ལོའི་ཟླ་བརྒྱད་པའི་ནང་སྤྱང་ལུང་ཁྲི་ཆེན་རྡོ་རྗེ་འཆང་འཇམ་དབྱངས་ཐུབ་བསྟན་རྒྱ་མཚོ་དཔལ་བཟང་པོ་མཆོག་ཀིརྟི་སྐུ་ཕྲེང་དགུ་བ་སྐལ་བཟང་ཀུན་དགའ་བློ་གྲོས་དཔལ་བཟང་པོའི་རིགས་ཀྱི་བདག་པོར་མཛད་རྒྱུའི་སྔན་སྐྱལ་དང་བློ་བཟང་དཔལ་ལྡན་གྱི་ཞལ་སྔ་ནས་སྐད་གཞུང་ལུགས་ཐོགས་ཚོད་དུ་སྟོན་པའི་ཡོངས་འཛིན་ཏུ་ཕེབས་རྒྱུའི་སྔན་གསན་ཡང་ཕུལ་ཏེ་གདན་དྲངས། ཕྱིས་ཀིརྟི་སྐུ་ཕྲེང་དགུ་བ་མྱ་ངན་ལས་འདས་རྗེས། ཡང་སྲིད་རྩད་གཅོད་ཆེད་ཀ་རིང་དུ་ཁྲབ་བདག་ཨ་རྒྱའི་ཞབས་དང་། རེབ་གོང་དུ་ཨ་རོལ་རྡོ་རྗེ་འཆང་དང་། བསེ་མཆོག་སྤྲུལ་རིན་པོ་ཆེ། རྫོང་དཀར་དར་རྒྱས་གླིང་དུ་སྙིགས་དུས་ཀྱི་འགྲན་ཟླ་མེད་པའི་པཎྜི་ཏ་ཆེན་པོ་ཡོངས་འཛིན་རྡོ་རྗེ་འཆང་སུམྦྷ་མཚན་ཅན་དང་། རྡོ་རྗེ་རྫོང་དུ་ཡབ་རྗེ་ཐམས་ཅད་མཁྱེན་པ་ཁྲི་ཆེན་མཆོག་གི་སྤྱན་སྔར་བཅས་སུ་གཏུག་ནས་མཚན་ལམ་གསང་བཀྲོལ་གནང་། སྤྱི་ལོ1931ལོར་ཡོངས་འཛིན་དམ་པ་འཇམ་དབྱངས་བླ་མ་བློ་བཟང་དཔལ་ལྡན་མཆོག་ནི་རང་གཞན་གྱི་གྲུབ་མཐའ་རྒྱ་མཚོ་ལྟ་བུའི་ཕ་རོལ་ཏུ་བྱོན་པའི་པཎྜི་ཏ་ཆེན་པོར་བཞུགས་པའི་གྲགས་པ་མདོ་དབུས་ཡོངས་ལ་མཐུན་སྣང་དུ་རྒྱས་པའི་སྟེང་། གདུལ་བྱ་རྗེས་སུ་འཛིན་པའི་ཐབས་མཁས། གཏུགས་པ་མེད་པའི་མཁྱེན་རབ། དྲི་མས་མ་གོས་པའི་ཐུགས་བསྐྱེད་གང་ས་ནས་བསམ་གྱིས་མི་ཁྱབ་པའི་ཚུལ་སྟན་དུ་སོན་ནས་རང་ཉིད་དངོས་སུ་ཕེབས་བསུར་ཆས། སྤྱི་ལོ1936ལོའི་ཟླ3པའི་ཚེས19ལ་ཞི་བར་གཤེགས།

② སྟག་ཚང་དཔལ་གྱི་ལྷ་མོ་བློ་གླིང་དགེ་ལྡན་བཀྲ་ཤིས་འཁྱིལ་གྱི་ཉེ་འདབས་སྐུ་ཕྲེང་བརྒྱད་པ་ཆེན་མོའི་མ་ཡུམ་རྒྱུན་བཞུགས་ཀྱི་གནས་སུ་ཆེད་དུ་བསྐྲུན་པའི་མ་ཡུམ་གྱི་གཞིས་ཀ་སུ་ཡབ་སྦྱིན་པ་དང་ཡུམ་མཁའ་འགྲོ་འཚོ་གཉིས་ཀྱི་སྲས་སུ་རབ་བྱུང་བཅོ་ལྔ་པའི་ཤིང་སྦྲུལ་སྤྱི་ལོ1905ལོའི་ཧོར་ཟླ་བཅུ་གཅིག་པའི་ཚེས་བདུན་ལ་འཁྲུངས། སྐུ་དཔོན་དཀོན་མཆོག་ཆོས་འཕེལ་གྱིས་སྤྱི་ལོ1909ལོའི་ཟླ6པའི་ཚེས་བཅུ་གཅིག་ལ་འཇམ་དཔལ་དབྱངས་བློ་བཟང་དཔལ་ལྡན་ཡོན་ཏན་མཐའ་ཡས་པ་མྱུར་བཞེས་ཀྱི་རྟེན་འབྲེལ་བསྒྲིག་ཕྱིར་ཀླག་སློབ་པའི་ཐོག་མར་ཕྱག་ཏུ་འབུལ་རྒྱུར་བསྐྲུར་བའི་ཡོན་ཏན་མཐའ་ཡས་པའི་བསྟོད་པ་རྩ་འགྲེལ་དང་ཡི་གེའི་ཕྱི་མོའི་དཔེ་དང་བཅས་ཕྱག་ཏུ་ཕུལ་ནས་དེའི་སྟེང་ནས་ཕྲལ་ཀླག་གི་བརྡ་སྦྱར། ཁྲབ་བདག་རྡོ་རྗེ་འཆང་དགེ་འདུན་བསྟན་འཛིན་རྒྱ་མཚོ་དང་ཁྲི་ཆེན་རྡོ་རྗེ་འཆང་འཇམ་དབྱངས་ཐུབ་བསྟན་རྒྱ་མཚོ་རྣམ་གཉིས་ཀྱང་རིགས་ཀྱི་ཙོད་པན་དུ་བཀུར། དགུང་ལོ་ཆུང་དུས་ནས་སྟག་ཚང་ལྷ་མོའི་དགོན་པ་རང་དུ་གཞུང་ཆེན་མོ་ལྔ་ལ་གསན་བསམ་སློབ་གཉེར་ཕུལ་དུ་ཕྱིན་པ་གནང་སྟེ་གྲྭ་སློབ་ཀུན་གྱིས་སྐུ་ཕྲེང་གོང་མ་རྣམས་དང་འདྲ་བར་བསྟན་འཛིན་གྱི་སྐྱེས་ཆེན་མཚན་དོན་མཐུན་པ་ཞིག་ཡོང་རྒྱུའི་རེ་བ་ཤིན་ཏུ་ཆེ་བའི་སྐབས་དགུང་ལོ་བཅུ་དྲུག་ལ་ཕེབས་པ་ལྷག་མས་སྦྲེལ་སྤྱི་ལོ1920ལོར་བློ་བུར་དུ་སྐུ་གཤེགས།

ནན་ཅན་ཕུལ། དགུང་ལོ་སོ་དྲུག་པར(སྤྱི་ལོ1916)རོང་པོ་ནས་ཁྲི་ཆེན་མཆོག་ལས་དཔེ་ཁྲིད་གསན་པ་དང་། མར་ནང་རྡོ་རྗེ་འཆང་བསྙེན་པར་རྫོགས་པའི་གསང་སྔོན་མཛད། དབྱར་ཞལ་བཞེས་གནང་གྲུབ་ཀྱང་དུས་ཟིན་གྱིས་ཧོར་ཟླ་བདུན་པ་ནས་ཤེལ་དགོན་དུ་ཕྱིན། རོང་པོར་གོང་སའི་སྐུ་གདུང་བཞེངས་གྲུབ་པར་མཇལ་ནས་རྫོང་དཀར①དུ་ཐུགས་རིམ་དཔེ་ཁྲིད་སྩལ། རྫོང་དཀར་སྐྱ་ཞབས་ཆེ་བ་བློ་བཟང་བཀྲ་ཤིས་ཆོས་འཕེལ་རྒྱ་མཚོ②

① དགོན་པ་འདིའི་མཚན་ཆ་ཚང་ལ་རྫོང་དཀར་ཐོས་བསམ་བཤད་སྒྲུབ་དར་རྒྱས་གླིང་ངམ་རྫོང་དཀར་བཀའ་གདམས་ཐོ་བྲང་བཀྲ་ཤིས་དར་རྒྱས་གླིང་ཞེས་ཟེར། སྤྱི་ལོ1683ལོར་རྫོང་དཀར་མ་ཐི་པ་ཤེས་རབ་བཀྲ་ཤིས་མཆོག་གིས་ཕྱག་འདེབས་མཛད་ཅིང་དགེ་ལུགས་པའི་གྲུབ་མཐའ་ཡིན། ད་ལྟའི་རེབ་གོང་རྫོང་བཙན་མོ་ཞང་བཙན་མོ་ཡར་སྟེང་སྡེ་བའི་ཕ་རོལ་གྱི་རི་འདབས་སུ་ཆགས་ཡོད། སྐུའུ་སྟེང་བློ་བཟང་དཔལ་ལྡན་གྱི་ཆབ་ཤོག་ལས། ཕ་རྒན་རྡོ་རྗེ་འཆང་ཆེན་པོའི་ཆོས་ཀྱི་རྒྱལ་ཐབས་ལ་ཐུགས་བསྐྱེད་ཀྱི་འཁོར་ལོས་བསྒྱུར་བའི་སེམས་དཔའ་ཆེན་པོ་༧སྐུ་མཆེད་མཆོག་གི་སྤྲུལ་བའི་སྐུ་རིན་པོ་ཆེ་ནས་གསུངས་པའི་འཕྲིན་སྐྱེས་དང་བཅས་སྩལ་བའི་ལན་དུ་ཕུལ་བ་དགྱེས་བྱེད་མཆོད་པའི་སྤྲིན་ཕུང་ཞེས་པ་མཛད་གནས་ཡིན་ལ། དགོན་པ་འདི་རུ་དམ་པ་ཁོང་སྐུ་མྱུ་ངན་ལས་འདས་པའི་ཚུལ་བསྟན།

② རྫོང་དཀར་དགོན་འདིབས་མཁན་ཡབ་རྗེ་ཤེས་རབ་བཀྲ་ཤིས་ཀྱི་སྐུ་ཕྲེང་ལྔ་པ་མཁྱེན་དཔྱོད་འགྲན་ཟླ་མེད་པ་བློ་བཟང་བཀྲ་ཤིས་ཆོས་འཕེལ་རྒྱ་མཚོ་ནི། མགར་རྩེར་ཡབ་བཀྲ་ཤིས་དང་། ཡུམ་སྐྱིད་དྲིས་ཞེས་བྱ་བ་རྗེའུ་རིགས་སྐྱོན་མེད་པའི་ངང་ཚུལ་ངོམ་པ་གཉིས་ཀྱི་སྲས་སུ། ལྟས་ཕུན་སུམ་ཚོགས་པ་དང་བཅས་རབ་ཆོས་ས་ཁྱི་ལོར་སྐུ་བལྟམས་ཤིང་སྲས་མིང་སྲིད་དྲུག་ཡོད་པའི་ཆེ་བ་སྐྱི་སྤྲུལ་བའི་སྐུ་དང་། ཆུང་བ་རྗེ་འདི་ཉིད་ཡིན། གཙང་བྱ་འཕུར་བས་མཚན་ལ་དཔལ་ཆེན་ཉི་མ་ཞེས་བཏགས། སྐྱབས་མགོན་དྲུག་པ་ཆེན་པོས་རྫོང་དཀར་བློ་བཟང་ཆོས་རྒྱ་མཚོའི་ཡང་སྤྲུལ་དུ་ཐག་བཅད། དུས་ཞབས་པ་ཆེན་པོ་མཚོ་བྱུང་དགྱེས་པའི་དཔལ་ལས་དཀར་ནག་གི་རྩིས་དང་། དབྱངས་ཅན་སྒྲ་རིས་རྣམས་ལ་སྦྱངས་པས་དབྱངས་ཅན་གྲུབ་པའི་གཞོན་ནུ་ཞེས་ཀུན་བཤད་ཀྱི་མཚན་གསོལ། དགུང་ལོ་ཉེར་གཅིག་པ་ནས་ལོ་གསུམ་ལ་རོང་པོའི་མཁན་ཁྲི་ཟང་ཟིང་གིས་ལེགས་པར་བསྐྱངས་ཤིང་ཆོས་ཀྱི་བྱ་བ་ཡང་མ་ཆད་ཙམ་དང་། ཡབ་འདས་པ་ལ་དགེ་སྒྲུབ་ཀྱང་ཕུན་སུམ་ཚོགས་པ་མཛད། དགུང་ལོ་ཉེར་བརྒྱད་པར་རི་བོ་རྩེ་ལྔར་ཕེབས་ཏེ་བཅད་རྒྱ་ཡུན་རིང་གི་ཁོངས་བསགས་སྦྱངས་དང་བཟླས་བསྙེན་ལ་འགྲུས་ཤིང་། འདོད་འདུན་ཅན་རྣམས་ལ་དབང་དང་རྗེས་གནང་མང་དུ་སྩལ། འདི་དང་པེ་ཅིན་གསེར་གྱི་རྒྱལ་ཁབ་སོགས་ལ་གནས་གཟིགས་མཛད་སྐབས་པཎ་ཆེན་སྣང་བ་མཐའ་ཡས་བློ་བཟང་ཐུབ་བསྟན་ཆོས་ཀྱི་ཉི་མ་དཔལ་བཟང་པོ་ལས་གསུང་གི་བདུད་རྩི་མང་དུ་མྱངས་ཤིང་གཟིགས་པ་ཆེ་བར་མཛད་དེ། ཕྱག་དཔེ་དང་རྟེན་བཞེངས་འགའ་ཞིག་གི་ཆེད་དུ་རང་ཡུལ་དུ་བཏྫངས་པ་ལྟར་དགུང་ལོ་ཉེར་དགུ་བའི་ཟླ་ནང་སླར་ཕྱིན། པཎ་ཆེན་ཐམས་ཅད་མཁྱེན་པའི་ཞབས་བརྟན་དུ་ཚེ་དཔག་མེད་སྟོང་ཐང་བཞེངས་པ་སོགས་བགྱིད་འོས་རྣམས་མཛད་བཞིན་མ་ཡུམ་འདས་པའི་དགེ་རྩའང་བསྒྲུབས། དེ་འཕྲལ་ནས་གློ་ནད་དང་སྐུ་ཁམས་ལ་སྨན་གཞི་མངོན་ཆེར་བྱུང་བ་སྨན་བཅོས་ཐབས་རིམ་གང་གིས་ཀྱང་མ་ཕན་པར་དགུང་ལོ་སོ་གཉིས་པའི་ཟླ་ཚེས་ལ་དགོངས་པ་ཆོས་དབྱིངས་སུ་ཐིམ་པར། སྐྱབས་མགོན་ཐུགས་རྗེའི་གཏེར་ཆེན་བདུན་པ་ཆེན་པོ་སྤྱན་དྲངས་ཏེ་དངོས་པོ་ཕུས་གཙང་གིས་མཆོད་ཅིང་། སེམས་དཔའ་ཆེན་པོ་ངག་དབང་ཆོས་ལྡན་ནས་གདུང་ཞུགས་ལ་སྦྱངས་པར་ལྷ་སྐུའི་རྣམ་པ་ཤིན་ཏུ་གསལ་བ་འགའ་ཞིག་ཕེབས་པས། སྔར་ཁ་གཏོང་བྱས་མཁན་རྣམས་འཁྱོད་ཅིང་མཁས་བླུན་ཐམས་ཅད་ཀྱིས་ཡ་མཚན་པའི་གནས་མཐར་ཐུག་ཅིག་ཏུ་བཟུང་འདུག་སོད། དཔྱད་བ་མཉམ་བསྒྲིགས་ཀྱི་ཁྲིད་ན་འདི་འདྲའི་ཤེས་རབ་ཅན་མཐོང་ཐོས་ཀྱི་ཡུལ་དུ་མ་གྱུར་པ་ལྟ་བུ་ཡིན་པས་ཚུལ་དེས་དང་བར་བྱ་ཡི། འདས་པའི་གདུང་གི་རི་མོ་འགའ་ཞིག་ལ་དེ་ཙམ་ཞུད་དུ་སྨྲོགས་རིན་མི་གདའོ་ཞེས་ཟེར་ཏོ། །གདུང་རུས་འདྲ

སོགས་ལ་ བླ་མཆོད་མཇུབ་ཁྲིད་དང་། བརྒྱུད་སྟོང་བའི་ལུང་། འཇིགས་མེད་བསམ་གྲུབ་པར་སྣར་རྩིས་ཀྱི་ས་རིས་བསླབས། སྨིན་དྲུག་ཟླ་བར(ཟླ10པ)མར་ནང་རྡོ་རྗེ་འཆང་ལ་སྟུགས་རིམ་འཕྲོ་ཡོངས་རྫོགས་དང་། རྗེའི་གསུང་འབུམ་དུ་བཞུགས་པའི་རྣམ་ཐར་གསུམ་དང་གསན་ཡིག་སྤྲུགས་པའི་ཞིབ་བཤད། ཞུས་ལན་སྨན་མཆོག་གི་བཤད་པ། ཉམས་མགུར་བཤད་ལུང་། བདེ་ལམ་གྱི་ཁྲིད་མདོར་བསྡུས་བཅས་དང་། འཇིགས་མེད་བསམ་གྲུབ་པར་སྣར་རྩིས། རྒྱ་རྩིས། འབྱུང་རྩིས་རྣམས་ཀྱི་ལག་ལེན་བཀའ་དྲིན་བསྐྱངས། དགུང་ལོ་སོ་བདུན་པ་མེ་སྤྲུལ་ལོར(སྤྱི་ལོ1917)ཆོ་འདུ་མཁན་ཆེན་དང་ཁ་སོ་སྤྲུལ་བའི་སྐུ། མར་ནང་རྡོ་རྗེ་འཆང་སོགས་ལྔ་བཅུ་སྐོར་ལ་ལམ་རིམ་ཆེན་མོའི་མཇུབ་ཁྲིད། རྗེ་ཨ་རོལ་སྤྲུལ་བའི་སྐུ། བསེ་ཁྲི་ཆེན་སྤྲུལ་བའི་སྐུ་སོགས་བླ་སྤྲུལ་བཅུར་ཉེ་དང་། མར་ནང་རྡོ་རྗེ་འཆང་སོགས་བཅོ་ལྔ་ཙམ་ལ་སྔ་ཕྱིར་དབྱངས་ཅན་སྒྲ་མདོ་རྩ་འགྲེལ་གྱི་ས་རིས། རྒྱ་བོད་ཀྱི་རྩིས་དཀར་ནག རྒྱུད་སྡེ་སོ་སོའི་ཕྱག་རྒྱ། མཆོད་རྟེན་དང་དཀྱིལ་འཁོར་གྱི་ཐིག་རིས་སོགས་གདུལ་བྱ་འདུལ་བའི་སྒོ་སྣ་ཚོགས་ཕྱག་ཏུ་བཞེས་པར་ཀུན་གྱིས་བསྟགས་པ་བརྗོད། ས་གའི་ཚེས་བཅུ་གཅིག་ལ་ཤར་བླ་བྲང་དུ་རྒྱལ་ཚབ་ཨ་རོལ་སྐུ་ཞབས་དང་། སྒོ་དམར་སྤྲུལ་བའི་སྐུ། མར་ནང་འཇིགས་མེད་དམ་ཆོས་རྒྱ་མཚོ་སོགས་ལ་འགྲེལ་བ་གཉིས་ཀྱི་སྟེང་ནས་སྙན་ངག་ཞིབ་བཤད་རྩོམ་རྒྱུགས་བཞེས་པ་དང་ཀ་རིང་དུ་གཟའ་ལྔ་དང་རྒྱ་རྩིས་ཀྱི་རི་མོ། སྙན་ངག་སོགས་ཀྱི་ཁྲིད་གནང་རྗེས་བླ་བྲང་དུ་ཕེབས། བརྒྱད་པའི་ཟླ་དབུས་སུ་ཀ་རིང་དུ་ཕེབས་ཏེ་རྗེ་འཇིགས་མེད་པའི་སྐུ་གདུང་མཆོད་རྟེན་ཞིག་གསོ་གྲུབ་པར་རབ་གནས་མདོར་བསྡུས་དང་། དགེ་བཤེས་བསྟན་འཛིན་རབ་རྒྱས་སོགས་ལའང་ཐིག་སྣ་འགའི་

སྐུ་དང་རྡོ་རྗེ་འཇིགས་བྱེད་ཀྱི་སྐུ་གཉིས་བཞེངས་པའི་ནང་བཞུགས་སུ་ཡོད་ལ། གསུང་རྩོམ་ཡང་སན་སྤུན་འགའ་ཡོད་ཀྱང་འཇམ་མགོན་སུམྦྷའི་ཞབས་ཀྱི་གསུང་ངག་བཞིན་ལམ་འཁྲིད་དགེ་ལེགས་འོད་སྣང་འགྱེད་པའི་ཉིན་བྱེད་ཀྱི་ས་བཅད་ལེགས་པ་ཞིག་ལས་གཞན་གཞི་ཆེ་བ་མེད་དོ། །

ཕྱག་ཁྲིད་ཐོག བཅུ་བའི་ནང་ཁྲི་ཆེན་མཆོག་ལས་བཀའ་འགྱུར་གྱི་ལུང་འཕྲོ་གསན་བཞིན་ཨ་རོལ་རིན་པོ་ཆེ་སོགས་སྤར་གྱི་གསན་མཁན་རྣམས་ཀྱི་སྟེང་སྟག་ལུང་གྲུབ་སྤྲུལ་དང་། དར་གྲོང་གྲུབ་སྤྲུལ་སོགས་གསར་བསྣན་རྣམས་ལ་སྔན་ངག་འཕྲོས་ཡོངས་རྫོགས་གནང་། དགུང་ལོ་སོ་བརྒྱད་པ་ས་རྟ་ལོར(སྤྱི་ལོ1918)མར་ནང་རྡོ་རྗེ་འཆང་སོགས་ལ་ཉིན་ལྟར་རྟེན་འབྲེལ་བསྟོད་པའི་བཤད་ལུང་དང་རྒྱལ་ཚབ་ཨ་རོལ་རིན་པོ་ཆེ་སོགས་ལ་ལོ་སྤྱི་མའི་སྒྲའི་ས་རིས་ཀྱི་འཕྲོ་ཡོངས་རྫོགས་དང་རྩིས་དཀར་ནག་གི་སྐོར་གྱི་མཛུབ་ཁྲིད་གནང་། དགུང་ལོ་སོ་དགུ་བ་ས་ལུག་ལོར(སྤྱི་ལོ1919)བྱིས་པ་འགར་རབ་བྱུང་དང་། དོན་གཉེར་བ་མང་པོར་ལམ་རིམ་ཆུང་ངུའི་བཤད་ལུང་གནང་། ཟླ་བཞི་པའི་ཚེས་ལྔ་ལ་རོང་པོར་སྐྱབས་མགོན་མཆོག་སྤྲུལ་རིན་པོ་ཆེའི་གསེར་ཞལ་ཐོག་མར་མཇལ། རིམ་པ་བཞིན་ལྟག་རྡོ་དང་ཟལ་མོ། རེབ་གོང་ཕྱོགས་སུ་དཔེ་ཁྲིད་དང་བཤད་ལུང་གང་མང་གནང་ནས་དུས་འདའ་བར་བྱས། མཐུ་བ་དགོན་དུ་ཚེ་ཏན་ཞབས་དྲུང་སྤྲུལ་བའི་སྐུ་དགེ་འདུན་བཤད་སྒྲུབ་རྒྱ་མཚོ་དང་མར་ནང་འཇིགས་མེད་དམ་ཆོས་རྒྱ་མཚོ་ལ་ལམ་གཙོའི་ཁྲིད་དང་། བདེ་མཆོག་སྟགས་བཏུས། མགོན་བཀའ་བཅུ་གསུམ་གྱི་རྗེས་གནང་རྣམས་སྤྲ་ཕྱིར་བསྩལ། དཔྱི་སའི་དགེ་བཤེས་བློ་གྲོས་རྒྱ་མཚོ①སོགས་སྡེ་ཚ་ནས་

① དཔྱི་ས་དཀོན་མཆོག་བློ་གྲོས་རྒྱ་མཚོ་ནི་སྤྱི་ལོ1890ལོར་དཔྱི་སའི(དེང་གི་མཚོ་སྔོན་ཞིང་ཆེན་རྨ་ལྷོ་བོད་རིགས་རང་སྐྱོང་ཁུལ། རྩེ་ཁོག་རྫོང་གི་ཁོངས་གཏོགས་སུ་ཡོད་པའི་དཔྱི་ས་ཞེས་པ་དེ་ཡིན)འབྲོག་གི་རིགས་ནུས་ལྡན་སུམ་ཚོགས་པ་ཡབ་བྱེད་གཏོ་དང་། ཡུམ་སྐྱུ་མོ་སྐྱིད་གཉིས་ཀྱི་སྲས་སུ་འཁྲུངས། དགུང་ལོ་བརྒྱད་པར་དགེ་བསྙེན་གྱི་སྡོམ་པ་བཞེས་ཏེ་དཔྱི་སའི་བན་ཀྱའི་གྲྭ་རྒྱུན་དུ་ཞུགས། དགུང་ལོ་བཅུའི་ཐོག་ཀིརྟི་བློ་བཟང་འཕྲིན་ལས་འདི་ཕྱོགས་སུ་ཐེབས་པའི་མདུན་ནས་བཀའ་ཆོས་མང་དུ་གསན། ཁྲི་ཆེན་འཇམ་པའི་དབྱངས་ཀྱི་མདུན་དུ་བཀའ་ཆོས་དབང་ལུང་ཁྲིད་མན་ངག་སྦྱངས། རང་ཡུལ་གྱི་བླ་མ་རི་སྒོམ་རིན་པོ་ཆེའི་མདུན་སར་ལམ་རིམ་གྱི་ཁྲིད་ཡུན་རིང་དུ་གསན། དགུང་ལོ་བཅུ་བདུན་སྟེང་རང་ལས་ལོ་འགས་ཆེ་བའི་དཔྱི་ས་འོད་ཟེར་དང་ལྷན་དུ་ཀླུ་ཚར་ཐེབས་ཏེ་རྗེ་ཞྭ་དམར་པཎྜི་ཏར་མཇལ་ཞིང་། སྐབས་དེར་སྐུ་འབུམ་གྱི་དགེ་བཤེས་རྩེར་སོན་རྟོར་ཆེན་ཡེ་ཤེས་རྒྱ་མཚོ་བཞུགས་པ་བཤེས་གཉེན་དུ་བསྟེན་པ་དང་། ཞར་ཚོས་པ་བྲ་ཁྲུང་གི་སེ་རའི་དགེ་བཤེས་ཤིག་བཞུགས་པ་བསྟེན་ཏེ་བསྡུས་ཚད་ལ་ཧུར་བརྩོན་གནང་། བཀའ་ཆོས་དབང་ལུང་མན་ངག་གི་སྐོར་ཡོངས་རྫོགས་ཤིག་གསན་ཆེད་ཞལ་སྤྲ་ནས་ཨ་ཁྱུ་གྲགས་པ་དར་རྒྱས་དང་མཛོད་དགེའི་ཨ་ཁྱུ་ཚུལ་ཁྲིམས་བསྟེན། དགུང་ལོ་ཉི་ཤུའི་སྟེང་ཞྭ་དམར་རྡོ་རྗེ་འཆང་གིས་མཁན་པོ་མཛད། ཨ་ཁྱུ་དོན་ལྡན་གྱིས་ལས་ཀྱི་སློབ་དཔོན་མཛད། ཨ་ཁྱུ་གྲགས་པ་དར་རྒྱས་ཀྱིས་གསང་སྟོན་མཛད་དེ་གནས་བརྟན་ཉེ་བར་འཁོར་ལྔ་བུའི་བཅུ་ཚོགས་ཀྱི་དབུས་སུ་བསྙེན་རྫོགས་ཀྱི་སྡོམ་པ་བཞེས། དགེ་ལྡན་བསྟན་པའི་རྒྱལ་མཚན་བླ་ནས་བླར་བསྒྲེང་བའི་ཆེད་དུ་

སྤྱན་པ་འགར་ལྷག་མཐོང་ཆེན་མོའི་མཛུབ་ཁྲིད་སོགས་གནང་། དེ་ལྟར“དགུང་ལོ་སོ་གསུམ་ནས་ཞེ་གཅིག་པའི་བར་ལོ་དགུའི་རིང་ཐུགས་ཁོམ་ནམ་ཡོད་ལ་དབུ་སྔགས་ཀྱི་གཞུང་ཚེ་ཆུང་ལ་ཞིབ་གཟིགས་དང་། དེ་དོན་ལ་རྩེ་གཅིག་ཏུ་དཔྱོད་པའི་བརྩོན་པ་རྒྱུན་ཆགས་སུ་བསྟེན་པས་བདེ་གསང་འཇིགས་དུས་བཞིས་མཚོན་བླ་མེད་གཙོ་བོར་གྱུར་པའི་རྡོ་རྗེའི་ཐེག་པའི་གཞུང་ལུགས་རྒྱ་མཚོ་ལྟ་བུའི་ཕ་རོལ་ཏུ་ཕྱིན།”① དགུང་ལོ་ཞེ་གཉིས་པ་ཆུ་ཁྱི་ཐ་སྐར་ཟླ་བའི（སྤྱི་ལོ1922ལོའི་ཧོར་ཟླ9པ）ནང་མཚམས་ཁོང་དུ་རྡོ་རྗེ་འཆང་མཉྫུའི་ཞབས་ལས་རྗེ་སྐལ་ལྡན་རྒྱ་མཚོ་ནས་བརྒྱུད་པའི་ཕྱག་ཆེན་ཁྲིད་བྱིན་རླབས་ཅན་དང་། སྐྱིད་ཤོད་བློ་སྦྱོང་གི་ལུང་

དགུང་ལོ་བཞི་བཅུ་པར་ཀ་རིང་ཨེ་ཝཾ་གླིང་དུ་ཐེབས་པ་ནས་བཟུང་འཇམ་དབྱངས་བླ་མ་བློ་བཟང་དཔལ་ལྡན་དང་རྗེ་འཇིགས་མེད་དམ་ཆོས་རྒྱ་མཚོའི་ཞབས་པད་ལ་ལོ་ཉི་ཤུའི་རིང་བསྟེན་ཏེ་མདོ་སྔགས་རྒྱ་མཚོའི་གཞུང་ལ་མི་འཇིགས་པའི་སྤོབས་པ་བརྙེས། མཚན་ལ་སྔར་དཀོན་མཆོག་བློ་གྲོས་ཞེས་གསོལ་བ་ཕྱིས་སུ་ཞྭ་དམར་པཎྜི་ཏས་བློ་གྲོས་རྒྱ་མཚོ་ཞེས་མཚན་བཏགས་མཛད་པ་ལ། རྗེ་འཇིགས་མེད་དམ་ཆོས་རྒྱ་མཚོས་མཚན་གཉིས་ཀ་སྦྲེལ་ཏེ་བཏགས། ཁོང་དགུང་ལོ་དྲུག་ཅུ་བཞེས་པ་སྤྱི་ལོ1949ལ་ཐུགས་བསྐྱེད་རྒྱ་ཆེན་པོའི་སྒོ་ནས་དཔྱི་ས་བཀའ་གདམས་དགེ་བྱེད་གླིང་ཕྱག་འདེབས་མཛད། དེ་ནས་རོང་པོ་དགོན་ཆེན་དུ་ཐེབས་ཏེ་ཁྲི་སྤྲུལ་སྐུ་འཇམ་དབྱངས་འཕྲིན་ལས་དབང་པོ་དང་། རྫོང་དཀར་འཇིགས་མེད་ཤེས་རབ་གྲགས་པ། སྤྲུལ་སྐུ་འཇིགས་མེད་འཕྲིན་ལས་ལྷུན་གྲུབ། ནང་སོ་སྐུ་སྐྱེས། ཁ་སོ་ཚང་བཅས་ལ་ཟབ་རྒྱས་ཆོས་ཀྱི་བགོ་སྐལ་བསྩལ། སྤྱི་ལོ1950ལོར་དབྱར་རྡོ་རྗེ་རྫོང་ནས་བཞུགས་ཏེ་དགུན་སེང་གཤོང་དུ་ཐེབས་ནས་ལམ་རིམ་ཆེན་མོའི་བཤད་ལུང་སོགས་བཀའ་ཆོས་མང་དུ་གསུངས། སྤྱི་ལོ1952ལོར་དཔྱིད་ཟླ་གཅིག་རིང་རྫོང་དཀར་དུ་བཞུགས་ཏེ་སྤྱོད་འཇུག་ཆེན་མོ་སོགས་ཀྱི་ཁྲིད་དང་། དགོན་པའི་འདོན་ཆ་སོགས་ཀྱི་ལུང་མང་པོ་གནང་། སྤྱི་ལོ1957ལོར་སེང་གཤོང་གི་ཀྲན་པ་རྣམས་ལ་ཇ་དྲངས་ཤིང་བྱམས་ཁང་ལ་ཚོན་རྩི་བཏང་ནས་འགྲུབ་པར་བྱས། དཔྱིད་དགོན་ཆེན་དུ་ཐེབས་ནས་དེར་ཡོད་པའི་སློབ་འཁོར་ནང་མ་རྣམས་དང་ལྷན་གཅིག་ཏུ་བྱམས་ཆེན་གྱི་མདུན་ནས་དཔོན་སློབ་ཐམས་ཅད་ཀྱིས་བྱམས་པའི་དམ་བཅའི་གཟུངས་གསུངས་ཏེ་མར་མེའི་ཁྲི་མཆོད་ཕུལ། དེ་ལྟར་ཚེ་གང་བསྟན་པའི་དོན་དུ་གཞུང་མང་ལ་དཔེ་གཟིགས་དང་བུ་སློབ་བསྐྱངས་པའི་མཛད་པ་ཁོ་ནས་དུས་འདའ་བར་བྱས་ཏེ། རང་ཉིད་དགུང་ལོ་བདུན་ཅུ་བཞེས་པ་སྤྱི་ལོ1959ས་ཕག་གི་ལོའི་སྟོན་ཟླ་ཐ་ཆུང་གི་དུས་སུ་ཟེ་ལིང་གི་ཉེ་འདབས་ཙོང་ཆུའི་ཉིན་ཕྱོགས་ཙོང་ཁའི་སྐྱེས་རི་པང་དུ་བླངས་པའི་སར། བསམ་བཞིན་དུ་སྒྱུ་མ་ལྟ་བུའི་སྐྱེ་འཆི་མངོན་དུ་མཛད་དོ། །ཁོང་གི་གསུང་རྩོམ་ལ་རྩོད་ཡིག་གསང་འཛིན་མཚོན་ཆའི་འཁོར་ལོ་དང་། སྙན་ངག་གི་གབ་ཚིག་གཞོན་ནུའི་བློ་གྲོས་སྒོ་འབྱེད། སྨྲ་རིག་ནམ་འཕང་གཅོད་པའི་བརྡ་དག་ཕྱེ་མ་ལེབ་ཀྱི་གཤོག་ལེབ། སྤྱོད་འཇུག་ཤེར་ལེའུ་འབྲུ་འགྲེལ། ཚུལ་གསུམ་ཁྲབ་སྒོ་ཁུག་མ་སོགས་བཞུགས། ཁོང་གི་རྣམ་ཐར་ཞིབ་ཏུ་རིབ་གོང་པ་འཇིགས་མེད་བསམ་གྲུབ་ཀྱིས་མཛད་པའི་མདོ་སྨད་རིབ་གོང་གསེར་མོ་ལྗོངས་ཀྱི་ལོ་རྒྱུས་རྒྱས་པར་བཤད་པ་ངོ་མཚར་གཏམ་གྱི་བང་མཛོད་ཅེས་པའི་སྐད་ཆ་ལས། དཔྱི་ས་དགོན་བཀའ་གདམས་དགེ་བྱེད་གླིང་ཞེས་པར་གསལ།

① མར་ནང་འཇིགས་མེད་དམ་ཆོས་རྒྱ་མཚོ། འཇམ་དབྱངས་བླ་མ་ཡོངས་འཛིན་ཆོས་ཀྱི་རྒྱལ་པོ་བློ་བཟང་དཔལ་ལྡན་ཀྱི་ཞལ་སྔ་ནས་ཀྱི་ཐུན་མོང་བའི་རྣམ་ཐར་ཆ་ཙམ་བརྗོད་པ་རྫོགས་ལྡན་དེ་ཉིད་སྣང་བ། མར་ནང་འཇིགས་མེད་དམ་ཆོས་རྒྱ་མཚོའི་གསུང་འབུམ་པོད་ང་པར་བཞུགས། དན་ཏིག་དགོན་གྱི་ཤིང་དཔར། ཤོག་གྲངས་ང་གཅིག་ཏུ་གསལ།

གསན། དགུང་ལོ་ཞེ་གསུམ་པར(སྤྱི་ལོ1923)མར་ནང་རྡོ་རྗེ་འཆང་ལ་བློ་རྟགས་ཀྱི་དཔེ་ཁྲིད་གནང་། འདིའི་བར་ནི་གཙོ་བོ་སྐྱེའུ་སྟེང་བློ་བཟང་དཔལ་ལྡན་མཆོག་གིས་སྔགས་ཕྱོགས་ཀྱི་གསན་བསམ་གཙོ་བོར་མཛད་ཅིང་བཤད་སྒྲུབ་ཡ་མ་བྲལ་བར་ཉམས་རྟོགས་ཀྱི་རྩལ་སྦྱངས་པའི་སྐོར་ཡིན་ནོ། །དེ་ནས་ལྷག་རོང་ཕེབས་ཏེ་མར་ནང་གཙོ་བྲས་གྲོགས་དང་བཅས་པར་རྣམ་འགྲེལ་དང་། ཞབས་དྲུང་སྤྲུལ་བའི་སྐུ་ལ་མཛོད་དང་སྙན་ངག་གི་མཛུབ་ཁྲིད་གནང་། དགུང་ལོ་ཞེ་བཞི་བ་ཤིང་བྱི་ལོར(སྤྱི་ལོ1924)རྡོ་རྗེ་འཆང་འཇམ་དབྱངས་ཐུབ་བསྟན་རྒྱ་མཚོས་རིང་ནས་བཀའ་ནན་ཡང་ཡང་བྱས་པ་ལྟར་རྡོ་རྗེ་རྫོང①དུ་ཕེབས། རྡོ་རྗེ་འཆང་དེ་ཉིད་གཙོར་བཞུགས་ལ་ལམ་རིམ་ཆུང་ངུ། ལེགས་བཤད་སྙིང་པོ་ཆེ་ཆུང་། སྟོང་ཐུན་ཆེན་མོ། རྒྱན་འཇུག འདུལ་བ་རྒྱ་མཚོའི་སྙིང་པོ། ལྟུང་སྐྱའི་ཨ་མའི་ལྷ་མགུར་གྱི་སྟེང་ནས་ལྷ་ཁྲིད། སྙན་ངག་ལེའུ་གསུམ་ཚང་མའི་ཞིབ་ཁྲིད་བཅས་ཕུལ། མར་ནང་རྡོ་རྗེ་འཆང་ལ་བློ་རིག་དཔེ་ཁྲིད་དང་སྙན་ངག་སྐོར་མང་པོ་འབེལ་གཏམ་གླེང་མོལ་གྱི་ཚུལ་དུ་གནང་། དགུང་ལོ་ཞེ་ལྔ་བ་ཤིང་གླང་ལོར(སྤྱི་ལོ1925)དབྱངས་འཆར་དང་སྡོམ་གསུམ་གྱི་འགྲེལ། ལུང་འགའ་བཅས་བསྐུལ་ཏེ་ཀ་རིང་དུ་ཕེབས། ཁོང་གིས་རྒྱུན་གྱི་ཉམས་བཞེས་དང་ཆོས་སྤྱོད་ཀྱི་རིམ་པ་ཆགས་མེད་སྟེང་མར་ནང་འཇིགས་མེད་རྡོ་རྗེ་འཆང་སོགས་ལ་བསྡུས་རྟགས་བློ་གསུམ་སོགས་རྣམ་འགྲེལ་གྱི་སྤྱི་དོན་རིགས་ཁོལ་བཏོན་གྱི་དཔེ་ཁྲིད་གནང་། དགུང་ལོ་ཞེ་དྲུག་པ་མེ་སྟག་ལོར(སྤྱི་ལོ1926)ཞང་ཞུང་བའི་རྣམ་ཏའི་རྟོགས་བརྗོད་དང་། སུམ་རྟགས་མཛུབ་ཁྲིད། བརྒྱ་རྩ་ལུགས་གཉིས་ཀྱི་ཕྱག་ཁྲིད་

① འཇིགས་མཛད་རྡོ་རྗེ་རྫོང་དགོན་པ་ནི་སྐྱེའུ་སྟེང་བློ་བཟང་དཔལ་ལྡན་མཆོག་གིས་ཀ་རིང་ལུང་གཡོན་ཐང་དགོན་པར་བཞུགས་པའི་ཁོང་གི་ཐུགས་ཀྱི་སྲས་པོ་མར་ནང་རྡོ་རྗེ་འཆང་འཇིགས་མེད་དམ་ཆོས་རྒྱ་མཚོ་མཆོག་ལ་ཞུ་འཕྲིན་ཕོ་ཉ་གཞོན་ནུ་དོན་གྲུབ་ཅེས་པ་བསྐུར་བའི་གནས་མཆོག་རྡོ་རྗེ་རྫོང་ཡིན། སྤྱི་ལོ1922ལོར་ཁྲི་ཆེན་འཇམ་དབྱངས་ཐུབ་བསྟན་རྒྱ་མཚོས་ས་བརྟག་བསླངས་སྦྱངས་པའི་བྱ་བ་མཛད་དེ། གཟིམ་ཁང་སོགས་ཀྱི་གཞི་གཏིངས་ནས་དགོན་པ་ཕྱག་འདེབས་མཛད། དགེ་ལུགས་པའི་གྲུབ་མཐའ་ཡིན། ད་ལྟའི་རྩེ་ཁོག་རྫོང་རྡོ་དཀར་མོ་ཞང་གི་ཤར་བྱང་ཕྱོགས་སུ་ཆགས་ཡོད།

བསྐུལ། མཚན་སྒྲོགས་སྤྲུལ་པའི་སྐུར་བསྟུས་གྲྭ། འདོད་འདུན་ཅན་གཞན་སོ་སོར་ཐེག་དང་སུམ་རྟགས་སོགས་རིག་གནས་ཆེ་ཕྲ་མང་པོ་སྦྱོལ་བཞིན་དཔྱིད་དབྱར་གྱི་ཐུགས་དམ་དང་ཆོས་སྤྱོད་ཆགས་མེད་གནང་། དགུང་ལོ་ཞེ་བདུན་པར་སླེབ་དྲུག་ཟླ་བའི་དཀར་ཕྱོགས་ཀྱི་དགའ་བ་དང་པོར(ཕྱི་ལོ1927ལོའི་ཟླ10པའི་ཚེས1)ཤར་བླ་བྲང་ནོར་བུ་གླུ་འཛིན་གྱི་འཕགས་པ་སྤྱན་རས་གཟིགས་དབང་ཕྱུག་བསྟན་འགྲོའི་ཕན་བདེ་སྤེལ་བ་ལ་བསམ་བཞིན་སྤྲུལ་པའི་ཟློས་གར་བསྒྱུར་བ། སྲིད་ཞིའི་དྲེགས་པ་ཅན་ཐམས་ཅད་ཀྱི་གཙུག་ཧོར་ལ་ཞབས་སེན་གྱི་པད་མོ་གར་དུ་རྗེན་པ། སྐྱབས་མགོན་རྡོ་རྗེ་འཆང་ཆེན་པོ་སྐལ་ལྡན་བློ་བཟང་འཕྲིན་ལས་ལུང་རྟོགས་རྒྱ་མཚོ་འཇིགས་བྲལ་ཚངས་སྲས་སྙེམས་པའི་བློ་ལྡན་སྲིད་ཞིའི་གཙུག་རྒྱན་སངས་རྒྱས་ཆེན་པོ་ནས་དགའ་སྟོ་དང་བཅས་ལྷ་རྫས་ཆེ་ལེགས་ཕྱག་བསྟར་གྱིས་གཞུང་ལུགས་པོགས་ཚོད་དུ་འདོམས་པའི་ཡོངས་འཛིན་དུ་བཀུར་བར་ཞལ་གྱིས་བཞེས་ཏེ་རྟེན་འབྲེལ་གྱི་སྒོ་དང་པོ་ཡོན་ཏན་གཞི་གྱུར་མ་ནས་བཟུང་ཁྲིད་ཕུལ། དགུང་ལོ་ཞེ་བརྒྱད་པར(ཕྱི་ལོ1928)སྐུ་འདུས་མང་པོར་སྐྱེས་རབས་ལྷུགས་བཤད་བསྐུལ་ཏེ་རོང་པོར་ཕེབས་ཉེ་སྐབས་ལོ་སྟ་མའི་ཟླ་བཞི་པའི་ཚེས་ཉེར་ལྔ་ནས་སྟོན་གཞི་ཡམ་ཙམ་ཡོད་པ་ཇེ་བབ་ཏུ་གྱུར་སྟབས་བཅུ་གཉིས་ཉིན་རྗེ་ཕུག་ཏུ་ཕེབས། ཕྱིས་རོང་པོར་ཕེབས་ཏེ་སྐྱབས་མགོན་མཆོག་གི་སྤྲུལ་པའི་སྐུ་རིན་པོར་ཆེར་བསྟུས་གྲྭའི་དཔེ་ཁྲིད་ཀྱི་དབུ་བཙུགས། བྱ་ཁྱུང་བ་དགེ་འདུན་བསམ་གཏན་རྗེ་འདིའི་གསུང་གི་བདུད་རྩི་སྨྱོང་བ་ལ་ཆེད་གཉེར་གྱིས་སླེབས་པའི་མོས་པ་ལྟར་བློ་རྟགས་ཀྱི་དཔེ་ཁྲིད་འཆར་ཅན་དུ་གནང་། ཟླ་གཉིས་པའི་ཚེས་ཉེར་བཞིར་པིས་མདོ་བརྒྱུད་ལྟག་རྫོར་ཕེབས་ཏེ་ཚེ་ཏན་མཁན་པོ་སོགས་ལ་བློ་རྟགས་ཀྱི་ཁྲིད་དང་། ཐུགས་ཁོམ་ནམ་ཡོད་ལ་རྗེ་དཔལ་རིས་པ་ཆེན་པོ་ལས་བསེའི་བསྟུས་གྲྭ་སོགས་ལུང་འགའ་གསན། དེ་ནས་ཀ་རིང་། ཚོ་ལྷ། ཡི་སྨར། རོང་པོ་རྣམས་བརྒྱུད་ལྷ་བའི་ཆོས་བཞིར་སྐེའུ་སྟེང་དུ་ཕེབས། ཆོས་དྲུག་གཟའ་སྐར་འཕྲོད་སྦྱོར་

བཟང་པོ་དང་བསྟུན་སྐྱབས་མགོན་ཐམས་ཅད་མཁྱེན་པ། མཚན་སྒྲོགས་རྟོ་ཐོག་ཐུ། ཚེ་ཏན་ཞབས་དྲུང་ཕང་རྟོ་ཐོག་ཐུ་སོགས་ལ་བསྟུས་གྲྭའི་དཔེ་ཁྲིད་གནང་། མར་ནང་རྩེ་རྗེ་འཆང་སོགས་ལ་བཀྲ་ཤིས་འཁྱིལ་བཅོ་བཞུག་བསྟུས་གྲྭའི་ལུང་སོགས་གནང་། དགུང་ལོ་ཞེ་དགུ་པར(སྤྱི་ལོ1929)སྐྱབས་མགོན་མཆོག་ཕེབས་པར་བསྟུས་གྲྭའི་གསན་འབུལ་དང་། དཔོ་ཟླར(ཟླ2པ)སླར་ཡང་སྐྱབས་མགོན་མཆོག་གི་སྤྲུལ་བའི་སྐུ་རིན་པོ་ཆེར་བསྟུས་གྲྭའི་དཔེ་ཁྲིད་དང་། དེའི་ཕྱིས་སུ་སྐྱབས་མགོན་མཆོག་གཙོས་མོས་འདུན་ཅན་རྣམས་ལ་སུམ་རྟགས་དག་གསུམ། སྙན་ངག རྟགས་རིག རྒྱ་བོད་ཀྱི་རྩིས་སོགས་ཀྱི་མཇུབ་ཁྲིད་གནང་། དགུང་ལོ་ལྔ་བཅུ་བའི(སྤྱི་ལོ1930)ཧོར་ཟླ་གཉིས་པར་སྐྱབས་མགོན་བདུན་པའི་གསན་སྦྱོང་དངོས་གཞིའི་ཆ་རྐྱེན་གྱི་ཕྱིར་གདན་ས་ཆེན་པོ་རོང་པོ་དཔལ་གྱི་དགོན་ཆེན་དུ་ཕེབས་ཏེ་ཤས་ཆེར་བཞུགས་པའི་སྒོ་བཏོད་དེ་ཡབ་སྲས་ཞལ་མཇལ་གྱིས་རྟགས་རིག་སོགས་ཀྱི་ཁྲིད་སྩལ། བཅུ་པའི་ཆོས་མགོ་ནས་གོང་ས་མཆོག་མཚན་ཞབས་དང་བཅས་པར་བསྟུས་གྲྭའི་གསན་སྦྱོང་གི་འགྲོ་གནང་། དགུང་ལོ་ང་གཅིག་པ་ལྕགས་ལུག་ལོར(སྤྱི་ལོ1931)སྐྱབས་མགོན་ཐམས་ཅད་མཁྱེན་པ་དང་ལྷན་ཅིག་ལོ་གསར་དུས་སྟོན་མཛད་པའི་ཐོག་མ་ཡིན་པས་བདུད་རྩི་ཁང་དུ་ཡབ་སྲས་མཇལ་འཛོམས་སྐབས་སྐྱབས་མགོན་མཆོག་ནས་དབུ་ཞྭ་གསེར་མདོག་གསར་བསྐྲུན་ཅིག་གནང་བ་དགོངས་གཞི་ཟབ་པར་གོ། གསུམ་པའི་ཉི་ཤུ་ལ་བཏེག་སྟེ་བཞི་བའི་ཚེས་ལྔར་སྟག་ཚང་ལྷ་མོའི་སྒྲིབ་དགོན་བློ་གླིང་དགེ་ལྡན་བཀྲ་ཤིས་འཁྱིལ་དུ་འབྱོར་ཏེ་དྲང་ངེས་དང་རྟགས་རིག་སོགས་ཀྱི་དཔེ་ཁྲིད་གནང་། དྲུག་པའི་ཚེས་བཞི་སྟོན་པས་བདེན་བཞིའི་ཆོས་འཁོར་བསྐོར་བའི་དུས་ཆེན་དང་བསྟུན། དཔལ་མཉམ་མེད་རི་བོ་དགེ་ལྡན་པའི་རང་སྲོལ་འཕྲུལ་བ་མེད་པ་མཐའ་འཁོབ་ཀྱི་ཡུལ་དུ་སྤེལ་བའི་ཤིང་རྟ་བ་ཆེན་པོ་རོང་ཆེན་གཀྲེ་རིན་པོ་ཆེ་སྐུ་ཕྲེང་བཅུ་བ་ངག་དབང་བློ་བཟང་བསྟན་པ་ཚེ་རིང་དཔལ་བཟང་པོ་ནས་སྐུ་གསུང་ཐུགས་རྟེན་བཅས་ཕུལ་ཏེ་

སྐུ་ཡོན་གསན་སྦྱོང་གི་འགན་བཞེས་པའི་ཡོངས་འཛིན་མཛད་པར་གསོལ་བ་བཏབ་པ་ལྟར་འདུན་ལེགས་མའི་ལུང་གཟབ་བཤད་དང་སྨྲགས་པ་སྟོན་དུ་བཏང་སྟེ་ར་སྟོད་བསྡུས་གྲྭའི་དཔེ་ཁྲིད་ཀྱི་དབུ་བཙུགས་ནས་དཔེ་ཁྲིད་གང་མང་གནང་མཐར་དགུ་བའི་ཚེས་དགུ་ལ་རེབ་གོང་དུ་ཆིབས་ཞལ་བསྒྱུར། བཅུ་བའི་ཡར་ཚེས་ལ་རོང་པོར་སྐྱབས་མགོན་མཆོག་ལ་བསྡུས་གྲྭའི་གསན་སྦྱོང་འཕྲོ་ཐུལ། དགུང་ལོ་ང་གཉིས་པའི(སྤྱི་ལོ1932)གཉིས་པའི་བཅུ་གཅིག་ནས་ལྷག་རྫོར་གོང་ས་མཆོག་ལ་རྟགས་རིག་གི་དཔེ་ཁྲིད་འབུལ་བའི་དབུ་བཙུགས་ཏེ་ཀ་རིང་དང་དར་ཞིང①དུ་ཁྲིད་ལུང་ཆོས་རྒྱུན་མང་ཙམ་བསྐྱངས། དགུང་ལོ་ང་གསུམ་པ་ཆུ་བྱ(སྤྱི་ལོ1933)ལོར་བློ་རྟགས་བསྡུས་གསུམ་གྱི་དཔེ་ཁྲིད་དང་། ཟླ་གསུམ་པའི་ནང་སེཏྟེ་གཤོང་མ་མགོའི་དགོན་དུ་སྐྱབས་མགོན་སྙིང་རྗེའི་རང་གཟུགས་དང་དགྱེས་ཞལ་འཛོམས་ཤིང་། རོང་ཆེན་གིརྟི་རིན་པོ་ཆེ་ཕེབས་པར་སྐུ་དངོས་ཀྱིས་བསུ་བཀུར་གནང་། ཟླ་ཐང་ནས་རྩོད་པ་བགྱིད་པར་སྤྱན་འདྲེན་པ་ཡིན་ཞེས་རིགས་སྨྲ་གསུམ་སླེབས་པར་གང་འོས་ཀྱིས་གསུང་ལན་བསྩལ་ཏེ་སླར་བཟློངས། སྐྱབས་མགོན་མཆོག་མཚན་ཞབས་ཟུར་ཞུ་བ་རྣམས་དང་བཅས་པར་བློ་རིག རོང་ཆེན་

---

① དར་ཞིང་བདེ་འཛོམས་དགའ་ཚལ་གླིང་ནི་སྤྱི་ལོ1666ལོར་གཡུ་རྫོག་བསམ་གཏན་རྒྱ་མཚོས་ཕྱག་འདེབས་མཛད་ཅིང་དགེ་ལུགས་པའི་གྲུབ་མཐའ་ཡིན། ད་ལྟའི་རེབ་གོང་རྫོང་ཆུ་ཁོག་ཞང་མགར་རྩེ་སྡེ་བའི་ཕ་རོལ་གྱི་རི་རྐེད་དུ་ཆགས་ཡོད། སྐྲེའུ་སྟེང་བློ་བཟང་དཔལ་ལྡན་ཁོང་དགུང་ལོ་སོ་དྲུག་པ་མེ་འབྲུག་ལོའི་དགུན་མཚམས་ཞི་ཁྲོ་སྨྲགས་སྒྲུབ་སྒོམ་འཇམ་དབྱངས་སྒྲུབ་བཞིན་ཐུན་གསུམ་གར་ལམ་ཡོངས་རྫོགས་ལ་ཤར་སྒོམ་དང་འབྲེལ་ལྷ་བའི་སྤྱོད་འདོན། རྗ་ཤེའི་ཊཱིཀྐ་གསུམ་དང་། དུས་འཁོར་འགྲེལ་ཆེན་རྣམས་ལ་གཟིགས་རྟོག མར་ནང་རྡོ་རྗེ་འཆང་གཙོས་པའི་དགེ་ཕྲུག་རྣམས་ལ་ལམ་རིམ་ཡོངས་རྫོགས་དང་། རྗེའི་གསུང་འབུམ་དུ་བཞུགས་པའི་རྣམ་ཐར་གསུམ་དང་། གསན་ཡིག་སྨྲགས་པའི་ཞིབ་བཤད། ཞུས་ལན་སྙན་མཆོག་གི་བཤད་པ། ཉམས་མགུར་བཤད་ལུང་། བདེ་ལམ་གྱི་ཁྲིད་མདོར་བསྡུས་སོགས་བསྩལ་ས་ཡིན། ཁོང་གི་ཆབ་ཤོག་ལས། ཡབ་རྗེ་བླ་མ་འཇམ་པའི་དབྱངས་ཀྱི་སྐུ་དབོན་ཨཀྲ་སིདྡྷི་ལ་སྦྱིངས་པ་ཀུ་སུ་ལིའི་བདེན་གཏམ་ཞེས་བྱ་བ་དང་། རྫོང་དཀར་མ་ཅི་བ་སྐུ་ཕྲེང་ལྔ་པ་བློ་བཟང་ཆོས་འཕེལ་རྒྱ་མཚོ་ནས་ཚིགས་སུ་བཅད་པའི་སྙན་འཕྲིན་སྐྱེས་དང་བཅས་བསྐུར་བའི་ལན་དུ་ཕུལ་བ་སྙན་བསྐུལ་ཤེལ་གྱི་རྒྱུད་མངས་ཞེས་བྱ་བ་གཉིས་མཛད་སའི་གནས་ཀྱང་ཡིན། ཕྱན་རང་སྤྱི་ལོ2013ལོའི་དབྱར་གནང་སྐབས་སུ་དཔྱད་ཇོམ་གྱི་འབྲེལ་ཡོད་རྒྱུ་ཆ་འཚོལ་བསྡུ་ཆེད་རེབ་གོང་ཕྱོགས་ཀྱི་དགོན་པ་ཁ་ཤས་སུ་ཡུལ་དངོས་རྟོག་དཔྱོད་ལ་སོང་སྟེ་རྒྱུས་ལོན་པ་ལྟར་ན། ལྷ་སྤྲེའུ་རྒྱང་གིས་རེབ་གོང་ས་ཁུལ་དུ་དགོན་པ་འདི་འདུས་པའི་དགོན་པ་ཕལ་ཆེར་མེར་བསྲེགས་མ་བཏང་བ་མེད་པར་གྲྭ་བཙུན་རྣམ་པ་དག་གིས་གསུངས།

ཀཱིརྟི་རིན་པོ་ཆེ་སོགས་ལ་བསྟུས་གྲྭའི་དཔེ་ཁྲིད་རྩལ་འདོན་གནང་། དགུང་ལོ་ང་བཞི་པར(སྤྱི་ལོ1934)ཐར་ལུས་བཞིན་སྐྱབས་མགོན་མཆོག་ལ་དཔེ་ཁྲིད་ཞིབ་རྒྱས་སྤྲར་བས་ཐུགས་སྐྱིད་ངོ་མཚར་ཅན་མང་དུ་བྱུང་། དགུང་ལོ་ང་ལྔ་བ་ཤིང་ཕག་ལོར(སྤྱི་ལོ1935)ཡབ་སྲས་གསེར་ཞལ་ལྡན་རྒྱས་ཀྱིས་དགྱེས་སྟོན་ཆེན་མོ་དང་། ཆོས་ལྔ་ནས་གསན་སྦྱོང་འགྲོ་བསྐྱངས། ནག་ཟླ་ཡན་ལ་བདེན་བཞིའི་བར་གྲུབ་ཅིང་བདེན་བཞིའི་སྐབས་རྩོད་ཡིག་རིགས་པའི་གད་རྒྱངས་སུ་བྲིས་པ་རྣམས་ཀྱི་དོན་ཞིབ་འཇགས་སུ་ཁྲིད། སྟོན་ཟླའི་ཚེས་བཅུ་དགུ་ལ་སྐྱབས་མགོན་སྐལ་ལྡན་རྒྱ་མཚོའི་ཞབས་ཕྱི་མཛད་དེ་སྐུ་འབུམ་དུ་པཎ་ཆེན་ཐམས་ཅད་མཁྱེན་པ་ཆེན་པོར[1] ནང་མཇལ་དང་ཕྱི་ཉིན་རྗེ་རང་ཉིད་ནས་སྒེར་མཇལ་ཞུས། ཚེས་བཅུ་དགུ་ལ་སྐྱབས་རྗེ་ཀཱིརྟི་རིན་པོ་ཆེ་པཎ་ཆེན་ཐམས་ཅད་མཁྱེན་པར་མཇལ་ཕྱིར་ཕེབས་པ་ལ་དགྱེས་འཛོམས་དང་བཅས་བསྟུས་གྲྭའི་དཔེ་ཁྲིད་མཛད། ཟླ་བཅུ་གཅིག་པའི་ཟླ་སྨད་ནས་བཅུ་གཉིས་པའི་བཅུ་གསུམ་བར་རྫོང་དཀར་དུ་སྐྱབས་མགོན་མཆོག་དང་དགེ་འདུན་ཉི་ཤུའི་དཔེ་ཁྲིད་གནང་། “དགུན་སྨད་ཡུལ་དབུས་དཔལ་ལྡན་འབྲས་དཀར་སྤུངས་པའི་ཆོས་གྲྭ་ནས་རྗེ་སྦྲིས་ལྷ་རམས་པ་ཤེས་རབ་པས་རྩོད་ཡིག་འཇིགས་མེད་རིགས་པའི་གད་རྒྱངས་རྗེ་འདི་ཉིད་ཀྱི་དངོས་རྩོམ་ཡིན་པའི་ལུགས་སུ་བྱས་པའི་བརྒྱལ་ལན་བསྐལ་བའི་མེ་དཔུང་ཞེས་བྱ་བ་རྗོད་བྱེད་ལ་ཚིག་ཉག་གིས་རྗོབ་བསླངས་པ་ཙམ་ལས་བརྗོད་དོན་ལ་ཉིན་གཅིག་གི་གྲོལ་བའི་ཁ་གཅོད་ཐབས་ཀྱང་ཐ་ཤལ་ལས་མ་ཐོན་པ་ཞིག་ཕྱུག་འགྱུར་བྱུང་བར་རགས་གཟིགས་ཙམ་མཛད་དེ་བསྐྱེལ་བྱུང་འགའ་བཀོད། དགུང་ལོ་ང་དྲུག་པ་མེ་བྱིའི་ལོ་གསར་ནས་འཇམ་དཔལ་རྣམ་པར་རོལ་བའི་ཏིང་ངེ་འཛིན་ལས་བྱུང་བའི་ལེགས་པར་བཤད་པ་རྒྱུའི་འཕྲུལ་འཁོར་ཞེས་བྱ་བའི་བསྟན་བཅོས་རྩོལ་ཤད་ཀྱིས་མཛད་

① པཎ་ཆེན་སྐུ་ཕྲེང་དགུ་པ་བློ་བཟང་ཐུབ་བསྟན་ཆོས་ཀྱི་ཉི་མ་མཆོག་ཡིན།

སྐབས་ཐྲ་རྒྱལ་དཔལ་མགོན་འཕྲིན་ལས་ཟི་ལིང་དུ་འགྲོ་བའི་ལམ་མཇལ་དུ་སླེབས་པར་གང་ཅིའི་ལྟགས་བཀོད་སྐར།”①ཟླ་གཉིས་པའི་ཚེས་བཅུ་གཅིག་ལ་དགག་ལན་ཆུའི་འཁྲུལ་འཁོར་གྱི་མཇུག་གྲུབ་པར་མཛད་པ་དང་། རྗེ་ཕུག་ཏུ་དགག་ལན་གླེགས་བམ་དུ་བཀོད་གྲུབ་བསྟུན་པིས་མདོའི་གསེར་ཁ་སྤྲུལ་བའི་སྐུ་འཇིགས་མེད་སྐལ་བཟང་རྒྱལ་མཚན་དབུས་ཕེབས་ཕྱག་ཏུ་བཞག་སྟེ་འབྲས་སྒོ་གླུ་འབུམ་ཤེས་རབ་རྒྱ་མཚོར་ཟང་ཟིང་གི་སྐྱེས་དང་བཅས་བསྐུར། ས་ག་ཟླ་བའི་དཀར་ཕྱོགས་ཀྱི་ཚེས་བཅུ་བཞི་ལ་རྒྱལ་བསྟན་ཡོངས་ཀྱི་བདག་པོ་པཎ་ཆེན་ཨེར་དེ་ནི་བློ་བཟང་ཐུབ་བསྟན་ཆོས་ཀྱི་ཉི་མ་དགེ་ལེགས་རྣམ་རྒྱལ་དཔལ་བཟང་པོ་གསེར་སྡོང་ས་ཡུལ་དུ་གསེར་ཕེབས་ཀྱི་གྲ་སྒྲིག་དང་ཆིབས་བསུ་སོགས་མཛད་སྒོ་ཐོག་མཐའ་བར་གསུམ་གྱི་གདོང་བསྣམས། ཤར་སྐལ་ལྡན་བདུན་པ་ཆེན་མོས་ཐོས་བསམ་གླིང་ནས་རྫོང་རྒྱུགས་འབུལ་སྐབས་བརྩམས་བགྲོ་གླེང་གང་མཛད་ལ་སྤྲུབ་གྲོགས་གནང་སྟེ་ཐལ་འགྱུར་རེ་རེས་ཀྱང་རྒོལ་བའི་ཁས་ལེན་བྱེ་མའི་ཆེངས་བུ་བཞིན་དུ་བཏང་བས་རྗེ་འདིས་ཤེས་རབ་ཀྱིས་པཎ་ཆེན་ཐམས་ཅད་མཁྱེན་པའི་ཐུགས་འཕྲོག་ཅིང་མཚན་ཞབས་སོ་སོ་ནས་ཀྱང་ཁོང་གི་སྐུ་ཡོན་ལ་ངོ་མཚར་དུ་གྱུར། པཎ་ཆེན་ཐམས་ཅད་མཁྱེན་པ་ཟླ་བྲང་དུ་ཕེབས་རྗེས་གོང་ས་ཆེན་མོར་སྤར་གྱི་དཔེ་ཁྲིད་འཕྲོ་བསྐྱངས་ནས་སྐེའུ་སྟེང་དགའ་ལྡན་ཆོས་འཕེལ་དུ་ཕེབས། རྒྱལ་མཚན་མཐོན་པོའི་དྲུང་དྲག་མང་པོས་སྙན་སྐུལ་ཕུལ་བ་བཞིན་རྟོགས་བརྗོད་གསེར་གྱི་མེ་ཏོག་མཛད་གྲུབ་བསྟུན། གསུང་འཕྲིན་བཅད་ལྷུག་སྤེལ་མ་གསུམ་དང་བཅས་ཟླ་བྲང་དུ་པཎ་ཆེན་ཆོས་ཀྱི་རྒྱལ་པོ་དང་འབྲོང་རྩེ་མཚན་ཞབས།

① མར་ནང་འཇིགས་མེད་དམ་ཆོས་རྒྱ་མཚོ། འཇམ་དབྱངས་བླ་མ་ཡོངས་འཛིན་ཆོས་ཀྱི་རྒྱལ་པོ་བློ་བཟང་དཔལ་ལྡན་གྱི་ཞལ་སྔ་ནས་ཀྱི་ཐུན་མོང་བའི་རྣམ་ཐར་ཆ་ཙམ་བརྗོད་པ་རྗོགས་ལྡན་དེ་ཉིད་སྣང་བ། མར་ནང་འཇིགས་མེད་དམ་ཆོས་རྒྱ་མཚོའི་གསུང་འབུམ་པོད་ང་པར་བཞུགས། དན་ཏིག་དགོན་གྱི་ཤིང་དཔར། ཤོག་གྲངས་དོན་གསུམ་ཐོབ་ནས་དོན་བཞིའི་ཉིན་པར་གསལ།

མཚན་ཞབས་ཡེ་ཤེས་ཚུལ་ཁྲིམས། མཆོད་དཔོན་ཆེན་མོ་སོགས་ལ་ཆེད་མངགས་སྐོས་ཕུལ། མར་ནང་རྡོ་རྗེ་འཆང་གི་མ་ཚེ་ལས་འདས་པའི་དོན་དུ་རྡོ་ཕུག་ཏུ་ཕེབས་ནས་ཞག་ཤས་བཞུགས་ཏེ་སླར་སྐེའུ་སྐྱིད་དུ་ཕེབས་ནས་ཟླ་བརྒྱད་པའི་མགོ་བར་བཞུགས། རོང་པོ་དང་རྫོང་དཀར་བརྒྱུད་བཅུ་པའི་ཡར་ཆོས་ལ་རྡོ་རྗེ་རྫོང་དུ་ཕེབས་ཏེ་གཞིར་བཞུགས་རྣམས་ལ་མཇུབ་ཁྲིད་གནང་། དགུང་ལོ་ང་བདུན་པ་མེ་གླང་ལོའི་ས་ག་ཟླ་བར (ཕྱི་ལོ1937ལོའི་ཟླ4པ) སྐྱབས་རྗེ་ཀིརྟི་མཆོག་སྤྲུལ་རིན་པོ་ཆེ་མཚན་ཞབས་དང་བཅས་པར་རྭ་སྟོད་བློ་རྟགས། ཚད་མའི་སྤྱི་དོན་རྣམ་གཉིས། བློ་གླིང་རྣམ་འགྲེལ་བཅས་གུང་བསྒྲིགས་པའི་དཔེ་ཁྲིད་དང་། འཛིན་གྲྭ་སོ་སོར་དབུ་ཕར། མཛོད་འདུལ། རྣམ་འགྲེལ། དྲང་ངེས་སོགས་ཀྱི་དཔེ་ཁྲིད་གནང་། དགུང་ལོ་ང་བརྒྱད་པ་ས་སྟག་ལོའི (ཕྱི་ལོ1938) ལོ་གསར་དགེས་སྟོན་ཡབ་སྲས་ལྡན་རྒྱས་ཀྱིས་བཞེས། དགུང་ལོ་ང་དགུ་བ་ས་ཡོས (ཕྱི་ལོ1939) ལོ་གསར་དགེས་སྟོན་ཉེ་སྲས་ཀིརྟི་རིན་པོ་ཆེ་དང་ཞལ་འཛོམས་ཀྱིས་མཛད་ཅིང་། རིན་པོ་ཆེ་གསུམ་གྱི་གཏམ་གྱི་སྦྱོར་བའི་རྒྱལ་བཤད་དང་། ལྷ་རམས་དམ་བཅའ་དང་འཛིན་གྲྭ་གཏུགས་ལ་སྒྲུབ་གྲོགས་མཛད་དེ་རྟགས་གསལ་རིགས་སྨྲ་སྤྱིའི་རྒྱུན་དུ་འགྲོ་བ། ཚོགས་མང་བཞད་གད་སློང་བ། དགེས་ཚོར་དཔེ་མེད་སྐྱེད་པ་གནང་། དགུང་ལོ་དྲུག་ཅུ་བ་ལྕགས་འབྲུག་ལོའི (ཕྱི་ལོ1940) ས་ག་ཟླ་བའི་ཚེས་བཅུ་གཅིག་ནས་མཁན་ཆེན་འཇམ་པའི་དབྱངས་ཀྱི་སྤྲུལ་བའི་སྐུ་འཇམ་དབྱངས་འཕྲིན་ལས་དབང་པོ་ལ་རིན་པོ་ཆེ་གསུམ་གྱི་གཏམ་གྱི་སྦྱོར་བའི་བཤད་པ་སྔོན་དུ་འགྲོ་བ་ཅན་གྱི་བསྡུས་གྲྭའི་དཔེ་ཁྲིད་ཀྱི་དབུ་བཙུགས། དགུན་ཁྲི་ཆེན་སྤྲུལ་བའི་སྐུ་དང་རྫོང་ཚང་སྤྲུལ་བའི་སྐུ་སོགས་ལ་བསྡུས་གྲྭའི་དཔེ་ཁྲིད་སྤེལ་བཞིན་ནངས་ཉུབ་ཀྱི་མཚན་ཐུན་གཉིས་ཆགས་མེད་ཀྱིས་མདོ་སྔགས་ཀྱི་ལམ་ལ་ཐུགས་དམ་གཡོ་བ་མེད་པའི་བཤད་སྒྲུབ་ཡ་མ་བྲལ་བས་དུས་འདའ་བར་མཛད། དགུང་ལོ་རེ་གཅིག་པ་ལྕགས་སྦྲུལ (ཕྱི་ལོ1941) ལ་གོང་ས་མཆོག་དང་ཚོ་འདུ་མཁན་ཆེན།

མཚན་ཉིད་ཞབས་ཕྱི་སོགས་ལ་ལེགས་བཤད་སྙིང་པོའི་མཇུབ་ཁྲིད་བཤད་པ་དང་པོར་གཞུང་དང་སྔོ་སློ་རྗེ་གསུམ་གྱི་ཡིག་ཆ་བསྡུར་ནས་སྤྱི་དོན་སོགས་ཀྱི་ཁྲིད་དབུ་བཙུགས། ཁྲི་ཆེན་སྤྲུལ་བའི་སྐུ་དང་རྫོང་ཆུང་སྤྲུལ་བའི་སྐུ་སོ་སོར་སླར་ཡང་བསྡུས་གྲྭའི་མཇུབ་ཁྲིད་བསྩལ། ཆུ་སྟོད་ཟླ་བའི(ཟླ6པ)ཚེས་བཞིར་ཡབ་སྲས་ལྷན་ཅིག་བསུ་སྒྲིང་དང་བཅས་ཛ་བའི་གདན་ས་སྣེའུ་སྟེང་དགའ་ལྡན་དུ་ཕྱག་ཕེབས་ཏེ་དཔེ་ཁྲིད་རྣམས་དཀྲུས་བཞིན་དང་འཛིན་གྲྭ་བཞིར་བཅད་ཀྱིས་སྟོད་གྲྭ་སླར། ཕྱིར་རིང་པོར་ཕེབས་ནས་རྫོང་ཆུང་སྤྲུལ་བའི་སྐུ་སོགས་ལ་བསྡུས་གྲྭའི་དཔེ་ཁྲིད་མཛད། དགུང་ལོ་རེ་གཉིས་པ་ཆུ་རྟའི་ལོར(སྤྱི་ལོ1942)སྐུ་དཔོན་མཆོག་ལ་ཕར་ཕྱིན་དང་རྫོང་ཆུང་ཚང་སོགས་ལ་བསྡུས་གྲྭས་མཚོན་དཔེ་ཁྲིད་བར་མ་ཆད་པ་སྩལ་ཏེ་གཉིས་པའི་ཟླ་སྨད་ཚེས་བར་ལ་མར་ནང་དུ་ཕེབས། དགོན་སོ་སོར་ལུགས་གཉིས་ཀྱི་རེ་བ་བསྐངས། སྨིན་དྲུག་ཟླ་བའི་ཡར་ཚེས་ལ་རྫོང་དཀར་རྣམ་གཉིས་སོགས་ཀྱི་སྐྱིལ་མ་དང་བཅས་བཀའ་གདམས་པོ་བྲང་བཀྲ་ཤིས་དར་རྒྱས་གླིང་དུ་ཕྱག་ཕེབས་ནས་ཐུགས་སྲས་ཤེས་རབ་བཀྲ་ཤིས་ཀྱི་སྐུ་ཕྲེང་དྲུག་པ་འཛིགས་མེད་ཤེས་རབ་གྲགས་པ་འཁོར་བཅས་ལ་བསྡུས་གྲྭ་དང་། སྐུ་དཔོན་ཚེ་འདུ་མཁན་རིན་པོ་ཆེ་དང་། རྫོང་དཀར་དཔོན་སྤྲུལ་སོགས་ལ་རྣམ་འགྲེལ་དང་བསྡུས་གྲྭ་བ་དག་གིས་སྟོད་གྲྭ་སླར་བ་བཟུས། དགུང་ལོ་རེ་གསུམ་ཆུ་ལུག་ལོར(སྤྱི་ལོ1943)སྟར་ཕྱི་དཔེ་ཁྲིད་རྣམས་ཀྱི་སྟེང་། གདན་ས་ཆེན་པོ་དཔལ་ལྡན་བྲ་ཁྱུང་ནས་ཕེབས་པ་སོགས་ལ་དཔེ་ཁྲིད་གནང་། བླ་བྲང་གྲྭ་རིགས་བསང་ཕོག་མི་ཕྲུག་ཏུ་གྲགས་པ་ཞིག་གིས་སྟར་མར་ནང་རྫོ་རྗེ་འཆང་གིས་མཛད་པའི་སྟོད་ཡིག་རིགས་པའི་གད་རྒྱངས་དང་། ཕྱིས་སྣེའུ་སྟེང་ཉིད་ནས་རྗེ་སྲིས་ལྷ་རམས་པ་ཤེས་རབ་རྒྱ་མཚོ་ལ་གནང་བའི་ལེགས་བཤད་ཆུའི་འཁྲུལ་འཁོར་གཉིས་ལ་རྩོལ་བའི་ཡི་གེ་རྗེ་རྗེའི་གཟིགས་མར་བཏགས་པ་བསྐུར་བ་ཕྱག་ཏུ་སོན་པར་ལན་དགོས་པར་མི་འདུག་ཅེས་ཀྱི་ནར་པོར་བར་མཛད་དོ། །ས་དཀར་ཤར་བཟང་པོ་སྤྲུལ་བའི་སྐུ་ལ་

བསྡུས་གྲྭ་སོགས་ཀྱི་དཔེ་ཁྲིད་ཆུ་བོའི་རྒྱུན་བཞིན་བསྐྱངས། དགུང་ལོ་རེ་བཞི་བ་ཤིང་སྤྲེལ་ལོར(སྤྱི་ལོ1944)སྔར་ནས་ཞབས་ལ་སྟེན་གཞི་ཙུང་ཟད་ཅིག་ཡོད་པ་ལོ་སྔ་མའི་སྟོན་མངོན་མཚན་ཆེར་སོང་སྐབས་སྟོན་གྲལ་དང་པོ་དང་། གཟིམ་ཚང་ལོ་གསར་ཉིན་དང་པོ་ཙམ་ལས་ཉིན་མང་པོའི་དགྱེས་སྟོན་ཡོངས་རྫོགས་ལ་ཕེབས་པ་མ་ཤར། འཁྲུངས་མིན་རྫོང་དཀར་ཆེ་བའི་ཡང་སྤྲུལ། བཟང་པོ་ནོ་མོ་ཧན་གྱི་སྤྲུལ་སྐུ་སོགས་ལ་བསྡུས་གྲྭའི་དཔེ་ཁྲིད་མཛད། སྐབས་དེར་གྲང་ རླུང་གི་སྟེན་གཞི་རྙིང་བ་དང་སློ་སྟེན་ལོ་སྔ་མ་ནས་འཕར་ལྷིང་ཆེ་བ་དྭངས་ཕྱིར་ཤར་བླ་བྲང་ཆེན་མོས་གང་ཅིའི་ཆ་རྐྱེན་སྦྱར་ཏེ་གསུམ་པའི་ནང་རེབ་གོང་གི་རི་ཁྲོད་པ་རྣམས་དང་། བཀྲ་ཤིས་འཁྱིལ་གྱི་དགེ་འདུན་མང་པོ་སྔ་ཕྱིར་བླ་བྲང་ཆེན་མོར་གདན་ཞུས་ཀྱིས་ཞབས་རིམ་མང་དུ་བསྒྲུབས་པས་ཇེ་དྭངས་སུ་སོང་། དེ་ནས་མཛོད་པ་ཆེན་པོ་སོགས་དྲག་གྲས་ཀྱི་ཚིབས་སྐྱེལ་དང་བཅས་གསེར་ཁ་དགའ་ལྡན་ཆོས་འཕེལ་དུ་ཕྱག་ཕབ་པར་འདི་ཀའི་གྲོགས་བྱ་བཏང་རྣམས་སྟེན་འདྲིར་ཕྱིན་པ་ལ། སྐྱེ་བ་ཕྱི་མར་སྟོན་པ་སངས་རྒྱས་དཀོན་མཆོག་དངོས། ཉམས་སུ་བླངས་བྱ་ཆོས་དཀོན་མཆོག་དངོས། གྲོགས་དགེ་འདུན་དཀོན་མཆོག་དངོས་དང་འགྲོགས་ནུས་པའི་སྨོན་པ་བགྱིད་བཞིན་ཡོད་ཚུལ་སོགས་གསུང་། དེ་ལྟར་གདུལ་བྱའི་དོན་རྨད་དུ་བྱུང་བ་རྒྱ་ཆེར་མཛད་ཅིང་ཟླ་བཅུ་བ་ནས་བཟུང་རྐྱེན་ཅི་རིགས་ལ་བརྟེན་སྟེན་གཞི་ཇེ་བབ་དང་བཞེས་པ་ཇེ་ཞན་དུ་གྱུར་ཅིང་སྟེན་ཟུག་ཀྱང་ཉིན་འགར་མངོན་ཙམ་བྱུང་། བཅུ་གཅིག་པའི་བཅོ་ལྔ་ཐལ་བ་ནས་བཟུང་ཞལ་དབུགས་ཀྱི་འཕྱིན་རྟབ་ཕྲ་མོ་ཙམ་ཡང་མེད་པར་ཉིན་གཅིག་གི་དུག་ཆ་ཙམ་འཕྱོངས། རྣམ་ཐར་དུ་བཀོད་པ་ལྟར་ན། སྤྱིར་དགུང་ལོ་བརྒྱད་ཅུར་བཞུགས་རྒྱུའི་རྟེན་འབྲེལ་ཤིན་ཏུ་མང་བ་ལྟར་བཞུགས་རྒྱུའི་རེ་བ་ཐམས་ཅད་ལ་ཡོད་ཀྱང་། ཕྱིས་ཤིག་ནས་ཐུགས་སྣ་སྣང་བའི་ཚུལ་མངོན་མཚན་ཆེ་བ་གནང་བ་ན་དམ་པ་རྣམས་བཞེད་པ་ལ་དབང་འབྱོར་བའི་ལྟས་སུ། ལོ་སྔ་མར་སྐྱབས་མགོན་ཐམས་ཅད་མཁྱེན་པའི་

གཟིམ་རྩིས་སུ་ཉི་མ་སྒྲ་གཅན་གྱིས་ལྷག་མེད་བསྒྲིབས་པ་ཙུང་ཟད་སོར་ཆུད་རྗེས་སྐར་མདའ་ལྟར་ཡལ་བ་བྱུང་བ་ནི་སྐུ་ཚེའི་འདུ་བྱེད་གཏོང་བའི་ཐུགས་འཕེན་ལུག་ལོར་བཏང་ཚར་བ་དང་། ཐྲིལ་ལོར་རྐྱེན་ཅིས་ཀྱང་བཟློག་ཏུ་མེད་པར་མངོན་པའི་ཐ་མ་སྟོན་པའི་མཚན་མ་ཆེས་གསལ་བ་སོགས་དངོས་སློབ་རྣམས་ལ་རིང་མིན་སྤྲུལ་བའི་བཀོད་པ་བསྡུ་བའི་ལྟས་མང་དུ་བྱུང་ཡང་སྙིང་དུ་མ་སླེབས་པར་དཔྱད་པས་མ་ནོན་སྣང་ངོ་། །ཞལ་སློབ་གཅིག་ཕེབས་པའི་གསུང་རེས་སུ་ཡང་། ཚེ་འདིར་བསམ་ཐོག་ལ་མ་སོང་བ་མེད། ད་ལོ་འཆི་ཐུབ་ན་འདི་ཡང་བསོད་ནམས་བསགས་པའི་མཐུས་བསམ་པ་གྲུབ་པ་ཡིན་ཞེས་གསུངས་པ་ལྟར་བཅུ་གཅིག་པའི་ཚེས་ཉེར་གཉིས་ཀྱི་མཚན་གུང་སེང་གེའི་ཉལ་སྟངས་ཀྱིས་བསམ་བཞིན་མངོན་པའི་ཐ་མ་བསྟན་པར་ཞལ་བཀོད་ལྟར་སྐུ་ལ་རེག་པ་དང་བསྐྱོད་པ་སོགས་མ་བྱས་པར་ཆོས་གོས་གསུམ་ཐུལ་ཏེ་ཅི་འགྱུར་བའི་མཆོད་རྫས་རྣམས་བཤམས། འདི་ནི་ཁོང་སྐུ་ཚེའི་སྨད་ཀྱི་ཚད་མའི་འཆད་ཉན་གཙོ་བྱས་པའི་འཆད་ཉན་གྱི་འཕྲིན་ལས་སྤྱིལ་ཚུལ་ལོ་རེའི་དོན་ཆེན་རྣམས་རིམ་པར་བསྟར་བའོ། །

བཞི་པ། ཞར་བྱུང་མཁས་དབང་རྣམས་ཀྱིས་ཁོང་གི་ཤེས་རབ་ལ་གདེང་འཛོག་ཇི་ལྟར་གནང་ཚུལ།

དམ་པ་འདིའི་ཁྱད་མཚར་བའི་ཤེས་རབ་དེ་ནི་ཚད་མའི་གཞུང་སྦྱོང་བའམ་གདུལ་བྱ་རྣམས་ལ་དེ་འཆད་པའི་འཕྲིན་ལས་རྒྱས་པའི་སྟོན་འགྲོའམ་མཐུན་རྐྱེན་རང་ཡིན་པས། འདིར་མཁས་དབང་རྣམས་ཀྱིས་ཁོང་གི་ཤེས་རབ་ལ་དེ་འབྲེལ་གྱི་གདེང་འཛོག་ཇི་ལྟར་གནང་ཡོད་ཚུལ་རགས་ཙམ་བརྗོད་ན།

ཁོང་ཉིད་ལ་གཞོན་ནུའི་དུས་ནས་གཞན་དང་མི་མཚུངས་པའི་ཤེས་རབ་ཁྱད་པར་ཅན་ཡོད་པར་བཤད་དེ། བྱིས་པའི་སྐབས་ཉིད་ནས་བྱིས་པ་ན་མཉམ

དག་དང་རྩོད་འཛིར་རོལ་དུས་ཀྱང་གཞན་དག་ལས་བློ་རིག་བཀྲ་བའི་ཐུན་མོང་མ་ཡིན་པའི་ཁྱད་ཆོས་མང་དུ་ཡོད་པ་དཔེར་ན། ཐེངས་ཤིག་ཕ་མས་ཁོང་ཉིད་ཕྱུགས་རྫིར་མངགས་པ་ན་ཉིན་གུང་གི་དུས་སུ་ཆར་ཆེན་པོ་བབས་པས་ཨ་མས་ཆར་ལྭ་འཁྱེར་ནས་ཐོན་པ་ན་ཁོང་གི་ལུས་སྟེང་དུ་ཆར་ཐིག་གཅིག་ཀྱང་ལྷུང་མེད་ཅིང་མཐའ་འཁོར་གྱི་རྫི་གྲོགས་ཚོ་ཆར་བས་སྦྲངས་ནས་ཡོད་པ་མཐོང་བས་ཨ་མ་ཡང་ཡ་མཚན་པར་གྱུར། དགུང་ལོ་བཅུ་བའི་སྟེང་སློབ་པའི་དགའ་ཚལ་དབེན་གནས་སྐེའུ་སྟེང་དགའ་ལྡན་ཆོས་འཕེལ་དུ་ཞུགས་དུས་ནས་ཆོས་སྤྱོད་སྣ་ཚོགས་སོགས་ཚོགས་ཀྱི་ཞལ་འདོན་མ་ལུས་པ་བཛ་བསྟན་པ་ཙམ་གྱིས་ཐུགས་སུ་ཆུད་པས་རིག་པ་བཟང་བའི་ཚད་དུ་བརྩི་ལ། དཔེ་གཟིགས་ཁྲིད་ཐུགས་དོགས་གང་ཤར་བཤེས་གཉེན་ལ་འཕྲལ་འཕྲལ་དུ་དྲིས་པས་མཁས་པ་ཡིན་ཟེར་ཚད་ལ་ཆོས་བཤད་དང་། གང་བྱུང་ལ་ལུང་འདྲེན་མཛད་པས་ཀུན་གྱིས་ངོ་མཚར་བར་གྱུར་བ་རྟོགས་བརྗོད་ངོ་མཚར་སྤྲིན་གྱི་སྒྲ་དབྱངས་ལས་ཀྱང་། "ལང་ཚོ་ཆེས་ཕྲ་ཐོག་མ་ཐོག་མའི་དུས། །རྣམ་དཔྱོད་འདབ་མ་གྲོལ་བ་འདི་ལྟ་ན། །མང་ཐོས་དཔག་བསམ་འཁྲི་ཤིང་རྒྱས་པ་ཡི། །ཡལ་གས་ཕྱོགས་ཀྱི་འཁོར་ལོ་ཅིས་མི་འགེངས། །"①ཞེས་བསྔགས། དེ་ནས་དགུང་ལོ་ཉེར་བཞིའི་སྟེང་རྗེ་ཞྭ་དམར་པཎྜི་ཏའི་མདུན་དུ་བཅར་སྐབས། མཛོད་དགེ་ཞལ་སྔ་ནས་བློ་བཟང་རྒྱ་མཚོ་བ་མཚན་ཉིད་དགེ་རྒན་དུ་བཀའ་བསྒྱུར་བ་ལྟར་རྗེ་འདི་གཅིག་པུར་རྭ་བསྟུས་གྲྭའི་དབུ་ནས་དཔེ་ཁྲིད་གནང་བར་རྟགས་གསལ་གྱི་འགྲོ་ཕྱོགས་ཚེགས་མེད་དུ་མཁྱེན་པ་ལ། དཔྱིད་ཆོས་ཚོགས་པར་ཆོས་གྲྭར་ཞུགས་ཏེ་རྟགས་གསལ་ཤར་ཤར་བཏང་བས་སློབ་དཔོན་དང་གྲོགས་མཆེད་རྣམས་ཀྱང་མཁྱེན་དཔྱོད་ཀྱི་རྩལ་ལ་དཔག་པར་དཀའ་བའི་བློ་གྲོས་ཞེས་ངོ་མཚར་དུ་འཛིན་པ་བྱུང་ལ། ཁོང་གི་ཤེས་རབ་

① བློ་བཟང་དཔལ་ལྡན། བློ་བཟང་དཔལ་ལྡན་གྱི་ལྷུག་རྩོམ་ཕྱོགས་བསྒྲིགས། སྟོད་ཆ། ཀྲུང་གོའི་བོད་ཀྱི་ཤེས་རིག་དཔེ་སྐྲུན་ཁང་། 1990ལོའི་ཟླ10པའི་པར་ཐེངས་དང་པོ། ཤོག་ངོས5པ།

དེས། གོང་དུ་གླེང་བ་བཞིན་དབྱར་ཆོས་སྐབས་བློ་བྲང་ནས་སྒྲུངས་པ་རྫོང་དུ་སོང་ཞིང་གདན་ས་འདིར་རིགས་སྨྲའི་དྲག་གྲས་སུ་བརྩི་བའི་ཉོ་པོང་མིག་དམར་དང་། ཙོ་ནེ་ཞ་ར་སོགས་འཛིན་གྲྭ་རྙིང་བའི་བཟང་རྩེ་རྣམས་ཀྱང་ཟིལ་གྱིས་མནན་ཅིང་། འཛིན་གྲྭ་གོང་ནས་དམ་བཅར་འོངས་པ་རྣམས་ཀྱང་རིགས་པའི་སྒྲུབ་བྱེད་ཆར་དུ་བསྙིལ་བས་བློ་གྲོས་དང་ཆོས་སྐད་ཕུན་སུམ་ཚོགས་པའི་སློན་པ་ཕྱོགས་སུ་རྒྱས་ཤིང་བཤེས་གཉེན་མཁས་དབང་རྣམས་ཀྱི་ཡིད་དབང་འཕྲོག་པ་བྱུང་། ཞྭ་དམར་བ་མཆོག་ཀྱང་ཁོང་གི་ཤེས་རབ་ལ་ངོ་མཚར་བར་གྱུར་ཏེ། “ཨ་ཡ་མཚན། མཚན་ཉིད་འདི་དེ་ལྟར་ཤེས་མི་སྲིད། ཁྱོད་ཀྱིས་རིག་གནས་སོགས་མཐིལ་ཕྱིན་བསླབས་པ་དང་ལྷན་སྐྱེས་ཀྱི་ཤེས་རབ་ཤིན་ཏུ་ཆེ་བའི་སྟབས་ཡིན་རྒྱུ་རེད”①ཅེས་གསུངས་སྐྱོང་ལ། ཚུལ་འདི་ལ་རྟོགས་བརྗོད་དུའང་། “རིགས་གཞུང་དུ་མའི་རིགས་ཚན་སོ་སོ་ཡི། །དགག་སྒྲུབ་རིགས་འཕྲུལ་སེང྄་ཕྲ་རའི་སྒོ། །རྣམ་དཔྱོད་ལུས་ཕྲའི་འགྲམ་ཆང་རེག་ཙམ་གྱིས། །དབང་མེད་གྲོལ་བའི་ཡ་མཚན་ཅི་ཡང་སྣང་། །”②ཞེས་གསུངས་བ་སོགས་གོང་གི་སྐྱེས་ཆེན་འདི་ལྟ་བུ་རྣམས་ཀྱང་ཁོང་གི་ཤེས་རབ་དེ་ལ་ཧ་ལས་པར་གྱུར་ཡོད། །

སྐུ་ཚ་བཀྲ་ཤིས་ཆོས་སྡིངས་དགོན་བཙུགས་མ་ཐག་ནས་ལོ་ཟླ་ཉིན་ཞག་ལྟར་མདོ་དབུས་ཀྱི་གྲྭ་ས་ཆེན་པོ་ནས་མཁས་པའི་ཁྲིམ་ཐག་ཆོད་པ་པཎྜའི་ཚལ་ལ་བྱུང་བ་བཞིན་དུ་འདུས་པས་དགོན་པ་དེ་ནི་མཁས་དགུ་འཛོམས་ཆེ་བ་ཞིག་ཡིན་ནའང་། རྗེ་འདིས་ཆོས་ཐོག་གསུམ་ཙམ་འགྲིམས་པ་ལ་བརྟེན་ནས་སྐྲེའུ་སྟེང་བློ་བཟང་ཞེས་ཆོས་གྲྭ་ཆེ་གྲས་ཁག་གི་པཎྜི་ཏ་ཐམས་ཅད་ཟིལ་གྱིས་མནན་པར་མ་

① མར་ནང་འཇིགས་མེད་དམ་ཆོས་རྒྱ་མཚོ། འཇམ་དབྱངས་བླ་མ་ཡོངས་འཛིན་ཆོས་ཀྱི་རྒྱལ་པོ་བློ་བཟང་དཔལ་ལྡན་གྱི་ཞལ་སྔ་ནས་ཀྱི་ཐུན་མོང་བའི་རྣམ་ཐར་ཆ་ཙམ་བརྗོད་པ་ཇོགས་ལྡན་དེ་ཉིད་སྣང་བ། མར་ནང་འཇིགས་མེད་དམ་ཆོས་རྒྱ་མཚོའི་གསུང་འབུམ་པོད་ང་པར་བཞུགས། དན་ཏིག་དགོན་གྱི་ཤིང་དཔར། ཤོག་གྲངས་བཅུ་དྲུག་གི་སྲིབ་ངོས།

② བློ་བཟང་དཔལ་ལྡན། བློ་བཟང་དཔལ་ལྡན་གྱི་ལྷུག་རྩོམ་ཕྱོགས་བསྒྲིགས། སྟོད་ཆ། ཀྲུང་གོའི་བོད་ཀྱི་ཤེས་རིག་དཔེ་སྐྲུན་ཁང་། 1990ལོའི་ཟླ10པའི་པར་ཐེངས་དང་པོ། ཤོག་ངོས7པ།

ཟད་གྲུ་ས་གཞན་དུའང་རྟོག་གེ་བའི་གྲགས་པ་རྒྱས་པར་གྱུར། ཡང་རྗེ་ཞྭ་དམར་བས་ཆོས་གྲྭ་དེར་སྣེའུ་སྟེང་ལས་ལྷག་པའི་ཤེས་རབ་ཅན་བྱུང་མ་མྱོང་ཚུལ་གསུངས་ལ། སྐྱབས་མགོན་སྐལ་ལྡན་དྲུག་པ་ཆེན་པོས་ཀྱང་། "སྔོར་བྱུང་གི་ཤེས་རབ་ཅན་ཡིན་ན་གང་བསླབས་དེ་ཙམ་ལས་མི་ཤེས། བློ་བཟང་སྐྱེས་སྟོབས་ཀྱི་ཤེས་རབ་ཅན་ཡིན་པས་རིག་ཙམ་ཐོས་ཙམ་གྱིས་གཅིག་ཤེས་ན་མང་པོ་རིགས་བསྒྲེས་ཀྱིས་ཤེས་ཐུབ་པ་ཞིག་ཡིན" ①ཞེས་གསུངས་སྐྱོང་། ཕྱིས་སུ་རྡོ་རྗེ་འཆང་འཇམ་དབྱངས་ཐུབ་བསྟན་རྒྱ་མཚོས་ཀྱང་། དགེ་རྒན་ཚང་གི་མཁྱེན་རབ་འདི་ཅི་ཙམ་གྱི་དཀའ་ས་ཞིག་ལ་ཐུག་པ་དེ་ཙམ་གྱིས་ཅིག་ལ་ཟུག་འགྲོ་བ་ཞིག་ཡིན་པ་འདི་ཡ་མཚན་པོ་ཞིག་རེད་ཅེས་ཀྱང་གསུངས་ལ། ཕོང་ཉིད་དགུང་ལོ་ང་དྲུག་པའི་ས་ག་ཟླ་བར་པཎ་ཆེན་སྐུ་ཕྲེང་དགུ་བ་མཆོག་རབ་གོང་དུ་ཕེབས་པར། ཤར་སྐལ་ལྡན་བདུན་པས་ཐོས་བསམ་གླིང་ནས་ཐོག་མར་རྩོད་རྒྱུགས་ཕུལ་བར་བགྲོ་གླེང་གང་མཛད་ལ་སྒྲུབ་ཕྱོགས་གནང་སྟེ་ཐལ་འགྱུར་རེ་རེས་ཀྱང་ཕྱི་རྒོལ་ས་འོག་ཏུ་རྡིབ་པ་ལྟ་བུར་གྲགས་མེད་དུ་མཛད་ཚེ་པཎ་ཆེན་ཐམས་ཅད་མཁྱེན་པ་ཡང་རྗེ་འདིས་གར་སྒྲུབ་ཏུ་ཕེབས་ནས་སྤྱན་གྱིས་བཙས་ཏེ་ཐུགས་འཁྲུག་པའི་རྣམ་པ་དང་། རྒྱལ་མཚན་མཐོན་པོའི་མཚན་ཞབས་སོ་སོ་ནས་ཀྱང་ཕུ་དུད་དང་སྐུ་ཡོན་ལ་ངོ་མཚར་དུ་གྱུར་པ་དང་། མཆོག་དམན་ཐམས་ཅད་ཀྱིས་ཕྱོགས་སྣང་ཆོས་གྲགས་སུ་སྟེགས་ཀྱི་རྒོལ་བ་འཇོམས་པ་ལ་ཆས་པ་ལྟ་བུར་མཐོང་ནས་མིག་དང་ཡིད་ལ་ངོ་མཚར་བའི་རི་མོ་གཞིག་ཏུ་མེད་པར་བཀོད་པའི་སྟོབས་ལས་བྱུང་བའི་བསྔགས་པའི་སྒྲ་དབྱངས་དུས་གཅིག་ཏུ་བསྒྲགས་པར་གྱུར། པཎ་ཆེན་ཐམས་ཅད་མཁྱེན་པའི་མཚན་ཞབས་འཁྲིད་རྗེ་མཁན་པོ་དང་ཡེ་ཤེས་ཚུལ་ཁྲིམས། མཆོད་དཔོན་ཆེན་མོ་

① མར་ནང་འཇིགས་མེད་དམ་ཆོས་རྒྱ་མཚོ། འཇམ་དབྱངས་བླ་མ་ཡོངས་འཛིན་ཆོས་ཀྱི་རྒྱལ་པོ་བློ་བཟང་དཔལ་ལྡན་གྱི་ཞལ་སྔ་ནས་ཀྱི་ཐུན་མོང་བའི་རྣམ་ཐར་ཆ་ཙམ་བརྗོད་པ་རྫོགས་ལྡན་དེ་ཉིད་སྣང་བ། མར་ནང་འཇིགས་མེད་དམ་ཆོས་རྒྱ་མཚོའི་གསུང་འབུམ་པོད་ང་པར་བཞུགས། དན་ཏིག་དགོན་གྱི་ཤིང་དཔར། ཤོག་གྲངས་ཉེར་ལྔ།

བཅས་ཀྱིས་ཀྱང་། དེང་སང་རོང་པོ་ཤར་གྱི་ཡོངས་འཛིན་དེ་འདྲའི་སྐུ་ཡོན་ཆེ་བ་མེད། ཁོང་བ་མཁས་ཁྱུངས་མེད་པར་ཡོན་ཏན་རང་རྫོལ་བྱུང་བ་རེད་ཅེས་ཡང་ཡང་གསུང་འཕྲོས་མཛད། ཁོང་ཉིད་ནི་བདེ་ལེགས་ཐམས་ཅད་ཀྱི་རྩ་བ་ཐེག་པ་ཆེན་པོའི་ཡོངས་སུ་འཛིན་པས་ཉེ་བར་བཟུང་ཞིང་ལྷག་པའི་ལྷས་བྱིན་གྱིས་བརླབས་པའི་མཚན་མ་བརྟན་པོ་བརྙེས། རིགས་པ་དྲི་མ་མེད་པའི་ལམ་ལ་ལེགས་པར་སྦྱངས་པའི་ཉེར་ལེན་དམ་པ། བསགས་སྦྱངས་མཐའ་ཡས་པའི་གྲོགས་ཀྱིས་རྒྱུན་ལྡན་དུ་བསྐྱངས་ཤིང་། མང་དུ་ཐོས་པའི་ལྷན་ཅིག་བྱེད་རྐྱེན་བསམ་གྱིས་མི་ཁྱབ་པས་ཟིན་པར་མཛད་པས་རང་གཞན་གྱི་གྲུབ་པའི་མཐའ་རྒྱ་མཚོ་ལྟ་བུའི་ཕ་རོལ་ཏུ་ཕྱིན། ཇི་ལྟར་མང་དུ་ཐོས་པའི་དོན་ཡང་དག་པར་བསམས་པས་སྒྲོ་འདོགས་ལྷག་མ་མེད་པར་བཅད་པའི་དོན་རྩེ་གཅིག་ཉམས་སུ་བཞེས་པས་སོ་སྐྱེའི་སའི་ཆོས་གསུམ་མངོན་དུ་བྱས་ཏེ། འཕགས་པའི་ས་བཅུའི་ཡོན་ཏན་དང་རྗེས་སུ་མཐུན་པའི་མཛད་པས་རང་གཞན་གྱི་དོན་རྒྱ་ཆེན་པོ་མཛད། ཁོང་ཉིད་ཀྱི་རྩོད་པའི་ཡོན་ཏན་དེ་ལུང་དང་རིགས་པའི་དགའ་སྟོན་ནམ་སྨྲ་བ་ན་རང་གཞན་གྱི་རྒྱུད་ལ་ཐར་བའི་བག་ཆགས་བརྟན་པོ་འཛོག་པའི་ཐབས་ཁོ་ན་ལས་རང་རྒྱལ་གཞན་ཕམ་གྱི་རྩོད་པ་ལ་ཆགས་པའི་ཕྱིར་མཛད་པ་ནི་མེད་པས། ཁོང་གི་ཁྱད་མཚར་བའི་ཤེས་རབ་ལ་བསྟོད་པའི་མཐེ་བོང་མི་བཀྲང་མཁན་ཞིག་གར་ཡང་མ་མཆིས་སོ། །

མཇུག་བསྡུ་བའི་གཏམ།

རྗེ་བློ་བཟང་དཔལ་ལྡན་ཁོང་ཉིད་ཀྱིས་སྐུ་ཚེ་གང་པོར་བསྟན་པའི་འགྲོ་དོན་བསྐྱངས་པ་ལ་མདོ་སྨད་བྱང་རྒྱུད་ནས་རྒྱལ་བ་ཉི་མའི་གཉེན་གྱི་རྒྱལ་ཚབ། བསྟན་པ་ཡོངས་སུ་རྫོགས་པའི་མངའ་བདག སྙིགས་མའི་དུས་ཀྱི་སྟོབས་བཅུ

མངའ་བ་རྡོ་རྗེ་འཆང་དགེ་འདུན་བསྟན་འཛིན་རྒྱ་མཚོ་དང་། ལྷོ་རྒྱུད་ནས་སྟན་བརྒྱུད་མན་ངག་རྒྱ་མཚོའི་གཏེར་མཛོད་སྤྱན་རས་གཟིགས་འཇམ་དབྱངས་ཐུབ་བསྟན་རྒྱ་མཚོ་གཙོ་བོར་གྱུར་པའི་ཐེག་པ་མཆོག་གི་དགེ་བའི་བཤེས་གཉེན་གསུམ་གྱིས་ལྷག་པའི་བཙུ་སྲུག་གཉིས་ཀྱི་ཞབས་ལ་གཏུགས་ནས་བསམ་སྦྱོར་དག་པས་བསྟེན་ཏེ་བཀའ་པོད་ལྔ་དང་། རྒྱུད་སྡེ་བཞི། ལམ་རིམ་བློ་སྦྱོང་། ཐུན་མོང་གི་རིག་པའི་གནས་རྣམས་ལ་སྦྱངས་པ་མཐིལ་ཕྱིན་མཛད་པར་མ་ཟད། དབང་ལུང་རྗེས་གནང་གི་ཁྲིད་བཤད་ལུང་གི་རིགས་ད་ལྟ་ཡོངས་སུ་གྲགས་པ་རྣམས་མ་ལུས་པར་གསན་ལ། གང་ལ་ཐོས་བསམ་བྱས་པའི་གནད་རྣམས་ལམ་ཡོངས་སུ་རྫོགས་པའི་ལུས་གཅིག་ཏུ་དྲིལ་ཏེ་ཐུགས་ཉམས་སུ་བཞེས་པས་སོ་སྐྱེའི་སའི་ཆོས་གསུམ་མངོན་དུ་གྱུར་ཅིང་སྐུའི་བཀོད་པ་བསྡུས་པའི་བར་དུ་འཆད་རྩོད་རྩོམ་གསུམ་གྱིས་དུས་འདའ་བར་བྱས་པའི་སྐྱེས་ཆེན་འདི་ཉིད་ཀྱི་རྣམ་པར་ཐར་པ་བདག་འདྲས་འབྲི་ནུང་ནི་མ་ཡིན་མོད། དགོས་དབང་གིས་ཁོང་གི་དངོས་སློབ་མར་ནང་འཇིགས་མེད་དམ་ཆོས་རྒྱ་མཚོ་མཆོག་གིས་མཛད་པའི་རྣམ་ཐར་ལ་ཡང་དང་བསྐྱར་དུ་མཇལ་རྗེས། ཕར་བཤུས་ཚུར་བཤུས་ཀྱིས་དམ་པ་གང་དེའི་སྐུ་ཚེ་གང་པོའི་ཚད་མའི་སྐོར་གྱི་མཛད་པ་བྱེ་བྲག་རྣམས་ཁོལ་ཏུ་ཕྱུང་སྟེ་ཀུན་གྱི་སྤྱན་སྔར་བཀྲམ་པ་འདི་དགེ་ལེགས་སུ་གྱུར་ཅིག

རྒྱར་བཀོད་པར་རིས་འགའ།

པར་རིས་འདི་འཇིགས་མཛད་རྡོ་རྗེ་རྫོང་དགོན་པའི་བཅོ་བཞག་བླ་མ་འཇིགས་མེད་བསྟན་འགྲུས་ལགས་ཀྱིས་མཁོ་འདོན་གནང་བ་ཡིན་ལ། འདི་ནི་རྗེ་ཚེ་ཏན་ཞབས་དྲུང་འཇིགས་མེད་རིགས་པའི་བློ་གྲོས་མཆོག་དགུང་ལོ་བཅུ་གསུམ་བཞེས་པ་སྤྱི་ལོ1922ལོའི་ཟླ་དང་པོའི་ཟླ་སྨད་ཀྱི་ཉིན་ཞིག་ལ་དན་ཏིག་དང་ཉེ་སའི་རྒྱ་ཁྱུར་ཞེས་པར་བླངས་ཤིང་། བླ་སྤྲུལ་སོ་སོའི་མཚན་ནི་ཚེ་ཏན་ཞབས་དྲུང་མཆོག་གིས་པར་ངོས་སུ་ངོ་སྤྲོད་གནང་བར་གསལ།

པར་རིས་སྔོན་མ་ནི་སྐེའུ་སྟེང་བློ་བཟང་དཔལ་ལྡན་མཆོག་དགུང་ལོ་བཅུ་པ་ལྕགས་སྟག་སྟེ་སྤྱི་ལོ1890ལོར་བ་ཏུ་བྱུང་སའི་དགོན་པ་སྐེའུ་སྟེང་དགའ་ལྡན་ཆོས་འཕེལ་གླིང་ཡིན་ལ། ད་ལྟའི་རེབ་གོང་རྫོང་ཐོ་ཀྱ་ཞང་ཚོ་འདུ་མཛོད་གོང་སྡེ་བའི་ཕ་རོལ་ཀྱི་རི་སྟེང་དུ་ཆགས་ཡོད། སྤྱི་ལོ1732ལོར་ཚོ་འདུ་མཁན་པོ་བློ་བཟང་འཕྲིན་ལས་ཀྱིས་ཕྱག་འདེབས་མཛད། དགེ་ལུགས་པའི་གྲུབ་མཐའ་ཡིན། པར་རིས་ཕྱི་མ་དེ་ནི་སྐེའུ་སྟེང་བློ་བཟང་དཔལ་ལྡན་མཆོག་གི་འཁྲུངས་སའི་གཞིས་ཁུལ་ཀྱི་ད་ལྟའི་རྣམ་པ་ཡིན། ད་ལྟའི་རེབ་གོང་རྫོང་ཐོ་ཀྱ་ཞང་ཚོ་འདུ་ས་སོ་མའི་སྡེ་བ་ཞེས་པར་ཡོད།

པར་རིས་སྔོན་མ་ནི་སྒེའུ་སྐྱིད་དགའ་ལྡན་ཆོས་འཕེལ་གླིང་གི་ཆོས་འཁྲིད་སྒང་སྟེ། སྒེའུ་སྐྱིད་བློ་བཟང་དཔལ་ལྡན་མཆོག་གིས་ཆོས་འཁྲིད་བྱེད་སའི་གནས་ཡིན་པར་བཤད། བསང་ཁྲི་འདི་ནི་སྐབས་དེར་ཁོང་གིས་ཆོས་འཁྲིད་གནང་དུས་ཀྱི་བཞུགས་ཤུལ་ཡིན་ནོ། །པར་རིས་ཕྱི་མ་ནི་སྒེའུ་སྐྱིད་བློ་བཟང་དཔལ་ལྡན་དང་རྡོ་རྗེ་འཆང་འཇིགས་མེད་དམ་ཆོས་རྒྱ་མཚོའི་ཡོངས་འཛིན་བགྲེས་པ་ཁེ་རུས་ཁྲི་ལྡའི་ཨ་ཁུ་རིན་པོ་ཆེ་སྤྱན་སྔ་དཀོན་མཆོག་ཕུན་ཚོགས་རྣམ་གཉིས་ཀྱི་གདུང་རུས་ནང་བཞུགས་ཅན་གྱི་འབུམ་ཁང་བྱིན་རླབས་ཅན་ཡིན་ལ། ད་ལྟའི་ཞུན་ཧྭ་རྫོང་ཁོངས་ཀྱི་ཀ་རིང་ལུང་གཡོན་ཐང་དགོན་པར་བཞུགས།

པར་རིས་སྟོན་མ་ནི་སྐེའུ་སྟེང་བློ་བཟང་དཔལ་ལྡན་མཆོག་རྫོང་དཀར་བཀྲ་ཤིས་དར་རྒྱས་གླིང་དུ་བཞུགས་སའི་གནས། ད་ལྟ་མཁར་ཤུལ་ཙམ་ལས་མེད། པར་རིས་ཕྱི་མ་དེ་རྫོང་དཀར་དགོན་དུ་བཞེངས་པའི་སྐེའུ་སྟེང་བློ་བཟང་དཔལ་ལྡན་གྱི་གདུང་རྟེན་འབུམ་ཁང་ཡིན། འབུམ་ཁང་བཞེངས་སའི་རི་རྒྱུད་འདི་ནི་སྦྲུལ་ནག་ཐུར་དུ་འབབ་པ་དང་མཚུངས་པས། དམ་པ་ཕོང་ཉིད་སྐྱུ་མྱུ་ངན་ལས་འདས་ཁར། རི་རྒྱུད་འདིའི་ས་དབྱིབས་ཀྱིས་རྗེས་ཕྱོགས་དགོན་པར་ས་དགྲའི་གནོད་པ་ཡོད་པས། ཕོང་གི་གདུང་རྟེན་གྱིས་འབུམ་ཁང་ གླུགས་ནས་རི་རྒྱུད་འདིའི་སྣ་ཁར་བཞེངས་ན་དགོན་པ་ལ་བཀྲ་ཤིས་པ་འོང་ཞེས་པའི་ཞལ་ཆེམས་

བཀོད་པ་ལྟར་བཞེངས་པའི་གདུང་ཚ་ཡིན་པར་བཤད། འདི་ནི་དགོན་པ་འདིའི་རྟེན་གཙོ་བོའི་གྲས་ཡིན་ནོ། །

དཔྱད་གཞིའི་ཡིག་ཆ།

[1] བློ་བཟང་དཔལ་ལྡན། བློ་བཟང་དཔལ་ལྡན་གྱི་ལྷུགས་རྩོམ་ཕྱོགས་བསྒྲིགས། སྟོད་ཆ། ཀྲུང་གོའི་བོད་ཀྱི་ཤེས་རིག་དཔེ་སྐྲུན་ཁང་། 1990ལོའི་ཟླ10པའི་པར་ཐེངས་དང་པོ།

[2] མར་ནང་འཇིགས་མེད་དམ་ཆོས་རྒྱ་མཚོ། འཇམ་དབྱངས་བླ་མ་ཡོངས་འཛིན་ཆོས་ཀྱི་རྒྱལ་པོ་བློ་བཟང་དཔལ་ལྡན་གྱི་ཞལ་སྔ་ནས་ཀྱི་ཐུན་མོང་བའི་རྣམ་ཐར་ཆ་ཙམ་བརྗོད་པ་རྫོགས་ལྡན་དེ་ཉིད་སྣང་བ། མར་ནང་ འཇིགས་ མེད་ དམ་ ཆོས་ རྒྱ་ མཚོའི་ གསུང་ འབུམ་ པོད་ ང་ པར་ བཞུགས། དན་ཏིག་དགོན་ གྱི་ ཤིང་དཔར།

[3] འཇིགས་མེད་བསམ་གྲུབ། འཇམ་དབྱངས་བླ་མ་ཡོངས་འཛིན་པཎྜི་ཏ་བློ་བཟང་དཔལ་ལྡན་གྱི་རྣམ་ཐར་མདོར་བསྡུས། 《བོད་ལྗོངས་ཞིབ་འཇུག》 1990ལོའི་དེབ3པ།

[4] འཇིགས་མེད་བསམ་འགྲུབ། ཡོངས་འཛིན་བློ་བཟང་དཔལ་ལྡན་གྱི་རྣམ་ཐར་མཚམས་སྦྱོར། ཀྲུང་གོའི་བོད་རིག་པ་དཔེ་སྐྲུན་ཁང་། 1996ལོའི་ཟླ7པའི་པར་ཐེངས་དང་པོ།

[5] རེབ་གོང་པ་འཇིགས་མེད་བསམ་གྲུབ། མདོ་སྨད་རེབ་གོང་ལོ་རྒྱུས་ཆེན་མོ་ངོ་མཚར་གཏམ་གྱི་བང་མཛོད། སྟོད་ཆ། མི་རིགས་དཔེ་སྐྲུན་ཁང་། 2013ལོའི་ཟླ6པའི་པར་ཐེངས་དང་པོ།

[6] ཚེ་འདུའི་ཡར་འཕེལ། མདོ་སྨད་རེ་སྐོང་ཚེ་འདུའི་ཆོས་སྲིད་ཀྱི་བྱུང་བ་བརྗོད་པ་དོན་ལྡན་གཏམ་གྱི་རྒྱུད་མངས་ཞེས་བྱ་བ། ཞང་ཀང་གྱི་ལིང་དཔེ་སྐྲུན་ཁང་།

[7] ཚུ་སྐྱེས་དགེ་འདུན་དཔལ་བཟང་། རེབ་གོང་ཡུལ་སྐོར་ཟིན་ཐོ། གན་སུའུ་མི་རིགས་དཔེ་སྐྲུན་ཁང་། 2007ལོའི་ཟླ11པའི་པར་ཐེངས་དང་པོ།

[8] ཀུན་བཟང་རྡོ་རྗེ། ཡོངས་འཛིན་སྙེའུ་སྟེང་བློ་བཟང་དཔལ་ལྡན་གྱི་ལོ་རྒྱུས་ལ་དཔྱད་པ། མཚོ་སྔོན་དགེ་ཐོན་སློབ་ཆེན་གྱི་ཤེས་རབས་པའི་བསླབ་གནས་དཔྱད་རྩོམ། 2010ལོའི་ཟླ6པ།

[9] སྟག་རྡོ། སྙེའུ་སྟེང་བློ་བཟང་དཔལ་ལྡན་གྱི་ཆབ་སྲིག་ལ་དཔྱད་པ། ཀྲུང་དབྱང་མི་རིགས་སློབ་ཆེན་གྱི་ཤེས་རབས་པའི་བསླབ་གནས་དཔྱད་རྩོམ། 2014ལོའི་ཟླ6པ།

浅谈格登·洛桑华丹的因明学业绩

德　白

【内容摘要】

本论文着重论述和评价了格登·洛桑华丹在藏传因明学闻、思、辩、讲等方面不可磨灭的功绩。笔者在论述过程中以大师之弟麻尔囊·晋美达木切嘉措（མར་ནང་འཇིགས་མེད་དམ་ཆོས་རྒྱ་མཚོ）撰写的《格登·洛桑华丹传》一文为依据。首先，简要介绍了大师的生平事迹，通俗易懂地讲述了大师是如何结合藏族先贤学者的因明学经典来学习因明学理论的过程；其次，重点陈述了大师在支扎寺等一些安多地区著名的寺院里与寺院学者们进行因明学的学习、探讨、辩论后，系统并牢固掌握藏传因明学相关知识等内容；第三，较为详细地阐述了大师在支扎寺、隆务寺、洛音堂寺等地为僧徒们讲授因明学为主的各类学科知识，继承和发扬了藏传因明学并培养了诸多因明学学者的功绩；最后，为更详细的认识和了解大师是如何成为一代宗师，在论文末附有其经师和学徒们对他聪明才智的评价。

ས་སྐྱ་པཎྜི་ཏས་《ཚད་མ་རིགས་གཏེར་》མཛད་པའི་རྒྱབ་ལྗོངས་དང་ཤུགས་རྐྱེན་ལ་དཔྱད་པ།*

སངས་རྒྱས་མཁར།

སྔོན་གཞི།

ས་སྐྱ་པཎྜི་ཏ་ཀུན་དགའ་རྒྱལ་མཚན་ནི་བོད་ཀྱི་རིག་གནས་ལ་ཕྱག་རྗེས་ཤིན་ཏུ་ཆེ་བའི་མཁས་པ་ཞིག་ཡིན། ཁ་ཆེ་པཎ་ཆེན་ཤཱཀྱ་ཤྲཱི་དང་ས་སྐྱ་པཎྜི་ཏ་ཀུན་དགའ་རྒྱལ་མཚན་གཉིས་ཀྱིས་ཚད་མ་རྣམ་འགྲེལ་བསྒྱུར་ཞུས་ཀྱིས་གཏན་ལ་ཕབ་ཅིང་། བོད་དུ་ཚད་མའི་འགྱུར་བྱེད་ཀྱི་ལོ་ཙཱ་བ་མང་དུ་བྱུང་ཡང་བཤད་སྲོལ་གྱི་སྒོ་ནས་ས་རྔོག་གཉིས་མཆོག་ཏུ་བཟུང་བར་གྲགས། ཁྱད་པར་ཁོང་གིས་མཛད་པའི་《ཚད་མ་རིགས་གཏེར་》ནི། བོད་རང་གི་མཁས་པས་མཛད་པའི་ཚད་མ་རིག་པའི་བསྟན་བཅོས་སྔ་ཤོས་ཀྱི་གྲས་ཡིན་པ་མ་ཟད། ཚད་མ་སྡེ་བདུན་གྱི་དགོངས་འགྲེལ་རྣད་དུ་བྱུང་བར་གྲགས་ཤིང་། ཁྱུང་པོ་གྲགས་སེང་དང་རྔོག་བློ་ལྡན་ཤེས་རབ་ཀྱི་དུས་སུ་“རྩོད་ཚུལ་དག་མི་དག་སྣ་ཚོགས་བྱུང་བ་ཕྱིས་སུ་ས་པཎ་གྱིས

* 此篇论文的汉译内容摘要见本文末尾。

རིགས་གཏེར་མཛད་དེ་ཚད་སྐོར་དག་པར་མཛད་”①ཅེས་པར་བརྟག་ན། ས་སྐྱ་པཎྜི་ཏའི་སྐབས་སུ་བོད་ཀྱི་ཚད་མ་རིག་པ་དེ་འཕེལ་རྒྱས་ཀྱི་དུས་རིམ་གསར་པ་ཞིག་ཏུ་སླེབས་པ་ལ་ངོས་བཟུང་འདུག

དང་པོ། ས་པཎ་གྱིས་ཚད་མ་རིག་པར་ཐོས་བསམ་མཛད་ཚུལ།

བསྟན་པ་ཕྱི་དར་ལ་རྔོག་ལོ་ཙྪ་བ་བློ་ལྡན་ཤེས་རབ་སོགས་ཀྱིས་བོད་དུ་ཚད་མ་རིག་པའི་འཆད་ཉན་སྤེལ་ཏེ་གསང་ཕུ་ལ་སོགས་པའི་གདན་ས་ཁག་ཏུ་ཚད་མའི་ཐོས་བསམ་ཤིན་ཏུ་དར་བར་གྱུར། དེ་བཞིན་དུ་ས་སྐྱ་པ་ལ་མཚོན་ན། ས་ཆེན་ཀུན་དགའ་སྙིང་པོས་ཞང་སྟོད་དུ་ཁྲུང་རིན་ཆེན་གྲགས་ལས་ཚད་མ་རྣམ་ངེས་དང་རིགས་ཐིགས་སོགས་གསན་པ་དང་། སློབ་དཔོན་བསོད་ནམས་རྩེ་མོས་གསང་ཕུར་ཕྱྭ་པ་ཆོས་ཀྱི་སེང་གེ་ལས་ཚད་མ་གསན་པ་སོགས་ལས་ཤེས་ཐུབ་པ་ནི། ས་པཎ་གྱི་སྔོན་དུ་ས་སྐྱ་པའི་མཁས་པ་རྣམས་ཀྱིས་ཚད་མ་རིག་པར་ཐོས་བསམ་གྱི་སྲོལ་རྒྱུན་ཡོད་པ་རེད།

གཅིག བོད་ཀྱི་མཁས་པ་དག་ལས་ཚད་མ་གསན་ཚུལ།

ས་སྐྱ་པཎྜི་ཏ་སྐུ་ན་གཞོན་དུས་ལ་མནལ་ལམ་དུ་སློབ་དཔོན་ཕྱོགས་གླང་གི་ཕུག་པ་ཡིན་ཟེར་བ་ཞིག་ཏུ་ཚད་མ་སྡེ་བདུན་སོགས་གླེགས་བམ་མང་པོའི་ལྡེ་མིག་གཏད་པ་རྨིས་ཏེ་ཚད་མ་ལ་རྟོགས་པ་ཁྱད་པར་ཅན་བྱུང་བ་དང་། སྔ་ཚད་སློབ་པ་ལ་རྩོལ་བ་ཙམ་མ་དགོས་ཏེ་སྔར་གྱི་བག་ཆགས་ཡོད་པ་འདྲ་ཞེས་སོགས་རྣམ་ཐར་ལས་དངོས་སུ་གསུངས། དེའང་ཐོག་མར་བོད་ཀྱི་མཁས་པ་དག་ལས་ཚད་མ་གསན་ཚུལ་ནི། ཡར་ཀླུངས་པ་གྲགས་པ་རྒྱལ་མཚན་གྱི་《ས་སྐྱ་པཎྜི་ཏའི་རྣམ་

① སུམ་པ་ཡེ་ཤེས་དཔལ་འབྱོར། 《ཆོས་འབྱུང་དཔག་བསམ་ལྗོན་བཟང་།》 སི་ཁྲོན་མི་རིགས་དཔེ་སྐྲུན་ཁང་། 1992. 12 P360

ཐར་འབྲིང་པོ་》ལས། "བཅུ་དགུ་པ་ལ་འཕྲང་ཞེས་བྱ་བ་ཡི། །དགེ་བའི་བཤེས་གཉེན་ཆེན་པོ་ཞུ་སྟོན་ལ། །རྗེ་བཙུན་བྱམས་པས་གསུངས་པའི་ཆོས་སྡེ་ལྔ། །ཚད་མ་ཀུན་བཏུས་ལ་སོགས་ཆོས་འགའ་གསན། །"①ཞེས་ཞུ་སྟོན་རྡོ་རྗེ་སྐྱབས་ལས་ཚད་མ་ཀུན་བཏུས་གསན་པ་ནི་ཁོང་གི་རྣམ་ཐར་དུ་བཀོད་ཡོད་པའི་ཐོས་བསམ་གྱི་མཛད་པ་ལས་ཚད་མ་རིག་པར་ཐོས་བསམ་མཛད་པའི་ཐོག་མ་ཡིན་པར་སྙམ།

སྟོ་པ་རིན་ཆེན་དཔལ་གྱི་《དཔལ་ལྡན་ས་སྐྱ་པཎྜི་ཏའི་རྣམ་ཐར་》ལས། "དེ་ནས་ཡང་གངས་ཅན་གྱི་ཁྲོད་འདིར་རིག་པའི་དབང་ཕྱུག་དམ་པར་གྲགས་ཤིང་གཞལ་བྱའི་གནས་ལ་བློ་གྲོས་རྣམ་པར་དག་པས་དཔྱོད་པར་ནུས་པའི་བདག་ཉིད་ཆེན་པོ་ཕྱྭ་པ་ཆོས་ཀྱི་སེང་གེའི་གསུང་རབ་ཀྱི་སྒྲོས་འཛིན་པ། ཕྱྭ་དབང་ཕྱུག་སེང་གེ་ཞེས་བྱ་བའི་ཐད་དུ་དབུ་ཚད་དང་། བྱམས་ཆོས་ལ་སོགས་པ་ལེགས་པར་གཏུགས་ཤིང་མཁས་པར་སྦྱངས་ཏེ་གཞན་ལ་སྟོན་པར་མཛད་"②ཅེས་ཕྱྭ་དབང་ཕྱུག་སེང་གེ་ལས་གསང་ཕུ་ནས་བརྒྱུད་པའི་ཚད་མ་གསན་ཡོད་པ་རེད།

ངོར་ཀུན་དགའ་བཟང་པོའི་《ས་སྐྱ་པཎྜི་ཏའི་རྣམ་ཐར་གསུང་སྒྲོས་མ་》ལས། དེ་ནས"དགུང་ལོ་ཉི་ཤུ་པའི་དུས་སུ་ཉང་སྟོད་རྒྱང་འདུལ་དུ་དགེ་བཤེས་མཚུར་གཞོན་ནུ་སེང་གེའི་དྲུང་དུ་ཚད་མ་གསན་དུ་བྱོན་པས། ཉམས་ཁྲིད་ཚར་གཅིག་ལ་ཚིག་དོན་མ་ལུས་པ་ཐུགས་ལ་བྱོན་ནས་བཤད་པར་ཞུས་པས། ཁོང་རང་གི་བློའི་རྒྱས་བཀབ་ནས་མགོ་མ་ཐོན་དོགས་ནས་ད་དུང་ཉོན་གསུང་། རྣམ་ངེས་སྟོད་ཚར་གཅིག སྨད་ཚར་གཉིས་གསན་"③ཞེས་པ་དང་། "དེ་དུས་ན་

---

① བློ་གཏེར་དབང་པོ་སོགས་ཀྱིས་བསྒྲིགས། 《ལམ་འབྲས་སློབ་བཤད་ལས་བླ་མ་འཕགས་བོད་ཀྱི་ལོ་རྒྱུས།》 སྡེ་དགེ་པར་མ། 1983—1985 P65

② བློ་གཏེར་དབང་པོ་སོགས་ཀྱིས་བསྒྲིགས། 《ལམ་འབྲས་སློབ་བཤད་ལས་བླ་མ་འཕགས་བོད་ཀྱི་ལོ་རྒྱུས།》 སྡེ་དགེ་པར་མ། 1983—1985 P102

③ ངོར་ཆེན་ཀུན་དགའ་བཟང་པོ། 《དཔལ་ས་སྐྱ་པཎྜི་ཏའི་རྣམ་ཐར་གསུང་སྒྲོས་མ།》 སྡེ་དགེ་པར་མ། 1983—1985 P7

མཚུར་ན་རེ་ཊོག་པ་ཤ་མོང་གི་སྲུལ་བཞིན་དུ་ཡོད་ཟེར་བས། རྒྱ་གར་གྱི་བཤད་ལུགས་རང་འདི་འདྲ་ཞིག་ཡིན་སྙམ་པ་དེ་དུས་རང་ནས་མ་བྱུང་གསུང་”①ཞེས་དེ་དུས་གཙང་ནག་པ་བརྩོན་འགྲུས་སེང་གེ་ལས་བརྒྱུད་པའི་མཚུར་གཞོན་ནུ་སེང་གེའི་ཚད་མ་རྣམ་ངེས་ཀྱི་བཤད་པ་ཁ་ཤས་ལ་ཐུགས་ཡིད་མ་ཆེས་པའི་ཚུལ་ཡང་བྱུང་། སྤྱི་ལོ1203ལོར་ཡབ་དཔལ་འོད་པོ་སྐུ་གཤེགས་པས་སློབ་གཉེར་ལ་བར་ཆད་ཅུང་ཟད་བྱུང་བ་དང་། ཡབ་ཀྱི་གཤེགས་རྫོང་ལ་སོགས་པ་རྗེས་ཀྱི་བྱ་བ་རྣམས་ཚར་རྗེས་ཕྱིར་མཚུར་གཞོན་སེང་གི་དྲུང་དུ་ཕྱིན་ནས། “སློབ་དཔོན་ན་རེ་ཆོས་དབུ་ནས་བསྐྱར་ནས་བཤད་ཀྱིས་གསུངས་པས། མི་འཚལ་བྱས་ཏེ། སློབ་དཔོན་གྱི་གསུང་ལ་ཡང་མ་བརྟེན་པར། རྣམ་ངེས་དབུ་ནས་གཅིག་བཙུགས། གཞུང་དོན་ནས་གཅིག་བཙུགས་ཏེ་ཉིན་རེ་ལ་ཆོས་ཐུན་གཉིས་གཉིས་བཤད་དེ། ཟླ་བ་གཅིག་ལ་གཞུང་རྣམ་པར་ངེས་པ་ཚར་གཅིག་ཐུགས་ལས་གསུངས་པས་གྲལ་ལ་ཡོད་པ་ཐམས་ཅད་ངོ་མཚར་དུ་འཛིན་པ་བྱུང་”②ཞེས་སྐབས་དེར་ས་པཎ་གྱིས་མཚུར་གཞོན་ནུ་སེང་གེ་ལས་ཚད་མ་རྣམ་ངེས་མཐའ་ཆོད་པར་གསན་ནས་བློ་ནས་བཤད་གསར་མཛད་ཅིང་སྙན་གྲགས་རྒྱས་པ་རེད། དུས་སྐབས་དེར་ས་སྐྱ་པཎྜི་ཏས་བོད་ཀྱི་མཁས་པ་རྣམས་ལ་བསྟེན་པ་དང་། གསང་ཕུ་ནས་བརྒྱུད་པའི་ཚད་མ་རིག་པར་ཐོས་བསམ་གཙོ་བོར་མཛད་ཅིང་། གང་ཞིག་ཐོས་བསམ་བྱ་བའི་གཞུང་ལ་ཚད་མ་རྣམ་ངེས་གཙོ་བོར་མཛད་འདུག གོང་དུ་ཞུས་པ་བཞིན་ས་སྐྱ་པའི་མཁས་པ་རྣམས་ལ་ཚད་མར་ཐོས་བསམ་མཛད་པའི་སྲོལ་རྒྱུན་ཡོད་ནའང་། ས་སྐྱ་པཎྜི་ཏ་སྐུ་ན་གཞོན་དུས་སུ་གསུང་ཕུ་དང་། འཕྲང་གི་གཙུག་ལག་ཁང་།

① ངོར་ཆེན་ཀུན་དགའ་བཟང་པོ། 《དཔལ་ས་སྐྱ་པཎྜི་ཏའི་རྣམ་ཐར་གསུང་སྒྲོས་མ།》 སྡེ་དགེ་པར་མ། 1983—1985 P7—8

② ངོར་ཆེན་ཀུན་དགའ་བཟང་པོ། 《དཔལ་ས་སྐྱ་པཎྜི་ཏའི་རྣམ་ཐར་གསུང་སྒྲོས་མ།》 སྡེ་དགེ་པར་མ། 1983—1985 P8—9

ཉང་སྟོད་རྒྱང་འདུར་སོགས་ལ་ཆེད་དུ་ཚད་མ་རིག་པར་ཐོས་བསམ་དུ་ཕེབས་པར་གཞིགས་ན། ས་སྐྱར་ཚད་མ་རིག་པ་རྒྱ་ཆེར་དར་བ་ནི་ས་པཎ་གྱིས་རིགས་གཏེར་རྩ་འགྲེལ་མཛད་དེ་ཚད་མ་རིག་པའི་འཆད་ཉན་སྤེལ་བའི་རྗེས་ཡིན་པ་རྟོགས་ནུས་ཤིང་། དེས་ཕྱོགས་གཞན་ཞིག་ནས་ས་པཎ་གྱིས་མཁས་པ་རིམ་མེད་དུ་བསྟེན་ནས་ཚད་མར་ཐོས་བསམ་རྒྱ་ཆེན་མཛད་པའི་གྲོགས་སུ་གྱུར་ཡོད་སྙམ།

གཉིས། རྒྱ་གར་གྱི་མཁས་པ་དག་ལས་ཚད་མ་གསན་ཚུལ།

སྐབས་དེར་ཁ་ཆེ་པཎ་ཆེན་ཤཱཀྱ་ཤྲཱི་སོགས་རྒྱ་གར་གྱི་མཁས་པ་མང་པོ་བོད་དུ་ཕེབས་ཤིང་། ས་པཎ་གྱིས་དེ་དག་ལས་ཚད་མ་གསན་ཚུལ་ནི། "དེ་ནས་ས་སྐྱར་ཕྱིན་ནས་ཡབ་ཀྱི་གཤེགས་རྫོང་ལ་སོགས་པ་རྗེས་ཀྱི་བྱ་བ་རྣམས་ཚར་བ་དང་། རྒྱང་འདུར་དུ་གསེར་མང་བ་ཅིག་གི་སྔ་དྲངས་པའི་འབུལ་བ་སྐྱེལ་དུ་ཕྱིན་པའི་ལམ་དུ། ཆུ་མིག་རིང་མོར་བླ་མ་ཁ་ཆེ་བ་དང་མཇལ་ཏེ། ཚད་མ་ཆོས་མཆོག་གཅིག་གསུང་གིན་འདུག་པའི་འཁྲོ་ལ་སླེབས་ནས། དེར་འབུལ་བ་རྣམས་གཡོག་པོ་ཚོ་སྐྱེལ་དུ་བཏང་སྟེ། ཆོས་རྗེ་པ་ཆོས་གསན་ཅིང་བཞུགས། དེར་བླ་མ་ཁ་ཆེ་བ་རྒྱ་དཔེ་ལ་གསུང་པ་ལ། ཆོས་རྗེ་པས་བོད་དཔེ་ཅིག་བཀྲམ་པས་པཎ་ཆུང་ཚོ་དགོད་ཅིང་ཁོང་ལ་ཁྲེལ་འདུག་པས་བླ་མ་ན་རེ། ཁྱོད་ཚོ་ཅི་ལ་དགོད་གསུང་། དེར་ཆོས་རྗེ་པས་བོད་དཔེ་བཀྲམ་པ་ལ་དགོད་པར་འདུག་སྟེ། བླ་མའི་ཞལ་ནས་ཆོས་རྗེ་པ་ལ་ཁྱེད་དཔེ་དེས་ཅི་ལ་ཕན། ཅི་ལ་ཡང་མི་ཕན་གསུངས་པས། དེར་ཆོས་རྗེ་པ་ན་རེ་གཞན་ལ་མི་ཕན་ཀྱང་བདག་རང་ལ་ཕན་པར་གདའ་ཡི་བྱས་ཏེ། བོད་དཔེ་ལ་རྒྱ་སྐད་དུ་བསྒྱུར་ཏེ་བཀླགས་པས་ཇི་ལྟ་བ་བཞིན་མཁྱེན་པས་པཎ་ཆུང་ཚོ་དངོས་ལ་བཀའ་བཀྱོན་བྱུང་སྟེ། ཁྱེད་ཚོས་ཅི་ལ་དགོད་པ། ས་སྐྱ་པ་ཁོ་

རང་གིས་ཤེས་ཀྱིན་འདུག་པ་གསུང་”①ཞེས་སྐབས་དེར་ས་པཎ་གྱིས་རྒྱ་གར་གྱི་པཎྜི་ཏ་ཆེན་པོ་ཁ་ཆེ་པཎ་ཆེན་ཤཱཀྱ་ཤྲཱི་ལས་ཚད་མ་གསན་པའི་སྐལ་བ་བྱུང་བ་མ་ཟད། ས་པཎ་ཁོང་ཉིད་ཀྱང་སྨྲ་ཚད་ཀྱི་སྦྱངས་པ་སྔོན་ནས་ལེགས་པར་སོང་ཡོད་པས་ཐོས་པ་ལ་ཚེགས་མེད་ཅིང་པཎ་ཆེན་ཉིད་ཀྱང་ཤིན་ཏུ་མཉེས་པར་གྱུར་འདུག

དེ་ནས“ནུབ་ཕྱོགས་ཨ་ཏི་ན་ཕ་རར་སྐྱ་འབྲུངས་པའི་བྲམ་ཟེའི་སློབ་དཔོན་བཛ་སྒྲོད་པ་ཆེན་པོ་སུ་ག་ཏ་ཤྲཱི་ཞེས་བྱ་བ་དཔལ་ས་སྐྱའི་གཙུག་ལག་ཁང་དུ་ཕྱིན་པས་དེ་ལས་གསན་པའི་རིམ་པ་ནི། རྣམ་འགྲེལ་ལེའུ་དང་པོའི་འགྲེལ་པ་སྟོང་ཕྲག་ཕྱེད་དང་བཞི་པ་གསན་ནས་བསྒྱུར་ཅིང་ཞུས། སློབ་དཔོན་ཐར་པའི་འབྱུང་གནས་ཀྱིས་བྱས་པའི་རྟོག་གེའི་སྐད་ཅེས་བྱ་བའི་བསྟན་བཅོས་གསན་ཅིང་བསྒྱུར། གཞན་ཕྱི་རོལ་གྱི་རིག་བྱེད་ཀྱི་ཚད་མ་དྲང་སྲོང་ཆེན་པོ་གཟེགས་ཟན་གྱིས་སྦྱར་བའི་རྟོག་གེའི་བསྟན་བཅོས་རིག་པ་ཞེས་བྱ་བ་གསན་པ་ཡིན་”②ཞེས་སློབ་དཔོན་སུ་ག་ཏ་ཤྲཱི་ས་སྐྱར་གདན་དྲངས་ནས་ལོ་གཉིས་ལ་ཚད་མ་རིག་པ་ལ་ཐོས་བསམ་མཛད་ནས་བསྟན་བཅོས་བསྒྱུར་བ་དང་། ཕྱི་རོལ་པའི་རྟོག་གེའི་བསྟན་བཅོས་ཀྱང་གསན་འདུག

སྤྱི་ལོ1208ལོར་ས་པཎ་གྱིས་ཁ་ཆེ་པཎ་ཆེན་ལས་བསྙེན་པར་རྫོགས་ཤིང་ཚད་མར་ཐོས་བསམ་མཛད་ཚུལ་ནི། “དེ་ཉིད་ལས་ཚད་མའི་གཞུང་ལུགས་མང་དུ་གསན་པ་ནི་འདི་ལྟ་སྟེ། དཔལ་ལྡན་ཆོས་ཀྱི་གྲགས་པའི་གཞུང་ལུགས་ཚད་མ་རབ་ཏུ་བྱེད་པ་སྡེ་བདུན་ཞེས་གྲགས་པ་ལས་ལུས་ལྟ་བུའི་བསྟན་བཅོས་ཀྱི་གཙོ་བོར་གྱུར་པ་ཚད་མ་རྣམ་པར་འགྲེལ་པ་ལེའུ་གསུམ་པ་ཡིད་ཀྱི་ཤིང་རྟ་དགའ་བའི་

① ངོར་ཆེན་ཀུན་དགའ་བཟང་པོ། 《དཔལ་ས་སྐྱ་པཎྜི་ཏའི་རྣམ་ཐར་གསུང་སྒྲོས་མ།》 སྡེ་དགེ་པར་མ། 1983—1985 P9—10

② གློ་གཏེར་དབང་པོ་སོགས་ཀྱིས་བསྒྲིགས། 《ལམ་འབྲས་སློབ་བཤད་ལས་བླ་མ་འཕགས་བོད་ཀྱི་ལོ་རྒྱུས།》 སྡེ་དགེ་པར་མ། 1983—1985 P97

རྗེས་སུ་འབྲང་པ་གསན། ཡང་ལྷ་དབང་བློའི་ཊཱི་ཀ་ཚད་མ་ཀུན་ལས་བཏུས་དང་བདེ་བར་གཤེགས་པའི་གསུང་རབ་མདོ་སྡེའི་ལུང་དང་སྦྱར་ནས་རྣམ་འགྲེལ་གྱི་བཤད་པ་གསན། རྣམ་འགྲེལ་གྱི་རྒྱན་སྟོང་ཕྲག་བཅོ་བརྒྱད་པ་ལེའུ་གཉིས། རྣམ་ངེས་ཀྱི་འགྲེལ་པ་ཆོས་མཆོག་སྟོང་ཕྲག་བཅུ་གཉིས་པ་ལེའུ་གཉིས་གསན་ཅིང་། ལུས་ཀྱི་བསྟན་བཅོས་བསྡུས་པར་གྱུར་པ་རིགས་པའི་ཐིགས་པའི་རྩ་བ་དང་། སློབ་དཔོན་ཀཱ་མ་ལ་ཤི་ལས་མཛད་པའི་རིགས་པའི་ཐིགས་པའི་ཕྱོགས་སྔ་མ་གསན། ཡན་ལག་གི་བསྟན་བཅོས་རྒྱུད་གཞན་གྲུབ་པ་བྲམ་ཟེའི་འགྲེལ་པ་དང་སྦྱར་ཏེ་གསན། དེ་ལས་གཞན་ཛྙཱ་ན་ཤྲཱིའི་སྐད་ཅིག་མ་ཆེ་ཆུང་། གཞན་སེལ་དཔྱད་པ་ལྟ་གསུམ་བརྟགས་པ་ལ་སོགས་པ་རབ་ཏུ་བྱེད་པ་ཕྲ་མོ་མང་དུ་གསན། ཆོས་མཆོག་གིས་མཛད་པའི་གྲུབ་པ་བརྒྱད་ལས་ཚད་མ་གྲུབ་པའི་རབ་ཏུ་བྱེད་པ་དང་། སློབ་དཔོན་བྲམ་ཟེའི་ཚད་མ་གྲུབ་པའི་རབ་ཏུ་བྱེད་པ་གསན་པ་ཡིན་ནོ། །”①ཞེས་ཁ་ཆེ་པཎ་ཆེན་ལས་ཚད་མ་སྡེ་བདུན་སོགས་ཚད་མ་རིག་པའི་བསྟན་བཅོས་མང་པོ་གསན་ཡོད་ཅིང་། ཁོང་དང་མཉམ་དུ་ཚད་མ་རྣམ་འགྲེལ་ལ་འགྱུར་བཅོས་ཀྱང་མཛད།

དེ་ནས་“མཁས་པ་ཆེན་པོ་པཎྜི་ཏ་སཾ་ག་ཤྲཱི་ཞེས་བྱ་བ་ལས་སྒྲ་དང་ཚད་མ་ལ་སོགས་པ་གང་ཞིག་གསན་པ་དེ་གསལ་བར་བརྗོད་ན། ཚད་མའི་གཞུང་ལུགས་ལ་རྣམ་འགྲེལ་ལེའུ་དང་པོ་རྩ་བ་ཡིད་ཀྱི་ཤིང་རྟའི་བཤད་པ་ཀུན་ལས་བཏུས་དང་སྦྱར་བ་གསན། དེའི་ལེའུ་དང་པོའི་འགྲེལ་པ་སྟོང་ཕྲག་གཉིས་བསྒྱུར་ཞིང་ཞུས་པ་དང་། ཡན་ལག་གི་བསྟན་བཅོས་རྗོད་པའི་རིགས་པ་སློབ་དཔོན་ཞི་བ་འཚོའི་འགྲེལ་པ་དང་། བྲམ་ཟེའི་འགྲེལ་པ་དང་བཅས་པ་གསན་ནས་ཉིད་ཀྱིས་བསྒྱུར།

① བློ་གཏེར་དབང་པོ་སོགས་ཀྱིས་བསྒྲིགས། 《ལམ་འབྲས་སློབ་བཤད་ལས་བླ་མ་འཕགས་བོད་ཀྱི་ལོ་རྒྱུས།》 སྡེ་དགེ་པར་མ། 1983—1985 P98—99

གཏན་ཚིགས་ཀྱི་ཐིགས་པ་ཨ་ཙ་ཏའི་འགྲེལ་པ་དང་བཅས་པ་གསན་”①ཞེས་པ་དང་། “ཤར་ཕྱོགས་ཛྙ་རཏྣའི་པཎྜི་ཏ། རྟོག་གེ་བ་ཆེན་པོ་དཱ་ན་ཤཱི་ལ་ཞེས་བྱ་བ་ལས། ཚད་མ་ལ་འགྲེལ་པ་བརྟག་པ་རྩ་འགྲེལ། རྩོད་པའི་རིགས་པ་འགྲེལ་པ་དང་བཅས་པ་དང་། ཚད་མ་རྣམ་པར་འགྲེལ་པའི་སྐབས་སྐབས་ནས་ཚུང་ཟད་གསན་ཅིང་གཏུགས་པ་ཙམ་བྱས། ཛྙཱ་ན་ཤྲཱིའི་རབ་ཏུ་བྱེད་པ་ཕྲ་མོ་འགའ་གསན། སློབ་དཔོན་དགྲ་ལས་རྒྱལ་བའི་བྱིས་པ་འཇུག་པའི་རབ་ཏུ་བྱེད་པ་དང་། ལྷན་ཅིག་དམིགས་ངེས་ཀྱི་རབ་ཏུ་བྱེད་པ་གསན་”②ཞེས་པ་སོགས་ཁ་ཆེ་པཎ་ཆེན་གྱི་ཕྱག་ཕྱིར་དུ་འོངས་པའི་པཎ་ཆུང་རྣམས་ལས་ཀྱང་ཚད་མ་རིག་པའི་བསྟན་བཅོས་མང་པོ་གསན་འདུག དུས་སྐབས་འདིར་ས་སྐྱ་པཎྜི་ཏས་རྒྱ་གར་གྱི་པཎྜི་ཏ་རྣམས་བསྟེན་པ་དང་། གང་ཞིག་ཐོས་བསམ་བྱ་བའི་གཞུང་ལ་ཚད་མ་རྣམ་འགྲེལ་གཙོ་བྱས་པའི་ཚད་མ་སྡེ་བདུན་དང་དེའི་འགྲེལ་པ་རྣམས་ལ་ཐོས་བསམ་རྒྱ་ཆེར་མཛད་འདུག

འདིར་རྩིས་ལེན་ཞིག་བྱས་པ་ན། ས་པཎ་གྱིས་སྔ་ཕྱིར་འཕགས་བོད་ཀྱི་བླ་མ་བདུན་ལ་བསྟེན་ནས་ཚད་མ་རིག་པར་ཐོས་བསམ་མཛད་ཡོད་པ་དང་། ཁྱོན་བསྡོམས་ཚད་མ་རིག་པའི་བསྟན་བཅོས་སུམ་ཅུ་ལྷག་གསན་འདུག དེ་དག་ལས་སྤྱི་ལོ1208—1212ལོའི་བར་ལ་ཁ་ཆེ་པཎ་ཆེན་སོགས་བསྟེན་ནས་ཚད་མ་གསན་པ་ནི་ས་པཎ་གྱིས་ཚད་མ་རིག་པར་ཐོས་བསམ་རྒྱ་ཆེར་མཛད་པའི་དུས་སྐབས་གཙོ་བོ་ཞིག་ཡིན་ལ། ཁོང་གིས་ཁ་ཆེ་པཎ་ཆེན་ལས་ཚད་མ་གསན་ཏེ་ཐོས་བསམ་གྱི་སྒྲོ་འདོགས་བཅད་ཅེས་རྣམ་ཐར་དུ་བྱུང་།

---

① བློ་གཏེར་དབང་པོ་སོགས་ཀྱིས་བསྒྲིགས། 《ལམ་འབྲས་སློབ་བཤད་ལས་བླ་མ་འཕགས་བོད་ཀྱི་ལོ་རྒྱུས།》 སྡེ་དགེ་པར་མ། 1983—1985 P101—102

② བློ་གཏེར་དབང་པོ་སོགས་ཀྱིས་བསྒྲིགས། 《ལམ་འབྲས་སློབ་བཤད་ལས་བླ་མ་འཕགས་བོད་ཀྱི་ལོ་རྒྱུས།》 སྡེ་དགེ་པར་མ། 1983—1985 P104—105

དེའང་“ཆོས་རྗེ་ས་སྐྱ་པའི་ཞལ་ནས། ལོ་ཙཱ་བ་རིན་ཆེན་བཟང་པོའི་རྟེང་ལ་ཕྱིན་(ཆག་ལོ་ཆོས་རྗེ་དཔལ)ལས་མཁས་པ་མ་བྱུང་ངེས་པ་ཡིན། ང་ཡང་ཕྱིན་གྱི་འདི་ལྟར་མཁས་པ་གཅིག་བྱ་སྙམ་པ་ལ། ཡབ་མེས་ཀུན་གྱིས་རྒྱ་གར་དུ་མ་བཏང་བས་ལན། སྐྱ་དྲིན་ཆེ་ལ་ཆུང་དུ་བྱུང་། ཆེ་སྟེ། ཆོས་དང་། ལོངས་སྤྱོད་དང་མ་བྲལ་བར་མཛད། ཆུང་སྟེ། རྒྱ་གར་དུ་མ་བཏང་གསུངས་”①ཞེས་ཐུགས་སྣང་ཙུང་ཙམ་སྐྱོ་ནའང་། རྗེས་སུ་“ཆོས་རྗེ་པའི་ཞལ་ནས། ང་བསོད་ནམས་རང་ཆེ་བར་བྱུང་། རྒྱ་གར་ཤར་ནུབ་གཉིས་ན་བལ་པོ་སཾ་ཀྲ་ཤྲཱི་བས་སྒྲ་མཁས་པ་མེད་པར་འདུག་སྟེ། དེ་ངའི་གམ་དུ་བྱུང་བ་ཡིན་”②ཞེས་པ་དང་། “རྒྱ་གར་ན་དྷ་ན་ཤྲཱི་ལ་སྒྲ་ཚད་ལ་མཁས་པར་འདུག་པ་དེ་ངའི་རྩར་ཀོར་གྱིས་འཁོར་བྱུང་”③ཞེས་གསུངས་པ་སོགས་ལ་གཞིགས་ན། སྔ་མོ་ཞིག་ནས་ས་པཎ་ལ་ཚད་མ་སོགས་སློབ་གཉེར་གྱི་འདུན་པ་དྲག་པོ་ཡོད་ལ། ཁ་ཆེ་པཎ་ཆེན་སོགས་བོད་དུ་ཕེབས་པ་ཡིས་ས་པཎ་གྱི་སློབ་གཉེར་ལ་མཐུན་རྐྱེན་ཆེན་པོ་ཞིག་བསྐྲུན་ཡོད་ཅིང་། དུས་ཕྱིས་ས་པཎ་འཕགས་བོད་གཉིས་སུ་ཚད་མ་རིག་པ་ལ་སྙན་གྲགས་རྒྱས་པའི་ཆ་རྐྱེན་གཙོ་བོ་ཞིག་ཏུ་གྱུར་འདུག

གཉིས་པ། ས་པཎ་གྱིས《ཚད་མ་རིགས་གཏེར་》མཛད་པའི་རྒྱབ་ལྗོངས།

བསྟན་པ་ཕྱི་དར་ལ་བོད་དུ་ཚད་མ་རིག་པ་རྒྱ་ཆེར་དར་བའི་འགོ་ཚུགས་

① ཆོས་དཔལ་དར་བྱང་། 《ཆག་ལོ་ཙཱ་བ་ཆོས་རྗེ་དཔལ་གྱི་རྣམ་ཐར།》 དྷི་ལི་གསར་བ་ནས་པར་དུ་བསྐྲུན། 1981.6 P187

② ངོར་ཆེན་ཀུན་དགའ་བཟང་པོ། 《དཔལ་ས་སྐྱ་པཎྜི་ཏའི་རྣམ་ཐར་གསུང་སྒྲོས་མ།》 སྡེ་དགེ་པར་མ། 1983—1985 P10—11

③ དཔའ་བོ་གཙུག་ལག་ཕྲེང་བ། 《ཆོས་འབྱུང་མཁས་པའི་དགའ་སྟོན།》 མི་རིགས་དཔེ་སྐྲུན་ཁང་། 2006.1 P270

ཤིང་། ཟླ་དགེ་བའི་བློ་གྲོས་དང་། ཁྱུང་པོ་གྲགས་སེང་། ཛོག་བློ་ལྡན་ཤེས་རབ་སོགས་ཀྱིས་ཚད་མ་རིག་པའི་བསྟན་བཅོས་བསྒྱུར་ཅིང་འཆད་ཉན་སྤེལ་ཏེ། གསང་ཕུ་ནེའུ་ཐོག་སོགས་ཚད་མ་རིག་པར་འཆད་ཉན་བྱེད་པའི་གདན་ས་གཙོ་བོར་གྱུར་པ་རེད། དེ་ལྟ་ནའང་སྐབས་དེར་ཚད་མ་རིག་པའི་འཆད་ཉན་ནི་ཚད་མ་རྣམ་ངེས་ཀྱི་བཤད་པ་དར་ཆེ་བ་ལས། “རྣམ་འགྲེལ་ནི་རྣམ་ངེས་ལ་བརྟེན་ནས་བཤད་རྒྱུན་མ་ནུབ་ཙམ་དུ་གནས་པའི་”①ཚུལ་ནི། སྐབས་དེར་གསང་ཕུར་“རྒྱན་དང་ཆོས་མཆོག་འཆད་མཁན་ལྔ་བཅུ་རྩ་ལྔ། རྣམ་ངེས་འཆད་མཁན་ཉིས་བརྒྱ་ང་ལྔ་”②ཡོད་པར་གྲགས་ཏེ་རྣམ་ངེས་དང་བསྡུར་ཚེ་རྣམ་འགྲེལ་འཆད་མཁན་ནི་ཉུང་ཟད་ཤུང་བར་སྣང་ལ། འགོས་ལོ་གཞོན་ནུ་དཔལ་གྱིས་ཀྱང་“འུ་ཡུག་པས་ས་སྐྱར་ས་པཎ་ལས་རྣམ་འགྲེལ་གསན་ནས། དེར་བཤད་པ་མཛད་པས་མཁས་པ་ཆེན་པོ་ཞང་མདོ་སྡེ་དཔལ་ལ་སོགས་པའི་སློབ་མ་མང་དུ་བྱུང་ཞིང་། དེང་སང་གི་བར་དུ་རྣམ་འགྲེལ་དར་བའང་པཎ་ཆེན་དང་ཕོང་རྣམ་གཉིས་ཀྱི་དྲིན་ཡིན། གསང་ཕུ་བ་རྣམས་ཀྱང་ལོ་པོ་གཞོན་པའི་དུས་ན་རྣམ་ངེས་ཀྱི་བདག་པོ་མཛད་པ་ལས། དེང་སང་ནི་རྣམ་འགྲེལ་བར་གྱུར་ཏོ་”③ཞེས་པ་དང་། གཞན་ཡང་“དུས་ཕྱིས་གསང་ཕུ་སོགས་སུ་རྣམ་འགྲེལ་གྱི་བཤད་སྲོལ་བྱུང་བ་དེ་དག་ནི། ལོ་ཆེན་གྱི་བཤད་པའི་སྲོལ་མ་ཡིན་གྱི། ས་སྐྱ་ནོར་བཟང་དང་། ཉ་དབོན་གྱི་བཤད་པ་ལས་འཕེལ་”④ཞེས་པ་སོགས་ལས་ཤེས་ཐུབ་པ་ནི། ས་སྐྱ་པཎྜི་ཏའི་སྔོན་ལ་བོད་དུ་ཚད་མ་རྣམ་ངེས་ཀྱི་བཤད་པ་དར་ཆེ་བ་ལས་རྣམ་འགྲེལ་གྱི་འཆད་ཉན

① གུ་རུ་བཀྲ་ཤིས། 《གུ་བཀྲའི་ཆོས་འབྱུང་།》 ཀྲུང་གོའི་བོད་ཀྱི་ཤེས་རིག་དཔེ་སྐྲུན་ཁང་། 1990. 10 P1027

② ལས་ཆེན་ཀུན་དགའ་རྒྱལ་མཚན། 《བཀའ་གདམས་ཆོས་འབྱུང་གསལ་བའི་སྒྲོན་མེ།》 བོད་ལྗོངས་མི་དམངས་དཔེ་སྐྲུན་ཁང་། 2003. 12 P151

③ འགོས་ལོ་གཞོན་ནུ་དཔལ། 《དེབ་ཐེར་སྔོན་པོ།》 སི་ཁྲོན་མི་རིགས་དཔེ་སྐྲུན་ཁང་། 1985. 1 P408

④ ཁང་དཀར་ཚུལ་ཁྲིམས་སྐལ་བཟང་། 《རྒྱ་གར་གྱི་ཚད་མ་རིག་པའི་ལྟ་གྲུབ་འཕེལ་རིམ་དང་ཚད་མ་རིག་པའི་ལོ་རྒྱུས།》 གངས་ལྗོངས་ནང་རིག་མཐུན་ཚོགས་ཀྱིས་པར་སྐྲུན་བྱས། 2004. 5 P207

རྒྱ་ཆེར་དར་མེད་པ་དང་། སྔོན་དུ་རྫོགས་ལྡན་ཤེས་རབ་ཀྱིས་བརྩམས་པའི་ཚད་མའི་བཤད་སྲོལ་རྣམས་ཙུང་ཟད་ནུབ་པའི་ཚུལ་བྱུང་བར་མངོན་ལ། དེ་དག་གིས་ས་སྐྱ་པཎྜི་ཏས་བོད་ཀྱི་ཚད་མ་རིག་པ་དར་སྤེལ་གཏོང་བར་སྟོང་ཆ་ངེས་ཅན་ཞིག་བསྐྲུན་ཡོད་པ་རེད།

རྔོག་བློ་ལྡན་ཤེས་རབ་ཀྱི་རྗེས་སུ་གསང་ཕུའི་གདན་རབས་དྲུག་པ་ཕྱྭ་པ་ཆོས་ཀྱི་སེང་གེས་བོད་ཀྱི་ཚད་མ་རིག་པ་ཤིན་ཏུ་དར་བར་བྱས་མོད། "དེ་ནས་དེའི་སློབ་མ་སེང་ཆེན་བརྒྱད་ལ་སོགས་པ་བྱུང་སྟེ། ལོ་གྲངས་བརྒྱ་ལྷག་ཙམ་གྱི་བར་དུ་རྣམ་པར་ངེས་པ་རྩ་བཤད་ཐོས་བསམ་གྱི་གཞིར་བཟུང་། བསྡུས་པའི་ཆོས་སྐད་ཁ་ཏོན་དུ་བྱེད་པས་དུས་འདའ་བ་དག་བྱུང་ལ། གནས་སྐབས་ཁ་ཅིག་ཏུ། མཚན་ཉིད་པར་གྲགས་པ་ལ་ལ་དག་གིས། བསྡུས་པའི་ཆོས་སྐད་དེ་གཞུང་ལ་ལྟོས་མི་དགོས་པར་ཤེས་ནས་བསྡུས་པ་རྐྱང་པའི་ཆོས་སྐད་དེ་བཟུང་ནས་གྲྭ་སྐོར་བའི་སྟོན་པ་བཟང་ངན་དུ་བྱེད་པ་དག་བྱུང་"①ཞེས་སྐབས་དེའི་མཚན་ཉིད་པ་འགའ་ཞིག་གིས་ཚད་མ་རིག་པའི་གཞུང་ཆེན་མོ་རྣམས་ལ་སློབ་གཉེར་མི་བྱེད་པར། གང་སྤྱང་བྱ་དེའི་བསྡུས་དོན་ཙམ་བློ་ལ་བཟུང་ནས་གྲྭ་སྐོར་དུ་ཕྱིན་པས། ཚད་མ་རིག་པའི་གཞུང་ཆེན་རྣམས་ཀྱི་འཆད་ཉན་རེ་ཞིག་ལ་འཐུས་ཤོར་དུ་གྱུར་པ་རེད།

དེར་མ་ཟད་སློ་བོ་མཁན་ཆེན་བསོད་ནམས་ལྷུན་གྲུབ་ཀྱི《རིགས་གཏེར་ལ་ཉེ་བར་མཁོ་བ་མཐའ་གཉིས་གསལ་བྱེད་》དུ"མདོ་དང་སྡེ་བདུན་སྙན་པའི་གཞུང་དེ་དག །གངས་ཅན་སྐྱེས་བུའི་རྒྱན་དུ་སྔོན་བྱུང་བ། །ཕལ་ཆེར་འགྲེལ་བཤད་བྱེད་པའི་སློབ་དཔོན་དང་། །མི་མཐུན་རང་གི་རྣམ་དཔྱོད་གཙོར་བྱས་ཏེ། །གཞུང་དོན་འབྱེད་པའི་སྤོབས་པ་ཐོབ་པ་མང་། །ལུགས་དེ་དག་ཀྱང་ཁུངས་དང་

① པཎ་ཆེན་ཤཱཀྱ་མཆོག་ལྡན།《ཚད་མའི་མདོ་དང་བསྟན་བཅོས་ཀྱི་ཤིང་རྟའི་སྲོལ་རྣམས་ཇི་ལྟར་བྱུང་ཚུལ་གཏམ་དུ་བྱ་བ།》2006ལོར་ཀ་ཏ་མན་རྫ་ནས་པར་སྐྲུན་བྱས། P29

མ་འབྲེལ་ཞིང་། །ཀུན་རྟོག་རང་བཟོར་བཅས་པ་མང་བས་ན། །བོད་ཡུལ་ཀུན་པོ་དག་གི་ལུགས་ངོར་ནས། །སྨྲ་བའི་ཉི་མ་ཆོས་རྗེ་པཎྜི་ཏས། །རིགས་གཏེར་རིགས་པའི་འོད་སྟོང་ཀུན་ལ་བཤད། །"①ཅེས་སྐབས་དེར་རིགས་པའི་དབང་ཕྱུག་རྣམ་གཉིས་ཀྱི་དགོངས་པ་ལ་ཁུངས་དང་མ་འབྲེལ་ཞིང་རྩ་བ་དང་མི་མཐུན་པའི་རང་བཟོ་མང་དུ་བྱུང་བར་བཤད། དེར་ས་སྐྱ་པཎྜི་ཏས་"གངས་རིའི་ཁྲོད་འདིར་མཁས་པའི་རྒྱ་སྐར་ཕྱེ་བ་བརྒྱུས། །དཔལ་ལྡན་གྲགས་པའི་གསུང་རབ་པདྨོ་ཁ་ཕྱེ་མོད། །གང་བློའི་ཉི་འོད་སྣང་བས་མ་ཁྱབ་དེ་སྲིད་དུ། །གཞུང་ལུགས་དགོངས་དོན་གེ་སར་སྙིང་པོ་གསལ་མ་ནུས། །"②ཞེས《ཚད་མ་རིགས་གཏེར་》དུ་བོད་སྔ་མ་རྣམས་ཀྱིས་ཚད་མ་སྡེ་བདུན་གྱི་དགོངས་པ་ཡོངས་སུ་ལོན་མེད་ཚུལ་དངོས་སུ་གསུངས་འདུག་ལ། རྒྱབ་ལྗོངས་འདི་ལྟ་བུ་ཞིག་གི་འོག་ཁོང་གིས《ཚད་མ་རིགས་གཏེར་》མཛད་པ་སྟེ། རིགས་པའི་དབང་ཕྱུག་ཕྱོགས་གླང་ཆོས་གྲགས་རྣམ་གཉིས་ཀྱི་དགོངས་པ་ཡང་དག་པ་དེ་བོད་དུ་སྤེལ་བ་ནི་བསྟན་བཅོས་འདི་ཉིད་མཛད་པའི་ཀུན་སློང་ཡིན་པ་ཤེས་ཐུབ།

གསུམ་པ། ས་པཎ་གྱིས《ཚད་མ་རིགས་གཏེར་》མཛད་པའི་ལོ་ཚིགས།

ས་སྐྱ་པཎྜི་ཏས《ཚད་མ་རིགས་གཏེར་》མཛད་པའི་ལོ་ཚིགས་ལ་ཁ་ཅིག་གིས་དགུང་ལོ་ཉེར་བདུན་སྟེང་མཛད་པར་གསུངས་མོད། 《ཚད་མ་རིགས་

① གློ་བོ་མཁན་ཆེན་བསོད་ནམས་ལྷུན་གྲུབ། 《ཚད་མ་རིགས་གཏེར་གྱི་རྩ་བ་དང་འགྲེལ་པ།》 ཀྲུང་གོའི་བོད་ཀྱི་ཤེས་རིག་དཔེ་སྐྲུན་ཁང་། 1988. 8 P298

② ས་སྐྱ་པཎྜི་ཏ་ཀུན་དགའ་རྒྱལ་མཚན། 《ཚད་མ་རིགས་པའི་གཏེར།》 སི་ཁྲོན་མི་རིགས་དཔེ་སྐྲུན་ཁང་། 2005. 12 P2

གཏེར་》གྱི་མཛད་བྱང་དུ་ཤཱཀྱའི་དགེ་སློང་ཀུན་དགའ་རྒྱལ་མཚན་དཔལ་བཟང་པོས་དཔལ་ས་སྐྱའི་གཙུག་ལག་ཁང་དུ་སྦྱར་ཞེས་བཀོད་འདུག་སྟེ། དེ་ལས་ས་པཎ་གྱིས《ཚད་མ་རིགས་གཏེར་》མཛད་དུས་རྗེན་ནི་དགེ་སློང་སྟེ་དགུང་ལོ་ཉེར་བདུན་སྟེང་ཁ་ཆེ་པཎ་ཆེན་ལས་བསྙེན་རྫོགས་ཀྱི་སྡོམ་པ་ཞུས་པའི་རྗེས་ཡིན་པ་མ་ཟད། མཛད་པའི་གནས་ནི་དཔལ་ས་སྐྱའི་གཙུག་ལག་ཁང་རེད། ས་པཎ་གྱི་དངོས་སློབ་ལྷོ་པ་རིན་ཆེན་དཔལ་གྱིས་མཛད་པའི་རྣམ་ཐར་ལས། "ཤཱཀྱའི་རྒྱལ་པོ་དེའི་བཀའ་དྲིན་མི་འདོར་བར་དགོངས་ནས་སྡོམ་བརྩོན་དམ་པ་དེ་ལ་གསོལ་བ་བཏབ་སྟེ། ལོ་སྟོན་རྡོ་རྗེ་དབང་ཕྱུག་གིས་བཞེངས་པ་ཉང་སྨད་རྒྱན་གོང་ཞེས་བྱ་བའི་གཙུག་ལག་ཁང་དུ། རྒྱ་མཚོ་ལྷ་བུའི་དགེ་འདུན་གྱི་དབུས་སུ་བསྙེན་པར་རྫོགས་པར་མཛད་པ་"①དང་། དེ་ནས་རྒྱན་གོང་དང་ཞུང་ཚུང་སོགས་སུ་ཕྱིན་ནས་ཁ་ཆེ་པཎ་ཆེན་ལས་མདོ་རྒྱུད་ཀྱི་བསྟན་བཅོས་མང་པོ་གསན་ཞེས་བྱུང་བ་སོགས་ལ་བརྟག་ན། ས་པཎ་གྱིས་དགུང་ལོ་ཉེར་བདུན་ལ་བསྙེན་རྫོགས་ཞུས་ཟིན་ནའང་ས་སྐྱའི་གཙུག་ལག་ཁང་དུ་རྒྱུན་བཞུགས་གནང་མེད་ཅིང་། རིགས་གཏེར་གྱི་གཞུང་དངོས་སུ་སྡེ་བདུན་མདོ་དང་དེའི་འགྲེལ་པ་རྣམས་མཐའ་ཆོད་པར་གསན་ནས《ཚད་མ་རིགས་གཏེར་》མཛད་ཅེས་དངོས་སུ་གསུངས་པ་སོགས་ལས། དགུང་ལོ་ཉེར་བདུན་བདུན་སྟེང་ས་སྐྱ་པཎྜི་ཏས་ཁ་ཆེ་པཎ་ཆེན་ལ་བསྟེན་ནས་ཚད་མ་རིག་པར་ཐོས་བསམ་མཛད་དེ་སྐུ་ཡོན་རྒྱས་བཞིན་པའི་སྐབས་ཡིན་པ་མ་གཏོགས། ཚད་མ་རིག་པའི་གཞུང་ཆེན་མོ་བརྩམས་ནས་འཆད་ཉན་རྒྱ་ཆེར་སྤེལ་བའི་དུས་མིན་པ་ཤེས་སོ།

དེས་ན་ཡང་སྙིང་ས་སྐྱ་པཎྜི་ཏས《ཚད་མ་རིགས་གཏེར་》དུས་ནམ་ཞིག་ལ་མཛད་ཅེ་ན། མང་ཐོས་ཀླུ་སྒྲུབ་རྒྱ་མཚོའི《བསྟན་རྩིས་གསལ་བའི་ཉིན་བྱེད་》དུ།

① བློ་གཏེར་དབང་པོ་སོགས་ཀྱིས་བསྒྲིགས། 《ལམ་འབྲས་སློབ་བཤད་ལས་བླ་མ་འཕགས་བོད་ཀྱི་ལོ་རྒྱུས།》 སྡེ་དགེ་པར་མ། 1983—1985 P98

"སོ་བརྒྱད་པ་ཙམ་གྱི་ཚེ། རྒྱ་བོད་ཀྱི་ངན་རྟོག་གི་དྲག་རི་འཇོམས་པར་བྱེད་པའི་ཚད་མའི་བསྟན་བཅོས་རིགས་པའི་གཏེར་ཞེས་གྲགས་པ་དེ་བརྩམས་"①ཞེས་གསུངས་པ་དང་། དགེ་སློང་བཀྲ་ཤིས་ལྷུན་གྲུབ་ཀྱི《ས་སྐྱ་གོང་མ་རྣམ་ལྔའི་གསུང་རབ་དཀར་ཆག་》དུ"དགུང་ལོ་སོ་བརྒྱད་པ་ལ་རྒྱ་བོད་ཀྱི་ངན་རྟོག་གི་མུན་པ་རྣམ་པར་འཇོམས་པའི་བསྟན་བཅོས་ཀྱི་ཉི་མ་ཚད་མ་རིགས་པའི་གཏེར་བརྩམས་"②ཞེས་གསུངས་ཤིང་། ཀུན་མཁྱེན་འཇིགས་མེད་དབང་པོའི《ཙོ་ནེའི་བསྟན་འགྱུར་དཀར་ཆག་》ཏུའང་ས་པཎ་གྱིས་དགུང་ལོ་སོ་བརྒྱད་པ་ལ་ཚད་མ་རིགས་གཏེར་མཛད་པར་གསུངས་ཡོད་པས། འདི་ནི་མཁས་པ་སྔ་མ་རྣམས་ཚུང་ཞལ་མཐུན་པའི་བཞེད་པ་ཞིག་སྟེ། རང་ལུགས་ལ་ས་སྐྱ་པཎྜི་ཏས་དགུང་ལོ་སོ་བརྒྱད་པ་ལ《ཚད་མ་རིགས་གཏེར་》མཛད་ཅེས་པར་རྗེས་སུ་འབྲངས་པ་ན་ལུང་དང་རིགས་པའི་གནོད་པ་མེད་པར་སྣམ། ས་པཎ་གྱིས《ཚད་མ་རིགས་གཏེར་》མཛད་པའི་གནས་ནི་དཔལ་ས་སྐྱའི་གཙུག་ལག་ཁང་གི་སྒོ་རུམ་དཔེ་ཁང་ཆེན་མོ་ཡིན་ཏེ། འཇམ་དབྱངས་མཁྱེན་བརྩེའི་དབང་པོའི《དབུས་གཙང་གི་གནས་རྟེན་རགས་རིམ་གྱི་མཚན་བྱང་》དུ"སྒོ་རུམ་གྱི་སྟེང་དུ་རྗེ་ས་པཎ་གྱིས་རིགས་གཏེར་བརྩམ་སའི་བཞུགས་ཁྲི་བྱིན་རླབས་ཅན་བཞུགས་"③ཞེས་བྱུང་ངོ་།།

---

① ས་སྐྱའི་དཔེ་རྙིང་བསྡུ་སྒྲིག་ཁང་ནས་བསྒྲིགས། 《ས་སྐྱའི་ཆོས་འབྱུང་གཅེས་བསྡུས།》(དེབ་ལྔ་པ) ཀྲུང་གོའི་བོད་རིག་པ་དཔེ་སྐྲུན་ཁང་། 2009. 6 P304

② དཔལ་བརྩེགས་བོད་ཡིག་དཔེ་རྙིང་ཞིབ་འཇུག་ཁང་ནས་བསྒྲིགས། 《ས་སྐྱ་གོང་མ་རྣམ་ལྔའི་གསུང་འབུམ་དཔེ་བསྡུར་མ་ལས་འགྲོ་མགོན་ཆོས་རྒྱལ་འཕགས་པའི་གསུང་པོད་བཞི་པ་བཞུགས།》 ཀྲུང་གོའི་བོད་རིག་པ་དཔེ་སྐྲུན་ཁང་། 2007. 4 P624

③ འཇམ་དབྱངས་མཁྱེན་བརྩེའི་དབང་པོ། 《འཇམ་དབྱངས་མཁྱེན་བརྩེའི་དབང་པོའི་གསུང་རྩོམ་གཅེས་སྒྲིག》 སི་ཁྲོན་མི་རིགས་དཔེ་སྐྲུན་ཁང་། 1989. 8 P300

བཞི་པ། ས་པཎ་གྱིས་《ཚད་མ་རིགས་གཏེར་》མཛད་པའི་རྒྱུགས་རྐྱེན།

གཅིག བོད་ཀྱི་ཚད་མ་རིག་པར་དག་ཐེར་མཛད་པ།

《ཚད་མ་རིགས་གཏེར་》ནི་ས་སྐྱ་པཎྜི་ཏས་ཚད་མ་རིག་པར་ཐོས་བསམ་དཔྱིས་ཕྱིན་པར་མཛད་པའི་འབྲས་བུ་ཡིན་ཞིང་། བསྟན་བཅོས་འདི་ཉིད་ཁོང་གི་གསུང་འབུམ་ཁྲོད་དུའང་གོ་གནས་གལ་ཆེན་ཟིན་ཡོད་པ་སྟེ། རིགས་གཏེར་རང་འགྲེལ་དང་བཅས་པ་ནི་ས་སྐྱ་པཎྜི་ཏའི་གསུང་རྩོམ་ཁྲོད་གཞུང་ཚད་ཆེས་མང་བའི་གྲས་ཡིན་ལ། སྡེ་དགེ་པར་ཁང་དུ་བཞུགས་པའི་ཚད་མ་རིགས་གཏེར་རང་འགྲེལ་གྱི་སྣ་རིང་མར་ལྡེབ་གྲངས389བཞུགས། རྣམ་གྲངས་འདྲེན་དུས་ས་ལུགས་ཀྱི་བསྟན་བཅོས་རྣམ་གསུམ་ལ《སྡོམ་གསུམ་རབ་དབྱེ་》དང་།《ཐུབ་དགོངས་རབ་གསལ་》དང་།《ཚད་མ་རིགས་གཏེར་》བཅས་དང་། ས་སྐྱ་པཎྜི་ཏའི་བཀའ་བཞི་ལ་གོང་གི་བསྟན་བཅོས་གསུམ་དང་《ས་སྐྱ་ལེགས་བཤད་》བཅས་ཡིན་པ་དང་། ས་སྐྱ་པཎྜི་ཏའི་གཏེར་གསུམ་ལ《ཚད་མ་རིགས་གཏེར་》དང་།《ཚིག་གཏེར་》དང་།《ལེགས་པར་བཤད་པ་རིན་པོ་ཆེའི་གཏེར་》བཅས་བགྲངས་སྲོལ་ཡོད་པ་རེད།

མཁན་ཆེན་ངག་དབང་ཆོས་གྲགས་ཀྱི《པོད་ཆེན་དྲུག་གི་འབེལ་གཏམ་》དུ"ས་པཎ་ནི་ཚད་མ་མདོ་དང་། ཆོས་གྲགས་ཀྱི་སྡེ་བདུན། ལེའུ་དང་པོའི་རང་འགྲེལ་རྣམ་ངེས་ཀྱི་རང་འགྲེལ་རྣམས་བརྗོད་བྱ་གཞུང་གོང་འོག་སྣ་ཚོགས་སུ་སིལ་བུར་ཡོད་པ་རྣམས་རིགས་མཐུན་ཕྱོགས་གཅིག་ཏུ་བསྡེབས་ནས་ཚད་མ་རིགས་པའི་གཏེར་རབ་བྱེད་བཅུ་གཅིག་རང་འགྲེལ་དང་བཅས་པའི་སྒོ་ནས་འཆད་པ་

འདི་གངས་རིའི་ཁྲོད་འདིར་འཆད་ཚུལ་རྣམས་ཀྱི་ནང་ནས་མཆོག་ཏུ་གྱུར་པ་ཡིན་"[1]ཞེས་གསུངས་པ་ལྟར་ས་སྐྱ་པཎྜི་ཏས་རིགས་པའི་དབང་ཕྱུག་རྣམ་གཉིས་ཀྱི་ཚད་མ་རིག་པའི་བསྟན་བཅོས་དག་ཏུ་བརྗོད་བྱ་སིལ་བུར་ཡོད་པ་རྣམས་གཅིག་ཏུ་བསྡུས་ཤིང་རང་གི་རྣམ་དཔྱོད་ཀྱིས་ལེགས་པར་བཀྲལ་ཏེ་《ཚད་མ་རིགས་གཏེར་》རང་འགྲེལ་དང་བཅས་པ་བརྩམས་ཤིང་། ཡང་དེ་ཉིད་དུ"རང་འགྲེལ་དུ་ལུང་འདྲེན་པ་ནའང་། མདོ་རྣམ་འགྲེལ་ལེའུ་དང་པོའི་རང་འགྲེལ་སོགས་རིགས་པའི་དབང་ཕྱུག་གཉིས་ཀྱི་གཞུང་དྲངས་པ་མ་གཏོགས། ལྷ་རྒྱན་ཆོས་མཆོག་སོགས་ཀྱི་འགྲེལ་པའི་ཚིག་ཁུངས་ཐུབ་ཏུ་བྱས་ནས་དྲངས་པ་ཡེ་མེད་"[2]ཅེས་ས་པཎ་གྱིས་རིགས་གཏེར་གྱི་ལུང་དང་རྒྱབ་རྟེན་ལ་ལྷ་རྒྱན་ཆོས་མཆོག་སོགས་ཏེ་ཡལ་ག་ལ་མ་བརྟེན་པར། ཐད་ཀར་སློབ་དཔོན་ཕྱོགས་གླང་དང་ཆོས་གྲགས་གཉིས་ཏེ་རྩ་བར་གཏུགས་ཡོད་པ་རེད། རྗེ་པ་རིན་ཆེན་དཔལ་གྱིས་ཚད་མ་རིགས་གཏེར་ལ་དེ་ནི་སྡེ་བདུན་ཊཱི་ཀ་དང་བཅས་པའི་དགོངས་པ་འདི་ན་གནས་པས་སྡེ་བདུན་སྙིང་པོ་ཞེས་ཀྱང་བྱར་རུང་ཞེས་གདེང་འཇོག་གནང་འདུག དེ་བས་བསྟན་བཅོས་འདི་ཉིད་བོད་དུ་རིགས་པའི་དབང་ཕྱུག་རྣམ་གཉིས་ཀྱི་དགོངས་པ་ཡང་དག་པ་དེ་དར་བར་ཕྱག་རྗེས་ཤིན་ཏུ་ཆེ་བར་སྣང་།

གཉིས། ཚད་མ་རིག་པའི་འཆད་ཉན་སྤེལ་བ་དང་ཚད་མ་རྣམ་འགྲེལ་རྩལ་དུ་བཏོན་པ།

ས་སྐྱ་པཎྜི་ཏ་ཀུན་དགའ་རྒྱལ་མཚན་གྱིས་ཁ་ཆེ་པཎ་ཆེན་ཤཱཀྱ་ཤྲཱི་དང་ལྷན་དུ་ཚད་མ་རྣམ་འགྲེལ་ལ་འགྱུར་བཅོས་མཛད་པ་དང་། ཚད་མ་མདོ་དང་། ཚད་

① མཁན་ཆེན་ངག་དབང་ཆོས་གྲགས། 《བོད་ཆེན་དྲུག་གི་འབེལ་གཏམ།》 1979ལོར་དཔལ་ལྡན་འབྲུག་གཞུང་ཛིམ་ཕུ་ནས་པར་དུ་བསྐྲུན། P71

② མཁན་ཆེན་ངག་དབང་ཆོས་གྲགས། 《བོད་ཆེན་དྲུག་གི་འབེལ་གཏམ།》 1979ལོར་དཔལ་ལྡན་འབྲུག་གཞུང་ཛིམ་ཕུ་ནས་པར་དུ་བསྐྲུན། P71

མ་སྡེ་བདུན། རྣམ་འགྲེལ་ལེའུ་དང་པོའི་རང་འགྲེལ། རྣམ་ངེས་ཀྱི་རང་འགྲེལ་བཅས་བརྗོད་བྱ་གཞུང་གོང་འོག་སྣ་ཚོགས་སུ་སིལ་བུར་ཡོད་པ་རྣམས་རིགས་མཐུན་ཕྱོགས་གཅིག་ཏུ་བསྡེབས་ནས་ཚད་མ་རིགས་པའི་གཏེར་རབ་བྱེད་བཅུ་གཅིག་རང་འགྲེལ་དང་བཅས་པའི་སྒོ་ནས་བོད་དུ་འཆད་ཉན་སྤེལ་བ་དང་། "རིག་པའི་གཙོ་བོ་མཐའ་བྲལ་དབུ་མའི་གཞུང་ལས་འབྱུང་ཞིང་། དེ་རྟོགས་པ་ལ་ཡང་རྣམ་འགྲེལ་མཛད་པའི་གཞུང་ལ་རག་ལས་པར་དགོངས་ནས། དེ་གཞུང་གི་གཙོ་བོ་རྒྱས་པའི་བསྟན་བཅོས་ཚད་མ་རྣམ་འགྲེལ་གྱི་བཤད་པ་བདག་ཉིད་ཆེན་པོ་རྗེ་གློ་ལྡན་ཤེས་རབ་ཀྱིས་ཙུང་ཟད་ཚུགས་ནའང་སྐབས་སུ་ཉུབ་པ་ལ། སླར་ཡང་དར་ཞིང་རྒྱས་པར་བྱ་བའི་ཕྱིར་དང་། ཁ་ཆེ་པཎ་ཆེན་གངས་རིའི་ཁྲོད་དུ་ཕྱིན་པའི་བཀའ་དྲིན་གྱི་ལམ་པོ་ཆེ་དོད་པར་བྱ་བའི་ཕྱིར། གཞུང་ལུགས་ཆེན་པོའི་ཆོས་ཐུན་རེ་ཉིན་རེ་མ་ཆག་པར་མཛད་པས་དེང་སང་གི་བར་དུའང་བསྟན་པ་རྒྱས་པར་མཛད་པ་ཡིན།"①ཞེས་པ་དང་། ས་སྐྱ་ན་ཆོས་གསུངས་པའི་ཚེ་བར་སྣང་ནས་ཁྱོད་ནི་སྐྱེ་བ་ཉི་ཤུ་རྩ་བདུན་དུ་ཚད་མ་རྣམ་འགྲེལ་ལ་མཁས་པའི་པཎྜི་ཏ་ཡིན་ཞེས་བྱུང་བར་གྲགས་ཤིང་། དངོས་སློབ་འུ་ཡུག་པ་རིགས་པའི་སེང་གེས་རྣམ་འགྲེལ་གྱི་འགྲེལ་བ《ཚད་མའི་བསྟན་བཅོས་རིགས་མཛོད་ཆེན་མོ》མཛད་པ་དང་། སྟོན་པ་ཀུན་མཁྱེན་རིན་ཆེན་དཔལ་གྱིས་ཀྱང་ཡིག་ཆ་ཅི་རིགས་པར་མཛད། འུ་ཡུག་པ་དང་མདོ་སྡེ་དཔལ་གྱིས་ས་སྐྱར་འཆད་ཉན་ཡུན་རིང་བསྐྱངས་པའི་གྲུབ་འབྲས་བརྒྱུད་འཛིན་གྲགས་ཆེ་བ་ལ་འཇམ་དབྱངས་སྐྱ་བོ་དང་། དཔང་ལོ་ཆེན་པོ། ཆོས་རྗེ་བླ་མ་དམ་པ། ཉ་དབོན་ཀུན་དགའ་དཔལ་རྣམས་བྱུང་། དེ་བས་འགོས་ལོ་གཞོན་ནུ་དཔལ་དང་དཔའ་བོ་གཙུག་ལག་ཕྲེང་བ་སོགས་ཀྱིས་དེང་སང་གི་བར་དུ་རྣམ་འགྲེལ་དར་བ་འདི་ཁ་ཆེ་པཎ་ཆེན་དང་ས་པཎ་དཔོན་སློབ་ཀྱི་

① ཨ་མེས་ངག་དབང་ཀུན་དགའ་བསོད་ནམས། 《ས་སྐྱའི་གདུང་རབས་ངོ་མཚར་བང་མཛོད།》 མི་རིགས་དཔེ་སྐྲུན་ཁང་། 1986. 2 P101

བཀའ་དྲིན་ཡིན་པར་བཞེད་ཅིང་། སྟག་ཚང་ལོ་ཙཱ་བ་ཤེས་རབ་རིན་ཆེན་གྱི་ཞལ་ནས། "རྣམ་ངེས་མདོར་བསྡུས་ཙམ་གྱིས་ཚིག་ཤེས་ནས། །མདོ་དང་སྡེ་བདུན་མིང་ཙམ་གྱུར་པའི་ཚེ། །ཁྱེད་ཀྱི་ལྷག་བསམ་རྟ་བདུན་ལེགས་བསྐྱེད་པས། །ཕྱོགས་ཀུན་རྣམ་འགྲེལ་ཉི་མས་ཁྱབ་པ་ལགས། །"①ཞེས་གསུངས་པའང་ཤིན་ཏུ་མད། 《དེབ་སྔོན་》དུ་ཚད་མ་རྣམ་འགྲེལ་གྱི་བརྒྱུད་པའི་བཤད་པའི་སྐབས་སུ། "ཐུབ་པ། དགྲ་བཅོམ་པ་ཆོས་སྐྱོབ། པཎ་ཆེན་སེ་ཧི་པ། དབྱིག་གཉེན། ཕྱོགས་གླང་། དབང་ཕྱུག་སྡེ། ཆོས་གྲགས། ལྷ་དབང་བློ། ཤཱཀྱ་བློ། དུལ་བ་ལྷ། ཆོས་གྲགས། ཤེར་འབྱུང་། ཉི་མ་སྦས་པ། ཛ་མ་རི། ཛྙཱ་ན་ཤྲཱི་མི་ཏྲ། ཆོས་ཀྱི་མཆོག ཨཱ་ནནྡ། ཤཾ་ཀ་པཎྜི་ཏ། ཁ་ཆེ་པཎ་ཆེན་ཤཱཀྱ་ཤྲཱི། ས་པཎ། ཨུ་ཡུག་པ། ཞང་བཙུན་མདོ་སྡེ་དཔལ། འཇམ་དབྱངས་སྐྱ་བོ། དཔལ་ལྡན་པ། འཇམ་དབྱངས་སྟོན་གཞོན། ནོར་བཟང་དཔལ། གྲགས་རིན་པ། འཇམ་སྟོན་པོ། ཆོས་སེང་བ། རྗེ་ཐོག་པ་ཆོས་ཀྱི་བཟང་པོ། མཁན་ཆེན་རིན་པོ་ཆེ་རྒྱལ་མཚན་བཟང་པོ། ཡང་། ཆོས་སེང་བ་ལ་རྒྱལ་ལྷ་ཁང་བ་བསམ་གྲུབ་ཡེ་ཤེས། དེ་ལ་སློབ་དཔོན་བསམ་གྲུབ་བཟང་པོ་བ་རྣམས་ཏེ། འདི་རྣམ་འགྲེལ་བ་གཞན་རྣམས་ལ་མི་སྣང་བས། མཁན་ཆེན་རིན་པོ་ཆེ་རྒྱལ་མཚན་བཟང་པོས་འབད་པ་ཆེན་པོས་བཙལ་བས་རྙེད་པ་ཡིན་གསུང་སྟེ། ཚད་མ་རྣམ་འགྲེལ་གྱི་བརྒྱུད་པའོ་"②ཞེས་ས་སྐྱ་པཎྜི་ཏ་ལ་ཚད་མ་རྣམ་འགྲེལ་གྱི་བརྒྱུད་པ་ཁུངས་དག་ཡོད་པ་མ་ཟད་དེའི་འཆད་ཉན་བོད་དུ་དར་བར་ཕྱག་རྗེས་ཤིན་ཏུ་ཆེ་བ་རེད།

---

① དཔལ་བརྩེགས་བོད་ཡིག་དཔེ་རྙིང་ཞིབ་འཇུག་ཁང་ནས་བསྒྲིགས། 《སྟག་ཚང་ལོ་ཙཱ་བ་ཤེས་རབ་རིན་ཆེན་གྱི་གསུང་འབུམ་པོད་གཉིས་པ་བཞུགས།》 ཀྲུང་གོའི་བོད་རིག་པ་དཔེ་སྐྲུན་ཁང་། 2007. 3 P159

② འགོས་ལོ་གཞོན་ནུ་དཔལ། 《དེབ་ཐེར་སྔོན་པོ།》 སི་ཁྲོན་མི་རིགས་དཔེ་སྐྲུན་ཁང་། 1985. 1 P421

གསུམ། གྲྭ་ས་གཞན་དག་ཏུ་ཚད་མའི་འཆད་ཉན་རྒྱ་ཆེར་དར་བ།

དེ་ལྟར་ས་སྐྱ་པཎྜི་ཏས་ཚད་མ་རིག་པའི་འཆད་ཉན་རྒྱ་ཆེར་སྤེལ་བ་ལ་བརྟེན་ནས། "ཁྱད་པར་རྒྱས་པའི་བསྟན་བཅོས་ཚད་མ་རྣམ་འགྲེལ་གྱི་གྲྭ་པ་བྱུང་ངམ་རིང་། དབུས་རྩེ་ཐང་། ན་ལེནྡྲ། སྐྱིད་ཚལ་གོང་འོག གསེར་མདོག་ཅན། ཐུབ་བསྟན་གོང་འོག མཉན་ཡོད་བྱ་གཤོང་སོགས་དང་། དེ་དག་ལས་མཆེད་པའི་དཔལ་ས་སྐྱའི་ཐུབ་བསྟན་ལྷ་ཆེན་སོགས་ཆོས་གྲྭ་མང་པོ་ཞིག་ཏུ་དར་རྒྱས་སུ་གྱུར་"①ཞེས་ས་སྐྱ་ནས་ཚད་མ་རྣམ་འགྲེལ་གྱི་འཆད་ཉན་རིམ་པར་གྲྭ་ས་གཞན་དག་ཏུ་མཆེད་པ་དང་། དེ་ལྟར་ས་སྐྱ་པཎྜི་ཏའི་སྔོན་ལ་བོད་དུ་ཚད་མ་རྣམ་ངེས་ཀྱི་བཤད་པ་གཙོ་ཆེ་ནའང་དུས་ཕྱིས་ཚད་མ་རྣམ་འགྲེལ་གྱི་འཆད་ཉན་རྒྱ་ཆེར་དར་བ་དང་། སྔོན་དུ་གསང་ཕུ་ནེའུ་ཐོག་ཏུ་ཚད་མ་རིག་པའི་འཆད་ཉན་གྱི་ལྟེ་བ་ཡིན་ནའང་དུས་ཕྱིས་དཔལ་ས་སྐྱའང་ཚད་མ་རིག་པའི་འཆད་ཉན་གྱི་ལྟེ་བ་ཞིག་ཏུ་གྱུར་པ་དང་། སྔོན་དུ་དབུས་སུ་ཚད་མ་རིག་པ་རྒྱ་ཆེར་དར་ནའང་དུས་ཕྱིས་གཙང་ཕྱོགས་སུའང་འཆད་ཉན་རྒྱ་ཆེར་དར་བ་རེད། དེ་བས་ས་སྐྱ་པཎྜི་ཏ་ཀུན་དགའ་རྒྱལ་མཚན་གྱིས་ཚད་མ་རིགས་གཏེར་མཛད་དེ་ཚད་མ་རིག་པའི་འཆད་ཉན་སྤེལ་བ་ལ་བརྟེན་ནས། བོད་ཀྱི་ཚད་མ་རིག་པ་འཕེལ་རྒྱས་ཀྱི་དུས་རིམ་གསར་བ་ཞིག་ཏུ་སླེབས་ཤིང་། ས་སྐྱ་དགོན་པའང་བོད་ཀྱི་ཚད་མ་རིག་པའི་འཆད་ཉན་སྤེལ་སའི་ལྟེ་བ་ཞིག་ཏུ་གྱུར་འདུག་པར་སྙམ་མོ། །

མཇུག་སྡོམ།

ས་སྐྱ་པཎྜི་ཏ་ཀུན་དགའ་རྒྱལ་མཚན་གྱིས་མཛུར་སྟོན་གཞོན་ནུ་སེང་གེ་

① ཨ་མེས་ངག་དབང་ཀུན་དགའ་བསོད་ནམས། 《ཡི་དམ་ཆོས་སྐྱོང་ཁག་གཅིག་གི་བྱུང་བ་བརྗོད་པ།》 མཚོ་སྔོན་མི་རིགས་དཔེ་སྐྲུན་ཁང་། 2006. 1 P324—325

སོགས་བོད་ཀྱི་མཁས་པ་དང་ཁ་ཆེ་པཎ་ཆེན་ཤཱཀྱ་ཤྲཱི་སོགས་རྒྱ་གར་མཁས་པ་རྣམས་ལ་བསྟེན་ནས་ཚད་མ་རིག་པ་ལ་ཐོས་བསམ་དཔྱིས་ཕྱིན་པར་མཛད་ཅིང་། ཕྱོགས་གཅིག་ནས་ཁ་ཆེ་པཎ་ཆེན་དང་ལྷན་དུ་ཚད་མ་རྣམ་འགྲེལ་ལ་འགྱུར་བཅོས་བྱས་ཤིང་། ཕྱོགས་གཞན་ཞིག་ནས་ཚད་མ་རིགས་གཏེར་མཛད་དེ་བོད་ཀྱི་ཚད་མ་རིག་པ་ལ་དག་ཐེར་མཛད། ཆོས་ཐུན་རེ་ཉིན་རེ་བཞིན་མ་ཆག་པར་མཛད་པའི་དམ་བཅས་ཏེ་ཚད་མ་རིག་པའི་འཆད་ཉན་སྤེལ། དེ་ལྟར་སྐབས་དེའི་བོད་ཀྱི་ཚད་མ་རིག་པ་ནི། བསྟན་བཅོས་ཀྱི་ཆ་ནས་སྔར་ཚད་མ་སྡེ་བདུན་དང་སྒོས་སུ་ཚད་མ་རྣམ་འགྲེལ་བོད་དུ་རྒྱ་ཆེར་དར་ལ། ཡུལ་ཕྱོགས་ཀྱི་ཆ་ནས་གསང་ཕུ་སོགས་དབུས་ཙམ་མ་ཟད་ས་སྐྱ་སོགས་གཙང་དུའང་ཚད་མའི་འཆད་ཉན་རྒྱ་ཆེར་དར་ཡོད་པ་རེད། དུས་ཕྱིས་ཙ་ན། ས་སྐྱ་པཎྜི་ཏ་དང་ཁོང་གི་ཚད་མ་རིགས་གཏེར་གྱི་སྟོན་པའི་གྲགས་པ་འཕགས་ཡུལ་དུའང་མཆེད་དེ་འགྲོག་བྱེད་དགའ་བོ་སོགས་མུ་སྟེགས་པའི་སྟོན་པ་དྲུག་བོད་དུ་རྩོད་པ་བྱེད་པར་འོངས་པའི་ལོ་རྒྱུས་སོགས་ཀྱང་བྱུང་འདུག དེས་ན་དུས་རབས་བཅུ་གསུམ་པའི་དུས་སུ། ས་སྐྱ་པཎྜི་ཏ་སོགས་བོད་ཀྱི་མཁས་པ་རྣམས་ཀྱིས་ཚད་མ་རིག་པའི་འཆད་ཉན་ལ་ཐུགས་སྣང་སྤར་བས་རྒྱ་ཆེར་མཛད་ཡོད་ཅིང་། ཐོས་བསམ་གྱི་ཆ་ནས་སྤར་བས་རྒྱ་ཆེ་ཞིང་གཏིང་ཟབ་པར་སྣང་ལ། ཕྱག་རྗེས་ཀྱི་ཆ་ནས་ཀྱང་ཤིན་ཏུ་ཆེ་བར་མཐོང་བས་ན། ས་སྐྱ་པཎྜི་ཏའི་སྐབས་སུ་བོད་ཀྱི་ཚད་མ་རིག་པ་དེ་འཕེལ་རྒྱས་ཀྱི་དུས་རིམ་གསར་བ་ཞིག་ཏུ་སླེབས་ཡོད་པར་སྙམ་མོ། །

དཔྱད་གཞིའི་ཡིག་ཆ་གཙོ་བོ།

[1] དཔལ་བརྩེགས་བོད་ཡིག་དཔེ་རྙིང་ཞིབ་འཇུག་ཁང་ནས་བསྒྲིགས། 《ས་སྐྱ་གོང་མ་རྣམ་ལྔའི་གསུང་འབུམ་དཔེ་བསྡུར་མ་ལས་ས་པཎ་ཀུན་དགའ་རྒྱལ་མཚན་གྱི་གསུང་འབུམ།》(པོད་བཞི།) ཀྲུང་གོའི་བོད་རིག་པ་དཔེ་སྐྲུན་ཁང་། 2007. 4

[2] དཔལ་བརྩེགས་བོད་ཡིག་དཔེ་རྙིང་ཞིབ་འཇུག་ཁང་ནས་བསྒྲིགས། 《ས་སྐྱ་གོང་མ་རྣམ་ལྔའི་གསུང་འབུམ་ཁ་སྐོང་ལས་ས་པཎ་ཀུན་དགའ་རྒྱལ་མཚན་གྱི་གསུང་།》(པོད་གཉིས།) ཀྲུང་གོའི་བོད་རིག་པ་དཔེ་སྐྲུན་ཁང་། 2007. 4

[3] ངོར་ཆེན་ཀུན་དགའ་བཟང་པོ། 《དཔལ་ས་སྐྱ་པཎྜི་ཏའི་རྣམ་ཐར་གསུང་སྒྲོས་མ།》སྡེ་དགེ་པར་མ། 1983—1985

[4] བློ་གཏེར་དབང་པོ་སོགས་ཀྱིས་བསྒྲིགས། 《ལམ་འབྲས་སློབ་བཤད་ལས་བླ་མ་འཕགས་བོད་ཀྱི་ལོ་རྒྱུས།》 སྡེ་དགེ་པར་མ། 1983—1985

[5] ས་སྐྱའི་དཔེ་རྙིང་བསྡུ་སྒྲིག་ཁང་ནས་བསྒྲིགས། 《ས་སྐྱའི་ཆོས་འབྱུང་གཅེས་བསྡུས།》(དེབ་ལྔ་པ།) ཀྲུང་གོའི་བོད་རིག་པ་དཔེ་སྐྲུན་ཁང་། 2009. 6

[6] གློ་བོ་མཁན་ཆེན་བསོད་ནམས་ལྷུན་གྲུབ། 《ཚད་མ་རིགས་གཏེར་གྱི་རྩ་བ་དང་འགྲེལ་པ།》 ཀྲུང་གོའི་བོད་ཀྱི་ཤེས་རིག་དཔེ་སྐྲུན་ཁང་། 1988. 8

[7] པཎ་ཆེན་ཤཱཀྱ་མཆོག་ལྡན། 《ཚད་མའི་མདོ་དང་བསྟན་བཅོས་ཀྱི་ཤིང་རྟའི་སྲོལ་རྣམས་ཇི་ལྟར་བྱུང་ཚུལ་གཏམ་དུ་བྱ་བ།》 2006ལོར་ཀ་ཏ་མན་རྡུ་ནས་པར་སྐྲུན་བྱས།

[8] ཨ་མེས་ངག་དབང་ཀུན་དགའ་བསོད་ནམས། 《ས་སྐྱའི་གདུང་རབས་ངོ་མཚར་བང་མཛོད།》མི་རིགས་དཔེ་སྐྲུན་ཁང་། 1986. 2

[9] མཁན་ཆེན་ངག་དབང་ཆོས་གྲགས། 《པོད་ཆེན་དྲུག་གི་འབེལ་གཏམ།》1979ལོར་དཔལ་ལྡན་འབྲུག་གཞུང་ཐིམ་ཕུ་ནས་པར་དུ་བསྐྲུན།

[10] འགོས་ལོ་གཞོན་ནུ་དཔལ། 《དེབ་ཐེར་སྔོན་པོ།》སི་ཁྲོན་མི་རིགས་དཔེ་སྐྲུན་ཁང་། 1985. 1

[11] ཁང་དཀར་ཚུལ་ཁྲིམས་སྐལ་བཟང་། 《རྒྱ་གར་གྱི་ཚད་མ་རིག་པའི་ལྟ་གྲུབ་འཕེལ་རིམ་དང་ཚད་མ་རིག་པའི་ལོ་རྒྱུས།》 གངས་ལྗོངས་ནང་རིག་མཐུན་ཚོགས་ཀྱིས་པར་སྐྲུན་བྱས། 2004. 5

萨迦班智达著述《量理宝藏论》的背景及其影响

桑杰卡

【内容摘要】

本文通过综合各类藏文文献对萨迦班智达·贡噶坚赞及其著作《量理宝藏论》的记载，试图梳理萨迦班智达早年对因明的闻思、继承、著述的情况，重点分析《量理宝藏论》的写作缘起、成书背景和特点，以至于对后来藏传因明学的发展产生的重大影响。论文第一部分通过梳理萨迦班智达的各类传记和其他相关文献，列出了教授萨班因明学的七个主要上师，并详细介绍了学习过程和主要经典。论文的第二部分依据各类教法史等藏文资料，重点研究了对学术界长期以来所忽视的一个问题，即恰巴·却吉僧格至萨迦班智达时期藏族因明学的传承和发展，得出这中间藏传因明学曾出现过停滞不前的一段时期，而萨迦班智达及其《量理宝藏论》的出现把藏传因明学的发展推向了一个高潮。论文的第三部分对学术界长期以来说法各异的《量理宝藏论》成书时间做出了细致的分析，最后得出萨班在三十八岁时著述此作的结论。论文的第四部分分析了萨迦班智达著述《量理宝藏论》和传授因明学对藏传因明学的影响，萨班对早期藏传因明学的一些观点进行了驳斥，进一步发展了藏传因明学；萨班极其重视法称论师的《释量论》，从克什米尔班智达·释迦室师利处获得传承并发扬光大，改变了此前藏传因明只对法称论师的《定量论》重视的学习风气；《集量论》的闻思以萨迦寺为中心，传播到其他寺院，形成了后来全藏区重点学习《集量论》的局面。

དགེ་ལུགས་པའི་གྲུབ་མཐའ་ལ་བརྟེན་ནས་བོད་ཀྱི་ཚད་མ་རིག་པ་འཕེལ་རྒྱས་བྱུང་ཚུལ།*

གནམ་འཚོ་སྐྱིད།

ས་བཅད་དང་པོ། བོད་ཀྱི་ཚད་མ་རིག་པ་སྙིང་བ་བཤད་པ།

དང་པོ། བོད་ཀྱི་བཙན་པོ་སྲུའི་རིང་ལ་དབུ་བཙུགས་པ་དང་སྐབས་དེའི་ཚད་མའི་བསྟན་བཅོས།

དེ་ཡང་གངས་ཅན་གྱི་ལྗོངས་འདིར་མཁས་པ་ཁ་ཅིག་གིས①ཆོས་རྒྱལ་ཁྲི་སྲོང་ལྡེ་བཙན་(742－797)གྱི་དུས་ཏེ། བསྟན་པ་སྔ་དར་གྱི་སྐབས་སུ་བོད་དུ་ཚད་མ་རིག་པའི་གཞུང་ལུགས་ཀྱི་དབུ་བཙུགས་ཏེ་འཆད་ཉན་གྱི་ཆ་ཤས་ཙམ་བྱུང་ཡང་ཆང་ཚུགས་པ་དང་རྒྱུན་ཆགས་སུ་མ་བྱུང་བར་འདོད་པ་དང་། ཡང་ཁ་ཅིག་གིས་མངའ་བདག་ཁྲི་རལ་པ་ཅན་གྱི་སྐབས་སུ་ངོས་འཛིན་བྱེད་ཀྱིན་ཡོད། སྔ་མ་ནི་དོན་ལ་གནས་པར་སེམས་ཏེ། ཁྲི་སྲོང་ལྡེ་བཙན་གྱི་སྲས་ཁྲི་ལྡེ་སྲོང་བཙན་འདི་

---

* 此篇论文的汉译内容摘要见本文末尾。

① ཆོས་རྒྱལ་ཁྲི་སྲོང་ལྡེ་བཙན་གྱི་འབྲུང་ས་འདས་ལ་བཞེད་པ་མི་མཐུན་པ་མང་དུ་མཆིས་ནའང་འདིར་ཁང་དཀར་ཚུལ་ཁྲིམས་ལ་ཞུང་ས་གཏུགས་པ་ཡིན།

ལ་མིང་གི་རྣམ་གྲངས་མང་བ་དང་། མཁས་པ་རྣམས་ཀྱི་ཞལ་སྒྲོས་མི་མཐུན་པ་མང་དུ་བྱུང་བ་རྣམས་ནི་མཁས་པ་སོ་སོའི་ཁུངས་གཏུགས་སའི་ལོ་རྒྱུས་ཀྱི་ཡིག་ཆ་མི་འདྲ་བ་སོགས་ཀྱི་དབང་གིས་ཡིན་ལ། བཙན་པོ་ཁྲི་སྲོང་བཙན་གྱི་རིང་ལ་བཙུགས་པའི་རྫོ་རིང་གི་ཡི་གེའི་ནང་དུ། ལྷ་སྲས་ཡབ་ཁྲི་སྲོང་ལྡེ་བཙན་དང་སྲས་ཁྲི་སྲོང་བཙན་ཞེས་ལན་དུ་མར་འབྱུང་བ་དེར་གཞིགས་ན། མུ་ཏིག་བཙན་པོ་དང་། སད་ན་ལེགས་འཇང་ཡོན། ཁྲི་ལྡེ་སྲོང་བཙན། ལྡེ་སྲོང་བཙན། ལྡེང་ཁྲི་སོགས་ནི་དོན་ལ་ཁྲི་ལྡེ་སྲོང་བཙན་གྱི་མིང་ཡིན། ཡང་རྒྱལ་དབང་ལྔ་པ་ཆེན་པོས་སད་ན་ལེགས་འཇང་ཡོན་དང་ཁྲི་སྲོང་ལྡེ་བཙན་གཉིས་དོན་གཅིག་མིང་གི་རྣམ་གྲངས་སུ་བགྲངས་བ་མ་འདོད་པར། ཁྲི་སྲོང་བཙན་རལ་བ་ཅན་ཞེས་གསུངས་ཤིང་།[1] ཕྱིས་སུ་མཁས་པ་ཁ་ཅིག་གིས་རྒྱལ་དབང་ལྔ་པའི་གསུང་སྒྲོས་དེ་ལ་གཞིགས་ནས་ཁྲི་སྲོང་ལྡེ་བཙན་དང་ཁྲི་སྲོང་རལ་བ་ཅན་གཅིག་ཏུ་འཁྲུལ་ནས། བོད་ཀྱི་ལོ་རྒྱུས་ཐོག་ཏུ་ཁྲི་སྲོང་བཙན་ལ་རལ་བ་ཅན་དུ་འབོད་པ་དང་། ཁྲི་གཙུག་ལྡེ་བཙན་ལ་རལ་བ་ཅན་དུ་འབོད་པའི་བཞེད་དགོངས་གཏན་ནས་མི་འདྲ་བ་གཉིས་བྱུང་བས། གོང་གི་ཚད་མ་རིག་པ་དེ་ཁ་ཅིག་གིས་ཁྲི་སྲོང་ལྡེ་བཙན་གྱི་སྐབས་སུ་བོད་དུ་ཐོག་མར་དབུ་བརྙེས་པར་འདོད་པ་དང་། ཁ་ཅིག་གིས་ཁྲི་རལ་བ་ཅན་གྱི་དུས་སུ་དབུ་བརྙེས་པར་འདོད་པའི་ལྟ་བ་མི་འདྲ་བ་གཉིས་བྱུང་།

ཁང་དཀར་ཚང་གིས་བསྟན་པ་སྔ་དར་གྱི་སྐབས་སུ་ཆོས་རྒྱལ་ཁྲི་སྲོང་ལྡེ་བཙན་གྱིས་གདན་ཞུས་གནང་བ་མཁན་ཆེན་ཞི་བ་འཚོས་ཚད་ཆེན་དང་དེའི་སློབ་མ་ཀ་མ་ལ་ཤཱི་ལས་དེའི་དཀའ་འགྲེལ་མཛད་པ་ཙམ་དུ་མ་ཟད། བསྟན་པ་སྔ་དར་གྱི་ལོ་ཙཱ་བ་ཆེན་པོ་ཡེ་ཤེས་སྡེས་དུལ་བ་ལྷས་མཛད་པའི་རིགས་ཐིགས་རྒྱ་ཆེར་འགྲེལ་སོགས་དང་། ལོ་ཆེན་དཔལ་བརྩེགས་ཀྱིས་དུལ་བ་ལྷས་མཛད་པའི་གཏན

① 《བཙན་པོ་ཁྲི་སྲོང་བཙན་གྱི་ལོ་རྒྱུས་མདོ་ཙམ་བརྗོད་པ》 དོན་གྲུབ་རྒྱལ་དང་ཁྲིན་ཆེན་དབྱིན་གཉིས་ཀྱིས་བརྩམས། 1984མི་རིགས་དཔེ་སྐྲུན་ཁང་། ཤོག་ངོས2་ན་གསལ།

ཚོགས་ཐེགས་པའི་རྒྱ་ཆེར་འགྲེལ་བཅས་ཚད་མའི་བསྟན་བཅོས་བསྒྱུར་བའི་ལོ་རྒྱུས་ཁུངས་དག་ཡོད་པར་གསུངས།①

ཡང་ཤཱཀྱ་མཆོག་ལྡན་གྱིས་ལྷ་བཙན་པོ་ཁྲི་སྲོང་ལྡེ་བཙན་གྱི་དུས་བྱང་ཆུབ་སེམས་དཔའ་ཞི་བ་འཚོས་ཚད་མའི་དེ་ཁོ་ན་ཉིད་བསྡུས་པ་དང་། ཀ་མ་ལ་ཤཱི་ལས་དེའི་འགྲེལ་བ་སྟོང་ཕྲག་བཅོ་བརྒྱད་པ་དང་། སྡེ་བདུན་ཕྱི་མའི་རྩ་འགྲེལ་གྱི་ཆ་ཤས་ཡེ་ཤེས་སྡེ་སོགས་ཀྱི་འགྱུར་ལ་བརྟེན་ནས་ལྷ་ས་དང་བསམ་ཡས་གཉིས་སུ་ཚད་མའི་བསྟན་བཅོས་ཀྱི་བཤད་ཉན་ཆ་ཤས་ཙམ་བྱུང་བར་གྲགས་ཀྱང་རྒྱང་ཚུགས་པ་རྒྱུན་ཆགས་སུ་མ་བྱུང་ཞེས་གསུངས།② རྒྱལ་པོ་དེའི་རིང་ལ་ཁམས་ཡན་ཆོད་དུ་ཆོས་གྲྭ་ཆེན་པོ་བཅུ་གཉིས་དང་། གཡེར་པ། མཆིམས་ཕུ། དཔལ་ཆེན་ཆུ་བོ་རི་སོགས་སུ་སྒོམ་གྲྭ་བཙུགས་སྟེ་བསྟན་པ་ཡོངས་སུ་རྫོགས་པར་མཛད། འབྲུག་གི་ལོར་ཕོ་བྲང་ལྡན་དཀར་ན་བཞུགས་པའི་སྟོན་སྒྲ་བསྒྱུར་གྱི་བཙེ་དཔལ་བརྩེགས་དང་བཙེ་ཀླུའི་དབང་པོ་ལ་སོགས་པས། བོད་ཁམས་སུ་དམ་པའི་ཆོས་འགྱུར་རོ་འཚལ་གྱི་མཚན་བྱང་བཅོས་ཏེ། བམ་པོ་དང་ཤོ་ལོ་ཀའི་གྲངས་ཅི་མཆིས་པ་དཀར་ཆག་ཏུ་བྲིས། དེ་ནི་བོད་ཀྱི་རྒྱལ་པོ་སྲོང་བཙན་སྒམ་པོའི་རིང་ལ་ཆོས་ཀྱི་གཞུང་རྣམས་བོད་སྐད་དུ་བསྒྱུར་འགོ་ཚུགས་པའི་ཚུན་གྱི་ལོ་ངོ་བརྒྱ་ཕྲག་གི་རིང་ལ། ཆོས་བསྒྱུར་བའི་ཉམས་མྱོང་དང་བསླབ་བྱ་གཞིར་བཞག་སྟེ་བརྟན་པའི་ཡིག་བསྒྱུར་གྱི་རིགས་པའི་གཞུང་ལུགས་ཤིག་ཡིན། སྐབས་དེའི་དམ་ཆོས་བསྒྱུར་བའི་རྩ་དོན་དང་། ཐབས་ཤེས། ཡིད་འཇོག་བྱེད་པའི་གནད་དོན་རྣམས་དོན་ཚན་རེ་རེ་བཞིན་གཏན་ལ་ཕབ་པར་བརྟེན། བཙན་པོ་ཁྲི་སྲོང་ལྡེ་བཙན་གྱི་སྐུ་རིང་ལ་བསྒྱུར་བའི་བསྟན་བཅོས་ཀྱི་ཐ་སྙད་རྣམས་གཅིག་གྱུར་བྱུང་བ་དང་། བོད་སྐད་དུ་བསྒྱུར་བའི་ཆོས་ཀྱི་ཐ་སྙད་དེ་དག་རྒྱ་བོད་ཀྱི་སྐད་གཉིས་ཤན་སྦྱར་

① ཁང་དཀར་ཚུལ་ཁྲིམས་ཀྱི་ཚད་མའི་ལོ་རྒྱུས། ཤོག་ངོས235ན་གསལ།

② ཁང་དཀར་ཚུལ་ཁྲིམས་ཀྱི་ཚད་མའི་ལོ་རྒྱུས། ཤོག་ངོས235ན་གསལ།

བྱས་ཏེ། གཏན་ཚིགས་ཀྱི་སྒོ་ནས་ཐ་སྙད་དེ་དག་གི་གོ་དོན་སོགས་མ་འདྲེས་པར་འགྲེལ་བཤད་བརྒྱབ་ཡོད་སྟབས། དུས་ཕྱིས་བོད་ཀྱི་ལོ་ཙཱ་བ་རྣམས་ལ་ལོ་ཙཱའི་ཁུངས་གཏུགས་སའི་ཚད་གཞི་ཞིག་ཡོད་པར་གྱུར་པ་དང་། བཤད་གྲྭ་སོ་སོའི་སློབ་དཔོན་རྣམས་ལའང་ཁུངས་གཏུགས་སའི་ཚད་གཞི་ཞིག་ཡོད་པར་གྱུར་ཅིང་། དེ་དང་བསྟུན་ནས་བོད་ཁམས་ཡོངས་སུ་བོད་རང་གི་ཁྱད་ཆོས་ལྡན་པའི་གཞུང་ལུགས་སྣ་ཚོགས་ལ་སློབ་སྦྱོང་བྱེད་པའི་ཐ་ཚབས་གསར་བ་ཞིག་འཕྱུར་འགོ་བཙམས་པ་དང་མཉམ་དུ་ཚད་མ་རིག་པའང་དར་འགོ་ཚུགས་པ་རེད།

གཉིས་པ། ཚད་མ་རིག་པའི་རིགས་ལམ་གལ་ཆེན་དུ་མཐོང་བའི་རྒྱུ་རྐྱེན་གཙོ་བོ།

བཙན་པོ་ཁྲི་སྲོང་ལྡེ་བཙན་གྱི་སྐབས་སུ་རྒྱའི་ཧྭ་ཤང་མ་ཧཱ་ཡ་ནའི་ཆོས་ལུགས་བྱུང་སྟེ། ལུས་ངག་གི་ཆོས་སྤྱོད་དགེ་བ་བྱས་པས་འཚང་མི་རྒྱ། ཅི་ཡང་ཡིད་ལ་མི་བྱེད་པས་འཚང་རྒྱ་ཟེར། དེ་ལ①ཧོན་མུན་དུ་གྲགས། བོད་ཕལ་ཆེར་ཡང་དེའི་ལུགས་ལ་དགའ་བར་གྱུར། དཔལ་དབྱངས་དང་། ཟླ་རཏྣ་ལ་སོགས་པ་ཅུང་ཤས་ཤིག་མཁན་པོའི་རྗེས་སུ་འབྲངས། དེ་ལ་ཙེན་མུན་དུ་གྲགས། དེ་དག་ལྟ་སྤྱོད་མ་མཐུན་པར་རྩོད་པ་ན། རྒྱལ་པོས་མཁན་པོ་བོ་དྷི་ས་ཏྭའི་ལུགས་བཞིན་གྱིས་ཤིག་གསུངས་པས། ཧོན་མུན་པ་རྣམས་ཁྲོས་ཏེ། ཚ་གྲི་སྔོན་པོ་རེ་བཙལ་ནས་ཙེན་མུན་པ་རིགས་གསོད་ཟེར། དེ་དུས་རྒྱལ་པོས་མཁན་པོ་བོ་དྷི་ས་ཏྭའི་ཞལ་ཆེམས་ལྟར། ཁོང་གི་སློབ་མ་ཀ་མ་ལ་ཤཱི་ལ་སྤྱན་དྲངས་ནས་ཧྭ་ཤང་དང་རྩོད་དུ་བཅུག རྒྱལ་པོས་གཉིས་ཁའི་ལག་ཏུ་མེ་ཏོག་གི་ཕྲེང་བ་རེ་གཏད་དེ། ཕྱིད་གཉིས་རྩོད་པ་བྱས་ལ་གང་རྒྱལ་བ་ལ་ཕམ་པ་དེས་མེ་ཏོག་གི་ཕྲེང་བ་ཕུལ་ཅིག

① ཧོན་མུན་དང་། ཙེན་མུན་ནི་རྒྱ་སྐད་དེ། ཅིག་ཅར་བ་དང་རིམ་གྱིས་པ་ཞེས་པའོ།།《ཙོ་ནེ་བསྟན་འགྱུར་དཀར་ཆག》ཤོག་ངོས218་ན་གསལ།

ཕམ་པ་དེ་འདིར་མ་སྨོས་ཏེ། ཅིག་ཅེས་བཀའ་སྩལ།

ཧྭ་ཤང་ན་རེ། ཁྱེད་ཀྱི་ཆོས་ལུགས་སྐྱབས་འགྲོ་དང་སེམས་བསྐྱེད་ནས་བཟུང་། སྤྲེའུ་ཤིང་རྩེར་འཛེག་པ་ལྟར་མས་འཛེག་ཡིན། དེ་བས་ངེད་ཀྱི་ཆོས་ལུགས་འདི་ཉམས་སུ་བླངས་ན་འཚང་རྒྱ་ཡི་དེ་ལས་ལྡོག་ན་འཚང་མི་རྒྱ། རྣམ་པར་མི་རྟོག་པ་སྒོམ་ནས་སེམས་རྟོགས་པ་ཉིད་ཀྱིས་འཚང་རྒྱ་སྟེ། ཁྱུང་ནམ་མཁའ་ལས་ཤིང་རྩེར་འབབ་པ་ལྟར་ཡས་འབབ་ཀྱི་ཆོས་ཡིན། དེས་ན་ལས་དགེ་མི་དགེ་སྤྱད་ན་མཐོ་རིས་དང་ངན་སོང་དུ་འགྲོ་བས། འཁོར་བ་ལས་མི་ཐར་ཞིང་། སངས་རྒྱས་འཐོབ་པ་ལ་སྒྲིབ་པ་ཡིན། དཔེར་ན། སྤྲིན་དཀར་ནག་གང་གིས་ཀྱང་ནམ་མཁའ་བསྒྲིབ་པ་དང་འདྲ། གང་ཞིག་ཅི་ལ་ཡང་མི་སེམས། ཅི་ཡང་མི་བསམ་པ་དེ་འཁོར་བ་ལས་ཡོངས་སུ་ཐར་བར་འགྱུར་རོ། །ཅི་ཡང་མི་སེམས་མི་རྟོག་མི་སྤྱོད་པ་ནི། མི་དམིགས་པ་ཡིན་པས། ཅིག་ཅར་དུ་འཇུག་པ་ནི་ས་བཅུ་པ་དང་འདྲའོ། །ཞེས་ཟེར།

དེ་ལ་ཀ་མ་ལ་ཤཱི་ལས། དགག་པ་འདི་ལྟར་མཛད་དེ། ཁྱོད་ཀྱི་དཔེ་དོན་གཉིས་ཀའི་ཐོག་མར་དཔེ་མི་འཐད་དེ། ཁྱུང་ནམ་མཁའ་ལས་སྒོ་ང་དུར་དུ་འདབ་གཤོག་རྫོགས་པར་སྐྱེས་ནས་ཤིང་རྩེར་བབས་བམ། བྲག་ལ་སོགས་པར་སྐྱེས་ནས་རིམ་གྱིས་འདབ་གཤོག་རྫོགས་པར་བྱས་ཏེ་བབས། དང་པོ་མི་སྲིད་ལ། གཉིས་པ་ནི་རིམ་གྱིས་པའི་དཔེ་རུང་གི་ཅིག་ཅར་བའི་དཔེར་མི་རུང་ངོ་། །ཞེས་གསུངས་པ་ལ། ཧྭ་ཤང་གིས། ལན་མ་ཐེབས་པ་ཡིན།

སློབ་དཔོན་ན་རེ། ཁྱོད་ཀྱི་དཔེ་ནོར་བར་མ་ཟད། དོན་ལའང་འཁྲུལ་བ་ཆེ་སྟེ། ཅི་ཡང་ཡིད་ལ་མི་བྱེད་པས་ནི་སོ་སོར་རྟོག་པའི་ཤེས་རབ་སྤངས་པ་ཡིན་ནོ། །དེ་སྤངས་པས་འཇིག་རྟེན་ལས་འདས་པའི་ཤེས་རབ་སྤངས་པར་འགྱུར་རོ། །ཅི་ཁྱོད་ཀྱིས་གང་ལའང་རྣམ་པར་མི་རྟོག་པའི་སྒོམ་དེ་རྣམ་རྟོག་ཕྱོགས་གཅིག་བཀག་པ་ཙམ་ཡིན་ནམ། རྣམ་རྟོག་པ་མཐའ་དག་ཡིན། མཐའ་དག་

བཀག་པ་ཡིན་ནོ་ཞེ་ན། དེ་ལྟར་ཁྱོད་མི་རྟོག་པ་སྒོམ་པའི་ཚེ་མི་རྟོག་པ་བསྒོམ་སྙམ་པའི་རྟོག་པ་སྔོན་དུ་བཏང་ཡང་སྒོམ་སྐྱེ་བའི་ཕྱིར་རོ། །མི་རྟོག་པ་བསྒོམ་སྙམ་པའི་རྟོག་པ་སྔོན་དུ་གཏོང་དགོས་ན་དེ་ཉིད་རྟོག་པ་ཡིན་པས་མི་རྟོག་པ་བསྒོམ་པའི་དམ་བཅའ་ཉམས་ཏེ། དཔེར་ན། སྨྲ་བཅད་བྱས་པ་ཡིན་ནོ་ཞེས་བརྗོད་ན་སྨྲ་བཅད་ཤོར་བའམ། ཙ་ཙོ་མ་བྱེད་ཙ་ཙོར་འགྲོ་བཞིན་ནོ། །ཞེས་རིགས་པ་ཡང་དག་གི་ལམ་ནས་རྒྱ་ནག་ཧྭ་ཤང་གི་ལྟ་བ་སུན་ཕྱུང་བས་རྒྱ་ནག་མཁན་པོ་སྤོབས་པ་མེད་པར་གྱུར་ཏེ། མེ་ཏོག་གི་ཕྲེང་བ་སློབ་དཔོན་ཀ་མ་ལ་ཤཱི་ལར་ཕུལ་ནས་ཕམ་ཁ་བླངས།

རྒྱལ་པོས་དེང་ཕྱིན་ཆད་ལྟ་བ་ཀླུ་སྒྲུབ་ཀྱི་ལུགས་ཟུངས། སྤྱོད་པ་ཆོས་སྤྱོད་བཅུ་དང་ཕ་རོལ་ཏུ་ཕྱིན་པ་ལ་སློབ། ཧོན་སུན་གྱི་ལུགས་བྱེད་དུ་མི་དབང་ངོ་ཞེས་བཀའ་སྩལ། དེ་ནས་སློབ་དཔོན་གྱི་སྒོམ་རིམ་གསུམ་མཛད་དེ་བསྟན་པའི་དྲི་མ་བསལ་ཆེ་བཙན་པོས་སྒོམ་པ་ཞི་ལྷག་ཟུང་འབྲེལ་ལྟར་དང་། ལྟ་བ་ཀླུ་སྒྲུབ་ཀྱི་ལུགས་ལྟར་དང་སྤྱོད་པ་ཆོས་སྤྱོད་བཅུ་དང་སྦྱིན་སོགས་ཕར་ཕྱིན་དྲུག་དང་ཁྱད་པར་དུ་འདུལ་བ་ལ་གཙོ་བོར་སློབ་ཅིང་སྔགས་ལ་རྒྱུད་སྡེ་འོག་མ་གསུམ་ལས་བླ་མེད་རེ་ཞིག་མང་པོ་མ་བསྒྱུར་ཞིག རྒྱལ་པོས་གལ་ཏེ་ད་ནས་བཟུང་སུས་ཧྭ་ཤང་གི་ལུགས་བྱེད་ན་ཆད་པས་གཅོད་དོ་ཞེས་བཀའ་ཡིག་གསུམ་བྲིས་ནས་མདོ་ཁམས་སུ་གཅིག་བསྐུར། བོད་དབུས་སྤྱི་དང་དཀོར་མཛོད་དུ་རེ་རེ་བཞག་སྟེ་ཧྭ་ཤང་འཁོར་བཅས་རྒྱ་ཡུལ་དུ་བརྫངས།

གོང་གསལ་གྱི་རྩོད་པ་དེ་ལས། གཏན་ཚིགས་རིག་པའི་རིགས་ལམ་ལ་བརྟེན་ནས་རྒྱ་ནག་ཧྭ་ཤང་ཕམ་པར་བྱས་པ་གསལ་པོར་མཐོང་ལ། སྐབས་དེའི་བཙན་པོས་ཀྱང་དོན་གྱི་བདེན་ལུགས་ལ་བརྡར་ཤ་གཅོད་དགོས་ན་ངེས་པར་གཏན་ཚིགས་རིག་པར་རག་ལས་པའི་གལ་ཆེན་རང་བཞིན་ལ་ངེས་པ་བརྟན་པོ་རྙེད་པ་ཤེས་ཐུབ།

གསུམ་པ། བོད་ཀྱི་ཚད་མ་རིག་པའི་གཞུང་གི་ཐོག་མ 《བཀའ་ཡང་དག་པའི་ཚད་མ།》

ཐུ་ཤང་གི་དཔེ་རྣམས་བསྡུས་ནས་གཏེར་དུ་སྦས་ཤིང་རྒྱལ་པོ་རང་གིས《བཀའ་ཡང་དག་པའི་ཚད་མ》སོགས་བརྩམས་སོ། ཞེས་གསུངས།[①]《བཀའ་ཡང་དག་པའི་ཚད་མ》ཞེས་པ་བཙན་པོ་ཁྲི་སྲོང་ལྡེ་བཙན་གྱིས་བརྩམས་ཤིང་། དེ་བོད་ཀྱི་ཚད་མ་རིག་པའི་གཞུང་གི་ཐོག་མ་རུ་གྲགས་ཤིང་དོན་ལའང་གནས་པར་སེམས།

གཞུང་དེ་ལས་བསྟན་པའི་རིགས་པ་ནི་རྣམ་པ་བཞི་སྟེ། ལྟོས་པའི་རིགས་པ། བྱ་བ་བྱེད་པའི་རིགས་པ། འཐད་པས་སྒྲུབ་པའི་རིགས་པ་དང་། ཆོས་ཉིད་ཀྱི་རིགས་པའོ། །[②] དེ་ལ་ལྟོས་པའི་རིགས་པ་ནི། འདུ་བྱེད་རྣམས་འབྱུང་བ་དང་། རྗེས་སུ་ཐ་སྙད་གདགས་པའི་རྒྱུ་གང་དག་ཡིན་པ་དང་རྐྱེན་གང་དག་ཡིན་པ། བྱ་བ་བྱེད་པའི་རིགས་པ་ནི་ཆོས་རྣམས་ཐོབ་པའམ། འགྲུབ་པའམ། སྐྱེས་པ་རྣམས་ལས་བྱེད་པར་འགྱུར་བའི་རྒྱུ་གང་དག་ཡིན་པ་དང་རྐྱེན་གང་དག་ཡིན་པ་དེ་ནི་བྱ་བ་བྱེད་པའི་རིགས་པ་ཡིན་ནོ། །འཐད་པས་སྒྲུབ་པའི་རིགས་པ་ནི་སོ་སོའི་ཤེས་པ་དང་། བཤད་པ་དང་། སྨྲས་པའི་དོན་སྒྲུབ་པ་དང་། ལེགས་པར་ཁོང་དུ་ཆུད་པར་བྱ་བའི་རྒྱུ་གང་ཡིན་པ་དང་རྐྱེན་གང་ཡིན་པའོ། །

དེ་ཡང་གོང་གི་ལྟོས་པའི་རིགས་པ་དང་བྱ་བ་བྱེད་པའི་རིགས་པ། འཐད་པས་སྒྲུབ་པའི་རིགས་པ་རྣམས་མདོར་བསྡུ་ན། ཡོངས་སུ་དག་པ་དང་ཡོངས་སུ

① 《ཆོས་འབྱུང་དཔག་བསམ་ལྗོན་བཟང》སུམ་པ་ཡེ་ཤེས་དཔལ་འབྱོར་གྱིས་བརྩམས། ཀན་སུའུ་མི་རིགས་དཔེ་སྐྲུན་ཁང་། ཤོག་ངོས343ན་གསལ། 1992ལོར།

② 《སྡེ་དགེ་བསྟན་འགྱུར》ཚད་མའི་སྐོར། ཤོག་ངོས90ན་གསལ།

མ་དག་པ་གཉིས་སུ་འདུ། དེ་ལ་ཡོངས་སུ་དག་པའི་མཚན་ཉིད་ནི་ལྔ་ཡོད་པར་བཤད། མཚན་ཉིད་ལྔ་གང་ཞེ་ན། དེ་ལ་མངོན་སུམ་དུ་དམིགས་པའི་མཚན་ཉིད། དེ་ལ་གནས་པའི་མངོན་སུམ་དུ་དམིགས་པའི་མཚན་ཉིད། རང་གི་དཔེ་ཉེ་བར་སྦྱར་བའི་མཚན་ཉིད། ཡོངས་སུ་གྲུབ་པའི་མཚན་ཉིད། ལུང་ཤིན་ཏུ་རྣམ་པར་བདག་པ་གཏན་ལ་ཕབ་པར་བསྟན་པའི་ཉིད་དོ། །དེ་ལྟར་འཐད་པས་སྒྲུབ་པའི་རིགས་པ་དེ་ནི་མངོན་སུམ་གྱི་ཚད་མ་དང་རྗེས་སུ་དཔག་པའི་ཚད་མ་དང་། ཡིད་ཆེས་པའི་ལུང་གི་ཚད་མས་མཚན་ཉིད་ལྔ་པོ་དག་གིས་ཡོངས་སུ་དག་པ་ཡིན་ནོ། །

ཡོངས་སུ་མ་དག་པའི་མཚན་ཉིད་བདུན་བདུན་ཡོད་པར་བཤད། མཚན་ཉིད་བདུན་ནི། དེ་ལས་གཞན་དང་མཐུན་པར་དམིགས་པའི་མཚན་ཉིད། ཐམས་ཅད་མི་མཐུན་པར་དམིགས་པའི་མཚན་ཉིད། གཞན་གྱི་རིགས་ཀྱི་དཔེ་ཉེར་བར་སྦྱར་བའི་མཚན་ཉིད། ཡོངས་སུ་གྲུབ་པའི་མཚན་ཉིད། ལུང་ཤིན་ཏུ་རྣམ་པར་དག་པ་བསྟན་པའི་མཚན་ཉིད་དང་བདུན་ནོ། །དེ་ལ་དེ་བཞིན་གཤེགས་པ་རྣམས་བྱུང་ཡང་རུང་མ་བྱུང་ཡང་རུང་སྟེ། ཆོས་གནས་པར་བྱ་བའི་ཕྱིར་ཆོས་ཉིད་གང་ཡིན་པ་དེ་ནི་ཆོས་ཉིད་ཀྱི་རིགས་པ་ཡིན་ནོ། །① གཞན་ཡང་། གྲུབ་མཐའ་ལྷུན་པོའི་མཛེས་རྒྱན་ལས། རིགས་པ་བཞི་ལས། ལྟོས་པའི་རིགས་པ་ནི་འབྲས་བུ་རྣམས་འབྱུང་བ་རྒྱུ་དང་རྐྱེན་ལ་བལྟོས་པའོ། །འདི་ཡང་ཀུན་རྫོབ་དང་དོན་དམ་དང་དེ་དག་གི་གཞི་རྣམས་སོ་སོའི་སྒོ་ནས་ཚོལ་བའོ། །ཞེས་གསུངས། བྱ་བ་བྱེད་པའི་རིགས་པ་ནི་མེས་སྲེག་པའི་བྱ་བ་བྱེད་པ་སོགས་ཆོས་རྣམས་ཀྱིས་རང་རང་གི་བྱ་བ་བྱེད་པའོ། འདི་ནི་ཆོས་སོ་འདི་བྱེད་པའོ་ཆོས་འདིས་ནི་བྱ་བ་འདི་བྱེད་དོ་ཞེས་འཚོལ་བའོ། །འཐད་པས་སྒྲུབ་པའི་རིགས་པ་ནི་

① 《སྡེ་དགེ་བསྟན་འགྱུར》ཚད་མའི་སྐོར། ཤོག་གྲངས75ནས105བར་ན་གསལ།

ཚད་མ་དང་མི་འགལ་བར་དོན་བསྒྲུབ་པའོ། །ཅི་འདི་ལ་མངོན་སུམ་དང་རྗེས་དཔག་དང་ཡིད་ཆེས་པའི་ལུང་གི་ཚད་མ་གསུམ་པོ་ཡོད་དམ་མེད་སྙམ་དུ་འཚོལ་བའོ། །ཆོས་ཉིད་ཀྱི་རིགས་པ་ནི། མེ་ཚ་བ་དང་ཆུ་བརླན་པ་སོགས་ལ་དེ་དག་གི་ཆོས་ཉིད་དུ་འཇིག་རྟེན་ན་གྲགས་པའི་ཆོས་ཉིད་དང་། བསམ་གྱིས་མི་ཁྱབ་པའི་ཆོས་ཉིད་དང་། གནས་པའི་ཆོས་ཉིད་ལ་མོས་པར་བྱེད་ཅིང་། དེ་ལྟར་ཡིན་པའི་རྒྱུ་མཚན་གཞན་སེམས་པར་མི་བྱེད་དེ། དེ་ལྟར་ཚོལ་བའོ། །ཞེས་རིགས་པ་བཞིའི་དགོངས་དོན་གསུངས་ཡོད།①

ད་དུང་གཞུང་འདི་ལ་(༡)སྟོན་པའི་རིགས་པའི་ལེའུ།(༢)བྱ་བ་བྱེད་པའི་རིགས་པའི་ལེའུ། (༣)འཐད་པས་སྒྲུབ་པའི་རིགས་པའི་ལེའུ། འདིས་གོང་གི་རིགས་པ་གསུམ་ལ་ཁྱབ་ཡོད། དེ་དག་ནི་འཐད་པས་སྒྲུབ་པའི་རིགས་པའི་ཡན་ལག་ཡིན། (༤)ཆོས་ཉིད་ཀྱི་རིགས་པའི་ལེའུ།(༥)མངོན་སུམ་ཡོངས་སུ་དག་པའི་མཚན་ཉིད་ཀྱི་ལེའུ།(༦)རྗེས་སུ་དཔག་པའི་ཡོངས་སུ་དག་པའི་མཚན་ཉིད་ཀྱི་ལེའུ།(༧)རིགས་ཀྱི་དཔེ་ཉེར་བར་སྦྱར་བའི་མཚན་ཉིད་ཀྱི་ལེའུ།(༨)ཡོངས་སུ་གྲགས་པའི་མཚན་ཉིད་ཀྱི་ལེའུ།(༩)བཀའ་ཐང་ལས་མངོན་སུམ་ཚད་མའི་ལེའུ།(༡༠)བཀའ་ཐང་ལས་རྗེས་སུ་དཔག་པའི་ཚད་མའི་ལེའུ།(༡༡)བཀའ་ཐང་ལས་ཡིད་ཆེས་པའི་ལུང་གི་ལེའུ།(༡༢)ཡོངས་སུ་མ་དག་པའི་ལེའུ།(༡༣)ཆོས་ཉིད་ཀྱི་རིགས་པའི་ལེའུ།(༡༤)ཚད་མའི་ཡོན་ཏན་བཀོད་པའི་ལེའུ་བཅས་ལེའུ་བཅུ་བཞི་ཡོད།

དེས་ན་ང་ཚོས་བོད་ཀྱི་དོན་དངོས་ཀྱི་ལོ་རྒྱུས་དང་བོད་རང་གི་འཕེལ་རྒྱས་ཀྱི་ཆོས་ཉིད་ལ་གཞིགས་ན། ཁྲི་སྲོང་ལྡེ་བཙན་སྐབས་སུ་བོད་རང་རྐང་གི་ཚད་མ་རིག་པའི་གཞུང་བྱུང་ཡོད་པ་དང་། ལྷག་པར་ཧྭ་ཤང་དང་ཀ་མ་ལ་ཤཱི་ལ་བརྩད་པ

① 《གྲུབ་མཐའ་ལྷུན་པོའི་མཛེས་རྒྱན》ལྕང་སྐྱ་རོལ་བའི་རྡོ་རྗེ་ཡིས་བརྩམས། ཀྲུང་གོའི་བོད་ཀྱི་ཤེས་རིག་དཔེ་སྐྲུན་ཁང་། ཤོག་ངོས104ན་གསལ།

དེས། བོད་ཀྱི་རིག་གནས་འཕེལ་རྒྱས་དང་ལྟ་སྤྱོད་རྣམ་དག་སྤེལ་དགོས་ན། ཚད་མ་རིག་པ་ལ་རག་ལས་པའི་གལ་ཆེན་རང་བཞིན་ཡང་མཐོང་ཡོད་པར་མངོན་ལ། བོད་ཀྱི་ཚད་མ་རིག་པའི་གཞུང་གི་ཐོག་མ《བཀའ་ཡང་དག་པའི་ཚད་མ》ཞེས་པའི་བསྟན་བཅོས་ཀྱི་ནང་དོན་གྱི་ཆ་ནས་བལྟས་ནའང་། རྒྱ་གར་གྱི་ཚད་མ་རིག་པའི་གཞུང་གི་ཤུགས་རྐྱེན་ཐེབས་ཡོད་ལ། སྐབས་དེའི་གནས་ཚུལ་དང་མཐུན་པའི་རིགས་པའི་རྣམ་གྲངས་གསར་བ་སྟེ་ཡོངས་སུ་མ་དག་པའི་ལེའུ་ལྟ་བུ་བསྟན་ཡོད།

བཞི་པ། བོད་བཙན་པོའི་སྐབས་ཀྱི་ཚད་མ་རིག་པའི་གཞུང་།

བོད་བཙན་པོའི་སྐབས་ཀྱི་ཚད་མ་རིག་པའི་གཞུང་ནི། ཕྱོགས་སྣང་ཡབ་སྲས་ཀྱི་གཞུང་ཡིན་ལ། གཞུང་དེ་དག་གི་ནང་དོན་གྱི་ཆ་ནས། གནའ་རབས་རྒྱ་གར་གྱི་ཚད་མ་རིག་པའི་རིགས་ལམ་གྱི་རྩང་གཞིའི་ཐོག ལྟ་བའི་ཆ་ནས་ནང་པའི་ཐེག་པ་ཆེ་ཆུང་ལས་ཐེག་ཆུང་གི་ལྟ་བ་ལྟར་བརྩམས་ཡོད་པར་སྣམ། དེ་ཡང་སངས་རྒྱས་ཀྱི་བཀའ་ལས་བྱུང་བའི་རིགས་པའི་མདོ་ཚིག་དག་རྒྱབ་རྟེན་དུ་བཅོལ་ཡོད་པ་ཞིག་རེད། དཔེར་ན། གཞུང་དེ་དག་གི་ནང་དུ《འཕགས་པ་ཆོས་ཀུན་འགྲོ་བའི་མདོ》དང་། 《འཕགས་པ་མ་དྲོས་པ་ཀླུའི་རྒྱལ་པོར་དྲིས་པའི་མདོ》《འཕགས་པ་གཟུངས་ཀྱི་དབང་ཕྱུག་རྒྱལ་པོས་ཞུས་པའི་མདོ》《དགོངས་པ་ངེས་པར་འགྲེལ་བའི་མདོ》《འཕགས་པ་ལང་ཀར་གཤེགས་པའི་མདོ》《འཕགས་པ་རྒྱ་ཆེར་རོལ་བའི་མདོ》སོགས་ལས་དྲངས་པའི་ཚིག་ཤིན་ཏུ་མང་། དཔེར་ན། “དུ་བ་ལས་ནི་མེ་ཤེས་དང་། །ཆུ་སྐྱར་ལས་ནི་ཆུ་ཤེས་ལྟར། །བྱང་ཆུབ་སེམས་དཔའ་བློ་ལྡན་གྱི། །རིགས་ནི་ཚད་མ་དག་ལས་ཤེས། །”ཞེས་པ་ལྟ་བུ་རེད།

དེས་ན་ནང་པའི་གཏན་ཚིགས་རིག་པ་ནི་སངས་རྒྱས་ཀྱི་བཀའ་ལས་བྱུང་བའི་རིགས་པ་དང་འབྲེལ་ཡོད་པས། ནང་པའི་ཐུན་མོང་མ་ཡིན་པའི་ཁྱད་ཆོས་ལྡན་པའི་ཚད་མ་རིག་པའི་གཞུང་གི་མ་ལག་ཅིག་བྱུང་བ་ཤེས་ཐུབ།

སྤྱི་ལོ་དུས་རབས་གསུམ་པའི་ཡར་སྟོན་གྱི་སངས་རྒྱས་པ་རྣམས་ཀྱིས་རིགས་པ་བཞི་ལ་བརྟེན་ནས་རང་གི་བསྟན་པ་སྲུང་བ་དང་སྤེལ་བ་དང་། ཕས་ཀྱི་རྒོལ་བ་ཚར་གཅོད་པར་བྱ་བའི་ཕྱིར་གཏན་ཚིགས་རིག་པ་བསླབ་དགོས་པའི་བཀའ་གནང་ཅེས་དང་། 《ཐབས་ལ་མཁས་པ་དྲིན་ལན་བསབ་པའི་མདོ》ལས། "བྱང་ཆུབ་སེམས་དཔའ་རྣམས་ནི་གཏན་ཚིགས་རིགས་པ་འཚོལ་བར་བྱེད་དེ། བསྟན་བཅོས་ཉིད་ལས་ལེགས་པར་བཤད་པ་དང་ཉེས་པར་བརྗོད་པ་ཡང་དག་པ་ཇི་ལྟ་བ་བཞིན་དུ་ཡོངས་སུ་ཤེས་པར་བྱ་བའི་ཕྱིར་དང་། ཕས་ཀྱི་རྒོལ་བ་ཚར་གཅོད་པར་བྱ་བའི་ཕྱིར་དང་། བསྟན་པ་འདི་ལ་མ་དད་པ་རྣམས་དད་པར་བྱ་བའི་ཕྱིར་དང་། དད་པ་རྣམས་ཀྱང་ཕྱིར་ཞིང་འཕེལ་བར་བྱ་བའི་ཕྱིར་རོ། །" ཅེས་གསུངས་པ་ལ་གཞིགས་ན། དུས་དེར་གཏན་ཚིགས་རིག་པ་དེ་ཕྱི་ནང་གྲུབ་མཐའ་ཐུན་མོང་དུ་དར་ཡོད་པ་ཤེས་ཤིང་། ཁྱད་པར་དུ་ནང་བསྟན་རྒྱུན་འཛིན་དང་དར་སྤེལ་དགོས་ན་ཚད་མ་རིག་པར་རག་ལས་པའི་གལ་ཆེན་རང་བཞིན་ཡང་ཤེས་ཡོད་པ་མཐོང་ཐུབ།

སྤྱིར་ན་ཕྱི་རོལ་མུ་སྟེགས་པའི་སྟོན་པའི་རྟོག་གེའི་བསྟན་བཅོས་སྟེ། 《བྲེ་བྲག་པའི་མདོ》དང་། 《ཙ་ར་ཀའི་སྨན་གཞུང》《རིགས་པ་ཅན་པའི་མདོ》སོགས་དང་། ནང་པ་སངས་རྒྱས་པའི་སློབ་དཔོན་ཐོགས་མེད་དང་དབྱིག་གཉེན་སྐུ་མཆེད་ཀྱིས་མཛད་པ་དང་དབུ་མ་སོགས་སུ་རིགས་པའི་རྣམ་གཞག་ཙམ་བསྟན་པ་དེ་དག་ལ་ཚད་མ་རྙིང་བར་བཤད། དེ་ཡང་གནའ་བོའི་རྒྱ་གར་གྱི་ཚད་མ་རིག་པའི་ལོ་རྒྱུས་ཀྱི་འཕེལ་རིམ་ཁྲིད། གཞུང་ལུགས་དེ་མེད་པ་ནས་ཡོད་པ། ཡོད་པ་ནས་གོང་འཕེལ་དུ་བཏང་ཡོད་པ་ནི། རྟོད་པ་ལྟར་ལེན་གྱི་རིགས་ལམ་གཙོ་བོར

སྟོན་པ་དང་། ཡན་ལག་ལྔ་ལྡན་གྱི་སྒྲུབ་ངག་གིས་མཚོན་པའི་གཞན་དོན་རྗེས་དཔག་གཙོ་བོར་སྟོན་པའི་རིག་གཞུང་ཞིག་ཏུ་ཆགས་པས་ན། ཕྱི་རོལ་པ་དང་ནང་པ་གཉིས་ཀའི་ཐུན་མོང་གི་རིག་གནས་ཞིག་ཡིན་པ་གསལ་ལོ། །

སྐབས་དེར་གཏན་ཚིགས་རིག་པ་དང་ཚད་མ་རིག་པ་ནི་གཅིག་ཏུ་ངོས་འཛིན་བྱེད་ཀྱིན་ཡོད། དགེ་ལུགས་པའི་གྲུབ་མཐའ་མ་བྱུང་གོང་བོད་རང་དུ། ཚད་མ་རིག་པ་ནི་ཕྱིའི་གོ་རྒྱ་ཙམ་གཅོད་བྱེད་ཀྱི་ལག་ཆ་ཅིག་ཏུ་འདོད་པའི་རྩ་བའི་འབྱུང་ཁུངས་ཀུང་འདི་ལ་ཐུག་ཡོད་པར་སྣམ། འཐད་པས་སྒྲུབ་པའི་རིགས་པའི་ཡན་ལག་ཏུ་གྱུར་པའི་བསྒོས་པའི་རིགས་པ་དང་བྱ་བ་བྱེད་པའི་རིགས་པ་ནི་རིམ་བཞིན་ཕྱོགས་སྣང་ཡབ་སྲས་ཀྱི་འབྲས་རྟགས་དང་རང་བཞིན་གྱི་རྟགས་དང་ཕལ་ཆེར་ཆ་མཚུངས་ལ། ཡོངས་སུ་དག་པའི་མཚན་ཉིད་ཀྱི་རྣམ་པ་ལྔ་དང་། ཡོངས་སུ་མ་དག་པའི་མཚན་ཉིད་ཀྱི་རྣམ་པ་བདུན་གྱིས་རིམ་བཞིན་རྟགས་ཡང་དག་དང་རྟགས་ལྟར་སྣང་གི་རིགས་པ་དང་ཕལ་ཆེར་མཐུན། ལྷག་པར་དུ་མཐུན་པར་དམིགས་པའི་མཚན་ཉིད་དང་མི་མཐུན་པར་དམིགས་པའི་མཚན་ཉིད་ཀྱི་རིགས་སྒྲོས་ནི་རྗེས་ཁྱབ་དང་ལྡོག་ཁྱབ་དང་ཕྱོགས་འདྲ་བས་ཕྱིས་ཀྱི་ཕྱོགས་སྣང་གི་རྟགས་ཡང་དག་དང་རྟགས་ལྟར་སྣང་གི་རྨང་གཞི་ལྟ་བུར་གྱུར་ཡོད་པར་སྣམ།

ལྔ་པ། བཙན་པོའི་དུས་སྐབས་ཀྱི་ཚད་མ་རིག་པའི་བསྟན་བཅོས་བོད་འགྱུར་མ།

དེ་བཞིན་དུ་བོད་དུ་སངས་རྒྱས་ཆོས་ལུགས་དར་བ་དང་མཉམ་དུ་བོད་ཀྱི་ལོ་ཙཱ་བ་ཆེན་མོ་སྐ་བ་དཔལ་བརྩེགས་ཀྱིས《གཏན་ཚིགས་ཐིགས་པ》（འབྲེལ་བ་བརྟག་པ་རྩ་འགྲེལ།）《རྒྱུད་གཞན་སྒྲུབ་པ》 ཛ་མ་རིའི་སློབ་མ་དུལ་བ་ལྷའི《གཏན་ཚིགས་ཐིགས་པའི་རྒྱ་ཆེར་འགྲེལ་བ》《རྒྱུད་གཞན་སྒྲུབ་པའི་འགྲེལ་

བཤད》《རྟོད་པའི་རིགས་པའི་འགྲེལ་བ》《འགྲེལ་བ་བརྟག་པའི་རྒྱ་ཆེར་བཤད་པ》དགེ་སློང་གི《ཕྱི་རོལ་དོན་གྲུབ》བཅས་བསྒྱུར། ལོ་ཙཱ་བ་ཡེ་ཤེས་སྡེས་དུལ་བ་ལྷའི《རིགས་པའི་ཐིགས་པའི་རྒྱ་ཆེར་འགྲེལ་བ་སློབ་མ་ལ་ཕན་པ》ཞེས་བྱ་བ་བསྒྱུར། ལོ་ཙཱ་བ་དྲན་པ་ནམ་མཁའ་ཡིས་ཆོས་གྲགས་ཀྱི《འབྲེལ་བ་བརྟག་པ》སོགས་གཞུང་བཅུ་གཉིས་བསྒྱུར་ཡོད་ནའང་སྐབས་དེར་སངས་རྒྱས་ཆོས་ལུགས་དང་བོན་གཉིས་ཀྱི་འགལ་བ་ཇ་དྲག་ཡིན་པ་དེས། ནང་བསྟན་དར་བ་ལ་བཀག་རྒྱ་ཆེན་པོ་བཟོས་པ་དང་ཆབས་ཅིག ཚད་གཞུང་མང་པོ་བོད་སྐད་དུ་བསྒྱུར་ཟིན་པའི་གཞུང་དེ་དག་ལ་ཞིབ་འཇུག་དང་དར་སྤེལ་གཏོང་མ་ཐུབ། ཡིན་ནའང་སྐབས་དེར་ཚད་མ་རིག་པའི་གཞུང་གི་འཆད་ཉན་མ་དར་བ་མ་གཏོགས། སངས་རྒྱས་ཀྱི་བཀའ་མདོ་སྡེ་དགོངས་འགྲེལ་དག་ལས་ཚད་མ་རིག་པའི་ཐ་སྙད་དང་། རིགས་འགྲོས་ཀྱི་གོ་བ་ལོན་ཡོད་པས་བོད་དུ་ཚད་མ་རིག་པའི་རྨང་བརྟན་པོ་བཏང་ཡོད།

རྒྱག་པ། རྟོད་རིག་གལ་ཆེན་དུ་མཐོང་བ།

གལ་ཏེ་བོད་དུ་རྟོད་པའི་སྲོལ་དར་ཡོད་ན་ནི་རྒྱ་གར་ནས་པཎྜི་གདན་དྲངས་པའི་དགོས་པ་མེད་ལ་ཆོས་ལུགས་པའི་ལག་ཏུ་མཆོན་ཆ་བཟུང་ནས་འཁོན་འཛིན་གྱི་བྱ་སྤྱོད་དེ་བས་ཀྱང་འབྱུང་དོན་མེད། ཕྱོགས་གཞན་ཞིག་ནས་རྒྱའི་ཧྭ་ཤང་དང་ཀ་མ་ལ་ཤཱི་ལ་གཉིས་བརྩད་དེ་རྒྱའི་ཧྭ་ཤང་ཕམ་དུས། མཆིལ་ཤགས་བཏབ་པ་ལ་སོགས་ནི་སྨྲ་བའི་རྒྱན་ལས་བསྟན་པའི་ངོ་ཚ་སྟེ་གཏན་ཚིགས་དང་མི་མཐུན་པའི་བྱ་སྤྱོད་བྱུང་བ་ལ་གཞིགས་ན། སྐབས་དེར་ཚད་མ་རིག་པའི་རྨང་ཡོད་ནའང་རྟོད་པའི་སྲོལ་དར་མེད་པར་གསལ། རྟོད་པའི་སྲོལ་གཏན་ནས་དར་མེད་ཅེས་བརྗོད་ན་མཐའ་རུ་ལྷུང་བ་ཐལ་དྲག་པར་སྣམ།

དེབ་ཐེར་སྔོན་པོ་ལས། མ་ཞང་སྟོད་ལུང་ནས་གསོན་དུར་ལ་བཙུག གསལ་སྣང་གིས་མཁན་པོ་སྤྱན་དྲངས་ནས་འོངས་པ་ལྷ་སར་ཕེབས། བཙན་པོས་བློན་པོ་རྣམས་ལ་སློབ་དཔོན་དེའི་ཆོས་ལུགས་དང་ཚུལ་ཅི་ཡིན་པ་ལེགས་པར་རྟོགས་ལ་ཤོག་ཅིག བཟང་པོ་ཞིག་ན་འདིར་ཡང་སྤྱན་འདྲེན་ནོ་ཞེས་གསུངས། བློན་པོ་རྣམས་ཀྱིས་ཞིབ་ནས། ཁྱེད་ཀྱི་ཆོས་ལུགས་ཅི་ཡིན་དྲིས་པས། མཁན་པོའི་ཞལ་ནས། ཕོ་བོའི་ཆོས་ལུགས་ནི་རིགས་པས་ལེགས་པར་བརྟག་སྟེ་གང་འཐད་པ་དེ་བྱེད། མི་འཐད་པ་དེ་མི་བྱེད་པ་ཡིན་ཟེར། ཞེས་གསུངས།① དེ་ཡང་མདོ་ལས་ཀྱང་། དགེ་སློང་དག་གམ་མཁས་རྣམས་ཀྱིས། །བསྲེགས་བཅད་བདར་བའི་གསེར་བཞིན་དུ། །ལེགས་པར་བརྟག་ལ་ང་ཡི་བཀའ། །བླང་བར་བྱ་ཡི་གུས་ཕྱིར་མིན། །ཞེས་གསུངས་པ་ནང་བཞིན་མཁན་པོ་ནི་ནང་པ་སངས་རྒྱས་པའི་རང་ལུགས་འཛིན་པ་ཤ་སྟག་ཞིག་ཡིན་པ་མཚོན་ཐུབ། སྐབས་དེར་སངས་རྒྱས་ཆོས་ལུགས་སྤྱིལ་མཁན་མི་ཁྱུང་བ་ཞིག་བོད་དུ་ཐོན་པ་གསལ་པོར་རྟོགས་ཐུབ། མཁན་པོས་ཆོས་ལུགས་དང་ཚུལ་ཅི་ཡིན་རིགས་པས་ལེགས་པར་བརྟག་དགོས་པའི་དགོངས་དོན་དེས་སངས་རྒྱས་ཆོས་ལུགས་སྤྱིལ་མཁན་ཞིག་ཡིན་ནའང་འདྲ། དེའི་རྗེས་འཇུག་པ་གང་ཞིག་ཡིན་རུང་རིགས་པ་ནི་གཙོ་ཡིན་པ་དང་དེས་བླང་དོར་གྱི་གནད་འབྱིན་ཐུབ་པའི་གལ་ཆེར་རང་བཞིན་གསལ་པོར་བསྟན་ཡོད།

རིགས་པ་གཙོ་བོ་འཛིན་པའི་བསམ་བློ་བ་ཞིག་ལ་མཚོན་ན། རང་གིས་བསྟན་པ་བོད་དུ་དར་བར་བྱེད་ན་རིགས་པ་སྟེ་གཏན་ཚིགས་ལ་བརྟེན་དགོས་པའི་གནད་ལ་ངེས་ཤེས་ཟབ་མོ་སྐྱེས་ཡོད་པ་རེད། དེ་བས་མཁས་པ་ལ་ལས་ཚད་མ་རིག་པའི་ས་བོན་ཙམ་ཡང་མེད་པར་སྨྲས་ན་ཙུང་ཐལ་བར་བསམ། 《དཔག་བསམ་ལྗོན་བཟང》ལས། དེའི་ཚེ་རྒྱལ་པོས་འཁོར་ཀུན་གྱིས་ཀྱང་མཆིལ་ཤགས

① 《དེབ་ཐེར་སྔོན་པོ》(སྟོད་ཆ) འགོས་ལོ་གཞོན་ནུ་དཔལ་གྱིས་བརྩམས། སི་ཁྲོན་མི་རིགས་དཔེ་སྐྲུན་ཁང་། ཤོག་ངོས68ན་གསལ། 1984ལོར།

ཐོབ་ཅེས་གསུངས་པས་དཔལ་དབྱངས་དང་ཡེ་དབང་གིས་ཀྱང་མཆིལ་ཞགས་བཏབ་ཅེས་གསུངས།①

དཔལ་དབྱངས་དང་ཡེ་དབང་ནི་སྐབས་དེའི་སྤྱི་ཚོགས་ཀྱི་ནང་གི་མི་སྣ་གཙོ་བོ་གཉིས་ཡིན་པར་མ་ཟད། སྐབས་དེའི་སྤྱི་ཚོགས་ཀྱི་ནང་ནས་ཚབ་བྱེད་རང་བཞིན་གྱི་མི་སྣ་གཉིས་ཡིན་པའང་གདོན་མི་ཟ། དུས་སྐབས་དེར་མཚོན་ན་བོད་ཀྱི་སྐྲིག་འཛུགས་ཡོད་པའི་སློབ་གསོའི་ལམ་ལུགས་ཀྱི་མྱུ་གུ་འབུས་པའི་དུས་དང་། ཕྱིའི་རིག་གནས་སྣ་ཚོགས་ཚད་ལྡན་གྱི་སྒོ་ནས་བསྒྱུར་བའི་དུས་ཀྱང་ཡིན། དུས་དེར་སངས་རྒྱས་ཆོས་ལུགས་དང་འབྲེལ་ཡོད་ཀྱི་ཡིག་བསྒྱུར་ཁང་དང་ཆོས་ལུགས་སློབ་གྲྭ་བཅས་ཆེད་གཉེར་སློབ་གྲྭ་དེ་གཉིས་ཐད་ཀར་སྲིད་གཞུང་གིས་རྒྱབ་སྐྱོར་བྱས་ཏེ། སྒྲིག་འཛུགས་ཡོད་པ་དང་། འགོ་ཁྲིད་ཡོད་པ། ལམ་ལུགས་ཡོད་པ། ཚད་གཞི་ཡོད་པ་བཅས་ཀྱི་ཁྱད་ཆོས་ལྡན་པའི་ཆོས་ལུགས་དང་འབྲེལ་བའི་ཚད་མ་རིག་པའི་ཐ་སྙད་བཀོལ་སྤྱོད་བྱེད་པའི་སྲོལ་བྱུང་།

དེ་ལྟ་བུའི་སློབ་གསོ་ལམ་ལུགས་ཚགས་དམ་ཞིང་ཆེད་ལས་རང་བཞིན་གྱི་ཆོས་ལུགས་ཀྱི་སློབ་གྲྭའང་འཛུགས་ཐུབ་པའི་གནས་ཚུལ་འོག རྒྱལ་པོས་སངས་རྒྱས་ཀྱི་བཀའ་ལས་གཏན་ཚིགས་ཀྱི་མདོ་ཚིག་ལ་འགྲེལ་བཤད་རྒྱག་ཐུབ་པ་དང་། སྐབས་དེར་མཁན་ཆེན་པོ་ཧྲི་ཤ་ཏྭ་སློབ་དཔོན་དུ་བསྟེན་པ་དོན་སྙིང་ལྡན་པ་ཞིག་རེད།

བདུན་པ། དཔྱད་བརྗོད།

གོང་གསལ་གྱི་གནས་ཚུལ་དེ་དག་ལས། བཙན་པོ་ཁྲི་སྲོང་ལྡེ་བཙན་རིང་

① 《ཆོས་འབྱུང་དཔག་བསམ་ལྗོན་བཟང་》 སུམ་པ་ཡེ་ཤེས་དཔལ་འབྱོར་གྱིས་བརྩམས། ཀན་སུའུ་མི་རིགས་དཔེ་སྐྲུན་ཁང་། ཤོག་ངོས343ན་གསལ། 1992ལོར།

བོད་དུ་ཚད་མ་རིག་པའི་དབུ་བརྙེས་ཤིང་། བོད་རང་གི་མཁས་པས་བརྩམས་པའི་ཚད་མ་རིག་པའི་བསྟན་བཅོས་བྱུང་བའང་མཐོང་ཐུབ། བོད་ཀྱི་མཁས་པ་འགའ་ཤས་ཀྱིས《བཀའ་ཡང་དག་པའི་ཚད་མ》ཞེས་པའི་ཚད་མའི་བསྟན་བཅོས་འདི་ཁྲི་སྲོང་ལྡེ་བཙན་གྱིས་བརྩམས་པར་མི་བཞེད་པ་ལ་འདི་ལྟར་དཔྱད་པར་བྱ་སྟེ། ཁྲི་སྲོང་ལྡེ་བཙན་གྱི་རིང་ལ་སངས་རྒྱས་ཆོས་ལུགས་བོད་དུ་སྤེལ་བ་ལ་མ་ཞང་ཁྲོམ་པ་ལ་སོགས་ཀྱི་བོན་པའི་ཆོས་ལུགས་ལ་དགའ་བའི་བློན་པོ་རྣམས་ཀྱིས་སངས་རྒྱས་ཆོས་ལུགས་ལ་ངོ་རྒོལ་མཐའ་གཅིག་ཏུ་བྱས་པར་བརྟེན། བན་བོན་གྱི་འཐབ་རྩོད་ཛ་དྲག་ཆེ་བའི་དུས་སྐབས་སུ་སླེབས་པ་དང་། མི་མི་འུང་ཞིག་ཁྱོད་ཤི་ང་གསོན་གྱི་འཐབ་རྩོད་དེའི་ནང་ནས་རང་གི་གཅེས་སྲོག་ཤོར་དགོས་བྱུང་། ཡིན་ནའང་སངས་རྒྱས་ཆོས་ལུགས་དེ་རྒྱལ་པོའི་རྒྱབ་སྐྱོར་གྱི་འོག་ནས་ཤུགས་ཆུང་བ་ནས་ཆེ་རུ་སོང་ཞིང་རྩ་བ་ཚུགས་ཏེ། བོན་པོའི་ཆོས་ལུགས་ལས་རྣམ་པར་རྒྱལ་ཏེ་རང་གི་ཟིལ་ཤུགས་ངོམས་པ་ཞིག་ཡིན་པ་ལས་ཐད་ཀར་བོད་གདོད་མའི་ཆོས་ལུགས་སྟེ་བོན་པོའི་ཆོས་ལུགས་ཀྱིས་ངོ་ཟླར་ག་ལ་ནུང་། རྒྱ་ནག་ནས་ཧྭ་ཤང་ཊེ་ཅི་ཏྲ་ཤི་ཞེས་པའི་རྗེས་འབྲང་བློ་གྲོས་ཞན་པའི་ཧྭ་ཤང་མ་ཧ་ཡ་ན་ཞེས་བྱ་བ་བོད་དུ་འོངས་ནས། ཐ་སྙད་ཀྱི་ཆོས་ལུས་ངག་གི་དགེ་བས་འཚང་མི་རྒྱ་སེམས་རྟོགས་ན“དཀར་པོ་ཆིག་ཐུབ”ཅེས་པ་ཅི་ཡང་ཡིད་ལ་མི་བྱེད་པས་འཚང་རྒྱ་ཞེས་ཆད་ལྟ་དར་བར་བྱས་ཤིང་། སློབ་མ་མང་དུ་བྱུང་ནས་དགེ་སྦྱོང་ཉམས་ལ་ཉེ་བར་བྱས་པ་བཅས་ཀྱི་ཆོས་ལུགས་སྤེལ་བ་དང་བསྟུན་ནས། བན་བོན་གཉིས་ཀྱི་འགལ་བ་མུ་མཐུད་དུ་གནས་ཡོད་ནའང་། སངས་རྒྱས་ཆོས་ལུགས་དེ་བཙན་པོའི་སྲིད་སྐྱོང་བར་གཞོགས་འདེགས་བྱེད་པའི་རིགས་པའི་གཞུང་ལུགས་ཤིག་ཏུ་གྱུར་ཏེ། བོད་ཀྱི་སྤྱི་ཚོགས་ཐོག་མི་རྣམས་ཀྱི་བསམ་བློ་ལ་དབང་བསྒྱུར་བྱེད་པའི་གོ་གནས་གལ་ཆེན་ཟིན་ཡོད།

བོད་ཀྱི་བཙན་པོ་རྣམས་ཀྱིས་ཆོས་ལུགས་ནི་རང་གི་ཆབ་སྲིད་སྐྱོང་བྱེད་ཀྱི་

རྒྱལ་བརྟེན་དང་། དབང་བསྒྱུར་བྱེད་ཀྱི་ཡོ་བྱད་ཅིག་ཏུ་བརྗེས་ནས་སངས་རྒྱས་ཀྱི་བསྟན་པ་དར་ཞིང་རྒྱས་པར་མཛད་པ་དང་ཆབས་ཅིག གཞུང་ལུགས་དེ་དང་འབྲེལ་ཡོད་ཀྱི་གཏན་ཚིགས་རིག་པའམ་ཚད་མ་རིག་པའང་ངེས་པར་དགོས་གལ་ཆེ་བར་མཐོང་སྙམ། སྐབས་དེར་བོད་སྤྱིའི་གོ་རྟོགས་དང་བསམ་བློའི་ཆུ་ཚད་ཀྱི་བཀག་རྒྱ་སྣ་ཚོགས་ཀྱིས། དེ་དག་བློ་ཁ་བསྒྱུར་བ་ལ་དུས་ཡུན་རིང་པོ་ཞིག་དགོས་པས་རྒྱའི་ཧྭ་ཤང་ཕམ་པ་དང་རང་རྒྱུད་ཤར་གསུམ་ལས་ཀ་མ་ལ་ཤཱི་ལས་ལྟ་བ་བོད་ནས་རྐང་ཚུགས་ཐུབ་པའི་རྒྱུ་མཚན་ཡང་དེ་ཡིན། དེས་ན་བཙན་པོ་ཁྲི་སྲོང་ལྡེ་བཙན་གྱིས་ཚད་མ་རིག་པའི་གལ་ཆེན་རང་བཞིན་མཐོང་ནས། རང་ཉིད་ཀྱིས་སྒྲུངས་བར་མ་ཟད་འབྲས་རྟགས་སུ་ཚད་མའི་བསྟན་བཅོས་ཀྱང་བརྩམས་པ་ནི་བསྟན་འགྱུར་ཁྲིད་བཞུགས་པའི《བཀའ་ཡང་དག་པའི་ཚད་མ》ཞེས་པ་འདི་ཡིན།

བསྟན་བཅོས་འདི་ལ་མཚོན་ན། ས་པཎ་གྱི་ཚད་མ་རིགས་གཏེར་ལྟ་བུའི་ཁྱད་ཆོས་མི་ལྡན་ནའང་། རྒྱ་གར་གྱི་མཁས་པས་བརྩམས་པའི་ཚད་མའི་བསྟན་བཅོས་ནང་གི་ཉེ་བར་དགོས་གལ་ཆེ་བའི་རིགས་པ་རྣམས་གཞི་བྱས་ནས། བོད་རང་གི་བསམ་བློ་གཏོང་སྟངས་ལྟར་བརྩམས་པའི་ཁྱད་ཆོས་མངོན་ཡོད།

ས་བཅད་གཉིས་པ། རྔོག་བློ་ལྡན་ཤེས་རབ་དང་ཁོང་གི་དུས་ཀྱི་ཚད་མ་རིག་པ།

དང་པོ། རྔོག་ལོ་བློ་ལྡན་ཤེས་རབ་ཀྱི་ཚད་མའི་འགྱུར་དང་བརྩམས་ཆོས།

དེ་ཡང་བོད་དུ་ཚད་མའི་འཆད་ཉན་དངོས་སུ་སྤེལ་ཏེ་ཚད་མ་རིག་པའི་སྲོལ་འབྱེད་མཁན་ནི་རྔོག་ལོ་ཙྪ་བ་བློ་ལྡན་ཤེས་རབ་ཡིན། དེ་ལ་ཁོང་གིས་བསྒྱུར་བའི་ཚད་མའི་གཞུང་གི་བསྟན་བཅོས་ནི་《རིགས་ཐིགས》དང་། 《རྣམ་ངེས》《རྣམ་འགྲེལ་རྩ་བ་ལེའུ་གསུམ》 སློབ་དཔོན་ཆོས་མཆོག་གི《ཊཱི་ཀ་ཆེ་ཆུང་གཉིས》《ཚད་མ་བརྟག་པ་ཆེ་ཆུང་གཉིས》《གཞན་སེལ་བ་སྒྲུབ་པ》《སྐད་ཅིག་འཇིག་པ་གྲུབ་པ》《རྣམ་འགྲེལ་གྱི་རྒྱན》དང་། 《དེའི་ཊཱི་ཀ་ཛ་མ་རིས་སྦྱར་བ》བྲམ་ཟེ་ཆེན་པོའི《རྣམ་འགྲེལ་གྱི་རྗེས་སུ་འབྲང་བ་སྟོང་པའི་སྟོད》《ཚད་མ་བརྟག་པ་བར་མ》《སེལ་བ་གྲུབ་པ》《འབྲེལ་བ་གྲུབ་པ》སྟེ། ཚད་མ་རིག་པའི་གཞི་རྩའི་གཞུང་ལུགས་ཕལ་ཆེར་བསྒྱུར་བ་སོགས་ལོ་ཙྪའི་ཐད་མཛད་རྗེས་མཆོག་ཏུ་ཆེ་ཕྱིར། གྲོ་ལུང་པས། དམ་ཆོས་བསྒྱུར་ལ་མངའ་བརྙེས་པས། །རྒྱལ་ཡུམ་གཉིས་དང་བསྟན་བཅོས་གཞུང་། །འབུམ་ཕྲག་གཅིག་དང་ཁྲི་ཕྲག་གསུམ། །སྟོང་ཕྲག་བདུན་ནི་ལྷག་བཅས་བསྒྱུར། །ཅེས་གསུངས་འདུག①

ཁོང་གི་བརྩམས་ཆོས་ལ། 《འགྲེལ་ཆུང་དོན་གསལ་གྱི་རྣམ་བཤད》《ཤེས་རབ་སྙིང་པོའི་རྣམ་བཤད》《མདོ་སྡེ་རྒྱན་གྱི་རྣམ་བཤད》《རྒྱུད་བླ་མའི་རྣམ་བཤད》《དབུས་མཐའ་རྣམ་འབྱེད་ཀྱི་རྣམ་བཤད》《ཆོས་དབྱིངས་རྣམ་འབྱེད་ཀྱི་རྣམ་བཤད》《དབུ་མ་བདེན་གཉིས་ཀྱི་རྣམ་བཤད》《དབུ་མ་རྒྱན་གྱི་རྣམ་

① 《བཀའ་གདམས་དཔེ་དཀོན་གཅེས་བསྡུས》(3) ཤོག་ངོས3པ་ན་གསལ། ཀྲུང་གོའི་བོད་རིག་པ་དཔེ་སྐྲུན་ཁང་། 2009ལོར།

བཤད》《སྤྱོད་འཇུག་གི་རྣམ་བཤད》《ཚད་མ་རྣམ་ངེས་ཀྱི་རྣམ་བཤད》《འཐད་ལྡན་ཆུང་བའི་རྣམ་བཤད》 གོང་གསལ་གྱི་གཞུང་དེ་དག་གི་བསྡུས་དོན་རེ་ཡང་བྲིས་ཡོད།

བརྒྱད་སྟོང་འགྲེལ་བ། དབུ་མ་རྩ་བ་ཤེས་རབ། ཤེས་རབ་སྒྲོན་མེ། དབུ་མ་སྣང་བ། བསླབ་བཏུས། དབུ་མའི་དེ་ཁོ་ན་ཉིད་ལ་འཇུག་པ། རྫོ་བོའི་བདེན་ཆུང་། དབུ་མའི་མན་ངག ཆོས་མཆོག་གི་ཚད་མ་བརྟག་པ་ཆུང་བ། ཚད་མ་བརྟག་པ་ཆུང་བའི་སྐད་ཅིག་ལ་འཛིག་པ་གྲུབ་པ་སོགས་ལ་དོན་བསྡུ་རེ་མཛད། འཐད་ལྡན་ཆེ་ཆུང་གཉིས། དབུ་མའི་ཚིགས་བཅད་བདུན། གཞན་སེལ་བཅས་ལ་བཤད་པ་མཛད། ཆོས་མཆོག་གི་སེལ་བ་གྲུབ་པ། བྲམ་ཟེ་བདེ་བྱེད་དགའ་བའི་སེལ་བ་གྲུབ་པ། འགྲེལ་པ་གྲུབ་པ་གསུམ་ལ་དོན་བསྡུས་དང་བསྡོད་འགྲེལ་རེ་མཛད།

གཞན་ཡང་། 《དབུ་མའི་བསྡུས་དོན་བསྡུས་པ》《མངའ་རིས་ཀྱི་བཙན་པོར་གསེར་སྐྱོང་བའི་སྤྲིངས་ཡིག》《སྤྲིངས་ཡིག་བདུད་རྩིའི་ཐིག་ལེ》《བསྟན་རིམ》《བསླབ་བཏུས་ཀྱི་འགྲེལ་བ》《བཀའ་བསྟན་གྱི་དཀར་ཆག》སོགས་དུ་མ་ཞིག་མཛད་ཡོད།

རྔོས་སུ་ཁོང་གིས་འཕགས་ཡུལ་གྱི་ཚད་མ་ལ་མཆོག་ཏུ་མཁས་པའི་སློབ་དཔོན་དུལ་བ་ལྷའི་སློབ་མ་པཎྜི་ཏ་གཞན་ཕན་བཟང་པོ་ལས་ཚད་མ་རྣམ་འགྲེལ་ལེགས་པར་གསན་ནས་ཚད་མ་སྙིང་པ་དག་འགྱུར་བཅོས་མཛད་ཅིང་། རྣམ་ངེས་དང་རིགས་ཐིགས་སོགས་ཞུགས་པར་བསྒྱུར། འཆད་ཉན་རྒྱུན་མཁན་པོ་དང་ཆོས་མཆོག་གི་ལུགས་གཙོ་བོར་བཏོན་ནས་བསྟན་པ་ནས་བཟུང་བོད་དུ་ཚད་མ་རིག་པའི་གཞུང་ལུགས་དར་སྤེལ་དང་འཕེལ་རྒྱས་ལ་རྨང་གཞི་བརྟན་པོ་བཞག་པར་མ་ཟད་ཚད་མ་རིག་པ་གསར་བ་དར་པའི་འགོ་ཚུགས་པའང་མཛོད་ཐུབ། ལྷག་པར་ཏུ་རྟོག་ལོ་ཙྪ་བས་རང་གི་རྣམ་དཔྱོད་ཀྱི་རྩལ་ལ་བརྟེན་ནས《ཚད་མ

རྣམ་པར་ངེས་པའི་དཀའ་གནས་རྣམ་པར་བཤད་པ》ཞེས་པ་བོད་དུ་སྔ་ན་མེད་པའི་ཚད་མའི་དགོངས་འགྲེལ་འདི་ཉིད་མཛད་པ་ལ་བརྟེན་ནས་བོད་རང་གི་མཁས་པས་ཚད་མ་རིག་པའི་དགོངས་འགྲེལ་གྱི་བསྟན་བཅོས་རྩོམ་པའི་སྲོལ་ཐོག་མ་བྱུང་ཞིང་། འདིའི་ཡན་ཆད་དུ་གཙོ་བོ་རྒྱ་གར་མཁས་པ་རྣམས་ཀྱིས་མཛད་པའི་ཚད་མའི་གཞུང་གི་སྟེང་ནས་ཚད་མ་རིག་པ་སློབ་གཉེར་བྱེད་པ་ལས་བོད་རང་གི་མཁས་པས་མཛད་པའི་ཚད་མའི་དགོངས་འགྲེལ་གྱི་བསྟན་བཅོས་ནི་མེད་པ་རེད།

རྔོག་གི་སློབ་མའི་གཙོ་བོ་གྲོ་ལུང་པ་ནི། དང་ཐོག་རྔོ་བོ་རྗེ་ཨ་ཏི་ཤའི་སློབ་མ་ཡིན་ལ་ཕྱིས་སུ་རྔོག་ལོ་ཙྪ་བའི་སློབ་མར་གྱུར་ཏེ་ཚད་མའི་འགྲེལ་ཆུང་བརྩམས། འདི་ནི་བོད་ཀྱི་མཁས་པས་སློབ་དཔོན་ཆོས་མཆོག་གི་དགོངས་འགྲེལ་བརྩམས་པའི་བསྟན་བཅོས་ཐོག་མ་ཡིན། ཡང་རྔོག་ལོ་ཙྪ་བ་འདིའི་བཞེད་པས་སྙེ་བདུན་ལ་སོགས་པའི་མཐར་ཐུག་གི་དགོངས་པ་ཡང་དབུ་མའི་ཚུལ་དུ་གནས་པར་བཞེད་ལ། དེ་ཡང་རྣལ་འབྱོར་སྤྱོད་པ་བ་ལ་གྲགས་པའི་དབུ་མ་ཡིན་གྱི་རང་སྟོང་གི་དབུ་མ་ནི་མ་ཡིན་ནོ། །དེ་བས་ཁོང་གིས་འཆད་ཉན་བྱས་པའི་ཚད་མ་རིག་པའི་གཞུང་ནི། རྣལ་འབྱོར་སྤྱོད་པའི་དབུ་མའི་ལུགས་དང་མཐུན་ནོ། །རྔོག་ལོ་ཙྪ་བས་བརྩམས་པའི《ཚད་མ་རྣམ་པར་ངེས་པའི་དཀའ་གནས་རྣམ་པར་བཤད་པ》ནི། རྒྱན་མཁན་པོས་དབུ་མའི་ལྟ་བ་ཁོ་ནས་འགྲེལ་ཡོད་ལ། ཕྱིས་ཀྱི་བརྒྱུད་འཛིན་གྱི་མཁས་པ་དག་གིས་མདོ་སེམས་ཀྱི་དགོངས་པ་དོར་ནས་དབུ་མ་རང་རྒྱུད་པའི་ལྟ་བ་ལྟར་འགྲེལ་རྒྱག་མཁན་ཡང་མི་ཉུང་བ་བྱུང་ཡོད་དོ། །《ཚད་མ་རྣམ་པར་ངེས་པའི་དཀའ་གནས་རྣམ་པར་བཤད་པ》ཞེས་པའི་བསྟན་བཅོས་དེ་ནི་ཡོངས་སུ་གྲགས་པའི་ཚད་མའི་གཞུང་གི་གོ་རིམ་དང་མི་མཚུངས་པར་ལེའུ་དང་པོར་མངོན་སུམ་དང་། ལེའུ་གཉིས་པ་རང་དོན་རྗེས་དཔག ལེའུ་གསུམ་པ་གཞན་དོན་རྗེས་དཔག་བཤད་ཡོད།

གཉིས་པ། རྫོག་བློ་ལྡན་ཤེས་རབ་ཀྱི་ཚད་མའི་ཁྱད་ཆོས།

རྫོག་བློ་ལྡན་ཤེས་རབ་ཀྱིས་གཞལ་བྱའི་ཡུལ་ལ་གཉིས་སུ་གྲངས་ངེས་པར་འདོད་ཅིང་། དེ་ངོས་འཛིན་སྐབས་སྔ་མ་རྣམས་དང་མི་འདྲ་བར་གཟུང་བ་དང་འཇུག་པའི་ཡུལ་གཉིས་ལ་ངོས་འཛིན་པ་དང་། ད་དུང་གཟུང་ཡུལ་ཡིན་ལ་འཇུག་ཡུལ་མ་ཡིན་པ་ནི། དཔེར་ན་སྒྲོ་བཏགས་པའམ། རང་གི་རྣམ་པ་ལྟ་བུའམ། ཡང་ན་སྣང་ཅིག་མ་ངེས་པ་ཡུལ་དུ་མ་བྱས་པ་ལྟ་བུ་དང་། འཇུག་ཡུལ་ཡིན་ལ་གཟུང་ཡུལ་མ་ཡིན་པ་ནི། མིག་གི་བློ་ལ་རེག་པ་ལ་སོགས་པ་ལྟ་བུ། གཉིས་ཀ་ཡིན་པ་ནི། རྣམ་པར་འཇོག་པའི་རྒྱུ་ངེས་པས་ཡུལ་དུ་བྱས་པའམ། འཛིན་པ་རང་གི་ངོ་བོ་ལྟ་བུ། གཉིས་ཀ་མ་ཡིན་པ་ནི། དུ་བ་འཛིན་པའི་བློ་ལ་མེ་ལྟ་བུའོ་ཞེས་གསུངས་ཏེ་མུ་བཞིར་བརྩི་བའི་རིགས་པས་དབྱེ་ཞིབ་གནང་འདུག

བློའི་དབྱེ་བ་དང་དབྱེ་བ་སོ་སོའི་ཁྱད་པར་འཆད་སྐབས། བློ་ནི་གཉིས་ཏེ། ཚད་མ་མ་ཡིན་པ་དང་ཚད་མའོ། །ཚད་མ་མ་ཡིན་པ་ནི་རྒྱས་པར་ཕྱེ་ན་ལྔ་སྟེ སྣང་ལ་མ་ངེས་པ་དང་། དཔྱད་པའི་ཡུལ་ཅན། ལོག་པའི་ཤེས་པ་དང་། ཡིད་དཔྱོད་དང་། ཐེ་ཚོམ་མོ། །བསྡུ་ན་གསུམ་དུ་འདུས་ཏེ། དང་པོ་གཉིས་ནི་མ་རྟོགས་པ། བར་མ་གཉིས་ནི་ལོག་པར་རྟོག་པ། མཐའ་མ་ནི་ཐེ་ཚོམ་མོ། །ཚད་མ་ནི་མི་བསླུ་བའི་ཤེས་པ་ཡིན་ལ། དེ་ལ་གཉིས་ཏེ། མངོན་སུམ་དང་། རྗེས་དཔག་གོ་ཞེས་གསུངས་སྟེ་སྔ་མ་རྣམས་ཀྱི་བཞེད་པ་མི་འདྲ་བར་བསྟན་ཡོད།

མངོན་སུམ་གྱི་མཚན་ཉིད་ནི་མངོན་སུམ་ནི་རྟོག་པ་དང་བྲལ་ཞིང་མ་འཁྲུལ་བའི་རིག་པ་སྟེ། རྣམ་ངེས་ལས། འཁྲུལ་བས་མ་བསྐྱེད་ཅིང་རྣམ་པར་རྟོག་པ་མེད་པའི་ཤེས་པ་ནི་མངོན་སུམ་མོ། །ཞེས་དང་། མཁས་པའི་དབང་པོ་ཀ་མ་ལ་ཤཱི་ལས་ཀྱང་། དེ་ཉིད་ཀྱི་ཕྱིར་ན་མཁས་རྣམས་ཀྱིས། །མངོན་སུམ་རྟོག་བྲལ་མ་འཁྲུལ་བའི། །ཞེས་བྱ་བ་རིག་པའི་རྗེས་སུ་འགྲོ་བ་འདི་མངོན་སུམ་གྱི་མཚན་ཉིད

ཏུ་རྗོད་པར་བྱེད་དོ། །ཞེས་གསུངས། དེ་ལ་རྟོག་པ་དང་བྲལ་བ་ནི་འཇིག་རྟེན་ན་གྲགས་པའི་རྟོག་པས་སྟོང་བ་སྟེ།① དེ་ཡང་རྟོག་པ་ནི་ལུང་ལས་གྲགས་པ། ཡང་དག་མ་ཡིན་པའི་ཀུན་རྟོག་ནི། སེམས་དང་སེམས་བྱུང་ཁམས་གསུམ་པ། །འཇུག་པའི་རྣམ་པ་མ་ཡིན་པའི་ཀུན་རྟོག་དང་། རྟོག་དང་དཔྱོད་པ་རྩེ་ཞིབ་ཉིད། །ཅེས་རྩེང་བར་འཇུག་པའི་རྣམ་པ་ཅན་དང་། སྒྲ་དོན་འཛིན་པའི་རྟོག་པ་གཉིས་ཡོད་པ་ལས། སྒྲ་དོན་འཛིན་པ་ནི། རྣམ་ངེས་ལས། རྟོག་པ་ནི་བརྗོད་པ་དང་འདྲེར་རུང་བ་སྣང་བའི་ཤེས་པའོ། །ཞེས་གསུངས་པ་ལྟར་ངོས་བཟུང་ཡོད་ལ། སློབ་དཔོན་ཆ་པས་དོན་སྤྱི་འཛིན་པ་ཞེས་བརྗོད་ཀྱང་དེ་ཉིད་ལས་མ་འདས་སོ། །ཞེས་ལོ་ཙཱ་བ་མཁན་ཆེན་བསོད་ནམས་ལྷུན་གྲུབ་ཀྱིས་གསུངས།

རྟོག་པ་དང་བྲལ་བའི་དོན་ནི་རྟོག་པའི་རྫས་ལ་བྱས་ན་རྟོག་པ་སྒྱུར་བའི་རང་རིག་རྟོག་བྲལ་མ་ཡིན་པར་གྱུར་ལ། འདིར་རྟོག་བྲལ་གྱི་དོན་རང་ལྡོག་ལ་རྟོག་པའི་མཚན་ཉིད་མ་བརྟེན་པ་ཡིན་ནོ། །སློབ་དཔོན་ཛེ་ཏ་རིས། དེ་ལ་མངོན་སུམ་ནི་རྟོག་པ་བྲལ་ཞིང་མ་འཁྲུལ་བའོ། །རྟོག་པའི་ལྡོག་པ་ལ་བྱས་ན་རྗེས་དཔག་ཀྱང་རྟོག་བྲལ་དུ་འགྱུར་བས། ཤེས་པ་རྟོག་པ་རང་ཉིད་དང་བྲལ་བ་སྟེ། རྟོག་མེད་དང་འཁྲུལ་བ་སྤང་ངོ་ཞེས་གསུངས་པ་ལྟར་རོ། །མ་འཁྲུལ་བ་ནི་འཐོབ་པར་བྱ་བའི་དོན་ལ་ཕྱིན་ཅི་མ་ལོག་པ་སྟེ། སློབ་དཔོན་དུལ་བ་ལྷས་ནི། རྣམ་རིག་པའི་གྲུབ་མཐའ་ལྟར་མི་བསླུ་བ་ལ་འདོད་པ་དང་། བྲམ་ཟེ་ཆེན་པོས་ཡུལ་བདེན་པ་དང་ལྡན་པ་ལ་འདོད་པ་དང་། གཙང་ནག་པས་གཟུང་ཡུལ་མ་འཁྲུལ་བ་ལ་འདོད་པ་སོགས་ནི། སློབ་དཔོན་གྱི་དགོངས་པ་མ་ཡིན་ཞེས་ལོ་ཙཱ་བ་མཁན་ཆེན་

① ལོ་ཙཱ་བ་མཁན་ཆེན་བསོད་ནམས་ལྷུན་འགྲུབ་ཀྱི་ཚད་མ་རིགས་གཏེར་གྱི་འགྲེལ་བ། ཀྲུང་གོའི་བོད་ཀྱི་ཤེས་རིག་དཔེ་སྐྲུན་ཁང་། ཤོག་ངོས181ན་གསལ།

བསོད་ནམས་ལྷུན་འགྲུབ་ཀྱི་རིགས་གཏེར་གྱི་འགྲེལ་བར་གསུངས་སོ། །[1] རྣམ་ངེས་ལས། མ་འཁྲུལ་བའི་དོན་ནི། རབ་རིབ་དང་མྱུར་དུ་བསྐོར་བ་དང་གྲུར་ཞུགས་པ་དང་འཁྲུག་པ་ལ་སོགས་པས་འཁྲུལ་པར་མ་བསྐྱེད་པ་ཅེས་གསུངས་པ་དང་། སློབ་དཔོན་ཛེ་ཏ་རིས་ཀྱང་དེ་དང་མཐུན་པར་གསུངས་པ་ཡིན་ནོ། །[2]

མངོན་སུམ་དེ་ཡང་བཞི་སྟེ། དབང་པོ་དང་། ཡིད་དང་། རང་རིག་པ་དང་། རྣལ་འབྱོར་མངོན་སུམ་དང་བཞི་རུ་བཞེད། དབང་པོའི་མངོན་སུམ་ནི། དོན་གྱི་མཐུས་བསྐྱེད་པའི་རྟོག་པ་དང་བྲལ་བའི་མ་འཁྲུལ་བའི་རིག་པ་དང་། ཡིད་ཀྱི་མངོན་སུམ་ནི། ཡིད་ཙམ་གྱི་བདག་པོ་ལས་འཇོན་པའི་རྣམ་པ་རབ་ཏུ་གྲུབ་པ། རང་རིག་པའི་མངོན་སུམ་ནི། རང་གི་ངོ་བོ་ལ་ཚད་མ་ཡིན་པ་དང་། ཚད་མ་མ་ཡིན་པ་གཉིས་སུ་ཡོད་པར་འདོད། དང་པོ་ནི་འཁྲུལ་བ་ཟད་པའི་མངོན་སུམ་མཐའ་དག་དང་། གཉིས་པ་ནི་རྟོག་པའི་ཤེས་པ་མཐའ་དག་དང་རྟོག་པ་བསྐྱེད་པའི་རྟོག་མེད་མཐའ་དག་དང་།

རྣལ་འབྱོར་མངོན་སུམ་ནི། སྐྱེ་བའི་རྟེན་གང་ཟག་གི་ཁྱད་པར། ཐོབ་བྱེད་རྒྱུའི་ཁྱད་པར། དམིགས་པ་ཡུལ་གྱི་ཁྱད་པར་དང་། གསལ་བྱེད་དཔེའི་ཁྱད་པར་ཏེ་ལྔ་དང་ལྡན་དགོས་པས་དེ་ཁོ་ན་ཉིད་གོམས་པའི་འཕགས་རྒྱུད་ཀྱི་ཤེས་པ་མ་འཁྲུལ་བ་ལ་བཞེད། དེ་དག་རིམ་བཞིན་བཤད་ན།

༡ གང་ཟག་གི་ཁྱད་པར་ནི། འཕགས་པ་ཁོ་ནར་འདོད་ལ། འཕགས་པས་དབང་པོ་ལས་འདས་པའི་དོན་བསྒོམས་པས་མཐོང་ཡང་ཡིད་ཀྱི་མངོན་སུམ་ནི་རྣལ་འབྱོར་གྱི་མངོན་སུམ་དུ་འདོད་དོ། །

---

① ལོ་ཙཱ་བ་མཁན་ཆེན་བསོད་ནམས་ལྷུན་འགྲུབ་ཀྱི་ཚད་མ་རིགས་གཏེར་གྱི་འགྲེལ་བ། ཀྲུང་གོའི་བོད་ཀྱི་ཤེས་རིག་དཔེ་སྐྲུན་ཁང་། ཤོག་ངོས183ན་གསལ།

② ལོ་ཙཱ་བ་མཁན་ཆེན་བསོད་ནམས་ལྷུན་འགྲུབ་ཀྱི་ཚད་མ་རིགས་གཏེར་གྱི་འགྲེལ་བ། ཀྲུང་གོའི་བོད་ཀྱི་ཤེས་རིག་དཔེ་སྐྲུན་ཁང་། ཤོག་ངོས182ན་གསལ།

༢ རྒྱུའི་ཁྱད་པར་ནི་རྣམ་པ་གཉིས་ཏེ། སྐྱེ་བར་བྱེད་པའི་རྒྱུ་དང་། ཕྱིན་ཅི་ལོག་པའི་རྒྱུའོ། །སྐྱེ་བའི་རྒྱུ་ནི་དེ་ཁོ་ན་གོམས་པ་དང་སྨོན་ལམ་གྱི་ཁྱད་པར་ཡིན། དེ་ལ་འཇིག་རྟེན་ལས་འདས་པའི་ཕྱིན་ཅི་མ་ལོག་པ་དང་སྤྲོས་པའི་རྣམ་པར་རྟོག་པ་མེད་པའི་ཤེས་པ་སྐྱེ་བའི་རྒྱུ་ནི་དེ་ཁོ་ན་ལ་དམིགས་པའི་ཏིང་ངེ་འཛིན་དང་། ཤེས་རབ་གོམས་པ་ཡིན་ལ། དེའི་བདག་པོ་ལས་བྱུང་བའི་འཇིག་རྟེན་པའི་ཤེས་པ་ནི་སྨོན་ལམ་གྱི་དབང་གིས་སྐྱེ་བ་ཡིན། ཁྱད་པར་ལ་ཕྱིན་ཅི་མ་ལོག་པའི་རྒྱུ་ནི་འཇིག་རྟེན་གྱི་དོན་སྒོམ་པ་སྔ་ཚོགས་ལ་རྗེས་ཐོབ་ཀྱི་ཤེས་པ་ཕྱིན་ཅི་མ་ལོག་པར་འཇུག་པའི་རྒྱུ་ནི་སྒྲིབ་པའི་ས་བོན་བཅོམ་པ་ལས་སྟེ། རྣམ་པར་ཤེས་པ་ཡང་དོན་གྱི་ཆོས་ཉིད་ནི་ཇི་ལྟ་བ་བཞིན་ཡོད་པ་དང་། དེའི་ཇི་ལྟ་བ་བཞིན་གསལ་བ་ཡིན་ནོ། །ལོག་པར་གསལ་བ་ནི། ཤེས་པའི་རང་བཞིན་མ་ཡིན་གྱི། མ་རིག་པའི་ནུས་པ་ལ་བྱ་ཞིང་། ནུས་པ་དེ་ཡང་དག་པའི་མཐོང་བས་གསལ་བ་ནི་ངོ་བོ་ཉིད་ཀྱི་ཤེས་པ་དོན་ཕྱིན་ཅི་མ་ལོག་པར་འཇུག་པས་ན་ཚད་མར་གྲུབ་བོ། །

༣ ཡུལ་གྱི་ཁྱད་པར་ནི། འཇིག་རྟེན་ལས་འདས་པའི་ཤེས་པའི་ཡུལ་ནི་མི་རྟག་པ་ལ་སོགས་པ་དོན་དམ་པའི་དོན་ཡིན་ལ། འཇིག་རྟེན་པའི་ཤེས་པའི་ཡུལ་ནི་ཀུན་རྫོབ་པའི་གཟུགས་ལ་སོགས་པ་སྟེ། དེ་ལྟོས་ནས་མི་སླུ་བ་ཡིན་པའི་ཕྱིར་རོ། །

༤ དཔེའི་ཁྱད་པར་ནི། ཡུལ་ལ་མི་ལྟོས་པར་གོམས་པ་ཙམ་གྱིས་གསལ་བར་སྣང་བའི་དཔེ་ནི་འཇིགས་པ་ལ་སོགས་པ་གོམས་པ་ལས་དེའི་དོན་གསལ་བར་སྣང་བའི་ཤེས་པ་འགྲུབ་པ་བཞིན་ཏེ། དཔལ་ཆོས་ཀྱི་གྲགས་པས། དེའི་ཕྱིར་ཡང་དག་ཡང་དག་མིན། །གང་གང་ཤིན་ཏུ་གོམས་གྱུར་པ། །གོམས་པ་ཡོངས་སུ་རྫོགས་པ་ན། །དེ་གསལ་མི་རྟོག་བློ་འབྲས་ཅན། །ཞེས་གསུངས་པ་ལྟར། རྒྱུ་གོམས་པ་དེ་ཉིད་ཀྱང་། དམིགས་པ་དང་། རྣམ་པ་དང་། ངུས་དང་། རྒྱུ་བཞིས་སྟེ། སྡུག་བསྔལ་གྱི་བདེན་པ་ལ་སོགས་པ་དང་། མི་རྟག་པ་ལ་སོགས་པའི་

རྣམ་པ་དང་། སྐྱོ་བ་ཙམ་དང་སྙིང་རྗེའི་རྒྱུས་ཉན་ཐོས་དང་བྱང་ཆུབ་སེམས་དཔའ་སྒོམ་པ་དང་། སྲིད་པ་གསུམ་དང་བསྐལ་བ་གྲངས་མེད་པ་གསུམ་ལ་སོགས་པའི་དུས་སོ། །

རྗེས་སུ་དཔག་པ་ནི་རྣམ་པ་གཉིས་ཏེ། རང་གི་དོན་དང་གཞན་གྱི་དོན་ནོ། །དེ་ལས་ཕྱི་མ་ནི་སྒྲས་བརྗོད་པ་ཙམ་ལས་རྗེས་དཔག་མཚན་ཉིད་པ་མིན་ནོ། །དེ་ལྟར་འབྱེད་པ་ཡང་སྒྲས་བརྗོད་པའི་དབྱེ་བ་དང་མཚན་ཉིད་ཀྱིས་མ་ཁྱབ་པའི་དབྱེ་བ་ནི་མ་ཡིན་གྱི། གང་ཟག་གི་རྗེས་སུ་དཔག་པའི་སྒྲས་བརྗོད་པར་རིགས་པའི་དོན་དེ་རྣམ་པ་གཉིས་སུ་དབྱེ་བ་ཡིན་ནོ། །

གསུམ་པ། དཔྱད་བརྗོད།

མདོར་ན་ཁོང་གི་ཚད་མའི་བསྟན་བཅོས་ཀྱི་ཁྱད་ཆོས་གཙོ་བོ་ནི། སློབ་ཁྲིད་དང་ཚད་མའི་བརྡ་ཆད་ཀྱི་དོན་ལ་འགྲེལ་བཤད། རིགས་པའི་རྣམ་གྲངས་དང་། གོ་རིམ། བསྟན་བྱ་བཅས་ལ་དབྱེ་ཞིབ་བྱས་པ་སོགས་ཡིན། དེ་བས་བོད་ཀྱི་ཚད་མ་རིག་པའི་ལོ་རྒྱུས་དབྱེ་མཚམས་ཁྲིད། རྫོག་བློ་ལྡན་ཤེས་རབ་ནས་ཚད་མ་གསར་དར་གྱི་མགོ་བརྩམས་པར་བཞེད།

ས་བཅད་གསུམ་པ། ཆ་པ་ཆོས་སེང་དང་ཁོང་གི་ཚད་མའི་མཛད་རྗེས།

དང་པོ། ཆ་པ་ཆོས་སེང་གི་ཚད་མའི་ལྟ་བའི་ཁྱད་ཆོས།

ཁོང་གིས་སློབ་མའི་རྒྱུད་ཚོད་དང་བསྟུན་ནས་བསྡུས་ཚན་བཅོ་བརྒྱད་དུ་དགར་ཞིང་། དེ་རིགས་ལམ་ཆེ་འབྲིང་ཆུང་གསུམ་དུ་བསྡུས། ད་དུང་བློ་རིག་དང་། རྟགས་རིག་སོགས་ལ་གོ་རིམ་ལྟར་སྦྱོང་བའི་འཛིན་གྲྭ་གཏན་འཁེལ་བྱས། སློབ་གཉེར་འཕེལ་བའི་ཐབས་ལ་དམིགས་ནས་རྟགས་གསལ་གཏོང་སྟངས་དང་

ལན་འདེབས་ཚུལ། འཛིན་གྲྭ་གོང་འོག་གཏུགས་པ་སོགས་ཀྱི་སྲོལ་བཏོད་པ་ད་ལྟའི་བར་རྒྱུན་མ་ཉམས་པར་ཡོད།

ཆ་པ་ཆོས་ཀྱི་སེང་གེས་ཚད་མ་སྡེ་བདུན་སོགས་མདོ་སྡེ་བའི་རིགས་པའི་འགྲོས་དང་སྦྱར་ནས་རྣམ་འགྲེལ་གྱི་བརྗོད་བྱ་རྣམས་ཕྱོགས་གཅིག་ཏུ་བསྡུས་ནས་སྟོན་པ་བསྡུས་གྲྭ་ཞེས་པའི་རིག་གཞུང་ཚན་ཁག་གི་སྲོལ་བཏོད་དེ། 《ཚད་མ་བསྡུས་པ་ཡིད་ཀྱི་མུན་སེལ》དང་དེའི《རང་འགྲེལ》བརྩམས། གཞུང་དེའི་ནང་དུ་ཚད་མ་རིག་པའི་ནང་དོན་གལ་ཆེན་རྣམས་ཕྱོགས་གཅིག་ཏུ་བསྡུས་ནས་སྡེ་ཚན་བཅོ་བརྒྱད་དུ་བགོས་ཡོད་དེ། ཁ་དོག་དཀར་དམར་གྱི་རྣམ་གཞག རྫས་ཆོས་ལྡོག་ཆོས་ཀྱི་རྣམ་གཞག འགལ་བ་དང་མི་འགལ་བའི་རྣམ་གཞག སྤྱི་དང་བྱེ་བྲག་གི་རྣམ་གཞག འབྲེལ་བ་དང་མ་འབྲེལ་བའི་རྣམ་གཞག ཐ་དད་ཐ་མི་དད་ཀྱི་རྣམ་གཞག རྗེས་སུ་འགྲོ་ལྡོག་གི་རྣམ་གཞག རྒྱུ་དང་འབྲས་བུའི་རྣམ་གཞག མཚན་མཚོན་གྱི་རྣམ་གཞག རྟགས་མང་གསལ་མང་གི་རྣམ་གཞག དངོས་འགལ་བརྒྱུད་འགལ་གྱི་རྣམ་གཞག ཡིན་ལོག་མིན་ལོག་གི་རྣམ་གཞག ཡོད་རྟོགས་མེད་རྟོགས་ཀྱི་རྣམ་གཞག རྟག་རྟོགས་དངོས་རྟོགས་ཀྱི་རྣམ་གཞག་སོགས་བསྡུས་ཚན་བཅོ་བརྒྱད་དུ་བགོས་པ་དང་། བསྡུས་ཚན་རེ་རེ་རང་ལུགས་འཇོག་པ་དང་། གཞན་ལུགས་དགག་པ། རྩོད་པ་སྤོང་པ་གསུམ་དུ་བསྡུས་ཡོད། དེ་ཡང་སྔ་རྒོལ་ཕྱི་རྒོལ་གཉིས་ཀྱིས་ཐལ་འགྱུར་གྱི་ལམ་ནས་རྩོད་པ་བྱེད་པའི་སློབ་སྦྱོང་བྱེད་པའི་རྣམ་པ་གསར་པ་ཞིག་བྱུང་བས། བོད་ཀྱི་ལོ་རྒྱུས་ཀྱི་སྟེང་ནས་སློབ་གསོའི་ལམ་ལུགས་གསར་པ་ཞིག་ཏུ་འཕེལ་བའི་འགོ་བརྩམ་པར་བཤད་ཆོག

ཆ་པ་ཆོས་སེང་གེས་གསང་ཕུ་དགོན་ནས་གདན་ས་ལོ་བཅོ་བརྒྱད་ལ་བསྐྱངས། དེའི་རིང་ལ་གདན་ས་དེ་ནས་བསྡུས་གྲྭ་རྩ་བའི་ཁྲིད་གཞིར་བཟུང་སྟེ། ཚད་མའི་གཞུང་ལུགས་ཆ་ཚང་ཐལ་འགྱུར་ལམ་ནས་སྦྱོང་བའི་སྲོལ་བཏོད་པར་བརྟེན། བོད་དུ་ཚད་མ་རིག་པར་སློབ་སྦྱོང་དང་གཞུང་འགྲེལ་སོགས་མགྱོགས

སྨུར་གྱིས་སྨོ་ནས་གོང་འཕེལ་བྱུང་། ཆ་བའི་གསར་བརྟོད་གནང་བའི་སྡེ་ཚོགས་ཕྱི་ཚོགས་གཉིས་ཀྱིས་ཐལ་འགྱུར་ལམ་ནས་ཚད་མ་རིག་པར་སློབ་སྦྱོང་བྱེད་པའི་ལམ་སྲོལ་དེ་ནི། བོད་ཀྱི་ཁྱད་ཆོས་ལྡན་པའི་ཁྲིད་ཐབས་ཞིག་ཡིན་པ་དང་། འཛམ་གླིང་སློབ་གསོའི་ལོ་རྒྱུས་སྟེང་ངོམ་རིན་ཡོད་པ་ཞིག་ཏུའང་སྣང་།

ཡུལ་དང་ཡུལ་ཅན་གྱི་སྤྱིའི་རྣམ་གཞག་གི་སྐབས་སུ་སྣང་ཡུལ་དང་གཟུང་ཡུལ་གྱི་གོ་དོན་གཞུང་ནས་བཤད་པ་དེ་མི་འཛོག་པར་རང་གི་བློ་གྲོས་ཀྱིས་དཔྱད་དེ། གཟུང་ཡུལ་ནི་རྣམ་པ་གསུམ་སྟེ། དོན་སྤྱི་དང་དོན་རང་མཚན་དང་མེད་པ་གསལ་བའོ། །དེ་གཟུང་ཡུལ་དུ་བྱེད་པའི་ཡུལ་ཅན་ཡང་གསུམ་སྟེ། རྟོག་པ་དང་། མངོན་སུམ་དང་། རྟོག་མེད་འཁྲུལ་བའོ། །

དེ་ཡང་རྣམ་འགྲེལ་ལས། དོན་དམ་དོན་བྱེད་ནུས་པ་གང་། །དེ་འདིར་དོན་དམ་ཡོད་པ་ཡིན། །གཞན་ནི་ཀུན་རྫོབ་ཡོད་པ་སྟེ། །དེ་དག་རང་སྤྱིའི་མཚན་ཉིད་བཤད། །ཅེས་གསུངས་པ་ལྟར་བསྡུས་གཞུང་ནང་དུ་མདོ་སྡེ་བའི་ལྟ་བ་འབུར་དུ་ཐོན་པར་བྱས་ཏེ་ཕྱི་དོན་ཁས་ལེན་པ་དང་། དོན་དམ་བདེན་པའི་དོན་ཡང་དོན་དམ་པར་དོན་བྱེད་ནུས་པའི་དོན་དུ་བཤད་པ་དང་། དོན་བྱེད་ནུས་པའི་ཆོས་དེ་ལ་རང་མཚན་དང་། དངོས་པོ། མི་རྟག་པ་སོགས་སུ་བཞེད་ནས་དེ་དག་གང་ཡིན་དོན་དམ་བདེན་པར་བཞེད།

དོན་དམ་པར་དོན་བྱེད་མི་ནུས་པ་སྤྱི་མཚན་དུ་བཤད་ནས། དོན་བྱེད་མི་ནུས་པའི་ཆོས་དེ་ལ་ནམ་མཁའ་སོགས་འདུས་མ་བྱས་ཀྱི་ཆོས་ཐམས་ཅད་འཛོག དེ་བས་སྒྲ་དང་རྟོག་པས་བཏགས་པ་གང་ཡིན་ཡང་དེ་དག་ཕར་བཏགས་ཙམ་དུ་འདོད་པས་ཀུན་རྫོབ་བདེན་པར་བཞེད།

བློ་ལ་ཚད་མའི་བློ་དང་ཚད་མིན་གྱི་བློ་གཉིས། ཚད་མའི་བློ་ལ་མངོན་སུམ་ཚད་མ། རྗེས་དཔག་ཚད་མ་གཉིས། ཚད་མིན་གྱི་བློ་ལ་བཅད་ཤེས། ཡིད་དཔྱོད། སྣང་ལ་མ་ངེས་པའི་བློ། ཐེ་ཚོམ། ལོག་ཤེས་བཅས་ལྔ་རུ་དབྱེ་

ཡོད་དོ། །

ཚད་མའི་སློབ་དཔོན་ཆེན་པོ་ཁོང་རིག་པའི་གནས་ཀུན་ལ་མངའ་བརྙེས་པ་ཞིག་ཡིན་པས་སློབ་མའི་ཚོགས་ཀྱང་བགྲང་ལས་འདས་པ་བྱུང་། ཁྱད་པར་དུ་སྲས་ཀྱི་ཐུ་བོ་སྨྲ་བའི་སེང་ཆེན་བརྒྱད་བྱུང་སྟེ། དེ་དག་གིས་རང་གི་སློབ་དཔོན་གྱིས་བཙུགས་པའི་ཚད་མ་རིག་པའི་འཆད་ཉན་གྱི་སྲོལ་དེ་རྒྱུན་འཛིན་དང་དར་སྤེལ་བྱས།

གཉིས་པ། དཔྱད་བརྗོད།

མདོར་ན། ཆ་བ་ཆོས་ཀྱི་སེང་གེས་བོད་དུ་བསྟུས་གྲྭའི་སྲོལ་བཏོད་དེ། འཆད་ཉན་གྱི་སྲོལ་ཚགས་དམ་ཞིང་བརྒྱུད་རིམ་ལྡན་པ་ཞིག་བཙུགས་པ་དེ་ནི། ཕྱིས་སུ་དགེ་ལུགས་པས་ཚད་མ་རིག་པའི་འཆད་ཉན་དང་གཞུང་འགྲེལ་སོགས་ཆ་ཚང་ཞིང་བརྒྱུད་རིམ་ལྡན་ལ་གསར་བཏོད་ཀྱི་རང་བཞིན་ལྡན་པའི་སྒོ་ནས་འཕེལ་རྒྱས་སུ་གཏོང་བར་རྨང་གཞི་བརྟན་པོ་བཏང་ཡོད།

ས་བཅད་བཞི་པ། ས་པཎ་སྐབས་ཀྱི་ཚད་མ་རིག་པ།

དང་པོ། ས་སྐྱར་ཚད་མ་རིག་པ་དར་ཚུལ།

དེ་ཡང་བོད་དུ་ཚད་མ་རིག་པའི་འཆད་ཉན་གྱི་སྲོལ་ཐོག་མ་གསང་ཕུ་ནས་བྱུང་ཞིང་། བསྟན་པ་ཕྱི་དར་གྱི་སྐབས་ཏེ་དུས་རབས་བཅུ་གཅིག་པར་སྨྲ་བའི་དབང་ཕྱུག་རྔོག་ལེགས་པའི་ཤེས་རབ (1059—1109) ཀྱིས། ཚད་མ་ལ་མཆོག་ཏུ་མཁས་པའི་སློབ་དཔོན་དུལ་བ་ལྷའི་སློབ་མ་པཎྜི་ཏ་གཞན་ཕན་བཟང་པོ་ལས་ཚད་མ་རྣམ་འགྲེལ་ལེགས་པར་གསན། རྗེས་སུ་གསང་ཕུ་ནས 《ཚད་མ་རྣམ་ངེས》 ཀྱི་འཆད་ཉན་སྤེལ་ཏེ་སློབ་མ་གྲོ་ལུང་པ་བློ་གྲོས་འབྱུང་གནས་དང་དེའི་སློབ་

མ་ཆ་བ་ཆོས་ཀྱི་སེང་གེས་བསྡུས་གྲྭའི་སྲོལ་གཏོད་ཅིང་བགྲོ་གླེང་སྤེལ་འགོ་ཚུགས། རིམ་བཞིན་ཚད་མ་རིག་པའི་རྒྱུན་སྤེལ་ཏེ་གསང་ཕུ་དགོན་པ་ནི། ཚད་མ་རིག་པའི་འཆད་ཉན་བྱེད་སའི་ལྟེ་བ་རུ་གྱུར། རྗེས་སུ་དབུས་ཀྱི་གདན་ས་ཆེན་པོ་དྲུག་སྟེ། གསང་བདེ་གུང་གསུམ་དང་། དགའ་སྐྱོར་ཟུལ་གསུམ་དུ་དར། འཁོན་དཀོན་མཆོག་རྒྱལ་པོས་དཔལ་ལྡན་ས་སྐྱའི་ཆོས་སྡེ་ཆེན་པོ་བཏབ་པ་ནས། ས་ཆེན་བསོད་ནམས་རྩེ་མོས་ས་སྐྱའི་གདན་ས་མཛད་པའི་རིང་ལ་ས་སྐྱར་ཚད་མ་རིག་པར་སློབ་པའི་སྲོལ་བཙུགས་ཏེ་དཔལ་ལྡན་ས་སྐྱའི་ཕྱོགས་སུ་ཚད་གཞུང་འཆད་ཉན་གྱི་རྩོད་གྲྭ་བྱུང་།

ཆ་བ་ཆོས་སེང་སྐུ་མྱ་ངན་ལས་འདས་ནས་ལོ་13ཀྱི་རྗེས་སྟེ། སྤྱི་ལོ1182ལོ་ས་སྐྱ་པཎྜི་ཏ་ཀུན་དགའ་རྒྱལ་མཚན་སྐུ་འཁྲུངས། ཁོང་གིས་དགུང་ལོ17ཀྱི་སྟེང་ནས་ཚད་མ་རྣམ་ངེས་ལ་སྦྱང་བ་མཛད། དགུང་ལོ27ཀྱི་སྟེང་ནས་བཟུང་རྒྱ་གར་གྱི་མཁས་པ་བདེ་བྱེད་བདག་པོའི་སློབ་མ་ཤཱཀྱ་པཎྜི་ཏ་དང་། དེའི་སློབ་མ་ཁ་ཆེ་པཎྜི་ཏ་ཤཱཀྱ་ཤྲཱི(1127—1225)གཉིས་ཀྱི་མདུན་ནས་སློབ་དཔོན་ཕྱོགས་གླང་གི་ཚད་མའི་དགོངས་པར་སྦྱངས། རྗེས་སུ་ས་སྐྱ་དགོན་དུ《ཚད་མ་རྣམ་འགྲེལ》གྱི་འཆད་ཉན་སྤེལ། ཁོང་གིས་སྔོན་གྱི་འགྱུར་སྔ་མ《ཚད་མ་རྣམ་ངེས》ལ་ཞུ་དག་མཛད་དེ་འཆད་ཉན་གྱི་བསླབ་གཞི་གཙོ་བོ་རྣམ་ངེས་སུ་གཏན་ལ་ཕབས་ཤིང་། ས་པཎ་གྱིས《ཚད་མ་རིགས་གཏེར》བརྩམས་ཏེ་ཕྱོགས་གླང་གི་ཚད་མའི་དགོངས་པ་དར་སྤེལ་དུ་བཏང་། ས་པཎ་གྱི་དངོས་སློབ་འུ་ཡུག་པ་རིགས་པའི་སེང་གེས། སློབ་དཔོན་གྱི་བཀའ་བཞིན་ས་སྐྱ་དགོན་ནས་རྣམ་འགྲེལ་གྱི་འཆད་ཉན་གྱི་རྒྱུན་བསྐྱངས་ཤིང་། ཁྱད་པར་དུ་ཚད་མ་རིག་པའི་བསྟན་བཅོས་གྲགས་ཅན《ཚད་མ་རིགས་མཛོད》བྱ་བ་བརྩམས་པ་སོགས་ལ་བརྟེན་ནས། ས་སྐྱའི་ཕྱོགས་སུ་ཚད་མ་རིག་པའི་འཆད་ཉན་དང་གཞུང་འགྲེལ་སོགས་བྱུང་བ་ནི། ཕྱིས་སུ་བོད་དུ་ཚད་མ་རིག་པ་དར་བ་དང་། དགེ་ལུགས་པས་ཚད་མ་རིག་པ་འདི་ཉིད་

རུང་ཆ་ཚང་ཞིང་བརྒྱུད་རིམ་ལྡན་པའི་སྒོ་ནས་འཕེལ་རྒྱས་སུ་གཏོང་ཐུབ་པའི་རྐྱེན་གཙོ་བོ་ཞིག་ཡིན།

གཉིས་པ། ཚད་མ་རིགས་གཏེར།

ས་པཎ་གྱི་ཚད་མ་རིག་པའི་ཐད་ཀྱི་དགོངས་གཞི་དང་ཁྱད་གཙོ་བོ་ནི《ཚད་མ་རིགས་གཏེར》གྱི་སྟེང་ནས་མཚོན་ཡོད། བསྟན་བཅོས་འདིའི་སྒྲིག་གཞི་ནི། རྒྱ་གར་གྱི་ཚད་མ་རིག་པའི་བསྟན་བཅོས་དག་དང་མི་མཐུན་ལ། ཁོང་གིས་རྒྱ་གར་གྱི་མཁས་པས་བརྩམས་པའི་《ཚད་མ་ཀུན་བཏུས》དང《ཚད་མ་རྣམ་འགྲེལ》གྱི་བརྗོད་བྱ་ཚང་ལ་མ་ནོར་བར། བོད་ཀྱི་བསམ་བློ་གཏོང་སྟངས་དང་རིག་གཞུང་གི་ཁྱད་ཆོས་དང་མཐུན་པར། ནང་དོན་གྱི་ཆ་ནས་ཤེས་བྱ་ཡུལ་དང་དེ་ཤེས་བྱེད་ཀྱི་བློ་གཉིས་སུ་བསྡུས་ནས། ལེའུ་བཅུ་གཅིག་གི་བདག་ཉིད་ཅན་གྱི་ཚད་མ་རིག་པའི་གཞུང་ལུགས་རུང་ཆ་ཚང་བ་སྟེ《ཚད་མ་རིགས་གཏེར》བརྩམས།

དེའི་ནང་དུ་ནང་དོན་དོན་འཆད་ཚུལ་གྱི་ཆ་ནས་ཤེས་བྱ་སྤྱི་ལྡོག་ནས་ངེས་པར་བྱ་བ་དང་། ཤེས་བྱེད་ཚད་མའི་རང་བཞིན་གཏན་དབབ་པ་ཞེས། གཙོ་བོའི་རིགས་གཉིས་སུ་བསྡུ་པའི་ཐབས་ལ་བརྟེན་ནས། བོད་དུ་ཚད་མ་རིག་པའི་གཞུང་ལུགས་ཀྱི་ལམ་སྲོལ་དེ་སྔར་བས་རྒྱ་ཆེར་ཕྱེས་པ་དེ་ལས་ནི། བོད་དུ་རྒྱ་གར་གྱི་ཚད་མ་རིག་པའི་གཞུང་ལུགས་ལ་ཞིབ་འཇུག་བྱེད་པའི་དུས་རིམ་གསར་བ་ཞིག་ཏུ་སླེབས་ཡོད་པ་མཐོང་ཐུབ།

《ཚད་མ་རིགས་གཏེར》གྱི་ནང་དོན་ཆ་ནས་བཤད་ན། ཤེས་བྱའི་ཡུལ་དང་། ཤེས་བྱེད་ཀྱི་བློ། བློ་དེས་ཡུལ་ཇི་ལྟར་རྟོགས་པའི་ཚུལ།(སྤྱི་དང་བྱེ་བྲག) སྒྲུབ་པ་དང་གཞན་སེལ། བརྗོད་བྱ་དང་བརྗོད་བྱེད། འབྲེལ་བ་བརྟག་པ། འགལ་བ་བརྟག་པ། མངོན་སུམ་ཚད་མ། རྗེས་དཔག་ཚད་མ། རང་དོན་རྗེས་དཔག གཞན་དོན་རྗེས་དཔག་བཅས་ལེའུ་བཅུ་གཅིག་གིས་གྲུབ་ཡོད། གོང་གི་

ལེའུ་བཅུ་གཅིག་ཡོད་པའི་གཞུང་དེའི་ནང་དོན་ཕྱོགས་གཅིག་ཏུ་བསྡུས་ན་གཉིས་སུ་འདུ། གཅིག་ཤེས་བྱ་སྤྱི་ལྡོག་གནས་གཏན་ལ་དབབ་པ་དང་། ཅིག་ཤོས་ནི་ཤེས་བྱེད་ཚད་མའི་རང་བཞིན་ངེས་པར་བྱེད་པ་དེ་གཉིས་ལས་མ་འདས། རྗེས་སུ་ས་པཎ་གྱིས་བརྩམས་པའི་ཚད་མའི་བསྟན་བཅོས་དེ་ནི། བོད་དུ་ཚད་མ་རིག་པ་རྒྱུན་འཛིན་དང་དར་སྤེལ་ཐད་ཀྱི་ཕྱོགས་སྟོན་ལྟ་བུར་གྱུར་ཡོད།

གསུམ་པ། དཔྱད་བརྗོད།

སྡེ་བདུན་ལས་གཙོ་བོ་ལུས་ལྟ་བུའི་བསྟན་བཅོས་གསུམ་གྱིས་རྟོག་གེའི་ཚིག་དོན་བརྒྱད་ཆ་ཚང་བར་སྟོན་པས་ལུས་ལྟ་བུ་དང་། འཕྲོས་པ་ཡན་ལག་ལྟ་བུའི་བསྟན་བཅོས་བཞིས་དེ་ལས་འཕྲོས་པའི་དོན་ཙམ་སྟོན་གྱི། རྟོག་གེའི་ཚིག་དོན་བརྒྱད་ཆ་ཚང་བར་མི་སྟོན་པས་འཕྲོས་པ་ཡན་ལག་ལྟ་བུའི་བསྟན་བཅོས་ཞེས་ཟེར་བས། ཚད་མ་རྣམ་འགྲེལ་དང་རྣམ་ངེས་གཉིས་ནི་རྒྱས་བསྡུས་ཀྱི་ཆ་མི་འདྲ་བ་ཙམ་ལས། གཞུང་དོན་གྱི་ཆ་ནས་ཕལ་ཆེར་གཅིག་པར་སྣམ། ཡིན་ནའང་རྔོག་བློ་ལྡན་ཤེས་རབ་དང་ཆ་བ་ཆོས་སེང་སྐབས། ཚད་མ་རྣམ་ངེས་གཙོ་བཟུང་ཐོག་འཆད་ཉན་དང་ཞིབ་འཇུག་བྱས་ཤིང་། ལྟ་བའི་ཆ་ནས་རིགས་པའི་རྗེས་འབྲངས་ཀྱི་མདོ་སྡེ་བའི་ལྟ་བ་ལྟར་འགྲེལ་ཡོད། ས་སྐྱ་པའི་སྐབས་ལ་ཐོན་དུས་ཚད་མ་རྣམ་འགྲེལ་གཙོར་བཟུང་ཐོག་འཆད་ཉན་དང་ཞིབ་འཇུག་གནང་ཞིང་། ལྟ་བའི་ཆ་ནས་མདོ་སྡེ་སྤྱོད་པའི་དབུ་མ་རང་རྒྱུད་པའི་ལྟ་བ་ལྟར་འགྲེལ་ཡོད། དེ་བས་གཞུང་མི་འདྲ་བ་གཉིས་དང་གྲུབ་མཐའ་མི་འདྲ་བ་གཉིས་ལ་བརྟེན་ནས་བྱུང་བའི་ཚད་མའི་འགྲེལ་ལུགས་ལས། བོད་ཀྱི་ཚད་མ་རིག་པ་དེ་སླ་བ་ནས་དཀའ་བ། དཀའ་བ་ནས་ཆ་ཚང་གི་ཕྱོགས་སུ་འཕེལ་རྒྱས་སུ་འགྲོ་བཞིན་ཡོད་པ་མཚོན་ཡོད།

ས་སྐྱ་པའི་ཚད་མའི་རྒྱུན་ནི་རྒྱ་གར་གྱི་པཎ་ཆེན་ཤཱཀྱ་ཤྲཱི་ནས་བརྒྱུད་འོང་བ་དེ་ཡང་ཆ་བ་ཆོས་ཀྱི་སེང་གེ་སོགས་ཀྱི་ཚད་མའི་བཞེད་པ་དང་མི་འདྲ་བའི་རྒྱུ་རྐྱེན་

གཙོ་བོ་ཞིག་ཡིན། དེས་ན་ས་སྐྱ་པའི་ཚད་མ་རིག་པའི་འཆད་ཉན་དང་གཞུང་འགྲེལ་གྱི་རྒྱུན་མ་ཉམས་པ་དེས། དུས་ཕྱིས་དགེ་ལུགས་པའི་ཚད་མ་རིག་པ་བྱུང་བ་དང་འཕེལ་རྒྱས་སུ་འགྲོ་བར་ཆ་རྐྱེན་བཟང་པོ་བསྐྲུན་ཡོད་པ་རེད།

ས་བཅད་ལྔ་པ། རྗེ་ཙོང་ཁ་པས་ཚད་གཞུང་འཕེལ་རྒྱས་བཏང་ཚུལ།

དང་པོ། རྗེ་ཙོང་ཁ་པའི་བཀའ་དྲིན་ལ་བརྟེན་ནས་ཚད་མ་རིག་པའི་འཕེལ་རྒྱས།

དགེ་ལུགས་པའི་གཞུང་ལས་སྤྱ་དར་གྱི་ཚད་མ་རིག་པའི་རྨང་གཞིའི་སྟེང་ནས་ཚད་མ་སྡེ་བདུན་མདོ་དང་བཅས་པའི་ནང་དོན་ལ་འགྲེལ་བཤད་དང་། བོད་སྤྱི་མ་དག་གིས་གཞུང་གི་གོ་བའི་ཐད་ཀྱི་ལོག་རྟོག་བསལ་བའི་ཕྱིར་དུ། གཞུང་རེ་རེ་ཡི་བསྟན་བྱའི་ནང་དོན་ཉི་མ་ཤར་བ་ནང་བཞིན་གསལ་ལེར་གསུངས་ཡོད། དེ་ཡང་《ཚད་མ་རིགས་རྒྱན》ལས།[1] ཚད་མ་ཀུན་བཏུས་དེའི་དགོངས་འགྲེལ་ལ་དཔལ་ལྡན་ཆོས་ཀྱི་གྲགས་པས་སྡེ་བདུན་མཛད་དེ། གཙོ་བོ་ལུས་ལྟ་བུའི་བསྟན་བཅོས་གསུམ་དང་འཕྲོས་པ་ཡན་ལག་ལྟ་བུའི་བསྟན་བཅོས་བཞིའོ། །གཙོ་བོ་ལུས་ལྟ་བུའི་བསྟན་བཅོས་གསུམ་ནི། རྒྱས་པའི་བསྟན་བཅོས་ཚད་མ་རྣམ་འགྲེལ་དང་། ཙུང་ཟད་བསྡུས་པ་ཚད་མ་རྣམ་ངེས་དང་། ལུས་ཤིན་ཏུ་བསྡུས་པ་ཚད་མ་རིགས་པའི་ཐིགས། དེ་ཡང་རྣམ་འགྲེལ་ལས་རང་ཉིད་ཀྱིས་གཞལ་བྱའི་གནས་ཕྱིན་ཅི་མ་ལོག་པར་རྟོགས་ནས། དེ་གཞན་ལ་འདོམས་པའི་ཐབས་རྟོགས་གེའི་ཚིག་དོན་བརྒྱད་ཙམ་མདོའི་ཚིག་གི་ཆ་དང་སྦྱར་ནས་སྟོན་པ་ཡིན་ལ། དེའི་

[1] 《ཚད་མ་རིགས་རྒྱན》རྒྱལ་དབང་དགེ་འདུན་གྲུབ་ཀྱིས་བརྩམས། སེར་གཙུག་ནང་བསྟན་དཔེ་རྙིང་འཚོལ་བསྡུ་ཕྱོགས་སྒྲིག་ཁང་ནས་བསྐྲུན། ཤོག་ངོས10—12ན་གསལ།

ནང་ནས་མངོན་སུམ་ལེའུའི་དོན་རྣལ་འབྱོར་མངོན་སུམ་གྱི་གཙོ་བོ་ཐམས་ཅད་མཁྱེན་པ་སྒྲུབ་པ་རྟོགས་དཀའ་བ་དང་། དེ་བསྟན་བྱའི་གཙོ་བོར་བཟུང་ཞིང་སློབ་དཔོན་ཕྱོགས་ཀྱི་གླང་པོས་ཐུབ་པ་ཚད་མར་བསྒྲུབས་པའི་སྒོ་ནས་གསུང་རབ་ཀྱི་དགོངས་པ་འགྲེལ་བའི་ཚུལ་ལ་ངོ་མཚར་བསྐྱེད་པའི་ཕྱིར་དུ། སྟོན་པ་དང་བསྟན་པ་སྐྱོན་མེད་པར་སྒྲུབ་པ་ཚད་མ་གྲུབ་པའི་ལེའུ་ཟུར་པ་མཛད། དེ་ཡང་ཐམས་ཅད་མཁྱེན་པ་ལ་སྐྱེད་བྱེད་ཀྱི་རྒྱུ་མེད་པར་འཛིན་པའི་ལོག་པར་རྟོག་པ་དང་། ཤེས་བྱེད་ཀྱི་རྒྱུ་མེད་པར་འཛིན་པའི་ལོག་པར་རྟོག་པ་གཉིས་ལས། ལོག་རྟོག་དང་པོ་བསལ་ནས་ཐམས་ཅད་མཁྱེན་པ་ལམ་གང་ནས་ཐོབ་པ་རྟོགས་པའི་ཕྱིར་དུ་ལུགས་ལས་འབྱུང་བའི་བཤད་པ་མཛད་ཅིང་། ལོག་རྟོག་གཉིས་པ་བསལ་བའི་ཕྱིར་དུ་ལུགས་ལས་བཟློག་པའི་བཤད་པ་མཛད་པ་ཡིན་ནོ། །

རིགས་ཐིགས་ལས་གདུལ་བྱ་སྤྲོས་པ་རྒྱས་པའི་རྗེས་སུ་འཇུག་མི་ནུས་པ་དང་། ཚིག་ཉུང་ངུས་དོན་རྒྱ་ཆེན་པོ་བདེ་བླག་ཏུ་རྟོགས་པའི་གདུལ་བྱ་རྗེས་སུ་འཛིན་ཕྱིར་དུ་རྟོག་གེའི་ལུས་ཤིན་ཏུ་བསྡུས་ནས་བསྟན་པ་དེ་འགྲེལ་སྐབས། བོད་སྔ་མའི་ངག་ལ་བརྟེན་ནས་རང་གི་ལྟ་བས་དཔྱེ་ཞིབ་ཕྲ་ཞིང་ཞིབ་པ་བྱས་ཤིང་། ཁྱད་པར་དུ་རང་གི་ཐུན་མོང་མ་ཡིན་པའི་ལྟ་བ་གསར་བ་མང་དུ་བཏོན།

ལུས་ཀྱི་ཆ་ཤས་གསལ་བར་བྱེད་པ་འཕྲོས་པ་ཡན་ལག་ལྟ་བུའི་བསྟན་བཅོས་འགྲེལ་སྐབས་སུ་ཡང་། གཞལ་བྱ་སྐྱོག་གྱུར་གཏན་ལ་འབེབ་པར་རྟགས་ཀྱི་ཚུལ་རྒྱས་པར་གཏན་ལ་ཕབ་པ་ལ་རག་ལས་པ་དང་། དེ་ཡང་རྟགས་ཀྱི་ཚུལ་དྲུག་དང་གཅིག་ཏུ་འདོད་པ་ལ་སོགས་པའི་ལོག་རྟོགས་བསལ་ནས། རྟགས་ཀྱི་ཚུལ་གསུམ་དུ་གྲངས་ངེས་པ་ཡིན་པའི་རྒྱུ་མཚན་གསར་བ་གཏན་ལ་ཕབས།

འདི་ལ་ཕྱི་ཚུལ་གཏན་ཚིགས་རིགས་པ་ལས་བདག་གཅིག་འབྲེལ་གྱི་འབྲེལ་བ་མ་གཏོགས་འབྲེལ་བ་གཞན་གྱི་དབྱེ་བ་མེད་ལ། འབྲེལ་བ་ཐག་གཅོད་ཀྱི་དབྱེ་བ་ལྔ་སྐྱི་སྤྲོལ་གྱི་རི་མོའི་ལམ་ནས་གཏན་འཁེལ་བྱས་ཡོད། ཐར་བ་ཐོབ་པར་བྱེད་

པའི་ཐབས་བདག་མེད་རྟོགས་པའི་ཤེས་རབ་དང་། འཁོར་བའི་རྩ་བ་བདག་འཛིན་དང་། དེའི་ཞེན་ཡུལ་གང་ཟག་གི་བདག་མེད་པར་འབྲེལ་བ་རྫས་གྲུབ་བཀག་པས་འགྲུབ་པར་དགོངས་ནས། འབྲེལ་བ་བརྟག་པས། མེད་ན་མི་འབྱུང་ངེས་ཕྱིར་རོ། །ཞེས་པའི་དོན་དངོས་སྟོབས་ཀྱི་རིགས་པའི་ལམ་ནས་རྒྱས་པར་གཏན་ལ་ཕབས་ཡོད།

ཕྱི་མ་གཉིས་ནི་གཞན་དོན་གྱི་ཡན་ལག་ཡིན་ཏེ། མངོན་སུམ་ལེའུའི་ཕྱི་རོལ་གྱི་དོན་བདག་ནས་རྣམ་པར་རིག་པ་ཙམ་དུ་བསྟན་པ་ལ། གལ་ཏེ་ཕྱི་རོལ་གྱི་དོན་མེད་པར་རྣམ་རིག་པ་ཙམ་ཡིན་ན། རྒྱུད་གཞན་མ་གྲུབ་པས་གཞན་དོན་བྱེད་པ་མི་འཐད་དོ་སྙམ་ནས། རྣམ་པར་རིག་པ་ཙམ་ཡིན་ཡང་ལུས་ངག་གི་བྱ་བ་ལས་ཀུན་སློང་དཔགས་ནས། དེ་རང་གི་རྒྱུད་དང་འབྲེལ་བ་བཀག་ནས་རྒྱུད་སྒྲུབ་པའི་ཕྱིར་དུ། རང་ལུས་བློ་སྔོན་འགྲོ་བ་ཡི། །བྱ་བ་མཐོང་ནས་གཞན་ལ་དེ། །འཛིན་ཕྱིར་གལ་ཏེ་བློ་ཤེས་འགྱུར། །ཚུལ་འདི་སེམས་ཅན་ལ་ཡང་མཚུངས། །ཞེས་རྒྱུད་ཁ་ཅིག་ཚད་མ་གྲུབ་པའི་ལེའུར་ཐམས་ཅད་མཁྱེན་པའི་རྒྱུའི་རྩ་བ་སྙིང་རྗེ་ཆེན་པོར་བཤད་པ་དེའི་དམིགས་ཡུལ་སྒྲུབ་པའི་ཆེད་ཡིན་པས། ལེའུ་དེ་ལ་འཕྲོས་པ་ཡིན་པ་སོགས་ཀྱིས་ནང་རིག་པ་ཕྱིན་ཅི་མ་ལོག་པར་གཏན་ལ་འབེབས་པར་ཚད་མ་རིག་པ་ལ་རག་ལས་པའི་གལ་ཆེན་རང་བཞིན་དེ་དམིགས་སུ་བཏོན་ནས་བཤད་ཡོད།

རྩོད་པའི་རིགས་པ་གཞན་དོན་གྱི་ཡན་ལག་ཡིན་ཏེ། གཞན་དོན་བྱེད་པ་ན་ཟས་གོས་སྦྱིན་པ་ལ་སོགས་པས་གནས་སྐབས་སུ་བདེ་བ་ཙམ་གྲུབ་ཀྱང་གཏན་གྱི་བདེ་བ་མི་འགྲུབ་ལ། གཞི་ལམ་འབྲས་གསུམ་མཐའ་གཅིག་ཏུ་འཛིན་པའི་ལོག་རྟོག་དང་། མཐའ་གཉིས་སུ་དོགས་པའི་ཐེ་ཚོམ་སུན་འབྱིན་དང་སྒྲུབ་ངག་གིས་བསལ་ནས། ཡང་དག་པའི་ལམ་ལ་བཀོད་པས་གཏན་གྱི་བདེ་བ་འགྲུབ་པའི་རྩོད་པའི་ཚུལ་ཤེས་པའི་ཕྱིར་དུ་རྩོད་པའི་རིགས་པའི་འགྲེལ་བཤད་གསར་བ་མཛད།

མདོར་ན་རྗེ་ཙོང་ཁ་པ་ཆེན་པོས་ཚད་མའི་དགོངས་དོན་འགྲེལ་སྐབས། བོད་སྔ་མ་དག་དང་མི་འདྲ་བར། ཐར་པ་དོན་དུ་གཉེར་བའི་གང་ཟག་སངས་རྒྱས་ཀྱི་སར་བགྲོད་པར་བྱེད་པའི་ལམ་གྱི་རིམ་པ་དང་། སངས་རྒྱས་ནས་གཞན་དོན་བྱེད་པའི་རིམ་པ་རྣམས་རིགས་པའི་ལམ་གསལ་བཤད་བྱས་ཡོད།

སྤྱིར་བཤད་ན། དགེ་ལུགས་པའི་ཡར་སྔོན་དུ་སྒྲུབ་པ་ཉམས་ལེན་གཙོ་བོར་འཛིན་པ་ལས། འཆད་ཉན་དང་རིགས་པའི་ལམ་ནས་སྒྲོ་འདོགས་གཅོད་པ་གཙོ་བོར་མི་འཛིན་པ་དང་། དགེ་ལུགས་པའི་གྲུབ་མཐའ་བྱུང་བ་ནས་བཤད་སྒྲུབ་གཉིས་ཡ་མ་བྲལ་བར་ཟུང་དུ་འབྲེལ་བ་དང་། ཁྱད་པར་དུ་སྒྲུབ་པ་ཉམས་ལེན་གྱི་སྔ་རོལ་ཏུ་རིགས་པའི་ལམ་ནས་གཞུང་དོན་ལ་ཐེ་ཚོམ་གྱི་སྒྲོ་འདོགས་གཅོད་པ་སྔོན་དུ་འགྲོ་དགོས་པའི་ལམ་སྲོལ་ཆགས་པ་ཡིན་ཏེ། དང་པོ་རྒྱ་ཆེན་ཐོས་པ་མང་དུ་བཙལ། །བར་དུ་གཞུང་ལུགས་ཐམས་ཅད་གདམས་པར་ཤར། །ཐ་མར་ཉིན་མཚན་ཀུན་ཏུ་ཉམས་སུ་བླངས། །ཞེས་རྗེ་རང་ཉིད་ཀྱིས་རང་གི་སྐུ་ཚེའི་རྣམ་ཐར་ལ་ཕྱོགས་སྟོམ་གནང་ཡོད་པ་འདི་ལས་ཀྱང་། དགེ་ལུགས་པས་རིགས་པ་གཙོ་བོར་འཛིན་པ་དང་། ཚད་མ་རིག་པ་ནི་གཞུང་ལུགས་ཀུན་ལ་བལྟ་བའི་མིག་ལྟ་བུར་ངོས་འཛིན་བྱས་ཡོད་པ་གསལ་བོར་མཚོན་ཡོད།

གཉིས་པ། རྗེ་ཙོང་ཁ་པའི་ཚད་མ་རིག་པའི་སྐོར་གྱི་བརྩམས་ཆོས་དང་དེའི་ཁྱད་ཆོས།

རྗེ་ཙོང་ཁ་ཆེན་པོས་རྒྱལ་བའི་གསུང་རབ་ཀྱི་རྣམ་པར་འབྱེད་པའི་ཤིང་རྟ་ཆེན་པོ་དག་གི་ལམ་སྲོལ། དབུ་ཚད་ཀྱི་རིགས་པའི་སྒོ་ཐོག་མར་རེ་མདའ་བ་གཞོན་ནུ་བློ་གྲོས་ནས་རྙེད་པ་ཡིན་ལ། དེའི་ཡར་སྔོན་དུ་ཁོང་གིས་རྒྱལ་དབང་བློ་དང་ཤཱཀྱ་བློ་གཉིས་ཀྱི་ཚད་མའི་འགྲེལ་བ་རྩང་གཞི་བྱས་ཏེ། སྔོན་གྱི་མཁས་པའི་ཚད་མའི་ལྟ་བ་ལ་ཞིབ་འཇུག་དང་སྦྱང་བ་བྱས། རྗེ་ཙོང་ཁ་པས《ཚད་མ་སྡེ་

བདུན་དོན་གཉེར་ཡིད་ཀྱི་མུན་སེལ》དང《ཚད་མའི་ལམ་བསྒྲིགས》ཙམ་ལས། ཚད་མའི་བསྟན་བཅོས་རྒྱས་པར་མ་མཛད་ཀྱང་། ཚད་མའི་བཤད་པ་མཛད་སྐབས་རྒྱལ་ཚབ་ཀྱིས་ཟིན་བྲིས་མཛད་པ། 《ཚད་མའི་བརྗེད་བྱང་ཆེན་མོ》 དང《མངོན་སུམ་ལེའུའི་བརྗེད་བྱང》དང་། མཁས་གྲུབ་ཀྱིས་ཟིན་བྲིས་སུ་ཕབས་པ《མངོན་སུམ་ལེའུའི་ཊཱི་ཀཱ་རྗེའི་གསུང》སོགས་བཞུགས།

སྡེ་བདུན་དོན་གཉེར་ཡིད་ཀྱི་མུན་སེལ་ནི། སྒྲིག་གཞི་ཚགས་དམ་ལ་ཚིག་གི་སྦྱོར་བདེ་བ། དོན་གྱི་གནད་འདུས་པའི་ཁྱད་ཆོས་ལྡན་ལ། དབུ་མ་ཐལ་འགྱུར་བའི་ལྟ་བ་ལྟར་བརྩམས་པའི་བརྩམས་ཆོས་ཤིག་ཡིན་པས། བསྟན་བཅོས་དེ་ནི་བོད་རང་གི་མཁས་པས་བརྩམས་པའི་ཚད་གཞུང་ནང་གི་དབུ་མ་ཐལ་འགྱུར་བའི་ཚབ་བྱེད་རང་བཞིན་ལྡན་པའི་གཞུང་ཞིག་ཀྱང་ཡིན། སྡེ་བདུན་ལ་འཇུག་པའི་སྒོ་དོན་གཉེར་ཡིད་ཀྱི་མུན་སེལ་གྱི་གཞུང་གི་མ་ལག་དང་སྒྲིག་གཞི་ནི་ས་པཎ་གྱི་རིགས་གཏེར་དང་ཆ་མཚུངས་ནའང་ནང་དོན་གྱི་ཆ་ནས་ཁྱད་པར་ཆེན་པོ་ཡོད་དེ། རྗེ་ཙོང་ཁ་བས་སྡེ་བདུན་ལ་འཇུག་པའི་སྒོ་དོན་གཉེར་ཡིད་ཀྱི་མུན་སེལ་ལ་ཕྱོགས་སྔ་ཀྱི་ཚད་མའི་དགོངས་དོན་བསྟན་ཡོད་པས། བོད་ཀྱི་ཚད་མ་རིག་པའི་སྙིང་ནས་རྒྱ་གར་གྱི་ཚད་མ་རིག་པ་ཕྱོགས་ཡོངས་ནས་ཞིབ་འཇུག་དང་བོད་ཀྱི་ཚད་མ་རིག་པའི་ནང་དོན་འཐུས་ཚང་དུ་བཏང་བས། བོད་ཀྱི་ཚད་མ་རིག་པའི་འཕེལ་རྒྱས་ཀྱི་རྗོ་རིང་ཤིག་ཏུ་བརྩིས་ཆོག

སྡེ་བདུན་ལ་འཇུག་པའི་སྒོ་དོན་གཉེར་ཡིད་ཀྱི་མུན་སེལ་ལ་བསྡོམས་པས ལེའུ་གསུམ་ཡོད། ལེའུ་དང་པོ་ཏུ་གཙོ་བོ་ཡུལ་བཤད་ཡོད། ཡུལ་ལ་ནང་དོན་གྱི་ཆ་ནས་དབྱེ་ན་རྟག་པ་དང་མི་རྟག་པ། རྒྱུ་དང་འབྲས་བུ། དངོས་ཡོད་དང་དངོས་མེད། ཡང་རང་མཚན་དང་སྤྱི་མཚན། བརྗོད་བྱ་དང་རྗོད་བྱེད་བཅས་དྲུག་ཡོད། ལེའུ་གཉིས་པ་ཡུལ་ཅན་བཤད་པ། ཡུལ་ཅན་གྱི་སྒོ་ནས་རྗོད་བྱེད་དང་ཤེས་པ། ཚད་མ་དང་ཚད་མིན། རྟོག་པ་དང་རྟོག་མེད། འཁྲུལ་ཤེས་དང་

མ་འབྲུལ་བའི་ཤེས་པ། རང་རིག་དང་གཞན་རིག སེམས་དང་སེམས་བྱུང་སོགས་དྲུག་ཏུ་དབྱེ་ཡོད།

ལེའུ་གསུམ་པ་ཡུལ་རྟོགས་པའི་ཐབས་བཤད་པ། ནང་དོན་གྱི་སྒོ་ནས་དབྱེ་ན་འགལ་བ་དང་འབྲེལ་བ། དགག་པ་དང་སྒྲུབ་པ། སྤྱི་དང་བྱེ་བྲག གཅིག་དང་ཐ་དད། སེལ་འཇུག་དང་སྒྲུབ་འཇུག མཚན་ཉིད་དང་མཚོན་བྱ། རྗེས་ཆོས་དང་ལྡོག་ཆོས། རྗེས་དཔག་རྣམ་གཉིས་གཏན་ལ་དབབ་པ་བཅས་བརྒྱད་དུ་ཕྱེས་ནས། ངོ་དང་གོ་རིམ་ཁྱད་པར་སོགས་ཕྱོགས་ཡོངས་ནས་སྣར་དང་མི་མཚུངས་པའི་ཁྱད་ཆོས་མངོན་པར་བྱས་ཡོད།

གསུམ་པ། དཔྱད་བརྗོད།

རྗེ་ཙོང་ཁ་པ་ལ་མཚོན་ན་བོད་ཀྱི་རིག་གཞུང་གི་ཆ་ཡོངས་ནས་མཁྱེན་རྒྱ་དང་མཛད་རྗེས་མཆོག་ཏུ་ཆེ་ནའང་། འདིར་གཙོ་བོ་ཚད་མ་རིག་པའི་མཛད་རྗེས་ཆ་ནས་བཤད་ན། རྗེ་ཙོང་ཁ་པའི་ཡར་སྔོན་དུ་བོད་དུ་དར་བའི་ཚད་མ་རིག་པ་དང་། ཕྱིས་སུ་དར་བའི་ཚད་མ་རིག་པ་གཉིས་ལ་ནང་དོན་གྱི་ཆ་ནས་བདེན་པ་བཞི་དང་ལོ་རྒྱུས་ཀྱི་ཆ་ནས་དུས་རབས་དང་མི་སྣའི་བསམ་བློ། ལོ་རྒྱུས་ཀྱི་རྒྱབ་ལྗོངས་མི་འདྲ་བའི་ཁྱད་པར་སོགས་ཡོད།

ཁོང་གིས་བོད་ཀྱི་རིག་གནས་ཆེ་བ་ལྔ་འཛིན་སྐབས་ཀྱི་གཏན་ཚིགས་རིག་པ་དང་ནང་བའི་ཚད་མ་རིག་པ་གཉིས་མི་འདྲ་བའི་ཁྱད་པར་ཕྱེ་སྟེ། ཕྱོགས་ཡོངས་ནས་བོད་དུ་དར་བའི་ཚད་མ་རིག་པ་ནི་བོད་སྔ་མ་དག་གི་ཕྱི་ནང་ཐུན་མོང་དུ་གྲགས་པའི་ལྟ་བ་དེ་ཡོངས་སུ་བསལ་ནས། བདག་མེད་དང་སྟོང་ཉིད་རྟོགས་པ་ལ་འཇུག་ལྡོག་གི་ལམ་མ་ནོར་བར་ཐབས་ཤེས་ཟུང་འབྲེལ་ལ་རག་ལས་པ་མཁྱེན་ནས། ཐར་པ་དང་ཐམས་ཅད་མཁྱེན་པའི་འབྲས་བུ་མངོན་དུ་བྱེད་པ་ལ། ཐོག་མར་ཚད་མ་རིག་པ་ལ་མ་བརྟེན་པར་འཐོབ་མི་སྲིད་པའི་ངེས་ཤེས་བརྟན་པོ་རྙེད་

ནས་ཚད་མ་རིག་པ་ནི་ནང་པའི་རིག་གཞུང་ནང་གི་ཡན་ལག་གལ་ཆེན་ཞིག་ཡིན་པའི་ལྟ་བ་ཐོག་མར་བཏོན་ཡོད།

ཁོང་གིས་དངོས་པོ་ལ་གཟུགས་ཤེས་གཉིས་ལས་ལྷན་མིན་འདུ་བྱེད་གསུངས་མེད་པར། དབུ་མ་ཐལ་འགྱུར་བའི་ལུགས་ལྟར་ལྡན་མིན་འདུ་བྱེད་དེ་ཀུན་བཏགས་ཀྱི་ཁོངས་སུ་བསྡུས་ནས་རྟོག་པ་ཡིན་པར་བསྒྲུབས་ཡོད་ལ། ད་དུང་ཚད་མ་ནི་གསར་རྟོགས་ཡིན་པས་བཅད་ཤེས་དང་། ཡིད་དཔྱོད། སྣང་ལ་མ་ངེས་པ་སོགས་ནི་ཚད་མ་ཡིན་པ་བཀག་སྟེ། ཕྱོགས་སྐྱོང་གི་སྒྲུབ་ངག་གི་ཁྱད་ཆོས་ལྡིའི་ཚད་གཞི་བཟུང་ནས་འགལ་བའི་ཁྱབ་ཁོངས་རྒྱ་ཆེ་ཆེར་དང་ཚད་མ་རིག་པའི་གཞུང་ལུགས་ཀྱི་ནང་དོན་གཏིང་ཟབ་པའི་སྒོ་ནས་འཕེལ་རྒྱས་སུ་བཏང་ཡོད།

ས་བཅད་དྲུག་པ། རྒྱལ་ཚབ་རྗེས་རྗེ་ཙོང་ཁ་པའི་མན་ངག་ལ་བརྟེན་ནས་ཚད་མ་རིག་པའི་གཞུང་ལུགས་འཕེལ་རྒྱས་སུ་བཏང་པ།

དང་པོ། རྒྱལ་ཚབ་རྗེའི་ཚད་མའི་བསྟན་བཅོས་དང་དེའི་ཁྱད་ཆོས།

ཤེས་རབ་འབྱུང་གནས་སྦས་པའི་ཚད་མའི་དགོས་དོན་ལྟར《ཚད་མདོའི་མཐར་འཛིན་གདུང་སེལ》《རྣམ་འགྲེལ་གྱི་རྣམ་བཤད་ཐར་ལམ་གསལ་བྱེད》《རྣམ་ངེས་དགོངས་པ་རབ་གསལ》《རིགས་ཐིགས་ཀྱི་ཊཱིཀྐ་རིན་པོ་ཆེའི་གཏེར་མཛོད》《འགལ་འབྲེལ་བརྟག་པ》《ཚད་མ་རིགས་གཏེར་གྱི་འགྲེལ་བ》སོགས་བརྩམས་ཏེ། བོད་རིག་པའི་འཕེལ་རྒྱས་ཀྱི་གོ་རིམ་ཁྲིད་ཚད་མ་རིག་པའི་ཆ་ནས། གཞུང་དོན་གཏིང་ཟབ་ལ་རྒྱ་ཆེ་བ། བརྒྱུད་རིམ་ལྡན་ལ་གསར་བཏོད་ཀྱི་ཁྱད་ཆོས་མངོན་པར་གསལ་བའི་གཞུང་ལུགས་ཀྱི་མ་ལག་གསར་པ་ཞིག་བསྐྲུན།

གོང་གསལ་གྱི་གཞུང་དེ་དག་ལས། རྗེ་རིན་པོ་ཆེའི་ལྟ་བ་ཡོངས་སུ་མཚོན་

ཐུབ་པའི་བསྟན་བཅོས་ནི་《རྣམ་འགྲེལ་ཐར་ལམ་གསལ་བྱེད》ཡིན། བསྟན་བཅོས་འདིའི་ཁྱད་ཆོས་ཀྱི་ངོས་ནས་བཤད་ན། བོད་དུ་འགྱུར་བའི་རྣམ་འགྲེལ་གྱི་འགྲེལ་བ་རྒྱ་གཞུང་དང་། བོད་ཀྱི་མཁས་པས་བརྩམས་པའི་རྣམ་འགྲེལ་གྱི་འགྲེལ་བ་གང་ཡིན་ཡང་དེའི་ལེགས་ཆ་རྣམས་བསྡུས་ནས། ཞན་ཆ་ལ་ཁ་སྐོང་དང་ནོར་འཁྲུལ་ཡོ་བསྲང་བྱས་འདུག དེ་བས་རྣམ་འགྲེལ་ཐར་ལམ་གསལ་བཤད་ནི། རྣམ་འགྲེལ་གྱི་འགྲེལ་བའི་ཆ་ནས་ཡང་རྩེར་སོན་ཞིང་། ད་ལྟའི་བར་འདི་ལས་ལྷག་པའི་རྣམ་འགྲེལ་གྱི་འགྲེལ་བ་ཞིག་མཐོང་རྒྱུ་མེད་པ་ཡིན། རྒྱུ་མཚན་ནི་བོད་ཀྱི་མཁས་པ་སྔ་མ་རྣམས་ཀྱིས་རྒྱ་གར་གྱི་མཁས་པ་སོ་སོའི་ལྟ་བ་མི་མཐུན་པའི་བརྩམས་ཆོས་ལ་གཞིགས་ནས། རང་གི་ལྟ་བས་འགྲེལ་བ་མང་དུ་བྱས་ཡོད་པས། བོད་དུ་རྣམ་འགྲེལ་གྱི་འགྲེལ་ལུགས་དང་གོ་རིམ་སྒྲིག་སྟངས་སོགས་མི་འདྲ་བ་སྣ་ཚོགས་བྱུང་།

འདིར་གོ་རིམ་སྒྲིག་སྟངས་ལ་ཅུང་དཔྱད་པར་བྱ་སྟེ། རྒྱུས་པའི་བསྟན་བཅོས་ཚད་མ་རྣམ་འགྲེལ་གྱི་ལེའུའི་གོ་རིམ་ལ་བཞེད་སྲོལ་མི་འདྲ་བ་གཉིས་ཡོད་པ་ལས། དང་པོ་རྒྱ་གར་འཕགས་པའི་ཡུལ་དུ་སློབ་དཔོན་ལྷ་དབང་བློ་དང་། ཤཱཀྱ་བློ་རྗེས་འབྲང་དང་བཅས་པས། དང་པོ་རང་དོན་ལེའུ་དང་། གཉིས་པ་ཚད་མ་གྲུབ་པའི་ལེའུ། གསུམ་པ་མངོན་སུམ་ལེའུ། བཞི་པ་གཞན་དོན་ལེའུ་བཅས་ཀྱི་གོ་རིམ་བཞེད།

སློབ་དཔོན་རྒྱན་མཁན་པོ་སྟེ་ཤེས་རབ་འབྱུང་གནས་སྦས་པ་དང་། ཉི་མ་སྦས་པ་དང་། སློབ་དཔོན་རྒྱལ་པ་ཅན་བཅས་ཀྱིས། དང་པོ་ཚད་གྲུབ་པའི་ལེའུ། གཉིས་པ་མངོན་སུམ་གྱི་ལེའུ། གསུམ་པ་རང་དོན་གྱི་ལེའུ། བཞི་པ་གཞན་དོན་ལེའུ་བཅས་ཀྱི་གོ་རིམ་འདོད།

བོད་གངས་ཅན་ལྗོངས་སུ་མཁས་པ་ཕལ་མོ་ཆེས་ལྷ་ཤཱཀ་གཉིས་ཀྱི་གོ་རིམ་

ལྟར་བཞེད་ལ། རང་ལུགས་ལ་གཉྫ་པ་སྐུ་ཕྲེང་བདུན་པ་ཆོས་གྲགས་རྒྱ་མཚོ་དང་།① འབྲུག་པ་ཀུན་མཁྱེན་པདྨ་དཀར་པོ་དང་།② དཔའ་བོ་གཙུག་ལག་ཕྲེང་བ། སྟག་ལུང་ངག་དབང་རྣམ་རྒྱལ་སོགས་ཀྱིས་སློབ་དཔོན་རྒྱན་མཁན་པོ་③སྟེ་ཤེས་རབ་འབྱུང་གནས་སྦས་པའི་ལུགས་ལྟར་གྱི་ལེའུའི་གོ་རིམ་བཞེད་དེ། དེ་ཡང་རྗེ་གྲགས་པ་རྒྱ་མཚོས། ཚད་མ་རིགས་གཞུང་རྒྱ་མཚོ་ལས། སློབ་དཔོན་ལྷ་དབང་བློ་ནི་ཚད་མ་མདོའི་གོ་རིམ་དང་མཐུན་པར་བྱེད་ན་ཚད་མ་གྲུབ་པའི་ལེའུ་དང་པོར་འབྱུང་རིགས་ནའང་། འདིར་དགོས་པའི་དབང་གིས་རང་དོན་རྗེས་དཔག་གི་ལེའུ་དང་པོར་བཤད་པ་ཡིན་ཏེ། དཔལ་ཆོས་ཀྱི་གྲགས་པའི་འགྲེལ་པ་ལས། དོན་དང་དོན་མ་ཡིན་པ་རྣམ་པར་འབྱེད་པ་ནི་རྗེས་སུ་དཔག་པ་ལ་བརྟེན་པའི་ཕྱིར་ཡིན་ལ། དེ་ལའང་ལོག་པར་རྟོག་པས་དེ་རྣམ་པར་བཞག་པ་ཞེས་གསུངས་པས་སོ་ཞེས་བཤད་དོ། །④

སློབ་དཔོན་རྒྱན་མཛད་པ་ནི། ལུང་དེས་རང་དོན་ལེའུ་ལ་རང་འགྲེལ་མཛད་དགོས་པའི་རྒྱུ་མཚན་ཙམ་སྟོན་གྱི། རང་དོན་ལེའུའི་རྩ་བ་དང་པོར་སྟོན་པའི་ལུང་མ་ཡིན་នོ། །དེས་ན་ལྷ་དབང་བློ་ནི་ལེའུའི་གོ་རིམ་ཙམའང་འཁྲུལ་བར་ཟད་དོ་ཞེས་དགག་པ་མཛད་ནས་ཚད་མ་གྲུབ་པའི་ལེའུ་འདི་ཉིད་དང་པོའོ་ཞེས

① གཉྫ་པ་ཆོས་གྲགས་རྒྱལ་མཚོ（གཉྫ་པ་སྐུ་ཕྲེང་བདུན་པ）འཁྲུངས་ཡུལ་བར་ཁམས་རྫོང་གྱི་སྦྱི་མདའ་ཞེས་བྱ་བར་རབ་བྱུང་བརྒྱད་པའི་ཤིང་ཁྱི（1454）ལོར་འཁྲུངས། རབ་བྱུང་བརྒྱད་པའི་མེ་སྟག（1506）ལོར་དགོངས་པ་རྫོགས། གསུང་རྩོམ་པོད་ཆེན་བརྒྱད་ཙམ་ཡོད། དེའི་ནང་ནས་ཕར་ཕྱིན་དང་ཚད་མ་སྡེ་བདུན་གྱི་འགྲེལ་པ་གཞན་དག་དང་མི་འདྲ་བའི་འཆད་ཚུལ་ཐུན་མོང་མ་ཡིན་པའི་ཁྱད་ཆོས་ལྡན། 《དུང་དཀར་ཚིག་མཛོད་ཆེན་མོའི》ཤོག་ངོས36ནགསལ།

② འབྲུག་པ་པདྨ་དཀར་པོ་ནི་མཆིམས་ཡུལ་གྲོང་ནས་རབ་བྱུང་དགུ་བའི་མེ་ཕག（1527）ལོར་འཁྲུངས། རབ་བྱུང་བཅུ་པའི་མེ་སྤྲེལ（1596）ལོར་དགོངས་པ་རྫོགས། ཕྱི་ནང་རིག་པའི་གསུང་རྩོམ་པོད་བཅུ་བཞི་བརྩམས། 《དུང་དཀར་ཚིག་མཛོད་ཆེན་མོའི》ཤོག་ངོས1569ནགསལ།

③ རྒྱན་མཁན་པོ་མིང་གཞན་ལ་ཤེས་རབ་འབྱུང་གནས་སྦས་པ་ཟེར། ཁོང་གིས་ཐོག་མའི་མིང་ལ་ཤེས་རབ་འབྱུང་གནས་སྦས་པ་ཟེར། ཁོང་གིས་ཚད་མ་རྣམ་འགྲེལ་གྱི་འགྲེལ་བ་ཚད་མ་རྣམ་འགྲེལ་གྱི་རྒྱན་ཞེས་པའི་གཞུང་བརྩམས་པ་ལ་བརྟེན་ནས། ཕྱིས་ཀྱི་མཁས་པས་བསྟན་བཅོས་ཀྱི་མིང་མཁས་པ་བཏགས་ཏེ་རྒྱན་མཁན་པོར་འབོད་པར་གྲགས།

④ ཚད་མ་རིག་གཞུང་རྒྱ་མཚོ། མི་རིགས་དཔེ་སྐྲུན་ཁང་།

བཤད། ལུགས་གཉིས་ཀའང་འགལ་བ་མེད་དེ། རང་དོན་ལེའུ་ལ་རང་འགྲེལ་མཛད་པས་དགོས་པའི་དབང་གིས་རང་དོན་ལེའུའི་གླེགས་བམ་དང་པོར་བཞུགས་ནའང་མདོ་མཛད་པའི་དགོས་པ་དང་འགལ་བ་མེད་ལ། མདོའི་བརྗོད་བྱའི་གོ་རིམ་དང་མཐུན་པར་ཚད་མ་གྲུབ་པ་དང་པོར་བཤད་ཀྱང་དཔལ་ཆོས་ཀྱི་གྲགས་པའི་དགོངས་པ་དང་འགལ་བ་མེད་དོ། །

དོན་གྱི་གོ་རིམ་ལྟར་ན་ལེའུ་དང་པོ་ཡིན་ཀྱང་། བསྟན་བཅོས་རྩོམ་དུས་གོ་རིམ་ནི་ཀུན་བཏུས་དང་རྗེས་སུ་མཐུན་པར་མཛད་པས། ཚད་མ་གྲུབ་པའི་ལེའུ་དང་པོ་རུ་བཞག་པ་ནི་ཆོས་ཀྱི་གྲགས་པའི་དགོངས་པ་ཡིན། དེས་ན་ཚད་མ་མདོའི་བརྗོད་བྱའི་གོ་རིམ་དང་མཐུན་པར་འཆད་ན། དང་པོ་ཚད་མ་གྲུབ་པ། དེ་ནས་མངོན་སུམ། དེ་ནས་རང་དོན། དེ་ནས་གཞན་དོན་དང་བཞི་འཆད་རིགས།

དཔེ་དང་དཔེ་ལྟར་སྣང་བརྟག་པ་ནི་རྒྱས་པར་གཞན་དོན་ལེའུར་འཆད་ཅིང་། གཞན་སེལ་བརྟག་པ་ནི་རང་དོན་ལེའུར་བསྟན་ལ། ལྟག་ཆོད་བརྟག་པ་ནི་རྒྱས་པར་སྤྱོད་རིགས་སུ་སྟོན་པས་ལེའུ་མ་ཚང་བའི་སྐྱོན་དུའང་མི་འགྱུར་རོ། དེ་བས་རྟོག་གེ་ཚ་བ་དང་ཆ་པ་ཆོས་སེང་གིས་ཚད་མ་རྣམ་འགྲེལ་དོན་རིགས་པའི་རྗེས་འབྲང་གི་མདོ་སྡེ་བ་དང་། ས་པཎ་གྱིས་རྣལ་འབྱོར་སྤྱོད་པའི་དབུ་མ་རང་རྒྱུད་པ། རྗེ་ཙོང་ཁ་པས་དབུ་མ་ཐལ་འགྱུར་བའི་ལུགས་ལྟར། རྒྱལ་ཚབ་ཀྱིས་ནི་ལྷ་དབང་བློའི་འགྲེལ་ལུགས་ལྟར་དང་། མཁས་གྲུབ་རྗེས་རྒྱན་མཁན་པོ་དང་ཆོས་མཆོག་གི་ལུགས་ལྟར་འགྲེལ་བ་སོགས་འགྲེལ་ལུགས་སྣ་ཚོགས་ཤིག་བྱུང་ནའང་རིགས་པའི་འཁྲིས་ལ་འགལ་བ་མེད་པར་སྣམ།།

ཀུན་མཁྱེན་པདྨ་དཀར་པོས། ཚད་མའི་མདོ་སྡེ་བདུན་དང་བཅས་པའི་སྤྱི་དོན་སྙིང་པོ་ལས། སློབ་དཔོན་དེས་མདོའི་གོ་རིམ་བཞིན་དུ་རྣམ་འགྲེལ་མཛད་ཅིང་། དོན་དང་དོན་མ་ཡིན་པ་རྣམ་པར་འབྱེད་པ་ནི་རྗེས་དཔག་ལ་བརྟེན་པ་ཅན་ཡིན་ལ་ཞེས་པའི་དགོས་པ་འདྲིས། སྒྲིག་པའི་ཚེ་རང་དོན་ལེའུ་དང་པོར་

བསྐྱལ་ཞེས་གསུངས། དཔའ་བོ་གཙུག་ལག་ཕྲེང་བའི་མཁས་པའི་དགའ་སྟོན་ལས་ཀྱང་། རྩོམ་པའི་གོ་རིམ་གྲུབ་པའི་ལེའུ། མངོན་སུམ་ལེའུ། རང་དོན་ལེའུ། གཞན་དོན་ལེའུ་སྟེ་བརྗོད་བྱའི་གོ་རིམ་དེ་ལྟར་ཡིན་ཀྱང་། ཚད་མ་སློབ་པ་ན་དང་པོར་རྟགས་ཀྱི་རྣམ་གཞག་གལ་ཆེ་བར་དགོངས་ཤིང་། རྟོགས་དཀའ་བར་གཟིགས་ནས་རང་དོན་ལེའུ་ལ་འགྲེལ་པ་མཛད་པས་ཕྱིས་སློབ་མ་རྣམས་ཀྱི་རང་དོན་ལེའུ་ཐོག་མར་བྱས་སོ། །ཞེས་གསུངས་པ་ལྟར་སློབ་དཔོན་རྒྱན་མཁན་པོ་དང་། རྗེ་ཀརྨ་བདུན་པ་ཆོས་གྲགས་རྒྱ་མཚོ་སོགས་ཀྱིས་བཞེད་པ་ལྟར། ཚད་མ་མདོའི་གོ་རིམ་དང་མཐུན་པར། ལེའུ་དང་པོ་ཚད་མ་གྲུབ་པ། ལེའུ་གཉིས་པ་མངོན་སུམ། ལེའུ་གསུམ་པ་རང་དོན། ལེའུ་བཞི་པ་གཞན་དོན་ལེའུ་སྟེ་བརྗོད་བྱ་གོ་རིམ་ལྟར་བསྒྲིགས་ཡོད།

《ཚད་མ་རིག་གཞུང་རྒྱ་མཚོ》ལས། འཕགས་པའི་ཡུལ་དང་གངས་རིའི་ཁྲོད་འདིར་ཡང་། །རིགས་གཞུང་སོ་སོའི་རྣམ་འགྲེལ་མཛད་པ་མང་། །མདོ་དང་སྡེ་བདུན་འགྲེལ་པར་བཅས་པ་ཀུན། །ཚིག་དོན་གཉིས་ཆར་གླེགས་བམ་གཅིག་ཉིད་དུ། །ཏ་ཙང་མང་དང་ཞུང་སོགས་སྐྱོན་མེད་ཅིང་། །གཞུང་དོན་འཁྱོགས་དང་ཕྱིན་ཅི་ལོག་མེད་པར། །ཇི་བཞིན་བཤད་འདི་རྒྱལ་པ་དང་བཅས་མཐུས། །ཡིན་གྱི་གཞན་དུ་བློ་ཡི་སྤྱོད་ཡུལ་མིན། །ཞེས་གསུངས་པ་ལ་གཞིགས་ན། གངས་ཅན་གྱི་ལྗོངས་སུ་རྗེ་རིན་པོ་ཆེའི་ཡར་སྔོན་དུ་ཚད་མ་རྣམ་འགྲེལ་ལ་འགྲེལ་བ་བྱས་པ་མང་ཡང་། རང་རྐང་ནས་ཚད་མ་རྣམ་འགྲེལ་ལ་ཞིབ་འཇུག་དང་རང་གི་ལྟ་བ་འདོན་པའི་མཁས་པ་ཤིན་ཏུ་དཀོན་པ་མཚོན་ཐུབ་སྐམ།

གཉིས་པ། དཔྱད་བརྗོད།

རྒྱལ་ཚབ་རྗེ་ལ་མཚོན་ན། བཤད་རྒྱུན་དུའང་རྗེ་ཙོང་ཁ་པའི་ཚད་མའི་གདམས་ངག་ཐམས་ཅད་ཁོང་ལ་གནང་བར་གྲགས་པ་དང་། ཁོང་གིས་བརྩམས་

པའི《རྣམ་འགྲེལ་ཐར་ལམ་གསལ་བྱེད》དུ། རྗེ་ཙོང་ཁ་པའི་ཚད་མའི་ལྟ་བ་ཡོངས་སུ་འདུས་པ་དང་། དགེ་ལུགས་པ་ལ་མཆོན་ན་ཚད་མའི་ལྟ་བ་ཆ་ཚང་ཞིང་ཡང་དག་པ་དང་། གཞུང་དོན་གཏན་ལ་འབེབས་སྐབས་ཀྱི་ཚད་གཞིའི་གཞུང་ཡིན། དེ་བས་ད་ལྟའི་བར་དགེ་ལུགས་པའི་ཚད་མ་རིག་པའི་བསླབ་གཞི་གཙོ་བོ་རུ་གྱུར་ཡོད་པ་དང་། འཇང་དགུན་ཆོས་ཀྱི་སྗོད་གཞུང་དུའང་གྱུར་ཡོད།

ས་བཅད་བདུན་པ། མཁས་གྲུབ་རྗེས་ཚད་མ་རིག་པ་རྒྱུན་འཛིན་བྱས་པ།

དང་པོ། མཁས་གྲུབ་རྗེའི་ཚད་མའི་བསྟན་བཅོས་དང་དེའི་ཁྱད་ཆོས།

མཁས་གྲུབ་རྗེས་མཛད་པའི《སྡེ་བདུན་ཡིད་ཀྱི་མུན་སེལ》ནི་མཁས་གྲུབ་རྗེས་སྐུ་ན་ཕྲ་བའི་སྐབས་སུ་བརྩམས་པའི་གཞུང་ཞིག་ཡིན་པས་མཁས་པ་མང་ཆེ་ཤོས་ཀྱིས་གཞུང་དེས་མཁས་གྲུབ་ཀྱི་ཚད་མའི་དགོངས་པ་མཐར་ཐུག་མཚོན་མི་ཐུབ་པར་གསུངས། དགོངས་པ་ཡོངས་སུ་མཚོན་ཐུབ་པའི་གཞུང་ནི《ཊཱི་ཀ་ཆེན་རིག་པའི་རྒྱ་མཚོ》ཡིན་པར་མཁས་པ་མང་པོས་བཞེད། དཔེར་ན། མཁས་གྲུབ་རྗེས་སྡེ་བདུན་ཡིད་ཀྱི་མུན་སེལ་ལས། དུ་ལྡན་ལ་ལ་ཆོས་ཅན། དུ་བ་ཡོད་དེ། མེ་ཡོད་པའི་ཕྱིར། དཔེར་ན། ཚང་མང་བཞིན་ཞེས་བཀོད་ཡོད་པ་ལྟ་བུ་ནི། དགེ་ལུགས་པའི་གཏན་ཚིགས་ཀྱི་འགྲོས་དང་མི་མཐུན་པ་ཡིན།

《ཊཱི་ཀ་ཆེན་རིག་པའི་རྒྱ་མཚོ》ལས། དེ་དག་དག་བཅོས་བྱས་ཏེ། དུ་ལྡན་ལ་ལ་ཆོས་ཅན། མེ་ཡོད་དེ། དུ་བ་ཡོད་པའི་ཕྱིར། ཞེས་སྔར་གྱི་རྟགས་གསལ་གཉིས་བརྗེས་ཏེ་བཀོད་ཡོད། སྡེ་བདུན་ཡིད་ཀྱི་མུན་སེལ་ནི་བོ་དོང་པ་ཕྱོགས་ལས་རྣམ་རྒྱལ་གྱིས། ས་པཎ་གྱི་རིགས་གཏེར་ལ་དགག་པ་མཛད་དེ། ས་སྐྱ་དང་། བོ་དོང་སོགས་ཆོས་གྲྭ་ཕལ་ཆེར་དུ་དམ་བཅའ་བཞག་པས། མཁས་པ་སུས་ཀྱང་

གྲོལ་བའི་སླགས་མ་རྙེད་པར་ལུས། མཁས་པ་རྣམས་བཀའ་བགྲོས་མཛད་དེ་ཐམས་ཐད་ཀྱིས་མགྲིན་གཅིག་ཏུ་མཁས་གྲུབ་རིན་པོ་ཆེར་ཞུས། དེ་དུས་དགུང་ལོ་བཅུ་དྲུག་ཡིན་པས་སྐུ་ན་ཤིན་ཏུ་ཕྲ་ཡང་། འཇིགས་པ་མེད་པར་ཁོ་བོས་ནུས་སོ་ཞེས་ཞལ་གྱིས་བཞེས་ནས་སྔེ་སྣོད་འཛིན་པ་ཐམས་ཅད་ཚོགས་པའི་དབུས་སུ་པཎ་ཆེན་ཕྱོགས་ལས་རྣམ་རྒྱལ་དང་རྩོད་པ་མཛད་པས། རྗེ་འདིས་དྲི་མ་མེད་པའི་རིགས་པ་འབྲུམ་ཕྲག་གིས་སུན་ཕྱུངས་སྟེ། པཎ་ཆེན་ཕྱོགས་ལས་རྣམ་རྒྱལ་བ་ལན་མེད་དུ་བཏང་།

དེ་དུས་ཁོང་རྣམ་གཉིས་ཀྱི་རྩོད་པ་མཛད་པའི་རིགས་པའི་འཕྲུད་མཚམས་ཕྲ་ཞིང་ཞིབ་ཕྲ་བ་གཞན་དང་མི་འདྲ་བ་ཐམས་ཅད། བཤེས་གཉེན་དོན་བཟང་པ་སོགས་མཁས་པ་རྣམས་ཀྱིས་ཟིན་བྲིས་སུ་མཛད་ཅིང་། ཕྱིས་སུ་སྡེ་བདུན་ཡིད་ཀྱི་མུན་སེལ་མཛད་སྐབས་དེ་དུས་ཀྱི་རྩོད་པའི་རིགས་ལམ་རྣམས་དེའི་ནང་དུ་དྲངས་ཡོད་པར་གསུངས།

གཞུང་འདི་ལ་རྩ་བའི་ལེའུ་ཆེན་པོ་བཞི་རུ་དབྱེ་ཡོད་དེ། ལེའུ་དང་པོ་ཚད་མ་རིག་པ་ནི་ཕྱི་ནང་ཐུན་མོང་གི་རིག་གནས་ཤིག་ཡིན་པའི་ལྟ་བ་དེ་དགག་ནས། དེ་ནི་ནང་རིག་པའི་ཡན་ལག་ཅིག་ཡིན་པར་བསྒྲུབས་སྟེ། རྗེ་ཙོང་ཁ་པའི་ལྟ་བ་ནི་ཚད་མ་རིག་པའི་སྟེང་ནས་ཐར་བ་དང་ཐམས་ཅད་མཁྱེན་པའི་ལམ་གཏན་ལ་འབེབ་བྱེད་ཀྱི་གཞུང་ཐུན་མོང་མ་ཡིན་པ་ཞིག་ཡིན་པར་གཏན་ལ་ཕབ་ཡོད།

ལེའུ་གཉིས་པའི་ནང་དུ་ཡུལ་ལ་དབྱེ་ན་མངོན་གྱུར་དང་ལྐོག་གྱུར། རང་མཚན་དང་སྤྱི་མཚན། ལེའུ་གསུམ་པ་ཤེས་པར་བྱེད་པའི་བློ་ལ་ཚད་མིན་གྱི་བློ་དང་ཚད་མའི་བློ། ཚད་མིན་ལ་རྟོག་པ་དང་རྟོག་མེད་ལོག་ཤེས། ཚད་མ་ལ་མངོན་སུམ་ཚད་མ། རྗེས་དཔག་ཚད་མ། རྗེས་དཔག་ཚད་མའི་ནང་དུ་རྟགས་ཡང་དག རྟགས་ཡང་དག་གི་དབྱེ་བ། རྟགས་ལྟར་སྣང་། གཞན་དོན་རྗེས་དཔག་གི་བསྒྲུབ་བྱ། སུན་འབྱིན་དང་ཐལ་འགྱུར། ལེའུ་བཞི་པས་ཤེས་པ་ཡུལ་ལ་

ཇི་ལྟར་འཇུག་པ་བཤད་པ་སོགས། གཞུང་གི་མ་ལག་དང་པོ་རིམ་སྒྲིག་སྟངས་ཐད་སྔར་དང་མི་འདྲ་བའི་ཁྱད་པར་མང་དུ་བྱུང་ཡོད།

ད་དུང་། དགག་པ་དང་སྒྲུབ་པ། འགལ་བ་དང་འབྲེལ་བ། བརྗོད་བྱ་དང་རྗོད་བྱེད། སྤྱི་དང་བྱེ་བྲག སྒྲུབ་དང་གཞན་སེལ། རྫས་ལྡོག་དང་ལྡོག་པ་གཅིག་དང་ཐ་དད། མཚན་མཚོན། དུས་གསུམ་བཅས་སུ་དབྱེ་བ་སོགས་ཀྱང་བསྡུས་ཡོད།

《སྡེ་བདུན་ཡིད་ཀྱི་མུན་སེལ》ལས། གཏན་ཚིགས་ཀྱི་རིགས་ལམ་དེ་ཤེས་པ་དེ་ཡུལ་ལ་འཇུག་ཚུལ་ནང་གི་ཡན་ལག་ཅིག་ཏུ་བཞག་ནས། རྗེས་དཔག་ནི་རྟོག་པའི་བློ་ཡིན་པ་དང་། རྗེས་དཔག་གི་རྣམ་པ་དང་ཚོས་ཉིད། རིགས་ལམ་གྱི་ནང་དོན་དེ་རྟོག་པའི་བློ་ནང་བཞིན་ཤེས་རྟོགས་བྱེད་དགོས་པར་འདོད་པ་སོགས་ལས། རྩོམ་པ་པོས་རྟོག་པའི་རྣམ་པ་དང་རིགས་ལམ་དེ་ཤེས་རྟོགས་གཞུང་གི་གྲུབ་ཆ་ཞིག་ཏུ་བསམས་ནས་གསུངས་ཡོད་པར་མ་ཟད། སྤོབས་པ་གཟེངས་སུ་ཐོན་པའི་སྒོ་ནས་རྒྱ་གར་དང་བོད་སྔ་མ་དག་གི་ཚད་མ་རིག་པའི་ལྟ་བའི་ཞན་ཆ་ལ་དགག་པ་དང་། ཚད་མིན་གྱི་བློ་ལ་རྟོག་པ་དང་རྟོག་མེད། ལོག་ཤེས་ལས་གཞན་རྟོག་མེད་ཐམས་ཅད་མངོན་སུམ་ཚད་མར་འདོད།

མངོན་སུམ་སྐད་ཅིག་དང་པོ་ཚད་མ་ཡིན་པ་དང་། མངོན་སུམ་གྱི་བཅད་ཤེས་ཡོད་པ་དགག་ནས། བཅད་ཤེས་ནི་སྔར་ཤེས་ཟིན་གྱི་དྲན་པའི་བློ་ཡིན་ལ། དྲན་པའི་བློ་ཡིན་ན་རྟོག་པ་ཡིན་དགོས་པའི་ཕྱིར། ཞེས་གསུངས་སོ། །

རྒྱལ་བ་དགེ་འདུན་གྲུབ་ཀྱིས་ཚད་མ་རིགས་རྒྱན་དུ་མཁས་གྲུབ་རྗེའི་《ཊཱིཀ་ཆེན་རིག་པའི་རྒྱ་མཚོ》དགག་ཡོད། ཚད་མ་རིགས་རྒྱན་ནི་རྒྱལ་ཚབ་རྗེས་བརྩམས་པའི་རྣམ་འགྲེལ་ཐར་ལམ་གསལ་བཤད་དང་དགོངས་པ་མཐུན་པས་དེའི་བསྡུས་དོན་ཅེས་བཤད་ནའང་ཆོག་པར་སྙམ།

གཉིས་པ། དཔྱད་བརྗོད།

མཁས་གྲུབ་རྗེའི་ཚད་མའི་ཐད་ཀྱི་མཛད་རྗེས་གཙོ་བོ་ནི། རྗེ་ཙོང་པའི་ཚད་མའི་དགོངས་པ་དེ་འཆད་རྩོད་གཉིས་ཀྱི་ལམ་ནས་རྒྱུན་འཛིན་བྱས་པ་དེ་ཡིན། ཁོང་གིས་སྐབས་དེའི་སྤྱི་སྤྲོལ་དེ་ཚད་མ་རིག་པ་ནི་ཕྱིའི་གོ་རྒྱ་གཅོད་བྱེད་ཙམ་ཡིན་པའི་ལྟ་བ། ལུང་དང་རིགས་པ་ཡང་དག་གི་ལམ་ནས་སུན་ཕྱུང་སྟེ། ཐར་པ་དང་ཐམས་ཅད་མཁྱེན་པའི་རྒྱུ་གཙོ་བོ་རུ་བསྒྲུབས་པར་མ་ཟད། མདོ་དང་སྔགས་ཀྱི་གཞུང་ལུགས་མཐའ་དག ཚད་མ་རིག་པའི་རིགས་ལམ་གྱི་སྟེང་ནས་སྤྱོད་པའི་སྲོལ་བཙུགས་པ་སོགས་ཀྱིས་ནི། སྤྱིར་བོད་ཀྱི་ཚད་མ་རིག་པ་འཕེལ་རྒྱས་སུ་འགྲོ་བར་སྐུལ་འདེད་ཀྱི་ནུས་པ་ཆེན་པོ་ཐོན་ཡོད།

ས་བཅད་བརྒྱད་པ། རྒྱ་གར་གྱི་ཚད་མ་རིག་པར་བལྟོས་ཏེ་བོད་ཀྱི་ཚད་མ་རིག་པའི་འཕེལ་རྒྱས།

དང་པོ། གྲངས་ཅན་པའི་ཚད་མའི་རྣམ་གཞག

དེ་ཡང་ཚད་མ་རིག་པ་ནི་གནའ་བོའི་རྒྱ་གར་གྱི་གྲངས་ཅན་པའི་གྲུབ་མཐའ་སོགས་ཀྱི་ཚད་མའི་རྣམ་གཞག་ལ་བརྟེན་ནས་རིམ་གྱིས་གྲུབ་པ་ཡིན་པས། འདིར་གྲུབ་མཐའ་དེ་དག་གི་བཞེད་ཚུལ་རྣམས་ཙུང་ཟད་བཀོད་པ་ལ་བརྟེན་ནས་ཚད་མ་རིག་པའི་གྲུབ་རིམ་ལ་གོ་བ་འོས་ཙམ་སྟེར་འདོད་པ་ཡིན། གྲངས་ཅན་པའི་གྲུབ་མཐའ་ནི་གནའ་བོའི་རྒྱ་གར་གྱི་གྲུབ་མཐའ་སྔ་ཤོས་སྐོར་ཡིན་ཞིང་། གྲུབ་མཐའ་འདིས་བཞེད་པའི་ཤེས་བྱ་ཉེར་ལྔའི་ནང་ཚད་མའི་རྣམ་གཞག་ཙམ་བྱུང་ཡོད་དེ། ལུགས་འདིས་ཤེས་བྱ་ཐམས་ཅད་གྲངས་ཉེར་ལྔར་འདུ་བར་འདོད་པ་དང་། དེའི་ནང་དུ་ཚད་མ་ལ་མངོན་སུམ་དང་། རྗེས་དཔག་དང་། ལུང་གི་ཚད་མ་དང་གསུམ་ཡོད་པར་གསུངས།

མངོན་སུམ་ཚད་མ་ནི་ཡིད་དང་དབང་པོའི་མངོན་སུམ་ལ་འདོད་པ་དང་། རྗེས་དཔག་ལ་རང་དོན་གཞན་དོན་གཉིས་ལས། རང་དོན་རྗེས་དཔག་ནི་འབྲེལ་བ་གཅིག་མངོན་སུམ་དུ་གྲུབ་པས་གཅིག་ཤོས་ཀྱང་གྲུབ་པ་དང་། དེ་ཡང་འབྲེལ་བ་བདུན་གང་རུང་ལ་བརྟེན་ནས་ལྐོག་གྱུར་གྱི་ཤེས་བྱ་རྟོགས་པའི་བློ་ཞིག་ལ་འདོད། འབྲེལ་བ་བདུན་ནི། སྤྱི་གཙོ་བོ་དང་སྐྱེས་བུ་བཞིན་ནོར་དང་ནོར་བདག་གི་འབྲེལ་བ་དང་། ས་བོན་དང་མྱུ་གུ་བཞིན་རྒྱུ་འབྲས་ཀྱི་འབྲེལ་བ། འོ་མ་དང་ཞོའམ་གཙོ་བོ་དང་ཆེན་པོ་བཞིན་རང་བཞིན་དང་རྣམ་འགྱུར་གྱི་འབྲེལ་བ། རྫ་མཁན་དང་བུམ་པ་བཞིན་རྒྱུ་དང་རྒྱུ་ཅན་གྱི་འབྲེལ་བ། སྡོང་པོ་དང་ཡལ་ག་བཞིན་ཡན་ལག་དང་ཡན་ལག་ཅན་གྱི་འབྲེལ་བ། དུར་བ་ཀྱོ་ཤུག་བཞིན་གྲོགས་དང་གྲོགས་ཅན་གྱི་འབྲེལ་བ། བྱ་རོག་དང་འུག་པ་བཞིན་གནོད་བྱ་གནོད་བྱེད་ཀྱི་འབྲེལ་བ་སྟེ་བདུན་ནོ། །

གཞན་དོན་རྗེས་དཔག་ལ་གཉིས་ཏེ། རྣམ་པར་ལྡན་པ་དང་། བསལ་ཏེ་འོངས་པའོ། རྣམ་པར་ལྡན་པ་ནི་དམ་བཅའ་དང་། གཏན་ཚིགས་དང་། དཔེ་དང་། ཉེ་བར་སྦྱར་བ་དང་། ངེས་པར་བསྟན་པ་ཞེས་ཡན་ལག་ལྔ་ལྡན་གྱི་སྒྲུབ་ངག་ལ་གོ། བསལ་ཏེ་འོངས་པ་ནི། གཞན་གྱི་ཕྱོགས་བཀག་ནས་རང་གི་ཕྱོགས་ཡོངས་སུ་གཟུང་བ་སྟེ་ཐལ་འགྱུར་གྱི་རྣམ་གཞག་ཡིན་པར་ཀུན་མཁྱེན་བླ་མས་གསུངས། ལུང་གི་ཚད་མ་ནི། སྒྲ་ལ་བརྟེན་ནས་ལྐོག་གྱུར་པའི་དོན་འཛིན་པའི་བློ་མི་བསླུ་བ་ཞིག་ལ་འདོད་ཅིང་། དེ་ཡང་སྐྱེས་བུས་མ་བྱས་པའི་སྒྲས་བསྐྱེད་པ་དང་། ཡིད་ཆེས་པའི་སྐྱེས་བུའི་ཚིག་གིས་བསྐྱེད་པ་གཉིས་ཡོད་པར་འདོད། དང་པོ་རིག་བྱེད་ཀྱི་སྒྲས་བསྐྱེད་པའི་ཚད་མ་ལྟ་བུ། གཉིས་པ་དབང་ཕྱུག་ནག་པོའི་རྒྱུད་ཀྱིས་བསྐྱེད་པའི་ཚད་མ་ལྟ་བུ་ལ་འཇོག ཚད་མ་འདི་གཉིས་ནི་ཡུལ་ལྐོག་གྱུར་ལ་ལྟོས་པས་ཡུལ་ཅན་མངོན་སུམ་མིན་ལ། ཚུལ་གསུམ་གྱི་རྟགས་ལ་མ་བརྟེན་པས་རྗེས་དཔག་ཀྱང་མིན་པར་བཞེད།

དེས་ན་གྲངས་ཅན་པའི་ཤེས་བྱ་ཉེར་ལྔ་ལས་བསྟན་པའི་ཚད་མའི་རྣམ་གཞག་འདི་ལས། ཚད་མ་ལ་མངོན་སུམ་ཚད་མ་དང་། རྗེས་དཔག་ཚད་མ། ལུང་ཚད་མ་གསུམ་ཡོད་པར་གསུངས་པ་དང་། ད་དུང་རྗེས་དཔག་ལ་རང་དོན་རྗེས་དཔག་དང་གཞན་དོན་རྗེས་དཔག་གཉིས་དང་། སྒྲུབ་ངག་ཡན་ལག་ལྔ་སོགས་བསྟན་འདུག་པ་སོགས་ཕྱིས་སུ་རང་རྒྱུད་འཕེར་བའི་ཚད་མ་རིག་པའི་གཞུང་གི་མ་ལག་ཆ་ཚང་འབྱུང་ཐུབ་པའི་གཞི་རྩའི་རྨང་གཞི་ཡིན་པ་གསལ་པོར་མཐོང་ཐུབ།

གཉིས་པ། གཅེར་བུ་པ་སོགས་ཀྱི་ཚད་མའི་རྣམ་གཞག

གཅེར་བུ་བས་ཚད་མ་ལ་གསུམ་དུ་འདོད་དེ། མངོན་སུམ་དང་། རྗེས་དཔག་དང་། ལུང་ཚད་མའོ། མངོན་སུམ་ལ་རྟོག་བཅས་དང་རྟོག་མེད་གཉིས་སུ་དབྱེ་སྟེ། སྤྱི་འཛལ་བ་རྟོག་མེད། གསལ་བ་འཛལ་བ་རྟོག་བཅས་སུ་འདོད། རྗེས་དཔག་ནི་གཞན་དུ་མི་འཐད་པ་ཞེས་བྱ་བའི་ཚུལ་གཅིག་པ་ལས་ལྐོག་གྱུར་གྱི་དོན་ཤེས་པ་སྟེ། དཔེར་ན། དངོས་པོ་དང་དངོས་པོ་མེད་པ་ནི་ཡོད་པའི་བདག་ཉིད་ཡིན་ཏེ། ཇི་ལྟར་ཡང་དམིགས་པར་བྱ་བ་ཡིན་པའི་ཕྱིར་རོ་ཞེས་བྱ་བའི་རྟགས་ལ་བརྟེན་པའི་བློ་ལྟ་བུའོ། །རྒྱལ་དཔོག་པས་ཚད་མ་ལ་གསུམ་དུ་འདོད་དེ། མངོན་སུམ་དང་། རྗེས་དཔག་དང་། ལུང་ཚད་མའོ། །མངོན་སུམ་ལ་རྟོག་བཅས་དང་དང་རྟོག་མེད་གཉིས་སུ་དབྱེ་སྟེ། སྤྱི་འཛལ་བ་རྟོག་མེད་དང་། གསལ་བ་འཛལ་བ་རྟོག་བཅས་སུ་འདོད། ལུང་ཚད་མ་ནི། རྒྱལ་བྱེད་སྐར་མའི་བསྟན་བཅོས་དང་། རྫས་ཀྱི་བསྟན་བཅོས་དང་། སྟོན་པ་མཆོད་འོས་སོགས་ཚད་ལྡན་གྱི་ངག་ནི་ལུང་ཚད་མར་འདོད་དོ། །

ཚངས་པ་བའི་གྲུབ་མཐའི་ནང་ཚན་བརྗ་སྤྱོད་པ་དང་། རིག་བྱེད་མཐའ་བ་པ། གསང་བ་པ་རྣམས་ཀྱིས་འཇིག་རྟེན་གྱི་སྤྱོད་བཅུད་ཐམས་ཅད་ལྷ་ཚངས་

པས་བྱས་པ་དང་། རིག་བྱེད་པོ་ན་ཚད་མར་འདོད་དོ། །

དསྤྱོད་པ་བས་ཚད་མ་དྲུག་དུ་འདོད་དེ། མངོན་སུམ་ཚད་མ་དང་། རྗེས་དཔག་ཚད་མ། དཔེ་ཉེར་འཇལ་གྱི་ཚད་མ། སྒྲ་བྱུང་ཚད་མ། དོན་གོ་བའི་ཚད་མ། དངོས་པོ་མེད་པའི་ཚད་མ་དང་དྲུག་ཏུ་འདོད་ཅིང་། དེ་དག་གི་ཁྱད་པར་ནི། ཕྱི་རོལ་ཡུལ་གྱི་དངོས་པོ་རགས་པ་དངོས་སུ་སྣང་ནས་རྟོགས་པའི་དབང་ཤེས་རྣམས་ནི་མངོན་སུམ་ཚད་མ་དང་། དུ་བ་མཐོང་བ་ལས་མེ་ཡོད་པར་དཔོག་པ་ལྟ་བུ་རྗེས་དཔག་ཚད་མ་དང་། བ་གླང་དང་འདྲ་བ་བསྟན་ནས་བ་མེན་རྟོགས་པ་ནི་དཔེ་ཉེར་འཇལ་གྱི་ཚད་མ་དང་། རིག་བྱེད་ཀྱི་ཚིག་ལས་སྔོག་གྱུར་གྱི་དོན་རྟོགས་པ་ལྟ་བུ་ནི་སྒྲ་བྱུང་ཚད་མ་དང་། ལྷས་བྱིན་ཚོན་པོ་ཁྱིམ་ན་མེད་པས་ཕྱི་རོལ་ན་ཡོད་པར་རྟོགས་པ་ལྟ་བུ་ནི་དོན་གོ་བའི་ཚད་མ། དངོས་པོ་མེད་པའི་ཚད་མ་ནི་འོ་མ་ལ་ཞོ་མེད་པ་ལྟ་བུ་སྔ་ན་མེད་པ། ཞོ་ལ་འོ་མ་མེད་པ་ལྟ་བུ་ཞིག་ནས་མེད་པ། བ་ལང་ལ་རྟ་མེད་པ་ལྟ་བུ་ཕན་ཚུན་མེད་པ། རི་བོང་གི་རྭ་མེད་པ་ལྟ་བུ་ཤིན་ཏུ་མེད་པ་སོགས་རྟོགས་པ་སྟེ་བཞིར་འདོད་ཅིང་། ཞོ་ལ་འོ་མ་མེད་པའི་ཆ་ལྟ་བུ་ཡང་དངོས་པོར་འདོད་དོ།

དབང་ཕྱུག་པས། མངོན་སུམ་ཚད་མ་དང་། རྗེས་དཔག་ཚད་མ། དཔེ་ཉེར་འཇལ་གྱི་ཚད་མ། སྒྲ་བྱུང་ཚད་མ་བཞི་འདོད་ལ། དེ་དག་གི་ཁྱད་པར་ནི། གྲུབ་མཐའ་ཀུན་ཤེས་རྩ་འགྲེལ་ལས། མངོན་སུམ་ནི་རྣམ་མེད་ཀྱི་སྒོ་ནས་ཁྱད་པར་ཡོན་ཏན་འཛིན་པའི་བློ་ནི་འབྲས་བུར་འདོད་ལ། དེ་ཚད་མ་དང་དེས་དྲངས་པའི་ཁྱད་པར་ཅན་རྫས་འཛིན་པའི་བློ་ནི་འབྲས་བུར་འདོད་དོ། །མདར་ཆུ་བླུབ་པ་ལས་ཕུར་ཆར་འབབ་པ་དང་། དུ་བ་ལས་མེ་ཡོད་པར་དཔོག་པ་ནི་རྗེས་དཔག་ཏུ་འདོད་དོ། །

མདོར་ན། གོང་གསལ་གཅེར་བུ་པ་སོགས་ཀྱིས་བཞེད་པའི་ཚད་མའི་རྣམ་གཞག་དེ་དག་ལས། མངོན་སུམ་ཚད་མ་དང་། རྗེས་དཔག་ཚད་མ། དཔེ་ཉེར་

འཇལ་གྱི་ཚད་མ། སྒྲ་བྱུང་ཚད་མ་སོགས་དབྱེ་སྒོ་དང་མིང་བརྡ་མི་འདྲ་བ་དུ་མ་བྱུང་ཡོད་ཀྱང་། དུས་སྐབས་གཅིག་ཏུ་བྱུང་བའི་གྲུབ་མཐའ་དེ་དག་གིས་བཞེད་པའི་ཚད་མའི་རྣམ་གཞག་ཕལ་ཆེར་གཅིག་མཚུངས་ཡིན་པར་འདུག་གོ།

གསུམ་པ། ཙ་ར་ཀའི་སྨན་གཞུང་ལས་བསྟན་པའི་ཚད་མའི་རྣམ་གཞག

ཙ་ར་ཀ་ནི་སྤྱི་ལོ་དུས་རབས་གཉིས་པ་སྟེ་འཕགས་ཡུལ་གྱི་རྒྱལ་པོ་ཀ་ཎི་ཤྐའི་དུས་སུ་བྱོན་པའི་སྨན་དཔྱད་ཀྱི་མཁས་པ་ཞིག་ཡིན་ལ། སློབ་དཔོན་དབྱིག་གཉེན་དང་འདྲ་བར་རིག་པ་ཆེ་བར་གྲགས་ཤིང་། ཁོང་གིས་བརྩམས་པའི་སྨན་གཞུང་ལེའུ་གསུམ་པར་སྐབས་དེར་གྲགས་སྐད་ཆེ་བའི་ཚད་མའི་ཆོས་སྐད་ཞེ་བཞི་ཞེས་པ་བཀོད་ཡོད། གཞུང་དེ་རྒྱ་ནག་ཏུ་འགྱུར་ཡོད་ཀྱང་བོད་དུ་འགྱུར་མེད་དོ། །① རྒྱའི་འགྱུར་ལས། ཙ་ར་ཀ་པའི་སྨན་གཞུང་ལེའུ་གསུམ་པའི་ས་བཅད་བརྒྱད་པ་ལ། སྐད་གྲགས་ཆེ་བའི་ཚད་མའི་ཆོས་སྐད་ཞེ་བཞི་བཀོད་ཡོད་པ་འདི་ལྟ་སྟེ། གཏན་ཚིགས་རིག་པའི་རྗེས་སུ་དཔག་ཚུལ་གྱི་རྣམ་པ་བསྟན་པ་འདི་ལྟར། འདིར་ཇི་ལྟར་བརྗོད་པའི་ཚུལ་ལ་ནི། གང་སྨྲ་འོས་པ་དང་གང་སྨྲ་མི་འོས་པ་ཤེས་དགོས་ཏེ། དེ་ལྟར་མ་ཡིན་ན་རང་ལས་གཞན་རྒྱལ་བར་འགྱུར་རོ། །སྨན་དཔྱད་མཁན་རྣམས་ཀྱིས་ངེས་པར་དུ་བརྗོད་པའི་ཚུལ་ལ་རྟོགས་པའི་ཤེས་རབ་ལྡན་དགོས་སོ། །ཞེས་སྨན་དཔྱད་པ་རྣམས་ཀྱིས་བརྗོད་པ་ལ་མཁས་པར་བྱེད་པའི་དགོས་པ་བསྟན་ཏོ། ཡང་དག་པའི་སྒོ་ནས་བརྗོད་པར་བྱེད་པ་ལ་རྣམ་པ་ཞེ་བཞི་ཡོད་དེ། ༡བརྗོད་པ། ༢རྩོད་དང་། ༣ཡོན་ཏན་དང་། ༤ལས་དང་། ༥སྤྱི་དང་། ༦བྱེ་བྲག་དང་། ༧འདུ་བ་དང་། ༨དམ་བཅའ་དང་། ༩སྒྲུབ་པ་དང་། ༡༠ལོག་པར་སྒྲུབ་པ་དང་། ༡༡གཏན་ཚིགས་དང་། ༡༢དཔེ་དང་། ༡༣ཉེ་བར་སྦྱར་

① ཀན་བློ་བཟང་ཆོས་གྲགས་ཀྱི་ཚད་མ་རིག་པའི་བྱུང་འཕེལ་གྱི་ལོ་རྒྱུས། ཤོག་ངོས4པ་ན་གསལ། ཞིབ་འཇུག་སློབ་མའི་བསླབ་གཞི། པར་སྐྲུན་བྱས་མེད།

པ་དང་། ༡༤མཇུག་བསྡུ་བ་དང་། ༡༥ལན་གྱིས་འགོག་པ་དང་། ༡༦ངེས་པར་བརྗོད་པ་དང་། ༡༧སྒྲ་དང་། ༡༨མངོན་སུམ་དང་། ༡༩རྗེས་དཔག་དང་། ༢༠ལུང་ཚད་མ། ༢༡དཔེའི་ཚད་མ། ༢༢ཐེ་ཚོམ་དང་། ༢༣དགོས་པ་དང་། ༢༤ངེས་པ་མེད་པ། ༢༥ཤེས་འདོད་པ་དང་། ༢༦གཏན་ལ་ཕབ་པ་དང་། ༢༧དོན་གྱི་གོ་བའི་ཚད་མ་དང་། ༢༨རྗེས་སུ་བྱུང་བའི་ཚད་མ་དང་། ༢༩དྲི་བར་བྱ་བ་དང་། ༣༠དྲི་བ་མེད་པ། ༣༡དྲི་བར་བྱེད་པ་དང་། ༣༢དྲིས་པ་ལ་ཕྱིར་འདྲི་བ་དང་། ༣༣ཚིག་དོར་བ་དང་། ༣༤ཚིག་དག་པ་དང་། ༣༥ཚིག་འཁྲི་ནས་རྩོད་པ་དང་། ༣༦གཏན་ཚིགས་ལྟར་སྣང་དང་། ༣༧དུས་ལས་འདས་པ་དང་། ༣༨སྐྱོན་སྟོན་པ་དང་། ༣༩སུན་འབྱིན་པ་དང་། ༤༠དམ་བཅའ་དོར་བ་དང་། ༤༡མི་འདོད་པ་འདོད་པར་འཐད་པ་དང་། ༤༢གཏན་ཚིགས་ཐ་དད་པ་དང་། ༤༣དོན་ཐ་དད་པ་དང་། ༤༤ཚར་གཅོད་པའི་གནས་དང་བཞི་བཅུ་ཞེ་བཞིར་སྨྲས་སོ། །

ཚིག་དོན་ཞེ་བཞི་འདི་རྣམས་ཀྱི་བརྗོད་བྱ་གཙོ་བོ་ནི་དོན་ཚན་དང་པོ་བརྗོད་པ་ཞེས་པའི་དོན་ཚན་དེའི་ནང་བསྟན་པར་སྣམ། བརྗོད་པ་ནི་བཤད་པ་དང་བཤད་པའི་ཚིག་ལ་གོ་བས། སྔ་རྒོལ་དང་ཕྱི་རྒོལ་གཉིས་ཀྱིས་རང་རང་གི་གྲུབ་མཐའི་འདོད་ཚུལ་ལ་བརྟེན་ནས་ཕན་ཚུན་རྩོད་གླེང་བྱེད་པ་ལ་བརྗོད་པ་ཟེར། བརྗོད་པ་ལ་དབྱེ་ན་རྣམ་པ་གཉིས་ཡོད་དེ། སྒྲུབ་པའི་ངག་དང་སུན་འབྱིན་པའི་ངག་གཉིས་ཡོད་དེ། སྒྲུབ་པའི་ངག་ནི་དམ་བཅའ་བའི་ངག་ལའོ། །སུན་འབྱིན་པའི་ངག་ནི་སྒྲུབ་པའི་ངག་གང་དེའི་སྐྱོན་བརྗོད་པ་ལྟ་བུ་དགག་པར་བྱེད་པའི་ངག་གོ། གཞན་པའི་ཚིག་དོན་ཞེ་གསུམ་རེ་རེའི་གོ་དོན་ལ་བརྟག་ན་འགའ་ཞིག་ནི་ཙ་ར་ཀ་པའི་གྲུབ་མཐའི་འདོད་ཚུལ་བསྟན་པ་དང་། འགའ་ཞིག་ནི་གཏན་ཚིགས་རིག་པའི་སྒྲུབ་ངག་གི་ཁྱད་ཆོས་བསྟན་པ་དང་། འགའ་ཞིག་ནི་རྩོད་པའི་རྣམ་གཞག་བསྟན་པ་ཡིན་མོད། གཞུང་འདི་ནི་སྨན་དཔྱད་ཀྱི་རིག་པ་

ཡིན་པ་ལས་གཏན་ཚིགས་རིག་པའི་གཞུང་དངོས་མ་ཡིན་མོད། ཡིན་ནའང་ཙ་རཀས་མཛད་པའི་གཏན་ཚིགས་རིག་པའི་ཆོས་སྐད་དེའི་ཆ་ནས་གནའ་བོའི་རྒྱ་གར་གྱི་གྲུབ་མཐའི་གཞུང་དུ་ཚད་མའི་ཐ་སྙད་ཡོད་པ་ཙམ་མ་གཏོགས་ཚད་མ་རིག་པའི་གཞུང་བྱུང་མེད་པ་གསལ་བ་དང་། དེར་མ་ཟད། ཆོས་སྐད་དེས་གནའ་བོའི་རྒྱ་གར་གྱི་ཚད་མ་རིག་པའི་བྱུང་བ་དང་འཕེལ་རྒྱས་ལ་སྐུལ་འདེད་ཀྱི་ནུས་པ་ཆེན་པོ་ཐོན་ཡོད་པའང་ཤེས་ཐུབ།

གོང་གསལ་གྱི་དེ་དག་ལ་དཔག་ན་གནའ་བོའི་རྒྱ་གར་གྱི་ཕྱི་རོལ་བའི་གཞུང་ན་ཚད་མའི་ཐ་སྙད་ཙམ་ཡོད་པ་མ་གཏོགས་ཡན་གར་བའི་ཚད་མའི་གཞུང་ལུགས་རང་སྐྱ་བ་ཞིག་དར་མེད་པར་མངོན་ལ། དེ་ལྟ་ནའང་གོང་གསལ་གྱི་གཞུང་དེ་དག་ལས་བསྟན་པའི་ཤེས་བྱ་དོན་དུ་རྟ་བསྒྱུ་པའི་རིགས་པའི་ཐབས་བཀོད་དང་། དོན་སོ་སོ་ལའང་གོ་དོན་དང་དབྱེ་སྒོ་མང་དུ་མཛད་ཡོད་པ་སོགས་ཀྱིས་སྒྱི་ལོ་དུས་རབས་དྲུག་པ་ནས་བདུན་པའི་བར་བྱོན་པའི་སློབ་དཔོན་ཕྱོགས་གླང་གི་ཚད་མ་རིག་པ་གསར་བ་འབྱུང་བར་རྨང་གཞི་བརྟན་པོ་ཞིག་བཏང་ཡོད་པ་ཤེས་དགོས་སོ། །

བཞི་པ། ཚད་མ་རིག་པའི་གཞུང་གི་ཐོག་མ།

ཚད་མ་རིག་པའི་གཞུང་གི་ཐོག་མ་ནི། 《རིགས་པའི་མདོ》ཞེས་པ་འདི་ཡིན། གཞུང་དེ་ནི་སྤྱི་ལོ་དུས་རབས་དང་པོའི་སྔ་རྗེས་སུ་རིགས་པ་ཅན་པའི་སྟོན་པ་དྲང་སྲོང་ཀཎ་མིག(གོ་ཏ་མ)གིས་བརྩམས་པ་ཡིན། གཞུང་འདི་ལ་སྡོམ་དུ་ལེའུ་དྲུག་ཡོད་ལ། ལེའུ་དང་པོ་ནི་དྲང་སྲོང་ཀཎ་མིག་གིས་བརྩམས་ཤིང་ཕྱི་མ་རྣམས་ནི་ཁོང་གི་སློབ་མ་དག་གིས་ཁ་བསྐངས་པ་ཞིག་ཡིན། ལེའུ་དང་པོའི་ནང་དུ་རྟོག་པའི་ཚིག་དོན་བཅུ་དྲུག་བསྟན་ཡོད་ལ། རྟོག་པའི་ཚིག་དོན་བཅུ་དྲུག་ནི་དེ་སྔོན་གྱི་ཚད་མའི་རྣམ་གཞག་དག་གི་རྨང་གཞི་ལ་བརྟེན་ནས་དྲང་སྲོང་ཀཎ

མིག་གིས་བརྩམས་པ་ཞིག་ཡིན་ལ། གཞུང་དེའི་ཁྱད་ཆོས་གཙོ་བོ་ནི། སྔར་ཡོད་ཀྱི་ཚད་མའི་རྣམ་གཞག་གི་ལེགས་ཆ་རྣམས་བསྡུས་ནས་ཚད་མ་རིག་པའི་གཞུང་གི་ཐོག་མ་དང་གཏན་ཚིགས་ཀྱི་ནང་དོན་ཅུང་ཟད་ཆ་ཚང་བ་སྟོན་པ་དེ་ཡིན། 《རིགས་པའི་མདོའི》སྔོན་གྱི་ཚད་མའི་རྣམ་གཞག་རྣམས་ནི་ཆོས་ལུགས་ཀྱི་ལྟ་བ་སྟོན་པའི་གཞུང་དང་སྨན་གཞུང་ཙམ་ཡིན།

《རིགས་པའི་མདོ》ལས་བསྟན་པའི་རྟོག་པའི་ཚིག་དོན་བཅུ་དྲུག་ནི། ༡ཚད་མ། ༢གཞལ་བྱ། ༣ཐེ་ཚོམ། ༤དགོས་པ། ༥དཔེ། ༦གྲུབ་པའི་མཐའ། ༧ཡན་ལག ༨རྟོག་གེ། ༩གཏན་ལ་དབབ་པ། ༡༠རྩོད་པ། ༡༡བརྗོད་པ། ༡༢སུན་ཅི་ཕྱིན་དུ་རྒོལ་བ། ༡༣གཏན་ཚིགས་ལྟར་སྣང་། ༡༤ཚིག་དོར། ༡༥ལྟག་ཆོད། ༡༦ཚར་གཅོད་རྣམས་སོ། །

རྟོག་པའི་ཚིག་དོན་བཅུ་དྲུག་ནི་ཕྱིས་སུ་ཚད་མ་རིག་པ་འདི་ཉིད་དར་རྒྱས་སུ་འགྲོ་བའི་གཞུང་ལུགས་ཀྱི་རྨང་གཞི་ཡིན་ལ། ཕྱོགས་སྣང་ཡབ་སྲས་དང་བོད་ཀྱི་ཚད་མ་རིག་པའི་གཞུང་ཐམས་ཅད་ཀྱང་གཞུང་དེའི་རྨང་གཞི་ལ་བརྟེན་ནས་བྱུང་བ་ཞིག་རེད། སྤྱི་ལོ་དུས་རབས་དྲུག་པ་ནས་བདུན་པའི་བར་སློབ་དཔོན་ཕྱོགས་ཀྱི་གླང་པོ་བྱོན་ནས་སྔར་བརྩམས་པའི་བསྟན་བཅོས་རྣམས་འཐོར་བུའི་ཚུལ་དུ་ཡོད་པ་ལ་ཕྱོགས་གཅིག་ཏུ་བསྡུས་ཏེ《ཚད་མ་ཀུན་བཏུས》བརྩམས་ཏེ་སྟོན་པ་ཚད་མར་སྒྲུབ་པའི་ཕྱིར་དུ་སྒྲུབ་བྱེད་རིགས་པ་བརྒྱད་ཀྱིས་བསྒྲུབས་ཡོད། ཚད་མ་རིག་པ་དེ་ཐར་བ་དང་ཐམས་ཅད་མཁྱེན་པའི་གོ་འཕང་དོན་གཉེར་གྱི་ལམ་རྣམ་དག་ཡིན་པ་དང་། གཞལ་བྱ་ལ་རང་སྤྱི་དང་ཚད་མ་ལ་མངོན་རྗེས་གཉིས་དང་། མངོན་སུམ་གྱི་མཚན་ཉིད་དང་དེའི་དབྱེ་བ། རྗེས་དཔག་ལ་རང་དོན་དང་གཞན་དོན་གཉིས་སུ་དབྱེ་བ་དང་དེ་དག་གི་མཚན་ཉིད་སོགས་གཏན་ལ་ཕབས། ད་དུང་ཡན་ལག་ལྔ་ལྡན་གྱི་སྦྱོར་ངག་ཡན་ལག་གསུམ་ལྡན་དུ་བཅོས་ཤིང་རྟགས་ཆོས་ཀྱི་འབྲེལ་བ་གསལ་བར་སྟོན་པའི་སྦྱོར་ངག་གསར་གཏོད་མཛད་

དེ་རྟགས་ཀྱི་ཚུལ་དྲུག་བཀག་ནས་རྟགས་ཡང་དག་གི་མཚན་ཉིད་ཚུལ་གསུམ་ཡིན་པར་གཏན་ལ་ཕབ་པ་ནས་ནང་བའི་ཚད་མ་དང་ཕྱི་རོལ་བའི་ཚད་མའི་ཁྱད་པར་ཕྱེས་ཤིང་། དེའི་ཡན་ལ་གཏན་ཚིགས་རིག་པ་ནི་ཕྱི་ནང་ཐུན་མོང་གི་རིག་གནས་ཤིག་ཡིན་པ་གསལ་པོར་མཐོང་ཐུབ་པར་མ་ཟད་ཚད་མ་གསར་པ་བྱུང་བའི་དུས་མཚམས་ཀྱང་སྐབས་དེ་ཡིན་པ་ར་སྟོད་བྱེད་ཐུབ་པོ། །

ཡན་ལག་ལྔ་ལྡན་གྱི་སྦྱོར་ངག་ནི། 《རིགས་པའི་མདོའི》ཚིག་དོན་བདུན་པའི་ཡན་ལག་ལ། དམ་བཅའ། གཏན་ཚིགས། དཔེ། ཉེ་བར་སྦྱར། མཇུག་བསྡུ། ཞེས་ཡན་ལག་ལྔ་བོའི་མིང་ཙམ་ཡོད་ཀྱང་མཚན་གཞིའི་སྦྱོར་ངག་མ་མཐོང་། རིགས་པ་ཅན་པའི་མདོའི་འགྲེལ་བ་ལས། སྒྲ་ཆོས་ཅན། མི་རྟག་སྟེ། སྐྱེ་ལྡན་ཡིན་པའི་ཕྱིར། སྐྱེ་ལྡན་གྱི་ཆོས་བུམ་པའི་རྫས་མི་རྟག་བཞིན། སྒྲ་ཡང་སྐྱེ་ལྡན་ནོ། །དེའི་ཕྱིར་སྒྲ་མི་རྟག་གོ་ཞེས་ཡན་ལག་ལྔ་ལྡན་གྱི་སྦྱོར་ངག་གསལ་བར་བཤད་ཡོད་པར་མ་ཟད་རྒྱལ་ཚབ་རྗེའི《ཀུན་བཏུས་འགྲེལ་བ》ལས་ཀྱང་①རིགས་པ་ཅན་པ་ན་རེ། དཔེར་བརྗོད་པ་དེ་དང་མཐུན་པ་དེ་ལས་བསྒྲུབ་བྱ་སྒྲུབ་པར་བྱེད་པའི་ཆོས་ནི་གཏན་ཚིགས་སོ་ཞེས་གཏན་ཚིགས་ཡང་དག་གི་མཚན་ཉིད་དང་། བསྒྲུབ་བྱ་དང་ཆོས་མཐུན་པ་ཉིད་ལས་བསྒྲུབ་བྱའི་ཆོས་ཡོད་པ་དཔེ་ཡང་དག་གི་མཚན་ཉིད་དེ། དཔེར་ན། སྒྲ་ཆོས་ཅན། མི་རྟག་སྟེ། སྐྱེ་ལྡན་ཡིན་པའི་ཕྱིར། བུམ་པ་བཞིན། དེ་བཞིན་དུ་སྒྲ་ཡང་སྐྱེ་ལྡན་ནོ། །དེའི་ཕྱིར་སྒྲ་ཡང་མི་རྟག་ཅེས་པ་ལྟ་བུའོ། །ཞེས་ཟེར་ཏོ། །ཞེས་གསུངས་སོ། །དེ་ལས་སློབ་དཔོན་ཕྱོགས་གླང་གི་གོང་རོལ་ཏུ་དར་བའི་གཏན་ཚིགས་རིག་པའི་སྦྱོར་ངག་ནི་ཡན་ལག་ལྔ་ལྡན་ཡིན་པ་ཤེས་ཐུབ་པོ། །

① ཁང་དཀར་ཚུལ་ཁྲིམས་ཀྱི《རྒྱ་གར་གྱི་ཚད་མ་རིག་པའི་ལྟ་གྲུབ་འཕེལ་རིམ་དང་ཚད་མ་རིག་པའི་ལོ་རྒྱུས》ཤོག་ངོས9པ་ན་གསལ། གངས་ལྗོངས་ནང་རིག་མཐུན་ཚོགས་ཀྱིས་པར་སྐྲུན་བྱས།

ལྔ་པ། སྒྲུབ་ངག་གསར་རྙིང་དང་ཕྱོགས་ཆོས་འཁོར་ལོ་དཀྱུའི་མཚོན་བྱེད་རེའུ་མིག

༡ སྒྲུབ་ངག་གསར་རྙིང་གི་མཚན་གཞིའི་དཔེ་རེའུ་མིག་ཏུ་བཀོད་ན་འདི་ལྟར།

སྒྲུབ་ངག་ཡན་ལག་ལྔ་ལྡན།	ཡན་ལག་གི་མིང་།	སྒྲུབ་ངག་ཡན་ལག་གསུམ་ལྡན།
སྒྲ་མི་རྟག་སྟེ།	དམ་བཅའ།	སྒྲ་ནི་མི་རྟག་སྟེ།
བྱས་པའི་ཕྱིར།	གཏན་ཚིགས།	བྱས་པའི་ཕྱིར།
དཔེར་ན་བུམ་པ་བཞིན།	དཔེ།	གང་བྱས་ན་མི་རྟག་པས་ཁྱབ། དཔེར་ན། བུམ་པ་བཞིན། (མཐུན་དཔེ) གང་རྟག་ན་མ་བྱས་པས་ཁྱབ། དཔེར་ན་ནམ་མཁའ་བཞིན།(མི་མཐུན་དཔེ)
བུམ་པ་བྱས་པ་བཞིན་དུ་སྒྲ་ཡང་བྱས།	ཉེ་བར་སྦྱར་བ།	
དེའི་ཕྱིར་སྒྲ་མི་རྟག	མཇུག་སྡུད།	

ཡན་ལག་ལྔ་ལྡན་གྱི་སྒྲུབ་ངག་དེར་དམ་བཅའ་དང་། དཔེ་ཉེར་སྦྱར་དང་། མཇུག་སྡུད་གསུམ་བརྗོད་པ་ལྷག་པའི་སྐྱོན་ཡོད་དེ། དཔེ་ཉེ་སྦྱར་དུ་ཕྱོགས་ཆོས་བརྗོད་པའི་ཟློས་སྐྱོན་དང་། མཇུག་སྡུད་དང་དམ་བཅའ་གཉིས་ཀྱང་ཟློས་པས་ཟློས་སྐྱོན་ཡོད་པ་དང་། དཔེ་དངོས་སུ་བསྟན་ཀྱང་ཁྱབ་པ་དངོས་སུ་མ་བསྟན་པས་ཆད་པའི་སྐྱོན་སོགས་ཡོད་པས་སློབ་དཔོན་གྱིས་སྒྲུབ་ངག་གི་སྐྱོན་དེ་དག་བསལ་ཏེ་ཡན་ལག་གསུམ་ལྡན་བཞེད་ཅིང་། དེ་ལས་ཀྱང་ཕྱོགས་སྣང་གིས་རྟགས་ཀྱི་སྐོར་ལ་ཕྱོགས་སོ་སོ་ནས་ཞིབ་འཇུག་དཔྱིས་ཕྱིན་པ་མཛད་པའི་འབྲས་རྟགས་སུ

ཕྱོགས་ཆོས་འཁོར་ལོ་སྟེ།[①] སྟེང་འོག་གཉིས་ལ་ཡང་དག་གནས། །ལོགས་གཉིས་འགལ་བའི་གཏན་ཚིགས་ཏེ། །ཟུར་བཞི་དངོས་ཀྱི་མ་ངེས་པ། །དབུས་ན་ཐུན་མོང་མིན་པའོ། །ཞེས་པ་ལྟར། སྒྲུབ་རྟགས་ཡང་དག་མི་འདྲ་བ་གཉིས་དང་། རྟགས་ལྟར་སྣང་གི་རིགས་བདུན་འཁོར་ལོས་གཏན་ལ་ཕབ་ཅིང་། རྟགས་ཡང་དག་མི་འདྲ་བ་གཉིས་ལ་ཆེད་དུ་དབྱེ་ཞིབ་མཛད་པའི་མཐར་གཏན་ཚིགས་རིག་པའི་སྙིང་བཅུད་ཚུལ་གསུམ་གྱི་སྲོལ་ཕྱེས་བ་ཡིན།

གོང་གསལ་སྒྲུབ་ངག་ཡན་ལག་ལྔ་ལྡན་གྱི་རིའུ་མིག་ནང་གི་དཔེ་དང་སྦྱར། མཇུག་སྡུད་བཅས་ཡན་ལག་གསུམ་ལ་བལྟས་ན་རྩོད་གཞི་སྒྲ་དང་མཐུན་དཔེ་བུམ་པ་གཉིས་ཕྱོགས་འགའ་རེ་ནས་མཚུངས་ཆོས་བྱས་པ་ལ་བརྟེན་ནས་དེ་གཉིས་ལ་ཕྱོགས་གཞན་ནས་ཀྱང་འདྲ་ཆོས་མི་རྟག་པ་ཡོད་པ་སྒྲུབ་པའི་རྣམ་པ་ཞིག་ཡིན་ལ། འདིའི་ལུགས་ནི་རིགས་འགྲེའི་གཏན་ཚིགས་ཡིན། དེ་ནས་རིམ་བཞིན་མིའི་རིགས་ཀྱི་སྤྱི་ཚོགས་འཕེལ་རྒྱས་དང་བསྟུན་ནས་བསམ་བློ་ལའང་འཕེལ་རྒྱས་ངེས་ཅན་ཞིག་བྱུང་སྟེ། སྔར་གྱི་ཚད་མ་རྙིང་པའི་རིགས་འགྲོས་ཀྱི་དཔེ་ལ་འགྱུར་བ་བྱུང་སྟེ། སྔར་གྱི་མཐུན་དཔེ་བུམ་པ་བྱས་པ་བཞིན་དུ་མི་རྟག་པ་དང་། མི་མཐུན་དཔེ་ནམ་མཁའ་རྟག་པ་བཞིན་དུ་མ་བྱས་པ་གཉིས་ལ་འགྱུར་བཅོས་བྱས་ཏེ་གང་བྱས་ན་མི་རྟག་པས་ཁྱབ། དཔེར་ན་བུམ་པ་བཞིན། གང་རྟག་ན་མ་བྱས་པས་ཁྱབ། དཔེར་ན་ནམ་མཁའ་བཞིན་ཞེས་པའི་ཚུལ་ནི་སྒྲུབ་ངག་ཡན་ལག་གསུམ་ལྡན་གྱི་རྣམ་འབྱེད་རིགས་འདེད་ཀྱི་ཕྱོགས་སུ་འཕེལ་བ་ཡིན།

① 《གཏན་ཚིགས་ཀྱི་འཁོར་ལོ་གཏན་ལ་དབབ་པ》 སྡེ་དགེ་འགྱུར་བསྟན་འགྱུར་ཤིང་དཔར་མ། ཚད་མའི་ཅེ་པོད་ཤོག་ངོས93་ན་གསལ།

༢ ཕྱོགས་ཆོས་འཁོར་ལོ་དགུའི་དཔེ་རིས།

• མཐུན་ཕྱོགས་དང་མི་མཐུན་ཕྱོགས་ལ་ཁྱབ་བྱེད་དུ་འཇུག་པ། • སྒྲ་རྟག་སྟེ། གཞལ་བྱ་ཡིན་པའི་ཕྱིར། • མཐུན་ཕྱོགས་ལས་རྟགས་གཞལ་བྱ་དང་འབྲེལ་བ་ཡོད་པ་ནམ་མཁའ། འབྲེལ་བ་མེད་པ་མེད། • མི་མཐུན་ཕྱོགས་ལས་རྟགས་གཞལ་བྱ་དང་འབྲེལ་བ་ཡོད་པ་བུམ་པ། འབྲེལ་བ་མེད་པ་མེད། • མཐུན་དཔེ། ནམ་མཁའ། • མི་མཐུན་དཔེ། བུམ་པ།	• མཐུན་ཕྱོགས་ལ་ཁྱབ་བྱེད་དུ་འཇུག་པ་དང་མི་མཐུན་ཕྱོགས་ལ་མེད་པ། • སྒྲ་མི་རྟག་སྟེ། བྱས་པའི་ཕྱིར། • མཐུན་ཕྱོགས་ལས་བྱས་པ་དང་འབྲེལ་བ་ཡོད་པ་བུམ་པ། འབྲེལ་བ་མེད་པ་མེད། ནམ་མཁའ། • མི་མཐུན་ཕྱོགས་ལས་བྱས་པ་དང་འབྲེལ་བ་ཡོད་པ་མེད། འབྲེལ་བ་མེད་པ་མེད། ནམ་མཁའ། • མཐུན་དཔེ། བུམ་པ། • མི་མཐུན་དཔེ། ནམ་མཁའ།	• མཐུན་ཕྱོགས་ལ་ཁྱབ་བྱེད་དང་མི་མཐུན་ཕྱོགས་ལ་རྣམ་གཉིས་སུ་འཇུག་པ། • དུང་སྒྲ་རྩོལ་བྱུང་ཡིན་ཏེ། མི་རྟག་པའི་ཕྱིར། • མཐུན་ཕྱོགས་ལས་རྟགས་མི་རྟག་པ་དང་འབྲེལ་བ་ཡོད་པ་བུམ་པ། འབྲེལ་བ་མེད་པ་མེད། • མི་མཐུན་ཕྱོགས་ལས་རྟགས་མི་རྟག་པ་དང་འབྲེལ་བ་ཡོད་པ་གློག • འབྲེལ་བ་མེད་པ་ནམ་མཁའ། • མཐུན་དཔེ། བུམ་པ། • མི་མཐུན་དཔེ། ནམ་མཁའ།
• མཐུན་ཕྱོགས་ལ་མེད་པ་དང་མི་མཐུན་ཕྱོགས་ལ་ཁྱབ་བྱེད་དུ་འཇུག་པ། • སྒྲ་རྟག་སྟེ། བྱས་པའི་ཕྱིར། • མཐུན་ཕྱོགས་ལས་རྟགས་བྱས་པ་དང་འབྲེལ་བ་ཡོད་པ་མེད། འབྲེལ་བ་མེད་པ་ནམ་མཁའ། • མི་མཐུན་ཕྱོགས་ལས་རྟགས་བྱས་པ་དང་འབྲེལ་བ་ཡོད་པ། བུམ་པ། འབྲེལ་བ་མེད་པ་མེད། • མཐུན་དཔེ། མེད། • མི་མཐུན་དཔེ། ནམ་མཁའ།	• མཐུན་ཕྱོགས་དང་མི་མཐུན་ཕྱོགས་གཉིས་ཀ་ལ་མེད་པ། • སྒྲ་རྟག་སྟེ། རྣ་ཤེས་ཀྱི་ཉན་བྱ་ཡིན་པའི་ཕྱིར། • མཐུན་ཕྱོགས་ལས་རྟགས་རྣ་ཤེས་ཀྱི་མཉན་བྱ་དང་འབྲེལ་བ་ཡོད་པ་མེད། འབྲེལ་བ་མེད་པ་ནམ་མཁའ། • མི་མཐུན་ཕྱོགས་ལས་རྟགས་རྣ་ཤེས་ཀྱི་མཉན་བྱ་དང་འབྲེལ་བ་ཡོད་པ། (སྒྲ་མ་གཏོགས་) མེད། འབྲེལ་བ་མེད་པ་བུམ་པ།(གློག) • མཐུན་དཔེ། མེད། • མི་མཐུན་དཔེ། བུམ་པ།(གློག)	• མཐུན་ཕྱོགས་ལ་མེད་པ་དང་མི་མཐུན་ཕྱོགས་ལ་རྣམ་གཉིས་སུ་འཇུག་པ། • དུང་སྒྲ་རྟག་སྟེ། རྩོལ་བྱུང་ཡིན་པའི་ཕྱིར། • མཐུན་ཕྱོགས་ལས་རྟགས་རྩོལ་བྱུང་དང་འབྲེལ་བ་ཡོད་པ་མེད། འབྲེལ་བ་མེད་པ་ནམ་མཁའ། • མི་མཐུན་ཕྱོགས་ལས་རྟགས་རྩོལ་བྱུང་དང་འབྲེལ་བ་ཡོད་པ་བུམ་པ། འབྲེལ་བ་མེད་པ་གློག • མཐུན་དཔེ། མེད • མི་མཐུན་དཔེ། གློག

• མཐུན་ཕྱོགས་ལ་རྣམ་གཉིས་དང་མི་མཐུན་ཕྱོགས་ལ་ཁྱབ་བྱེད་དུ་འཇུག་པ། • ཉུང་སྒྲ་རྩོལ་བྱུང་མ་ཡིན་ཏེ། མི་རྟག་པ་ཡིན་པའི་ཕྱིར། • མཐུན་ཕྱོགས་ལས་རྟགས་མི་རྟག་པ་དང་འབྲེལ་བ་ཡོད་པ་སྒྲིག་འབྲེལ་བ་མེད་པ་ནམ་མཁའ། • མི་མཐུན་ཕྱོགས་ལས་རྟགས་མི་རྟག་པ་དང་འབྲེལ་བ་ཡོད་པ་བུམ་པ། འབྲེལ་བ་མེད་པ་མེད། • མཐུན་དཔེ། ནམ་མཁའ། • མི་མཐུན་དཔེ། བུམ་པ།	• མཐུན་ཕྱོགས་ལ་རྣམ་གཉིས་དང་མི་མཐུན་ཕྱོགས་ལ་མེད་པ། • ཉུང་སྒྲ་མི་རྟག་སྟེ། རྩོལ་བྱུང་ཡིན་པའི་ཕྱིར། • མཐུན་ཕྱོགས་ལས་རྟགས་རྩོལ་བྱུང་དང་འབྲེལ་བ་ཡོད་པ་བུམ་པ། འབྲེལ་བ་མེད་པ་སྒྲིག • མི་མཐུན་ཕྱོགས་ལས་རྟགས་རྩོལ་བྱུང་དང་འབྲེལ་བ་ཡོད་པ་མེད། འབྲེལ་བ་མེད་པ་ནམ་མཁའ། • མཐུན་དཔེ། བུམ་པ། • མི་མཐུན་དཔེ། ནམ་མཁའ།	• མཐུན་ཕྱོགས་དང་མི་མཐུན་ཕྱོགས་གཉིས་ཀ་ལ་རྣམ་གཉིས་སུ་འཇུག་པ། • སྒྲ་རྟག་སྟེ། ལུས་ཅན་མ་ཡིན་པའི་ཕྱིར། • མཐུན་ཕྱོགས་ལས་རྟགས་ལུས་ཅན་མ་ཡིན་པ་དང་འབྲེལ་བ་ཡོད་པ་ནམ་མཁའ། འབྲེལ་བ་མེད་པ་རྡུལ་ཕྲན། • མི་མཐུན་ཕྱོགས་ལས་རྟགས་ལུས་ཅན་མ་ཡིན་པ་དང་འབྲེལ་བ་ཡོད་པ་ལས། འབྲེལ་བ་མེད་པ་བུམ་པ། • མཐུན་དཔེ། ནམ་མཁའ། • མི་མཐུན་དཔེ། བུམ་པ།

ཕྱོགས་གླང་གི་ཕྱོགས་ཆོས་དགུ་ཡི་འཁོར་ལོ་ནི་ཕྱོགས་ཆོས་གྲུབ་པའི་སྔོན་འགྲོའི་ཆ་རྐྱེན་འོག་རྟགས་དང་བསྒྲུབ་བྱའི་ཆོས་བར་གྱི་མཐུན་ཕྱོགས་དང་མི་མཐུན་ཕྱོགས་ཀྱི་དཔེར་བརྗོད་ཀྱི་སྟེང་ནས་བསྒྲུབ་ཡོད་ལ། ཚད་མ་རིག་པའི་འཕེལ་རྒྱས་ཀྱི་དོན་སྙིང་སྟེང་ནས་བཤད་ན། ཚད་མ་རིག་པའི་སྒྲུབ་ངག་ཁྲིད། རྟགས་དང་བསྒྲུབ་བྱའི་ཆོས་བར་གྱི་མཐུན་པའི་ཕྱོགས་དང་། སྤྱི་བྱེ་བྲག སྤུ་བཞི། འགལ་བ་སོགས་ཀྱི་འབྲེལ་བ་དཔེ་རིས་འདིའི་སྟེང་ནས་ངོམས་ཡོད། དེ་དང་བསྟུན་ནས་རྟགས་ཡང་དག་དང་མ་ངེས་པ་དང་འགལ་བའི་རྟགས་སོགས་ཀྱི་མི་མཐུན་པའི་སྐོར་གྱི་གྲུབ་ཚུལ་ཀྱང་གསལ་པོར་བསྟན་ཡོད་དོ། །གཞན་ཡང་ཕྱོགས་ཆོས་འཁོར་ལོ་དགུ་ལས་ཕྱོགས་གླང་གི་དགོངས་པའི་ཟུར་ཅིག་མ་གཏོགས་མཚོན་མེད། རྒྱུ་མཚན་ནི་ཕྱོགས་ཆོས་འཁོར་ལོ་དགུ་ལས་བསྟན་པའི་ཕྱོགས་ཆོས་གྲུབ་པའི་སྒྲུབ་ངག་དགུ་ནི་ཕྱོགས་ཆོས་གྲུབ་པའི་སྒྲུབ་ངག་ཡོད་ཚད་ནང་དུ་བསྡུས་མེད་

པར་མ་ཟད། མཐུན་ཕྱོགས་དང་མི་མཐུན་ཕྱོགས་ནི་ཡོད་པའི་མངའ་ཁོངས་ནས་མཐུན་ཕྱོགས་དང་མི་མཐུན་ཕྱོགས་བཤད་སྲོལ་ཡོད་པ་ལས། གལ་ཏེ་མཐུན་ཕྱོགས་དང་མི་མཐུན་ཕྱོགས་ནང་ནས་དགག་པ་དེ་བདག་མེད་ཀྱི་མངའ་ཁོངས་ལ་བཀོལ་ན་ཕྱོགས་ཆོས་འཁོར་ལོ་དགུ་ཡི་ནང་གི་རྟགས་མང་པོ་ཞིག་འགྲུབ་མི་ཐུབ་པོ། །དེ་བས་ཕྱོགས་ཆོས་འཁོར་ལོ་དགུ་ནི་གནའ་བོའི་རྒྱ་གར་གྱི་ཚད་མ་རིག་པའི་རིགས་སྒྲུབ་ཀྱི་རྩེད་མོ་དང་ཕྱོགས་སྣང་གི་དགོངས་པ་ཟུར་ཞིག་ཡིན་པར་བཤད་ཆོག ཡང་མཁས་པ་ལ་ལས་བོད་ཀྱི་མཁས་པས་དེ་ལ་ཞིབ་འཇུག་དང་གོ་བ་གཏིང་ཟབ་མོ་ལོན་ཐུབ་མེད་པར་གསུངས་ཡོད་པ་དང་། ཡང་ལ་ལས་རྒྱ་ནག་ལས་བོད་དུ་ཚད་མ་རིག་པ་དར་སྤེ་བར་འདོད། དོན་དངོས་སུ་བོད་ཀྱི་ཚད་མ་རིག་པའི་ནང་དུ་ཕྱོགས་ཆོས་འཁོར་ལོ་དགུ་ཡི་ནང་དོན་ཆ་ཚང་བསྡུས་ཡོད་པར་མ་ཟད། རྟགས་ཡང་དག་དང་རྟགས་ལྟར་སྣང་གི་སྟེང་ནས་དབྱེ་ཞིབ་དང་ཕྱོགས་བསྡུས་བྱས་ཏེ་དེ་ལས་ལྷག་པའི་འཕེལ་རྒྱས་དང་རིན་ཐང་ཆེ་ཏུ་བཏང་སྟེ་བོད་རང་གི་ཁྱད་ཆོས་དང་ལྡན་པའི་རྟགས་རིགས་ཀྱིས་རིམ་གྱིས་ཕྱོགས་ཆོས་འཁོར་ལོ་དགུ་ཡི་ཚབ་བྱེད་ཐུབ་པར་གྱུར།

སློབ་དཔོན་འདིས་མཛད་པའི་བསྟན་བཅོས་ཁ་ཤོར་ཤིན་ཏུ་མང་ཡང་། བོད་དུ་བསྒྱུར་ཞིང་གྲགས་ཆེ་བའི་གྲས་ནི། ཚད་མའི་མདོ་ཀུན་ལས་བཏུས་པ་དང་དེའི་རང་འགྲེལ། དམིགས་པ་བརྟག་པ་དང་དེའི་རང་འགྲེལ། དུས་གསུམ་བརྟག་པ། ཚད་མའི་བསྟན་བཅོས་རིགས་པ་ལ་འཇུག་པ། ཕྱོགས་ཆོས་དགུའི་འཁོར་ལོ། ཆོས་མངོན་པ་མཛོད་ཀྱི་འགྲེལ་བ་གནད་ཀྱི་སྒྲོན་མེ། ཡོན་ཏན་མཐའ་ཡས་པའི་འགྲེལ་བ་སོགས་ཡོད་དོ། །

དྲུག་པ། སྡོམ་དཔྱད།

ཡང་ཐང་སིན་གྱི་ལམ་ཡིག་ལ་གཞིགས་ན། བོད་ཀྱི་རྒྱལ་པོ་སྲོང་བཙན་

སྨམ་པོ་དང་རྒྱ་ནག་གི་མཁས་པ་ཐང་སེན། རྒྱ་གར་གྱི་མཁས་པའི་དབང་པོ་ཕྱོགས་ཀྱི་གླང་པོ་སོགས་དུས་མཉམ་ཡིན་པར་བཞེད་ནའང་། སྐབས་དེར་ཐོན་མིས་བོད་དུ་རང་གི་སྐད་ཀྱི་གདངས་མཚོན་པར་བྱེད་པའི་ཡིག་གཟུགས་ཙམ་ལས་ཚད་མ་རིག་པའི་རིག་གཞུང་བོད་དུ་མ་བསྒྱུར་ལ་སངས་རྒྱས་ཆོས་ལུགས་ཀྱང་སྐབས་དེའི་རྒྱལ་པོ་དང་བཙུན་མོ་བློན་པོ་དག་ལས་མི་དམངས་རང་བཞིན་གྱི་ཆོས་ལུགས་དད་མོས་བྱེད་པའི་ཚུལ་གྱིས་མིན་པར་དབང་བསྒྱུར་གྲལ་རིམ་གྱི་དགོས་མཁོ་དང་མཐུན་པའི་སྒོ་ནས་དར་ཡོང་བ་ཞིག་ཡིན་པར་སྣམ།

རྒྱུ་མཚན་ནི་སྐབས་དེའི་མི་ཆོས་གཙང་མ་བཅུ་དྲུག་གི་ཁྲིམས་སོགས་ཁྲིམས་སྣ་ཚོགས་ཤིག་ཡོད་པར་མ་ཟད་མི་གཤིས་ཀུན་སྤྱོད་ཀྱི་ཚད་གཞི་གཏན་ལ་འབེབས་པའི་ཁྲིམས་ཀྱང་ཡོད། དེས་ཆོས་ལུགས་ནི་དབང་བསྒྱུར་གྲལ་རིམ་གྱིས་ཐད་ཀར་སྲིད་སྐྱོང་གི་རམས་འདེགས་བྱེད་པའི་ལག་ཆ་ཞིག་ཡིན་པ་ར་སྤྲོད་བྱེད་ཐུབ། ཡང་ཐང་སེན་རྒྱ་གར་ནས་བཞུགས་དུས་སུ་སློབ་དཔོན་ཕྱོགས་གླང་དང་སློབ་དཔོན་ཀླུ་སྒྲུབ་སློབ་དཔོན་ཐོགས་མེད་ཀྱི་མཚན་ཙམ་ལས་སློབ་དཔོན་ཆོས་གྲགས་ཀྱི་མཚན་ཙམ་ཡང་ཐང་སེན་གྱི་ལམ་ཡིག་ལས་གླེང་མེད་པ་ལ་གཞིགས་ན་སྐབས་དེར་སློབ་དཔོན་ཆོས་གྲགས་ད་དུང་མ་འཁྲུངས་པའམ་ཡང་ན་ལོ་ན་གཞོན་པས་མིང་དུ་མ་གྲགས་པ་ཡིན་ནམ་སྙམ། དེར་མ་ཟད་ཐང་སེན་རྒྱ་གར་ནས་ཕྱིར་ཕེབས་ཏེ་ལོ་ཉེར་བརྒྱད་དང་། ཁོང་སྐུ་གཤེགས་རྗེས་ཀྱི་ལོ་བརྒྱད་པ་ཕྱི་ལོ671ལོར་རྒྱ་གར་དུ་ཕེབས་པའི་རྒྱའི་བཙུན་པ་ཡི་ཙིན་གྱི་ལམ་ཡིག་ཏུ་སྐབས་དེར་སློབ་དཔོན་ཆོས་གྲགས་མཚན་སྙན་ཆེ་ཚུལ་གསུངས་ཡོད་པ་དགེ་ཆོས་ཀྱི་གསེར་ཐང་ནང་ཞིབ་ཏུ་འཁོད་ཡོད་ལ། སྐབས་དེར་སྲོང་བཙན་སྐབས་སུ་འཁེལ་ཡོད་ན་ཐོན་མི་སྐབས་དེར་རྒྱ་གར་དུ་ཕེབས་ནའང་ན་ལེནྡྲ་གཞུང་སྒྲུང་བའི་ལོ་རྒྱུས་མེད་ལ་མཁན་ཆེན་དང་སྡེ་སྣོད་གསུམ་གང་རུང་ལ་མཁས་པའི་སྙན་པའི་གྲགས་པའི་མིང་ཙམ་ཡང་ཐང་སེན་གྱི་ལམ་ཡིག་ཏུ་མི་གསལ་བས་ང་ཚོ་ལ་ཞིབ་འཇུག་གི་

གནས་ཤིག་བསྟན་ཡོད་པར་སྣམ།

ཡང་ཐང་སིན་ལམ་ཡིག་ལས། ཐང་སིན་བོད་འཕགས་ཡུལ་དུ་བཞུགས་རིང་རྒྱལ་པོ་ཀུ་མཱ་ར་དང་། ཧར་ཤ①སོགས་ཀྱིས་བཀུར་སྟི་ཚད་མེད་བྱས་ཤིང་དེ་དག་གི་གྲོགས་དང་བཅས་ནས་སྐབས་དེའི་རྒྱལ་ཡོངས་དང་། ཁ་ཆེ། བལ་ཡུལ་བཅས་ཀྱི་ས་གནས་གང་སར་གནས་མཇལ་དང་། ཆོས་སྟོན་རྒྱུ་སོགས་བསྟན་པའི་རྒྱལ་མཚན་དགུང་དུ་འདེགས་པར་མཛད་སྟབས་བོད་ལ་འཕགས་ཡུལ་པ་རྣམས་ཀྱི་མཧཱ་ཡ་ན་དེ་ཝ་ཞེས་ཆེ་བསྟོད་ཞུས་ཅེས་གསུངས།② གཞན་བོད་ཕྱིར་ཕེབས་ནས་མཁན་པོ་གནང་སའི་དགོན་པ་ཆེ་ཁག་གསུམ་ཡོད་པ་སོ་སོར་བྱང་ཆུབ་ཀྱི་ལམ་རིམ་པ་གསུམ་པ་དང་། སློབ་ཚུལ་ལྷའི་སྲོལ་གསར་དུ་བཙུགས་ཤིང་། གཞུང་རྩོམ་ཡང་མང་དུ་མཛད་པ་དཔེར་ན། 《འབུམ་འགྲེལ་སེམས་ལུགས་མ》དང་། 《རྒྱ་ཆེན་སྤྱོད་པའི་དོན་བསྡུས་སྐབས་བརྒྱད་མ》《མངོན་པ་མཛོད་ཀྱི་འགྲེལ་བ》《ལང་ཀར་གཤེགས་པའི་མདོ་འགྲེལ》《མདོ་སྡེ་དགོངས་པ་ངེས་འགྲེལ་གྱི་འགྲེལ་པ》《ཚད་མ་བསྡུས་པ》སོགས་རྒྱ་ཡུལ་ནས་མཛད་ཅིང་། དཔྱིག་གཉེན་གྱིས་མཛད་པའི《ཐེག་པ་ཆེན་པོའི་ཆོས་རྒྱ་ཆེར་གསལ་བའི་སློའི་བསྟན་བཅོས》དང་། སློབ་དཔོན་ཕྱོགས་གླང་གིས་མཛད་པའི《བསྟན་བཅོས་རིག་པ་འཇུག་པ་གཉིས》 སློབ་དཔོན་འདིས་རྒྱ་ཡིག་ནང་བཞིན་བསྒྱུར་བ། ཕྱིས་སུ་སྔ་མ་རྒྱའི་བཙུན་པ་ཆོས་ཀྱི་རིན་ཆེན་གྱིས་བོད་ཡིག་ཏུ་བསྒྱུར་བ་དང་། ཕྱི་མ་རྒྱའི་དགེ་བཤེས་སིང་གྲུང་ཧྲུས་དང་། བོད་ཀྱི་དགེ་བཤེས་སྟོན་གཞོན་གྱིས

① ཧར་ཤ་ནི་སྣན་ངག་ལ་ཧ་ཅང་མཁས་པའི་རྒྱ་གར་གྱི་རྒྱལ་པོ་ཞིག་ཡིན། བོད་གི་མཚན་བོད་ཡིག་ནང་དཔལ་ལྡན་དགའ་བའི་ལྷ་དང་། ཚུལ་ཁྲིམས་ཉི་མ་ཞེས་བྲིས་ཡོད། བོད་གི་གསུང་རྩོམ་ཀླུ་ཀུན་ཏུ་དགའ་པའི་ཟློས་གར་ཡང་བོད་བསྒྱུར་མཛད་ཡོད། རྒྱ་གར་གྱི་ཧར་ཤ་དང་བོད་ཀྱི་སྲོང་བཙན་སྒམ་པོ། རྒྱ་ནག་གི་ཐང་ཐེ་ཙུང་གསུམ་གྱིས་རྒྱལ་པོ་ཡང་དུས་མཉམ་ངང་བྱས་པ་ཞིག་འ་ཡིན།

② 《ཐང་སིན་ལམ་ཡིག》རྒྱའི་མཁན་པོ་ཐང་ཞོན་ཙང་གིས་བརྩམས། གུང་མགོན་པོ་སྐྱབས་ཀྱིས་བསྒྱུར། ཤོག་ངོས16ན་གསལ།

བོད་ཡིག་ཏུ་བསྒྱུར་པའི་ལོ་རྒྱུས་ཡོད་པས། རྒྱའི་ཡུལ་ཏུ་ཚད་མ་རིག་པ་དར་སྤེལ་གསལ་བཤད་བྱས།

མདོར་ན། ད་དར་སྐབས་སུ་ཚད་མ་རིག་པའི་མྱུ་གུ་འབུས་ཏེ་ཕྱི་དར་རྗོག་བློ་ལྡན་ཤེས་རབ་ཀྱིས《ཚད་མ་རྣམ་འགྲེལ》དང་། 《པར་ཕྱིན》《དབུ་མ》བཅས་ཀྱི་བཤད་གྲྭ་བཙུགས་ཤིང་། ཞང་ཚེ་སྤོང་ཆོས་ཀྱི་བླ་མ་གསང་ཕུའི་གདན་ས་མཛད་སྐབས་ཕྱ་པ་ཆོས་ཀྱི་སེང་གེས་ཚད་མ་རིགས་ལུང་གི་རྩོད་གླེང་བྱ་ཐབས་གསར་པ་བརྟན་ཏེ། ཚད་མ་རིག་པའི་ནང་དོན་གལ་ཆེ་བ་རྣམས་བསྡུས་ཚན་ཉི་ཤུ་རྩ་གཅིག་ཏུ་ཕྱེ་ནས་སློབ་ཚན་སོ་སོའི་གོ་རིམ་བསྒྲིགས་ཏེ་སློབ་གཉེར་བའི་ཚུ་ཚད་མཐོ་དམན་གྱིས་འཛིན་གྲྭ་བགོས་ཏེ་སློབ་གཉེར་གོང་དུ་འཕེལ་བའི་ཐབས་ཤེས་གསར་པ་མང་པོ་གསར་གཏོད་གནང་།

རྗེ་ཙོང་ཁ་པ་མ་བྱོན་བར་དུ་ཚལ་གུང་ཐང་། རྭ་བ་སྟོད། སྣར་ཐང་། ས་སྐྱ། ངམ་རིང་། ཞྭ་ལུ། ཁྲོ་ཕུ། གནས་རྙིང་། སྐྱོར་མོ་ལུང་། བོ་དོང་། པ་སྣམ་དགའ་གདོང་། སྟོད་ལུང་མཚོ་སྨད། ཟུལ་ཕུ། བཟང་རི། རྩེད་ཐང་སོགས་མཚན་ཉིད་རིག་པའི་བཤད་གྲྭ་ཉི་ཤུ་ལྷག་ཙམ་བྱུང་། ཕྱིས་སུ་གསང་ཕུ་ནས་གསར་གཏོད་བྱུང་བའི་སློབ་གཉེར་ལམ་ལུགས་དེས་བོད་ཁམས་ཡོངས་ལ་སྐྱུལ་ལྷག་ཆེན་པོ་ཐེབས་ཏེ། དབུས་གཙང་ཁམས་གསུམ། ཨ་མདོ། སོག་ཡུལ་བཅས་སུ་གཞུང་ཆེན་པོ་ལྔའི་སློབ་གཉེར་བྱེད་སྟངས་དེར་མིག་དཔེ་བལྟས་ནས་སློབ་གཉེར་ཁྱབ་གདལ་དང་གོང་འཕེལ་བྱུང་།

ས་པཎ་གྱིས《ཚད་མ་རྣམ་འགྲེལ་》གྱི་འཆད་ཉན་དར་རྒྱས་སུ་བཏང་བར་མ་ཟད། རིགས་པའི་གཞུང་ལུགས་ཀྱི་མ་ལག་ཙུང་ཟད་ཆ་ཚང་བའི་བོད་ཀྱི་གཞུང་ལུགས་ཐོག་མར་བརྟན། ས་སྐྱའི་མཁན་ཆེན་བསོད་ནམས་ལྷུན་འགྲུབ་དང་། གོང་སྤྲུལ་ཡོན་ཏན་རྒྱ་མཚོ། དེ་བཞིན་མཁས་པ་མང་པོས་འཆད་རྩོད་རྩོམ་གསུམ་གྱི་རྣམ་གཞག་ཅེས་པའི་གཞུང་མང་དུ་བརྩམས་སྟེ་ནང་དོན་སྤྱར་ལས་

ཐུན་སུམ་ཛེ་ཚོགས་སུ་བཏང་།

སྲོང་བཙན་སྐབས་ཐོན་མིས་དྲངས་པའི་《དམ་ཆོས་པདྨ་དཀར་པོའི་མདོ་》སོགས་གཞུང་རེ་འགའ་བོད་དུ་དྲངས་ཡོད་ནའང་རྒྱ་གར་གྱི་ཚད་གཞུང་གི་བསྟན་བཅོས་ཀྱི་མིང་ཙམ་ཡང་མེད་པ་ལ་གཞིགས་ན། བོད་ཡུལ་ལས་རྒྱའི་ཡུལ་དུ་སངས་རྒྱས་ཆོས་ལུགས་དར་སྤེ་ལ་ཚད་མ་རིག་པ་དེ་ལས་ཀྱང་སྨྲོས་མ་དགོས་པ་ཞིག་ཡིན་པར་སྙམ།

ཡང་ཅིག་བཤད་ན་ཐང་སེན་རྒྱ་གར་དུ་བཞུགས་རིང་གི་ལོ་རྒྱུས་ལ་བསམ་ན། ན་ལེནྡྲའི་དགེ་འདུན་གྱི་གྲངས་དང་དཔེ་མཛོད་ཁང་། ཐ་ན་སྐྱ་སེར་འདྲེས་མའི་ནང་རིག་གི་སློབ་གསོ་སྦྱོང་ས་ཡིན་པ་སོགས་ལ་བརྟག་ན་དེ་ནང་བསྟན་སློབ་གླིང་ཞིག་ཡིན་པའི་ཆ་ནས། བོད་ཀྱི་མིག་དཔེ་འཆད་ཉན་ལམ་ལུགས་ཀྱི་འབྱུང་ཁུངས་ཡིན་པ་སུས་ཀྱང་བསྙོན་དུ་མེད་དོ། །

མཚན་སྙན་ཆེ་བའི་སློབ་དཔོན་ཐོགས་མེད། ཟླ་གྲགས། ཕྱོགས་གླང་། སློབ་དཔོན་ཆོས་གྲགས། ཤེས་རབ་འབྱུང་གནས་སྦས་པ། པཎ་ཆེན་ན་རོ་པ། དཱི་པཾ་ཀ་ར་ཤྲཱི་ཛྙཱ་ན། ཤཱཀྱ་ཤྲཱི་སོགས་རྒྱ་གར་གྱི་མཁས་པ་ཕོ་ཆོས་ལྷ་བ་དང་གཞུང་ལུགས་བོད་དུ་དར་ཆེ་ལ། དེ་དང་དུས་མཚུངས་སུ་ན་ལེནྡྲ་སོགས་རྒྱ་གར་གྱི་ནང་པའི་དགོན་སྡེའི་གླེགས་བམ་བོད་དུ་གདན་དྲངས་པ་སོགས་ཀྱིས། བོད་ཀྱི་དགོན་སྡེའི་སློབ་གསོའི་ལམ་ལུགས་དང་ཁྱད་པར་དུ་རྩོད་གྲྭའི་ལམ་ལུགས་ལ་སྐུལ་འདེད་ཀྱི་ནུས་པ་ཐོན་ཡོད་པར་སྙམ།

ན་ལེནྡྲ་སོགས་ཀྱི་སློབ་གསོའི་སྒྲིག་གཞི་ཚགས་དམ་པ་དང་སློབ་ཚན་ནང་དོན་གྱི་ཆ་ནས། སྒྲ་རིག་པ། ཚད་མ་རིག་པ། རྩིས་རིག་པ། གསོ་བ་རིག་པ། འཇིག་རྟེན་ཐུན་མོང་གི་སྦྱོང་བྱར་གྱུར་པའི་སློབ་ཚན་ཁག་དང་། དེའི་ཁར་མདོ་སྡེ་དང་། འདུལ་བ། མངོན་པ། སེམས་ཙམ་པ། དབུ་མ། གསང་སྔགས་རྡོ་རྗེ་ཐེག་པ་སོགས་ལ་སྦྱོང་དགོས་པ་མ་ཟད། གྲངས་ཅན་པ། དཔྱོད་པ་བ་སོགས་ཕྱི་

རོལ་པའི་གཞུང་ལའང་སྦྱོང་དགོས།

བོད་དུ་ནང་བསྟན་གྱི་ཤེས་རིག་བྱུང་ནས་རྒྱ་གར་གྱི་ནང་རིག་དང་ཚད་མ་རིག་པའི་སྐོར་མང་པོ་ཞིག་ནང་འདྲེན་བྱས་ཏེ་མེད་པ་ནས་ཡོད་པ། ཡོད་པ་ནས་འཕེལ་རྒྱས་ཀྱི་ཕྱོགས་སུ་སོང་། ཡིན་ནའང་བོད་དུ་རྔོག་ལོ་ཙཱ་བའི་ཡན་དུ་རྒྱ་གར་གྱི་ཚད་མ་རིག་པའི་གཞུང་འགྲེལ་ལས་རང་རྐང་གི་ལྟ་བ་བཏོན་ཏེ་གཞུང་རྩོམ་པའི་སྲོལ་མ་བྱུང་ལ། རྔོག་ལོ་ཙཱ་བ་ནས་བཟུང་རྒྱ་གར་གྱི་གཞུང་གི་རྨང་གཞིའི་སྟེང་ནས་གསར་གཏོད་ཀྱི་ཕྱོགས་སུ་འཕེལ་བའི་འགོ་བརྩམས་པའི་མཛོ་རླབས་གསར་བ་འབྱུར།

ཆབ་ཆོས་སེང་གི་དུས་སུ་བོད་དུ་དར་བའི་ཚད་མ་རིག་པའི་གཞུང་ལ་བརྟེན་ནས། བོད་དུ་ཚད་མ་རིག་པའི་རྨང་གཞིའི་སློབ་ཁྲིད་ཀྱི་སྒྲིག་གཞི་དང་གོ་རིམ་སོགས་ཅུང་ཆ་ཚང་བ་ཞིག་གཏན་འཁེལ་ཐུབ་པ་བྱུང་། དུས་རབས་བཅུ་གཉིས་པའི་སྐབས་སུ་ས་པཎ་གྱིས་ཐོག་མར་རྒྱ་གར་གྱི་མཁས་པའི་གཞུང་ལ་ཞིབ་འཇུག་བྱས་ཏེ། བོད་རང་རྐང་གི་འགྲེལ་བ་བརྩམས།

དུས་རབས་བཅུ་བཞིའི་ནང་དགེ་ལུགས་པས་སྤྱར་ཡོད་ཀྱི་རྨང་གཞིའི་སྟེང་ནས་ཚད་མ་རིག་པ་འཕེལ་རྒྱས་སུ་བཏང་སྟེ་ཡང་བསྐྱར་བོད་དུ་ཚད་མ་རིག་པ་དར་མགོ་ཚུགས་ཏེ། གྲུབ་མཐའ་སོ་སོའི་མཁས་པས་རྒྱ་གར་གྱི་མཁས་པའི་འགྲེལ་ལུགས་མི་འདྲ་བ་ལ་གཞིགས་ནས་མཁས་པ་རང་རང་གིས་འགྲེལ་ཚུལ་སྣ་ཚོགས་ཤིག་བྱུང་ཡོད་དེ། དཔག་བསམ་ལྗོན་བཟང་ལས། ཆབ་ཆོས་སེང་གིས་ལོ་བཅོ་བརྒྱད་བཞུགས་པའི་རིང་ཐལ་བཟབ་ཐལ་སྐད་འཁོར་གསུམ་བསྐོར་བའི་སྒྲ་གང་ཆེ་འགྲན་པ་ནི། སྟོད་ལུང་དུ་བོད་སྟོན་མང་པོས་རྩོད་པ་བྱས་དུས་གློག་སྐྱ་གཙོ་རྐན་ཞེས་པས། བོད་དབུས་གཙང་གི་སྟོན་པ་ཆེན་པོ་འདི་ཙམ་ཞིག་གིས་ཉིན་རེ་བཞིན་འཚོགས་ནས་མར་འཁོར་བ་སྤྱོད་ལུགས། ཡར་ཐར་བ་སྒྲུབ་ལུགས་ཀྱི་ཆོས་གསུངས་ཅེས་གསུངས།

རྒྱའི་བཙུན་པ་ཐང་ཞེན་ཙང་ནི་ན་ལེནྡྲ་མཁན་པོ་བཞུགས་སྒྲོང་པའི་འདུལ་བ་འཛིན་པ་ཡང་དག་ཞིག་ཡིན་ལ། དེ་མིན་རྗོད་པ་མཐར་ཕྱིན་པའི་མཁས་པ་ཆེན་པོར་གྱུར་ཏེ་ན་ལེནྡྲའི་མཁན་པོར་བཞུགས་སྒྲོང་། སྐབས་དེར་ཕྱིའི་རྒྱལ་ཁབ་དང་ཡུལ་གྲུ་གཞན་ནས་ཕེབས་པའི་པཎྜི་ཏ་དང་། དགེ་འདུན་པ་སོགས་སྡེ་སྣོད་གཅིག་མཁྱེན་པ་དང་། གཉིས་མཁྱེན་པ། གསུམ་མཁྱེན་པ་སོགས་སྡེ་སྣོད་མཁྱེན་པའི་གྲངས་ཀའི་མང་ཤུང་གིས་འཚོ་བའི་མཐུན་རྐྱེན་ཀྱང་རིམ་པ་མང་པོ་ཕྱེ་ཡོད་པར་མ་ཟད། ཁོང་ལ་ཞབས་ཞུ་བྱེད་མཁན་ཡང་ཡོད་པར་གསུངས། དེས་སྐབས་དེའི་རྒྱ་གར་ནི་ཤེས་རིག་གི་འབྱུང་ཁུངས་སུ་གྱུར་པ་དེ་ཡང་གཙོ་བོ་སློབ་གསོ་ལ་བརྩི་མཐོང་ཆེ་བས་ཡིན་པར་སྙམ་ཞིང་། དེས་ཕྱིམ་མཚེས་རྒྱལ་ཁབ་སྤྱི་དང་། ཁྱད་པར་དུ་བོད་ལ་ཆོས་ལུགས་དང་འབྲེལ་བའི་རིག་གནས་ཀྱིས་ཤན་ཞུགས་ཡོད་པ་ཤ་སྟག་ཡིན།

དཔེར་ན། བོད་ལ་མཚོན་ན། ཕ་མོའི་ཐབ་ཐང་དང་། རིགས་རུས་ཀྱི་ཁྱད་པར། གྲུབ་མཐའ། བསམ་བློའི་འཁྱེར་སོ། དགོན་སྡེ་འཛུགས་བསྐྲུན། མི་དང་མིའི་བར་གྱི་འབྲེལ་བ། ཡུལ་སྲོལ་གོམས་གཤིས། ཆོས་ལུགས་དད་མོས། མི་གཤིས་ཀུན་སྤྱོད། རྩོམ་རིག་གཞུང་ལུགས། སྒྱུ་རྩལ། མཛེས་དཔྱོད་ཀྱི་ལྟ་བ་སོགས་སྤྱི་ཚོགས་གོམས་སྲོལ་དང་རིག་གཞུང་གི་ལྟ་ལ་ཤུགས་རྐྱེན་ངེས་ཅན་ཐེབས་ཡོད་པ་ལྟ་བུ། དེ་བས་རྒྱའི་ཡུལ་དུ་ནང་བསྟན་དར་སྤེལ་ཚད་མ་རིག་པ་དེ་བས་ཀྱང་དར་སྤེ། རྒྱ་མཚན་ནི་དུས་རབས་བདུན་པའི་དུས་ནས་བཟུང་རྒྱའི་ཡུལ་དུ་ཕྱོགས་སྣང་གི་ཚད་མ་རིག་པའི་གཞུང་བསྒྱུར་ཡོད་ནའང་། བོད་དུ་དར་བའི་ཆོས་གྲགས་ཀྱི་ཚད་མའི་གཞུང་གི་མིང་ཙམ་ཡང་གླེང་མེད། དེ་ལ་གཞིགས་ན་བོད་དུ་ཚད་མའི་སྒྱུ་གྲུ་འབུས་པའི་དུས་ནི་རྒྱལ་པོ་ཁྲི་སྲོང་ལྡེ་བཙན་གྱི་སྐབས་ཡིན་ལ། དེའི་དུས་སུ་དར་བའི་ཚད་མ་རིག་པ་ནི་ཕྱོགས་སྣང་ཡར་སྟོན་གྱི་རྒྱ་གར་གྱི་ཚད་མ་རིག་པའི་ཁྱད་ཆོས་མངོན་ཡོད།

དེ་ལས་བོད་དུ་ཐོག་མར་དར་བའི་ཚད་མ་རིག་པ་ནི་རྒྱ་གར་གྱི་གནའ་བོའི་ཚད་མ་རིག་པ་རྙིང་བ་ཡིན་པ་ལས་རྒྱ་གར་གྱི་གསར་དར་ཚད་མ་རིག་པ་མིན་པ་གསལ་པོར་མངོན་ཐུབ། འོ་ན་བོད་ལ་གསར་དར་གྱི་ཚད་མ་རིག་པ་དར་བའི་མགོ་གང་ནས་ཚུགས་ཅེ་ན། བསྟན་པ་ཕྱི་དར་ནས་ཚུགས། ཡང་བོད་ནས་ཀྱང་རྒྱ་གར་ནང་བཞིན་ཚད་མ་རིག་པའི་དར་རིམ་ལ་གོ་རིམ་གསུམ་དང་འཆད་ཚུལ་ལ་ཡང་རིམ་པ་གསུམ་དུ་ཕྱེ་ཡོད།

དུས་རབས་བརྒྱད་པའི་བཙན་པོ་ཁྲི་སྲོང་ལྡེ་བཙན་གྱི་སྐབས་སུ་དར་བའི་ཚད་མ་རིག་པ་ལ་ཚད་མ་རྙིང་བའི་དུས་དང་། རྔོག་བློ་ལྡན་ཤེས་རབ་ནས་ས་སྐྱ་བའི་སྐབས་བར་དར་བའི་ཚད་མ་ནི་ཚད་མ་གསར་བའི་དུས་དང་། ས་སྐྱ་བ་ནས་དགེ་ལུགས་པའི་བར་དར་བའི་གསར་དར་ཚད་ནི་བོད་རང་རྐང་གིས་ཚད་གཞུང་རྩོམ་པའི་དུས་ཡིན།

རྔོག་ལོ་ཙཱ་བ། ཆ་བ་ཆོས་སེང་། རྗེ་ཙོང་ཁ་པ། རྒྱལ་ཚབ་རྗེ་སོགས་ཀྱིས་རྒྱལ་དབང་བློ་དང་ཤཱཀྱ་བློ། རྒྱན་མཁན་པོ། ཆོས་གྲགས་སོགས་ཀྱི་ཚད་མའི་དགོངས་དོན་གཙོར་བྱས་ཏེ་ཚད་མ་སྡེ་བདུན་གྱི་སྟེང་ནས་འཆད།

ས་སྐྱ་པཎ་ཆེན་སོགས་ཀྱིས་ཚད་མ་མདོ། ཆོས་གྲགས་ཀྱི་ཚད་མ་སྡེ་བདུན་གྱི་དགོངས་པ་རྣམས་ཕྱོགས་གཅིག་ཏུ་བསྡུས་ནས་ཚད་མ་རྣམ་འགྲེལ་གྱི་དགོངས་པའི་སྒྲིག་གཞི་གསར་དུ་བཙོས་ནས་འཆད་ཚུལ་གསར་བར་བསྒྱུར་ཏེ་འཆད།

མཁས་གྲུབ་རྗེ། རྒྱལ་བ་དགེ་འདུན་གྲུབ་སོགས་ཀྱིས་བོད་སྔ་མ་དག་གི་ཚད་མའི་འགྲེལ་ལུགས་དོར་ཏེ། ཚད་མ་ཀུན་བཏུས་གཙོར་བཟུང་སྟེ་རང་གི་ལྟ་བའི་སྟེང་ནས་འཆད་ཚུལ་ཏེ་འཆད་ལུགས་རྣམ་པ་མི་འདྲ་བ་གསུམ་བྱུང་།

དུས་རབས་བཅུ་གསུམ་པའི་རྗེས་དང་དུས་རབས་བཅུ་བཞི་པའི་མགོར། རྗེ་ཙོང་ཁ་པས་གདན་ས་གསུམ་དང་ཆོས་སྡེ་སོགས་སུ་གཞུང་ཆེན་པོ་ལྔའི་སློབ་གཉེར་འཛུགས་སྲོལ་ཐད་གསང་ཕུའི་ཕྱག་བཞེས་དེ་རང་རྒྱུན་འཛིན་བྱས་ཐོག

སློབ་གསོའི་ལག་ལེན་དང་བསྟུན་སློབ་ཁྲིད་བྱ་ཐབས་གསར་པ་གསར་གཏོད་གནང་ཡོད། ཁོང་གིས་ཐོག་མར་རིགས་པའི་གཞུང་ལུགས་ཀྱི་བློ་སྒོ་འབྱེད་ཆེད། བསྡུས་གྲྭ་དང་། རྣམ་འགྲེལ། ཕར་ཕྱིན། དབུ་མ། ཐེག་པ་ཆུང་བའི་གཞི་ལམ་འབྲས་གསུམ་གྱི་ལྟ་ཚུལ་ཤེས་པའི་ཆེད་དུ་མངོན་པ་མཛོད་དང་འདུལ་བ་བཅས་ལ་འཛིན་གྲྭ་སོ་སོར། ལོ་དུས་ངེས་ཅན་གྱི་སྒོ་ནས་སློབ་གཉེར་བྱེད་པའི་སྲོལ་གསར་གཏོད་གནང་བས་གདན་ས་ཁག་དང་། བཤད་གྲྭ་སོ་སོའི་སློབ་གཉེར་ལ་ སྔར་ལས་ལྷག་པའི་ཡར་རྒྱས་བྱུང་།

དགེ་ལུགས་པའི་འཆད་ཉན་གྱི་སྲོལ་འཕེལ་རྒྱས་སུ་སོང་བ་དང་བསྟུན། ལོ་རེར་ཆོས་ཐོག་བཞིའི་ནང་། ཚད་མ་རིག་པའི་རིགས་ལམ་ལ་བརྟེན་ནས་གཞུང་བཀའ་པོད་ལྔ་དང་། སྔགས་རྒྱུད་སྡེ་བཞི་སོགས་ནང་བའི་བསྟན་པའི་གཞུང་གི་ཉིང་བཅུད་ལ་ཞིབ་འཇུག་བྱེད་པའི་སྲོལ་བྱུང་ཞིང་། ཕྱིས་ཀྱི་དགེ་ལུགས་པའི་རྗེས་འཇུག་པ་དག་གིས་དགེ་བཤེས་རྩེ་གྲས་རྣམས་ལ་མཚན་གནས་འབུལ་བ་དང་བྱ་དགའ་སྟེར་བའི་སྲོལ་བྱུང་། དེ་མིན་གཞན་གདན་ས་གསུམ་ནས་དགེ་བཤེས་མ་ཐོབ་བར་དུ་ཐུན་མོང་རིག་གནས་སྐོར་སློབ་སྦྱོང་བྱེད་མི་ཆོག་པའི་ལུགས་སྲོལ་གཏན་འབེབ་བྱས། གོང་གི་དེ་དག་ལ་གཞིགས་ན་རྗེ་རིན་པོ་ཆེ་ནས་བཟུང་སངས་རྒྱས་ཆོས་ལུགས་ཀྱི་སློབ་གསོའི་ཚགས་དམ་ལ་ཁ་ཚང་བར་མ་ཟད། དགེ་འདུན་པ་སྤྱི་དང་ནང་ཆོས་ལ་དད་པ་དང་ཡིད་ཆེས་འཛིན་པའི་མི་སུ་ཞིག་ཡིན་རུང་། སངས་རྒྱས་ཆོས་ལུགས་ཀྱི་སྲོལ་ལྟར་ལག་ལེན་དང་བརྒྱུད་འཛིན་བྱས་པ་ཞིག་རེད་སྙམ།

དེས་ན་བདག་གིས་དཔྱད་རྩོམ་འདི་འབྲི་བའི་གོ་རིམ་ཁྲིད་དགེ་བའི་བཤེས་གཉེན་ཆེན་པོ་བློ་བཟང་ཆོས་གྲགས་ལགས་དང་། རྒན་ཟླ་བ་གཉིས་ཀྱིས་ཐོག་མཐའ་བར་གསུམ་དུ་གཟིགས་སྐྱོང་དང་མཛུབ་སྟོན་གནང་བར་སྙིང་ཐག་པ་ནས་བཀའ་དྲིན་ཆེ་ཞུ།

ཟུར་བལྟའི་དཔྱད་གཞི།

བོད་ཡིག་གི་སྐོར།

1. རྗེ་ཙོང་ཁ་པ་ཆེན་པོའི་གསུང་འབུམ།(པ) རྗེ་ཙོང་ཁ་པས་མཛད། མཚོ་སྔོན་མི་རིགས་དཔེ་སྐྲུན་ཁང་། 1987ལོར།

2. ཚད་མའི་ལམ་བསྒྲིགས་ཞེས་བྱ་བ་བཞུགས་སོ།། རྗེ་ཙོང་ཁ་པས་མཛད། གནའ་དཔེ་གཅེས་བསྡུས་དཔེ་ཚོགས་ལས། ཀན་སུའུ་མི་རིགས་དཔེ་སྐྲུན་ཁང་། 2001ལོར།

3. ཚད་མའི་བསྟན་བཅོས་རིགས་པ་ལ་འཇུག་པ་ཞེས་བྱ་བ། ཕྱོགས་ཀྱི་གླང་པོས་མཛད། ཚད་མའི་རྒྱ་གཞུང་རྩ་འགྲེལ། དེབ་དང་པོ། མི་རིགས་དཔེ་སྐྲུན་ཁང་། 1988ལོར།

4. བསེ་ཚང་བློ་བཟང་དཔལ་ལྡན་གྱི་གསུང་རྩོམ་པོད་གསུམ་པ། མི་རིགས་དཔེ་སྐྲུན་ཁང་། 2001ལོར།

5. ཐུའུ་བཀྭན་གྲུབ་མཐའ། ཐུའུ་བཀྭན་བློ་བཟང་ཆོས་ཀྱི་ཉི་མས་བརྩམས། ཀན་སུའུ་མི་རིགས་དཔེ་སྐྲུན་ཁང་། 1985ལོར།

6. དགའ་ལྡན་ཆོས་འབྱུང་བཻཌཱུརྻ་སེར་པོ། སྡེ་སྲིད་སངས་རྒྱས་རྒྱ་མཚོས་བརྩམས། ཀྲུང་གོའི་བོད་ཀྱི་ཤེས་རིག་དཔེ་སྐྲུན་ཁང་། 1986ལོར།

7. རིགས་གཏེར་རྩ་འགྲེལ། ས་སྐྱ་པཎྜི་ཏ་ཀུན་དགའ་རྒྱལ་མཚན་གྱིས་མཛད། མི་རིགས་དཔེ་སྐྲུན་ཁང་། 1986ལོར།

8. ཚད་མ་སྡེ་བདུན་གྱི་རྒྱན་ཡིད་ཀྱི་མུན་སེལ། མཁས་གྲུབ་དགེ་ལེགས་དཔལ་བཟང་གིས་མཛད། མི་རིགས་དཔེ་སྐྲུན་ཁང་། 1986ལོར།

9. མཁས་པ་ལ་འཇུག་པའི་སྒོ། ས་སྐྱ་པཎྜི་ཏ་ཀུན་དགའ་རྒྱལ་མཚན་གྱིས་མཛད། མི་རིགས་དཔེ་སྐྲུན་ཁང་།

10. རིགས་ལམ་འཕྲུལ་ལྡེ། ཡོངས་འཛིན་ཕུར་ལྕོག་པ་བློ་བཟང་ཚུལ་ཁྲིམས་བྱམས་པ་རྒྱ་མཚོས་བརྩམས། ཀན་སུའུ་མི་རིགས་དཔེ་སྐྲུན་ཁང་། 2009ལོར།

11. ཆོས་འབྱུང་མཁས་པའི་དགའ་སྟོན། དཔའ་བོ་གཙུག་ལག་ཕྲེང་བས་བརྩམས། མི་རིགས་དཔེ་སྐྲུན་ཁང་། 2006ལོར།

12. རྒྱ་གར་གྱི་ཚད་མ་རིག་པའི་ལྟ་གྲུབ་འཕེལ་རིམ་དང་ཚད་མ་རིག་པའི་ལོ་རྒྱུས། ཁང་དཀར་ཚུལ་

ཁྲིམས་སྐལ་བཟང་གིས་བརྩམས། གངས་ལྗོངས་ནང་རིག་མཐུན་ཚོགས་ཀྱིས་པར་སྐྲུན་བྱས། 2004ལོར།

13. ཁང་དཀར་ཚུལ་ཁྲིམས་སྐལ་བཟང་གི་གསུང་རྩོམ་ཕྱོགས་བསྒྲིགས། ཁང་དཀར་ཚུལ་ཁྲིམས་སྐལ་བཟང་གིས་བརྩམས། ཀྲུང་གོའི་བོད་ཀྱི་ཤེས་རིག་དཔེ་སྐྲུན་ཁང་། 1999ལོར།

14. རྗེ་བཙུན་བླ་མ་ཙོང་ཁ་པ་ཆེན་པོའི་ངོ་མཚར་རྨད་དུ་བྱུང་བའི་རྣམ་པར་ཐར་པ་དད་པའི་འཇུག་ངོགས། མཁས་གྲུབ་དགེ་ལེགས་དཔལ་བཟང་གིས་བརྩམས། མི་རིགས་དཔེ་སྐྲུན་ཁང་། 1982ལོར།

15. ཞུ་ཡུག་པ་རིགས་པའི་སེང་གེའི་གསུང་འབུམ། དཔལ་བརྩེགས་བོད་ཡིག་དཔེ་རྙིང་ཞིབ་འཇུག་ཁང་ནས་བསྒྲིགས། ཀྲུང་གོའི་བོད་རིག་པ་དཔེ་སྐྲུན་ཁང་། 2007ལོར།

16. བཀའ་གདམས་ཆོས་འབྱུང་གསལ་བའི་སྒྲོན་མེ། ལས་ཆེན་ཀུན་དགའ་རྒྱལ་མཚན་གྱིས་བརྩམས། བོད་ལྗོངས་མི་རིགས་དཔེ་སྐྲུན་ཁང་། 2003ལོར།

17. ཚད་མ་རིག་པའི་སྤྱི་དོན། བློ་བཟང་ཆོས་གྲགས་ཀྱིས་རྩོམ་སྒྲིག་བྱས། མཚོ་སྔོན་མི་རིགས་དཔེ་སྐྲུན་ཁང་། 2002ལོར།

18. གྲུབ་མཐའི་སྐོར་གྱི་རྣམ་བཤད། དུང་དཀར་བློ་བཟང་འཕྲིན་ལས་ཀྱིས་བརྩམས། མི་རིགས་དཔེ་སྐྲུན་ཁང་། 2004ལོར།

19. ཚད་མའི་བསྟན་བཅོས་རིགས་པའི་རྒྱན། རྗེ་དགེ་འདུན་གྲུབ་ཀྱིས་བརྩམས། ཀན་སུའུ་མི་རིགས་དཔེ་སྐྲུན་ཁང་།

20. ཚད་མ་མདོ་དང་ཚད་མ་རྣམ་ངེས་ཚད་མ་རིགས་ཐིགས་བཅས་ཀྱིས་རྩ་བ། གསེར་ཐང་བླ་རུང་ལྔ་རིག་ནང་བསྟན་སློབ་གླིང་གིས་ཕྱོགས་བསྒྲིགས་བྱས། བླ་རུང་གཞུང་ལས་དོ་དམ་ཁང་ནས་འགྲེམ་སྤེལ་བྱས།

21. ཐང་སིན་ལམ་ཡིག རྒྱའི་སློབ་དཔོན་ཐང་ཞོན་ཙང་གིས་བརྩམས། ཀྲུང་མགོན་པོ་སྐྱབས་ཀྱིས་བསྒྱུར། བོད་ཀྱི་དཔེ་མཛོད་ཁང་། ནང་ཁུལ་རྒྱུ་ཆ།

22. བསེ་བསྡུས་གྲྭ། བསེ་ངག་དབང་བཀྲ་ཤིས་ཀྱིས་མཛད། མི་རིགས་དཔེ་སྐྲུན་ཁང་། 2006ལོར།

23. རིགས་པའི་ཐིགས་པ་ཞེས་བྱ་བའི་རབ་ཏུ་བྱེད་པ། ཆོས་ཀྱི་གྲགས་པས་མཛད། ཚད་མའི་རྒྱ་གཞུང་རྩ་འགྲེལ། དེབ་དང་པོ། མི་རིགས་དཔེ་སྐྲུན་ཁང་། 1988ལོར།

24. ནཱ་ལེནྡྲ་ཞིབ་འཇུག སྐྱེས་སར་གླུ་སྒྲུབ་ཀྱིས་བརྩམས། བོད་ཀྱི་དཔེ་མཛོད་ཁང་། ནང་ཁུལ་རྒྱུ་ཆ།

25. རྒྱ་གར་ཆོས་འབྱུང་། ཏཱ་ར་ནཱ་ཐས་བརྩམས། སི་ཁྲོན་མི་རིགས་དཔེ་སྐྲུན་ཁང་། 1986ལོར།

26. རྒྱལ་རབས་གསལ་བའི་མེ་ལོང་། ས་སྐྱ་བསོད་ནམས་རྒྱལ་མཚན་གྱིས་བརྩམས། མི་རིགས་དཔེ་སྐྲུན་ཁང་། 2001ལོར།

27. རྗེ་ཤར་གདོང་བློ་བཟང་བཤད་སྒྲུབ་རྒྱ་མཚོའི་གསུང་འབུམ། པོད་དང་པོ། མཚོ་སྔོན་མི་རིགས

དཔེ་སྐྲུན་ཁང་། 1998ལོར།

28. ས་སྐྱའི་གདུང་རབས་ངོ་མཚར་བང་མཛོད། ངག་དབང་ཀུན་དགའ་བསོད་ནམས་ཀྱིས་བརྩམས། མི་རིགས་དཔེ་སྐྲུན་ཁང་། 1986ལོར།

29. ཆོས་འབྱུང་དཔག་བསམ་ལྗོན་བཟང་། སུམ་པ་ཡེ་ཤེས་དཔལ་འབྱོར་གྱིས་བརྩམས། ཀན་སུའུ་མི་རིགས་དཔེ་སྐྲུན་ཁང་། 1992ལོར།

30. འཇམ་མགོན་ཆོས་ཀྱི་རྒྱལ་པོ་ཙོང་ཁ་པ་ཆེན་པོའི་རྣམ་ཐར། འབྲུག་རྒྱལ་དབང་ཆོས་རྗེས་བརྩམས། མི་རིགས་དཔེ་སྐྲུན་ཁང་། 1981ལོར།

31. གྲུབ་མཐའི་རྣམ་བཤད་ཀུན་བཟང་ཞིང་གི་ཉི་མ། རྗེ་བཙུན་འཇམ་དབྱངས་རྡོ་རྗེས་བརྩམས། ཀན་སུའུ་མི་རིགས་དཔེ་སྐྲུན་ཁང་། 1992ལོར།

32. དུང་དཀར་བློ་བཟང་འཕྲིན་ལས་ཀྱི་གསུང་རྩོམ་ཕྱོགས་བསྒྲིགས། དུང་དཀར་བློ་བཟང་འཕྲིན་ལས་ཀྱིས་བརྩམས། ཀྲུང་གོའི་བོད་ཀྱི་ཤེས་རིག་དཔེ་སྐྲུན་ཁང་། 1997ལོར།

33. དེབ་ཐེར་སྔོན་པོ། འགོས་ལོ་གཞོན་ནུ་དཔལ་གྱིས་བརྩམས། མི་རིགས་དཔེ་སྐྲུན་ཁང་། 1985ལོར།

34. ཚད་མ་རིག་པའི་འབྱུང་ཁུངས་གཞུང་དོན་གསལ་བཤད། འཇིགས་མེད་བསམ་གྲུབ་ཀྱིས་བརྩམས། ཀྲུང་གོའི་བོད་ཀྱི་ཤེས་རིག་དཔེ་སྐྲུན་ཁང་། 1996ལོར།

རྒྱ་ཡིག་གི་སྐོར།

1. 祁顺来著:《藏传因名学通论》,青海民族出版社,2006 年。

2. 王林著:《藏传因明发展史略》,中国藏学出版社,2002 年。

3. 达哇著:《藏传因明思维逻辑形式研究》,青海人民出版社,2008 年

4. 舍尔巴茨基著:《佛教逻辑》(汉译名著),商务印刷馆,2001 年。

5. 阿特里雅著:《印度因明学刚要》,华东师范大学出版社,2007 年。

6. 张忠义、光泉主编:《因明》第二期,甘肃民族出版社,2008 年。

论格鲁派对藏传因明学发展的影响

南措吉

【内容摘要】

本篇论文分八章加以论述。第一章主要介绍吐蕃赞普时期因明学（旧因明）兴起的社会背景、达到理论层次的因明学经典及当时公认的因明学经典。第二至五章主要介绍了俄·洛丹喜饶时期、恰巴却吉桑格时期、萨班时期、宗喀巴时期藏传佛教因明学发展状况。第六、七章主要介绍了具有格鲁派特色量学理论的形成和传承过程。第八章论述了古印度时期因明学的雏形和格鲁派在藏传因明学发展过程中中流砥柱的作用。

简述藏学专家夏日东·洛桑谢智嘉措的生平与对因明学科建设的贡献

拉先加

一、夏日东·洛桑谢智嘉措的生平

夏日东·洛桑谢智嘉措1922年诞生于安多宗喀吉日山下。按照传统的藏族部落分布而言，其出生地属于尖绒十八部族中的尖扎八部族①，在今青海省海东地区化隆县境内。据《夏日东文集》②中记载，其父为松太，母为措吉，早在尚未出生之前就被认定为第三世夏日东活佛的转世，六岁时在夏琼寺出家受沙弥戒。夏日东赋性天聪，超群拔众，对于一切没有传授过的经典只要稍加思索，便能诵读如流，10岁时便和僧众一起辩经。其闭门一月读的经典比一些高僧三年读的都多，不仅能诵经、讲经、辩经，而且能善巧地加入自己见解尽情发

---

① 尖绒十八部族，分布在化隆县和尖扎县境内的藏族部落，清朝时期开始成为夏琼寺的施主村落。

② 《夏日东文集》（全十册），藏文，青海民族大学藏学院编，民族出版社，2011.8。见第一卷1页。

挥，为广大僧俗所折服，被称为神童。对此，夏日东日后对人讲道："我年幼时，记忆力特别强，在7—8岁时，去多哇一亲戚家时中邪，全身出痘疮，损伤了记忆力和语言表达能力。邀请卡嘉仓活佛为我做除邪等法事后，病情好转，恢复健康，后念修《妙音佛母经》，记忆力得到恢复，但聪慧记忆和语言表达能力远非昔比。"①

众所周知，夏琼寺是学修佛教显宗五部大论和密宗四续的学院式藏传佛教寺院，夏日东在这里拜当时的贤者大师，按照格鲁派的学经次第，系统学习了藏传佛教的显密教法，打下了坚实的佛学知识基础。据《夏日东大师传略》记载，夏日东在12岁以前，在夏琼寺学习了有关因明学的课程，而12岁之后，即1933年农历三月开始，师从拉科仁波切，在夏琼寺阿日巴匝修行洞修习佛法；1934年，入《七十事》学习班；1935年，在拉科仁波切门下聆听教法，在维司仁波切门下学习藏语文法；1936年，在经师根顿曲扎门下聆听《现观庄严论》的讲授；1937年，尝试闭关修行，还在维司仁波切跟前学习了《格鲁大手印》等教法；1938年，在晋美丹曲嘉措大师门下学习了《菩提道次第广论》；1941年，受比丘戒，主持夏琼寺；1942年，从才旦夏茸，开始学习藏文修辞学，先后听闻了《诗镜注释·妙音欢歌》《诗学指南》等相关的诗学论著；1951年，在才旦夏茸门下开始学习相关密宗教法；1952年，在喜饶嘉措大师门下学习了《圣道三要》《律经海心》《大手印根本论》《因缘颂》《中观论讲解》等。经过十几年的佛法学习，夏日东最终成了佛教大学者，精通显密教法、大小五明、般若波罗蜜多和金刚乘，是精通《大藏经》(《丹珠尔》《甘珠尔》)的高僧大德，是显密圆融，名副其实的活佛，是理论和实践相结合的典范。

---

①《夏日东大师传略》，索南坚参著，华热·索南才让译，西宁：青海人民出版社，2013.11。见第4页。

根据当时的政策和实际需要，1956 年夏，夏日东大师离开寺院，应青海省政府邀请到青海民族大学工作，主要承担藏文文法、藏族诗学、藏族古典文学、因明学、佛教经典研读等课程的教学任务。然而，1958 至 1976 年间，在“反右”斗争和“文革”等政治运动中，夏日东含冤，遭到了批斗，没能正常开展教学。然而他在该校从教 45 年期间，以深厚的爱国情怀、崇高的师德修养、精深的学术水平，为青海民大藏学院培养了一批又一批人才，为藏学学科建设作出了突出贡献。1990 年，受十世班禅大师邀请担任北京高级藏语系佛学院第一届任课教师，讲授了《菩提道次第》《密宗道次第》等，成为一名在海内外具有广泛影响的藏族教育家、佛学大师和爱国人士。夏日东大师不蓄钱财，所得供养全部用于修复格鲁派母寺——夏琼寺。他为弘扬藏密，住持如来正法，饶益无边众生，废寝忘食，不辞辛劳，诵经传法。其座下活佛级弟子四百多，僧俗四众弟子三千有余。夏日东大师救人度人的事迹在安多地区广为传诵。已故十世班禅大师给予其高度评价：“夏日东活佛无论在德行上、佛学理论上，以及个人密宗的修持实践上，在整个青康藏地区都是出类拔萃、无与伦比的。” 夏日东大师经常代表十世班禅大师传法、灌顶，对海内外佛学界邀请传经，有求必应，应接不暇，可钦可佩。十世班禅大师赐其“持戒教证功德海之主”的封号。特别是 20 世纪 80 年代末，大师突破重重阻力，将藏密大法向汉地弟子倾囊相授，引导无数迷惑、痛苦众生进入正道之门，开宗教政策落实后无上密法东传之先河。2001 年 8 月 2 日，大师以 82 岁高龄在夏琼寺主持为期 4 天，8 万人参加的时轮金刚法会后，今生利益众生的心愿全部圆满。8 月 12 日，大师以狮子卧证入涅槃。夏日东大师一生著作等身，共留下了十卷著作，这些遗作于 2011 年，由民族出版社出版。

二、夏日东·洛桑谢智嘉措对当代藏传因明学科建设的贡献

首先，夏日东大师作为藏传佛教的大成就者，自小开始学习因明学的相关论著，积累了扎实的基础。他曾拜噶尔哇仓活佛、杨嘉仓活佛、根顿曲扎、维司仁波切等当时的贤者为师，按照学经传统和次第，从藏传佛教因明摄类学入手，系统学习五部大论。其中，细心研读和学习了古印度佛教因明学大师陈那的《阿毗达摩集论》和法称的《因明七论》，成为了集其辨析理路之精要的摄类学专家。关于因明学的学习，夏日东大师还接触和学习了智者赞波阿旺程列所著的《赞波摄类学》、经师普布觉巴洛桑慈诚贤巴嘉措所著的《摄类学入门钥匙》《香泽僧院心类学》等因明论著，另外对《因明宏微观理论法则》、法称所著的《释量论》进行指正和辩论，精心研读帝释、佛陀、阿底峡尊者的佛教经典和嘉察杰所著《明照解脱道注疏》、克珠杰所著的《因明七论明心》等藏传因明学经典。

藏传佛教五部大论中，因明学是最重要的一门必修课。对传统的设有学经扎仓的寺院而言，因明学是其入门学科，这一传统一直延续至今。但是，如何在现代大学中开展因明学的课程，成为新中国成立以后各个民族院校中涉及藏族文化课程院系的一大难题。1956 年，夏日东大师临危受命，应邀前往青海民族学院担任老师，开始了其在现代大学中教授藏传佛教文化知识的历程。1956 年，青海民族学院成立了民族语文部，夏日东大师给民族语文部的中级学员们讲授语法名著《三十颂》《音势论》和《正字法》等藏文基础知识；1958 年下半年青海民族学院成立藏语文系，开始招收本科，夏日东大师开始给本科生讲授藏文文法、修辞理论等传统学科的基础知识。因为当时传统教

育的基础比较薄弱，学生的文化水平普遍比较低，所以夏日东大师无法短期内在学院里开展因明学科的建设工作。1979 年，党和政府给夏日东大师在“文革”中所遭受的冤案进行了平反，大师重返教学岗位，被青海民族学院聘请为研究生导师。是年，大师对第一批研究生班藏文教师和本科生讲授了藏文修辞学、教法源流、菩提道次第等藏族传统十明文化的相关内容，同时还为学生和教师讲授因明学课程，为藏族传统文化，尤其是藏传佛教文化走进大学课堂做出了贡献。以此为起点，在后期的教学生涯中，大师先后在青海民族学院、藏语高级佛学院等相关院校中开展了教学工作，其中也涉及因明学的教学工作。

格西·益希旺秋因明研究评述*

贡保扎西

格西·益希旺秋是藏族当代著名的高僧，他博学多闻，道行高尚，佛学造诣深厚，对西藏文物保护、古籍整理和古建筑的维修等做出了巨大的贡献。党的民族宗教政策恢复以后，他积极从事藏传佛教的教学和研究工作，著书立说，积极弘扬藏族优秀的传统文化。

一、格西·益希旺秋生平

藏族当代著名高僧、拉然巴格西·益西旺秋（1928—1997），出生在云南丽江宁蒗县永宁乡，出生的村落藏语叫“塔朗”，当地语叫“兰德”。据《格西·益西旺秋自传》讲①，其祖辈都居住在绒粗米村，属于塔朗土司的百姓。家中有个名叫次成的儿子，与另一属民的女子成亲，生育了几个子女，其中一个叫格桑次仁，是格西的祖父。

* 2012 年国家社科基金重大招标项目“百年中国因明”阶段性成果，项目编号：128ZD110（第三批）

① 《格西益西旺秋自传》，1999 年。

祖父有一儿四女，儿子叫南觉扎西，是格西的父亲。父亲很能干，既懂医，也懂木工活，二十几岁时，娶了妻子卓玛拉措，共生了九个子女。格西的母亲生于1884年，是附近卡切村加措家的女儿，家中有三女二子，母亲排老二。格西是兄弟姊妹中最小的一位，因此受到全家的呵护。老大扎西次仁，赶驮队为生；老三坚贝，早年去拉萨上密院学经七年，返回家乡一年后便去世；老五益西琼培，帮大哥赶驮队；老六益西桑布，早年也到拉萨上密院学经。家中的生活主要靠大哥和五哥赶驮队维持。

格西6岁时，在家乡塔朗扎美寺出家，取法名益西旺秋，拜自拉萨上密院返回故乡的高僧阿旺丹培学习藏文拼读与书写，背诵各种经文。两年后，在哲邦寺邦热康村的格西云丹塔辛座前受居士戒，取法名西热塔辛。1943年4月，大师15岁时，跟随大哥的驮队，以及当地的总管和50余名僧人一起从家乡出发，前去拉萨，入色拉寺麦扎仓帮热康村学经，拜同乡高僧益西格桑为师。由于勤奋努力，专心致志，后来，成为康村“曲则”。21岁时，在扎日罗桑龙日嘉措座前受比丘戒，先后拜益西格桑、图丹次成和图丹顿珠等30多位高僧为师，依止赤江仁波切、拉尊仁波切、扎日金刚持等多位大德高僧听闻显密教法，直到32岁，一直在各寺学习，从未间断。在背诵经文方面，获一等两次、二等一次、三等三次、四等一次。在辩经方面，在全寺法会中，进行过三次立宗辩论；先后在7个扎仓中进行过立宗辩论；曾先后7年参加拉萨三大寺等寺院举办的冬季辩论法会①。1986年在拉萨祈愿大法会期间，荣获头等拉然巴格西学位，之后辗转各地讲经弘法。

1958年，藏历正月传召法会后，获取格西学位的僧人开始辩论

① 藏语称为“姜公曲”，即冬季法会，拉萨三大寺每年所举行的大型辩论法会。

《律藏》。期间拉萨发生动乱，辩论举行五天后，事态升级，辩经被迫中断。民改中，借住在传召法会期间常借住的一户米村①家中，男主人叫米玛，女主人叫次央。1964年，格西在小昭寺的农场里干羊毛加工和喂猪等活。1966年，被派往波密修公路，两个月后，因病回到拉萨。“文革”期间，继续在农场劳动，前后历时19年之久。格西大量的读书笔记和著作《俱舍论疑释》等，在1959年的叛乱中遗失。1965年前所写的诗歌和故事等作品，在“文革”中被烧毁。1975年，格西返回家乡，拜祭父母亲后，与哥哥及侄子侄女返回拉萨。1977年，格西经日布阿旺嘉措介绍，到西藏文物管理局工作，成为临时工作人员，五年后转为正式工作人员。期间，从事古籍文献研究和文史资料的整理等工作，多次到拉萨、山南和日喀则等地进行文物普查，著有部分地方的圣地志及唐卡的历史等著作。曾参与布达拉宫和甘丹寺等名胜古迹的维修、拉萨三大寺学经制度的恢复、西藏自治区佛学院的筹建等工作。曾担任西藏佛教协会副主席、《西藏佛教》杂志的编辑，并为杂志撰写了多篇文章。1983年，前往尼泊尔和印度朝圣，1985年返回西藏。1986年，应十世班禅大师的邀请，参加拉萨正月传召大法会，获得拉然巴格西学位。同年，返回家乡讲经传法，收徒授戒。1987年初完成《释量论》第一品注释，并开始第二品的写作。8月份完成第二品的写作，交付西藏人民出版社出版。1987年参加工作组进驻甘丹寺，与班禅大师一道做三大寺僧侣的思想工作。1988年3月，率团前往成都、上海等地寺院和工厂参观。8月前往日本等国访问，历时十余天。次年主持拉萨祈愿大法会，以及格西学位授予仪式。1989年1月，前往日喀则参加五世九世班禅的合葬灵塔扎释南捷开光仪式，当年也被任命为甘丹寺寺管会负责人。1989年3月，开始写作《释量论》第三品注释，后到山南各地朝圣传法，并参加布达拉

① 米村，寺院康村下的一僧侣组织单位，传召法会期间在拉萨借住的人户。

宫的维修工作。1989年11月，前往北京藏语系高级佛学院授课，次年2月返回拉萨。1990年5月，前往拉卜楞寺和塔尔寺等地参观访问，同时参加拉卜楞寺大经堂竣工仪式。1992年2月，再次前往北京藏语系高级佛学院授课。1992年4月，再次前往印度朝圣和讲学，历时一年多，于1994年返回西藏。1994年，前往东南亚及欧洲多国讲经传法，历时6个月，于1995年返回西藏。之后，多次前往山南、林芝和日喀则等地讲经传法，并继续进行《释量论》第四品注释及其他著作的撰写。

格西一生收徒众多，著述颇丰，主要著作均收入《格西·益西旺秋文集》中，共有五卷，第一、二卷为《释量论正量密意庄严》。其中，第一卷为《释量论》第一、二品注释，第二卷为《释量论》第三、四品注释。第三卷收录了《诸宗义教法源流史》《色拉寺麦扎仓教法源流史》《宗义夺智者意》《新智开启理路之眼》等四部著作。第四卷收录了《释迦牟尼佛行传点滴》《西藏佛典初传历史》《造像原理略讲》《佛教术语讲解》（一、二）、《大五明之因明讲解》《宗喀巴三师徒身形坐姿标识略讲》《曼荼罗讲解》《中观论义讲解》《（辨了义不了义论）词语讲解》《陈那、法称大师略传》《（阿毗达摩俱舍论）词语讲解》《甘丹寺略史》《昌都寺略史》《桑耶寺史略记》《聂塘度母寺略史》《彭波饶玛弥勒寺略史》《宗喀巴大师略传及甘丹寺舍利塔略说》《颂赞、目录等》《佛教名言略讲》《贾曹杰略传》《世亲大师略传》《转世祈祷辞》和《著作拾零》等二十余篇文章。第五卷为《格西·益西旺秋自传》。

二、格西·益希旺秋的因明研究

格西的因明著作主要为《释量论注释》，分上下两册，上册为

《释量论》第一、二品注释，于1987年6月在拉萨罗布林卡完成；续册为《释量论》第三品注释，于1990年1月在北京任教期间完成。两册分别于1989年7月和1992年12月，由西藏人民出版社出版。1999年9月，《格西·益希旺秋文集》由甘肃民族出版社出版。其中，收录了之前西藏出版的《释量论注释》，为《格西·益希旺秋文集》第一、二卷。但是《格西·益希旺秋文集》中的《释量论注释》，增加了《释量论》第四品的注释，这部分完成于拉萨罗布林卡屋中。另外，其《释量论》第三品注释的目录和内容，都与之前西藏出版的《释量论注释》有一些差别。《格西·益希旺秋文集》第三卷中，收录了《各宗派源流》《色拉寺麦扎仓（闻思院）历史》《宗义智者心悦》《摄类学新智者理路开目》等作品。

在谈到《释量论注释》的写作时，格西说其早年师从强巴大师，回忆并依据上师所讲而写，第一、二品依据贾曹杰·达玛仁钦《释量论注释·摄义显解脱道论》，第三、四品依据根顿珠巴《量论摄义庄严疏》，疑难部分依据克珠杰·格勒贝桑《释量论疏广理海》，也参考丹巴达杰大师的著作。这部著作虽说是《释量论》的注释，但不拘泥于《释量论》的内容，它阐释的内容和风格与其他《释量论》的注释有所不同，如在阐释第一品为自比量品时，首先介绍了古印度的因明传承和著作，藏族的因明翻译和传承历史，以及藏族学者的因明著述等《释量论》中所未涉及的内容。另外，从著作的章节目录和具体的内容也可以看出，文中有诸多的辨析、考释和论述，以及解惑答疑等内容，理论意义和研究价值彰显。

《格西·益希旺秋文集》第三卷中，收录了《各宗派源流》《色拉寺麦扎仓（闻思院）历史》《宗义智者心悦》《摄类学新智者理路开目》等作品。其中，《各宗派源流》中从世界形成和藏地形成，解说人类起源和藏族起源以及国王的出现；从印度外道各宗派源流谈到藏族苯教历史以及藏地佛教历史；从佛教小乘二部（经部和分别说部）和大乘二派（唯识和中观）谈到藏地佛教起源以及宁玛派历史、顿渐之争、朗达玛灭佛；从藏传佛教后弘期上、下路弘法，谈到噶当派、萨迦派、噶举派、希解派、觉囊派、格鲁派等派的历史和传承，并附有一些参考资料。

《色拉寺麦扎仓（闻思院）历史》一文概述佛教的产生、发展和传播的历史，以及藏地佛教乃至格鲁派的形成和发展，进而介绍色拉寺及其麦扎仓的建造历史。其中，谈到麦扎仓大殿的来历和布局、麦扎仓中所出的杰出人物、麦扎仓的僧源、麦扎仓中学习五部大论的情况和所获得的学位、麦扎仓每年举行的法会、麦扎仓的组织机构以及各康村的情况等。

《宗义智者心悦》是讲解佛教宗派教义的一篇作品，文章开头批判了一些当今的歪门邪道和异端邪说，重点解说佛教四大宗派（分别说部、经部、唯识和中观）的见解，最后特别讲解中观应成派的思想见解。《各宗派源流》和《宗义智者心悦》是内容相互关联、相互照应的两部作品。前者介绍佛教及其各宗派的发展历史，其中也包括藏传佛教及其各教派的历史。后者排除异端邪说，专讲佛教四大宗派的见解。前者纵向介绍印度佛教和藏传佛教的发展历史，后者横向解说佛教四大宗派基、道、果（见、修、果）三位的基本思想见解。因此，两者各有所重，相互照应，从中既可以了解佛教，包括藏传佛教在内的发展历史，也可以了解佛教的基本教义和思想见解。

《摄类学新智者理路开目》也是一部有关因明的著作，是藏传因明三大组成部分，即摄类学、因理学和心理学三部分中，讲解摄类学有关内容的一部著作。文章从摄类学小、中、大三大理路的基本结构出发，具体讲解成事、形与色、认识体相、否定是与非、小因果、总与别、质与体、了解有与无、境与有境、相违与相属、能表与所表、大因果、三时、后遍与遣遍、第六啭声、大应成、排他等。因理学和心理学的内容，虽在目录中提及，但从略。最后，简要介绍了学习摄类学的必要性和意义等。

三、格西·益希旺秋的因明研究评述

格西·益希旺秋的因明著作主要有《释量论注释》和《摄类学新智者理路开目》两部著作，《释量论注释》主要依据古印度的因明论著和藏族学者的因明著作，对法称的主要因明论著《释量论》进行注解和阐释。《摄类学新智者理路开目》主要从驳他宗、立自宗和断除诤论等三个方面，对摄类学的十七个要义进行了简要的解说。众所周知，《释量论》是因明学最为重要的一部论著，尤其是藏传因明特别注重对这部论著的讲解和传习，格西也沿袭这一传统，对这部著作做了详细的注解和阐释。我们知道，自这部论著问世以后，不管在古印度还是在藏地，有诸多的学者对这一著作进行了注解和阐释。在藏地，有关《释量论》著述有很多，对它的传习和讲解更是代代相传，因此，像《青史》这样的历史著作，也对《释量论》的师承法脉进行了大篇幅的记述。如前所述，藏族历代学者或藏传因明论著中，有诸多有关《释量论》的注解和阐释的著作，这些著作各有侧重，各有千秋，有的已成为权威经典，代代传习，有的默默无闻，为世人所鲜知。格西·益希旺秋的这部《释量论注释》，则有着自己的特点和风格，而不是对前人因明论著的简单重复。它既有注解，也有阐释；既有所选择，也有所侧重；既有宣说，也有答疑；既有破立，也有辨析。它不拘泥于原文的词句和内容，也不脱离原著的主旨和思想。它深入浅出，通俗易懂，旁征博引，内容丰富，随著随讲，随时出版。因此，得到学习者的欢迎，在国内外反响巨大，不愧为当代藏传因明巨著。

以藏族传统的学术传统和习惯，作者自身对其著述很难有“思想”和“创新”之类的评价，特别是有关藏传佛教的论著，一般都认为其所表述的是本宗祖师或大德的思想，不认为这是其自己的思想，更不认为自己在其中有什么创新。这是因为对宗教而言，正宗或正统才是至关重要的，而“创新”就意味着对教旨的篡改、捏造和歪曲。对于因明论著而言，这种传统也是有效的，它尊重沿袭和约定俗成。虽然各教派甚至教派内部也时常有争论，但是总是有个大家所遵从和追随的权威存在，用以维护其正统。因此，认为这种“思想”是其所追随和遵从的祖师和权威大德的“思想”，虽然注疏中也有自身的风格和特点，甚至还有自己的思想见解，但总认为这只是在详说原作者的旨意，是原作者的思想和观点。所以，在这样的学术氛围和环境中，在这样的学术传统和习惯下，甚至在这样既定模式中，作者也不可能说这是自己的思想和见解，读者也很难辨析和概括其思想观点，很难说出其创新之处。

但是，与其他的《释量论》的注疏和摄类学著作进行比较，格西·益西旺秋的因明论著还是有诸多与众不同之处，概括出来有以下几个方面。首先，这部《释量论注释》不是单纯意义上的注疏，对《释量论》进行释文解字、释句解义式的注释，而是如藏文书名所言①，是对《释量论》主旨要义的解说。释文不只是对原文进行逐字逐句的注释，而是注重对《释量论》的义解，因此，是对《释量论》深邃妙意奥义的阐释。再者，这部《释量论注释》为了便于解说《释量论》的主旨要义，首先介绍了印藏因明传承与发展的历史，包括介绍古印度因明学家的著述、印藏翻译家的因明译作，以及藏族历

① 这部《释量论注释》藏文书名为：《ཚད་མའི་དགོངས་རྒྱན།》，直译为：《量之义饰》，或《量之义庄严》。

代学者的因明论著等，同时，还简要介绍了佛教因明逻辑的鼻祖陈那，佛教因明逻辑集大成者、《释量论》的作者法称，以及以阐释《释量论》而出名的后世因明大师天主慧和释迦慧等的历史。因此，这部《释量论注释》可以说是个史论结合的论著。

另外，从内容来看，这部《释量论注释》不只局限于《释量论》所提到的内容，其内容已涉及因明学的所有体系和内容。我们知道，《释量论》虽为法称《因明七论》之广论，但也是一部纲要性的论著，因此，有其第一品的《自释》和天主慧的后三品的注释，以及印藏因明学家的诸多注释。鉴于这一情况，对《释量论》的注释就需要依据师承传习，以及其他的有关《释量论》的著述，否则就不能完整地理解其主旨要义。格西·益西旺秋的这部《释量论注释》就是遵循这样的原则，依据《释量论》的原文和《自释》的译文，结合古印度有关《释量论》等论著的藏文译文，参考藏族因明学家的论著，特别是参照宗喀巴师徒的因明论著，根据自己的师承传习所获写作出这部因明巨著，内容涵盖藏传因明的诸多内容，而《摄类学新智者理路开目》既是一部有关藏传因明的初级教程，也可以说是对其《释量论注释》的补充，从而构成了格西·益西旺秋因明研究的全部内容。正是因为《释量论注释》中涉及了心理学和因理学的内容，作者单独撰写了《摄类学新智者理路开目》这部有关摄类学的著作，而有关心理学和因理学的内容，作者在《摄类学新智者理路开目》结尾要求参照其他的有关论著。

从阐释方法和风格看，格西·益西旺秋的这部《释量论注释》最突出的特点就是注重辨析和答疑，破除异端邪说，而不是一味地进行注解和说明，简单重复其他注疏的思想和见解。如：对数论派①和正

① 格西·益西旺秋：《释量论注释》第一卷，甘肃民族出版社，1999 年，第 82 页。

理派①见解的破除，对果因、自性因和不可得因等的答疑②，对意现量、自证现量和瑜伽现量③的辨析等，对所解义的破立和辨析，以及对诸多疑问的解答贯穿于著作的全部，突出了著作辨析、答疑和阐释等相结合的特点，同时也突出了藏传因明学讲解与辩论相结合的学风。另外，作者也把握了内容的细微，将《释量论》四品的内容分解为诸多议题，以解说、明析、破立、答疑、阐释、断除净论等方法，详细地解说了《释量论》的主旨要义，使得注疏的内容广泛和丰富，成就了论著思想内容和学术价值。

从作者的自传所述和著作的出版时间来看，这部著作是作者陆续写出并出版的，先后经过数年完成。这是因为作者一方面有其他重要的工作，时间紧，任务繁重；另一方面，这部著作也是作者一边写作，一边讲授，或一边讲授，一边写作而完成的，是讲解和著述相结合的产物。因此，作品层次分明，思路清晰，通俗易懂，既便于读者阅读和学习，也便于师生讲解和教授，这也不得不谓这部论著的一大特色。另外，《摄类学新智者理路开目》也是一部通俗易懂的摄类学著作，作品言简意赅，内容简练，便于初学因明的人阅读和学习，也可以作为学习摄类学的简明教材，得到研究和习修藏传因明人士的普遍认可和广泛使用。著作中讲解了学习摄类学的作用和意义，以及学习因明学的方法和途径，再者，著作的结尾，作者还简要说明了学习摄类学的必要行，并说明了心理学和因理学的作用和意义，特别提到果因、自性因和不可得因等三因功能和作用。同时，也指出了学习藏

① 格西·益西旺秋：《释量论注释》第二卷，甘肃民族出版社，1999 年，第 64 页。

② 格西·益西旺秋：《释量论注释》第一卷，甘肃民族出版社，1999 年，第 171—175 页。

③ 格西·益西旺秋：《释量论注释》第二卷，甘肃民族出版社，1999 年，第 127、143、147 页。

传因明学的方法和途径，以及《释量论》为自比量、成量、现量和为他比量等四品各自的作用和意义，乃至学习因明逻辑的裨益和现实意义。最后进一步延伸五部大论的学习，提到五部大论根本经典的学习，以及各自的理论价值和实际意义。认为因明学的三个分支即摄类学、心理学和因理学是开启人们心智、开拓人们眼界的理性工具，从而肯定了因明作为佛教逻辑学的工具理性的价值和作用，说明了因明学是人类思维认知的一种有效方法和途径，对诸多学科都有着普遍而广泛的指导意义。

现当代，藏传佛教界出现了诸多的高僧大德，藏学研究领域也出现了不少的大家，在藏传因明的研究领域也有不少的学者取得了丰硕的研究成果，但少有对《释量论》进行全面阐释的著作。格西·益西旺秋的《释量论注释》算是一部宏伟巨著，在近现代藏传因明研究学术史上占据重要的地位。特别是经历“文革”，藏传因明学几近成为绝学的当代，他的因明讲学和著述更是成为藏传因明学复兴发展的里程碑，具有重要的理论价值和现实意义。本文也是基于这样的认识，妄自评述格西·益西旺秋的因明论著及其学术贡献，错误和不妥之处，敬请同仁批评指正。

参考书目：

1. 《格西益西旺秋自传》内部出版发行，1999 年。

2. 《释量论注释》格西·益西旺久著，西藏人民出版社，1989 年 7 月，第 1 版。

3. 《释量论注释》（续）格西·益西旺久著，西藏人民出版社，1992 年 12 月，第 1 版。

4. 《格西益希旺秋文集》甘肃民族出版社，1999 年 9 月，第一版。

5.《古印度因明学选编》多吉杰博选编，民族出版社，1988 年 3 月，第 1 版。

6.《释量论疏》贾曹杰·达玛仁钦著，青海民族出版社，2010 年 4 月，第 1 版。

7.《释量论广释理论海》克珠杰·格勒贝桑著，民族出版社，1988 年 3 月，第 1 版。

8.《释量论·疑难明意》班钦·索朗扎巴著，中国藏学出版社，1998 年 3 月，第 1 版。

9.《释量论解说·雪域庄严》尊巴敦雄著，中国藏学出版社，1993 年 12 月，第 1 版。

10.《释量论释难·善说宝藏》居米旁·嘉央朗杰嘉措著，中国藏学出版社，1995 年 12 月，第 1 版。

浅谈六世才旦夏茸·久美柔贝洛追的生平及学术思想

索南多杰

六世才旦夏茸·久美柔贝洛追是藏族著名学者、藏学专家，第六届全国政协委员。1912 年久美柔贝洛追被认定为五世才旦夏茸活佛的转世。从此，严格学习佛教经律论，成为博学多识的活佛和名扬海内外的藏学专家。

一、生平

六世才旦夏茸·久美柔贝洛追（以下简称六世才旦夏茸）于藏历十五饶迥铁狗年，即 1910 年 4 月 22 日生于青海省循化县积石镇一户杨姓人家。据大师《自传》记载，其曾祖父为汉族，曾祖母为藏族①。母亲拉毛太怀他时，与其家族深有机缘和交谊的五世才旦夏茸·久美土登嘉措圆寂。1912年，由“噶哇卡周”（སྐར་བ་ཁ་དྲུག），即才旦寺和丹斗寺等六寺组织的灵童寻访队把他连同其他六位候选灵童呈文禀报给直扎寺活佛夏玛尔班智达，祈求认定五世才旦夏茸活佛的转世灵童。最后夏马尔班智达认定他为转世灵童，取名洛桑曲培。1915年藏历九月二十二日，才旦甘丹夏智林及“噶哇卡周”信众，按宗教仪轨和教义程序，将洛桑曲培迎入寺内，举行了隆重的坐床典礼。

1916年，在吐哇寺禅定殿，六世才旦夏茸由至尊五世玛尼班智达更登丹增尖措贝桑布剃度且传授沙弥戒，改名更登夏智嘉措。阿旺曲增贝桑布成为他的启蒙老师，教授他藏文字母和文字的识读法。1917年，他在吐哇寺学习寺院的颂辞、佛事仪轨等，并开始学习《上师供》和《大威德仪轨》等经籍仪轨。1919至1923年，他来到丹斗寺学习佛法。在此期间，得到了晋美丹曲嘉措（1898—1946）上师的灌顶和赐教，且由启蒙老师阿旺曲增贝桑布指导初入因明，学习独特的辩论法和因明思维方法，同时练习藏文乌坚和乌美体、梵文兰扎体等各种字体，为他日后高深的书法造诣打下了坚实的基础。此时他与夏

① 甘肃临夏西郊大杨家庄有一位名叫杨培的人。杨培之子杨功林自小流浪他乡，最后来到道帏大佛塔附近的村庄定居，遂娶妻生一子，取名为杨玉，姓杨名玉。杨玉成为我曾祖父。杨玉自小丧父，童年牧羊度过。成人后跟随某循化上层官员成为蒙藏事务办理员，由于常常到安多农牧区巡游办事，精通了藏语，随后在隆务托加娶一位藏族女子为妻，定居循化城。他天生聪慧又行事公正，在民间极有威望。杨玉有三子，长子杨达才，次子杨善才，三子杨永才又名才让东智的，便是我祖父。祖父才让东智从小成长在藏族地区，皈依三宝，崇信佛教，精通藏汉语，明辨是非，善于言辞，后被循化厅委任为总爷。才让东智娶出生于热贡的才吉为妻，生我恩父罗桑扎西。生父罗桑扎西自小学文，成人后被上辈才旦夏茸活佛奉皇帝之命组织民兵平定回族之乱时应征入伍。十五岁时迎娶拉毛太为妻。母亲的祖上是由山西五台山附近迁居至此的一位医生。——《自传》

日东活佛的经师格登·洛桑华丹（1881—1944）结缘，接受《菩提要道》《胜乐》等要法的灌顶，经师教授他《诗境》《俱舍论》等经典，开启了他的智慧。在14岁那年的四月初四，他请求拜晋美丹曲嘉措大师为上师，大师欣然接受。晋美丹曲嘉措大师是底擦寺创建者夏玛尔班智达根登嘉措（1852—1912）及其得力弟子格登罗桑华丹等佛学大师的学徒，他一生秉持清净的戒规和实修品格，孜孜不倦地钻研佛学，是一位学识渊博、才华横溢的佛学大师。当时正值大师在创作《依四谛辩文无畏智吼》（བདེན་པ་བཞི་ལས་བརྩམས་པའི་རྩོད་ཡིག་འཇིགས་མེད་རིག་པའི་གད་རྒྱངས།）①，在大师的引领、细心培育和深刻的影响下，他开始系统地学习佛学理论经典，为其超群的学识奠定了坚实的基础。

1924年，15岁的六世才旦夏茸跟随其上师游历贵南、果洛、热贡等地的大小寺院，并与赤甘降央仁波切结缘并闻法。重返寺院后，听到九世班禅额尔德尼曲吉尼玛到达兰州的消息，启程前往兰州朝见，得到班禅的接见、经文传承并赐予护身结等。回到才旦寺后，他以散文的笔触记述了此次兰州之行的感受及沿途的美丽风景、城市的繁华景象等。翌年春，依上师晋美丹曲嘉措，专门学习了因明学入门

① 1924年，晋美丹曲嘉措所作的《依四谛辩文无畏智吼》，是基于1910年至1936年间，在青海化隆底擦寺活佛夏玛尔班智达根登嘉措大师弟子格登·洛桑华丹和其弟子晋美丹曲嘉措师徒与底擦寺学僧、拉卜楞寺学僧、哲蚌寺拉然巴格西喜饶嘉措大师等之间关于“有漏皆苦”为辩题进行的一场佛学辩论，称之为“底擦寺论争”。此论争最初始于底擦寺的冬季法会上，格登·洛桑华丹与该寺般若班辩论时，就“有漏皆苦”这一论题产生了不同的意见，在寺院内部引起小风波。《依四谛辩文无畏智吼》一文便是晋美丹曲嘉措大师针对底擦寺学僧对上师格登·洛桑华丹的檄文创作的驳回文。随后辩论波及拉卜楞寺，晋美丹曲嘉措上师针对拉卜楞寺学僧的檄文创作了《无畏狮怒吼》。最后这次论争辗转传到了拉萨哲蚌寺拉然巴格西喜饶嘉措大师耳中，1933年喜饶嘉措大师针对上述两篇文章撰写了《驳论劫时火焰》(དགག་ལན་སྐལ་བའི་མེ་དཔུང་།)，严厉批评了格登师徒的观点。1936年格登·洛桑华丹接到了喜饶嘉措大师的檄文《驳论劫时火焰》后，在热贡隆务寺完成了驳回文《回辩水轮》，捎往拉萨。此后喜饶嘉措大师离开拉萨前往内地，没有对此做过任何回复。

课程——摄类学，用时三个多月，其间不仅学习理论知识，还进行了实际的辩论训练。在格登·洛桑华丹上师的指导下，他开始接触绘画和造像知识。

1925 年，六世才旦夏茸在格登·洛桑华丹和晋美丹曲嘉措两位大师的指导下，研习《入中论》《慈氏五论》《现观庄严论》《宗喀巴大师文集》《密宗次第广论》《宗义宝鬘》等中观、般若、因明为主的五部大论、密宗等佛学论著和思想，还刻苦学习声明学及天文历算等“大小五明”。尤其在研习了拉卜楞寺仲译土丹所著的《汉历文殊菩萨之光》等汉历著作后，他能推算出一年的详细日历及节气，并印行所属寺院及村落参考。按照传统的惯例，学完梵文后，上师均将赐予每位学员声明学名字，他被赐予“阿旺央丹柔贝朵觉（ངག་དབང་དབྱངས་ལྡན་རིགས་པའི་འདོད་འཇོ།）”并同时赐予班智达①的名衔。1927 年 8 月，在热贡格登寺（སྨེའུ་སྙིང་དགོན།），由晋美丹曲嘉措上师为堪布兼轨范师，经师格登·洛桑华丹为屏教师，与夏日仓活佛的老经师等 10 人为他授予居士、沙弥、比丘戒，正式赐名为久美柔贝罗追。

六世才旦夏茸一生最大的爱好是收集经卷和博览群书。由于当时书籍和纸张匮乏，尤其是佛学经典《甘珠尔》和《丹珠尔》等主要书籍经典要从遥远的德格印经院或拉萨迎请，这成为边远地区小寺庙僧人们学习的最大障碍。为了利益一方寺僧，同时也为了保存诸位上师的著作，1934 年，他开始在吐哇寺筹划修建一座印经院，并分批派学僧到尕让寺和支扎寺学习雕刻技术，先后培养了 20 多位雕刻僧人，建立了吉祥经库，即吐哇寺印经院。在以后的 20 年时间里陆续雕刻了 20 多部经典并相继印刷。他亲自负责印经院的校对和印刷工作。另外，扩建吐哇寺禅房，修建了藏书阁，并从拉萨和拉卜楞等地迎请《甘珠尔》及各类文集。

① 班智达为通达声明学、因明学、工巧明、佛学、医药等大五明之意。

六世才旦夏茸一生虚心学习，孜孜不倦。1939 年 7 月，活佛 30 岁时，向自己的一位汉族弟子学习汉语，阅读汉文佛教经典①，这使他成为兼通藏汉佛教经典的佛学大家及新中国汉藏翻译的先驱。1946 年，他接到十三世达赖喇嘛的经师普觉强巴阿旺和根敦群培从拉萨寄来的书信及根敦群培游历印度时所画的植物标本等作品。此书信根据其自传描述，是根敦群培对之前跟喜饶嘉措大师、格登·洛桑华丹通过书信进行辩论时，因措辞严厉而写的忏悔信，但此时格登·洛桑华丹上师已圆寂。1946 年 9 月 7 日，晋美丹曲嘉措上师圆寂，才旦夏茸活佛作为其主要弟子，开始撰写《上师晋美丹曲嘉措传》。

晋美丹曲嘉措圆寂后，六世才旦夏茸开始四处云游讲经说法，继承上师弘扬教法的重担。1949 年，他在吐哇寺主持修建了弥勒佛殿，塑立弥勒佛、阿底峡尊者、宗喀巴大师、上师晋美丹曲嘉措等的雕像及上师的灵塔，另外又按照上师的遗愿修建了八大宝塔。

1952 年 3 月，六世才旦夏茸作为青海省爱国宗教人士到内地参观，他们从西宁启程，途经西安，前往北京、天津、上海等地。在北京参观了故宫、西黄寺、雍和宫、颐和园等名胜古迹。1953 年秋，在青海省政府领导的邀请下，参与青海省藏文编译工作中。翌年夏天，前往首都参加宪法和政策法规等的翻译、审定工作。在此期间，参加了中华人民共和国成立五周年的国庆盛会，受到了十四世达赖喇嘛和十世班禅额尔德尼的接见，还在雍和宫聆听了十四世达赖喇嘛对《菩提道总论》《三主要道》等的传承和讲解。1955 年夏季，到北京参加会议文件的翻译工作。同年冬季，担任青海省宗教界和爱国人士参观

① 在《自传》中如此记述了他学习汉语的情形："来自华锐的一位名叫玉霞的汉族人前来依我学习藏语，在上师的教导下，我请教他依据《心经》《金刚经》《阿弥陀佛经》等汉文经典，通过认读汉字、学习笔画、查阅字典等，逐渐用汉文念诵金刚经，对比汉藏《药师佛经》经典。"

团的团长，前往北京、天津、沈阳、长春、哈尔滨、延边、上海、杭州、武汉、兰州、西安等地，参观访问名胜古迹、工厂、学校、商场等，写下了赞美西湖的优美诗篇。因为对天文历算倍感兴趣，也颇有研究，所以在参观团一行到达南京时，他要求参观南京紫金山天文台，而且用天文望远镜观看了宇宙行星。1959 年，应中央民族出版社邀请，到北京参加为时三个月的文件和著作的编译工作。在此期间与著名学者毛尔盖桑旦共事并住在一起，他们一同游览香山、佛牙塔等圣地，彼此间结下了深厚的友谊。

六世才旦夏茸拥护党的领导，积极投身到民族文化事业中。他曾数次应邀赴北京，与其他藏学学者一道翻译我国的宪法和有关政策法规、毛主席著作的哲学部分和《水浒传》等名著，成为新中国民族语言翻译事业的开启者之一。

在“四清运动”和“十年浩劫”中，六世才旦夏茸蒙受了巨大冤屈，从 1965 年至 1976 年的 12 年间身陷囹圄，但他积极乐观，没有把它看成牢狱之灾，反而认为是闭关修行的一次良机。1976 年 6 月上旬出狱后到家乡道帏休养，在此期间创作了名作《朵麦圣地丹斗寺忆歌》《怀念阿底峡尊者》等数篇优美的诗歌。

1978 年 8 月上旬，六世才旦夏茸应青海省政府之邀前往西宁，录制藏文文法。1979 年至 1985 年 6 年多的时间里，七十岁高龄的他被邀请到西北民族学院民族语言文学系任教。他以身作则、言传身教，只为完成民族优秀文化的传承及改革开放后民族文化事业的发展助一臂之力。

在班禅大师和各级政府官员、五省区各高等院校教师的鼓励和祈请下，六世才旦夏茸放弃了安度晚年的机会，把有限的精力和时间投入到培养学生、藏学研究和著书立说的伟大事业上。正当他为文化和教育事业兢兢业业、无私奉献时，不幸于 1985 年农历五月十三日在拉卜楞寺圆寂，享年75岁。

二、学术生涯

1946年，六世才旦夏茸开始云游四方讲学说法。他首先在才旦寺和吐哇寺周围的一些寺院和黄南隆务寺讲经说法，之后足迹逐渐扩大到甘南、阿坝、果洛等地的寺院。新中国成立后，他走出寺院，积极投入到文化和教育事业的建设上，先后担任青海省政府办公厅副主任、青海省政府编译室主任、青海民族学院和西北民族学院教授。他把藏族传统文化从寺院带入了现代的学院教育中，让更多的人得益于他的教授和研究成果。同时他的著作也受到现代科学研究的影响，将深奥的佛学哲理用浅显易懂的语言展现在读者面前。他注重基础语言文字方面的研究，从1944年开始撰写《藏文正字法·庄严吞米心要注释》一书。1957年，此书被翻译成汉文，以藏汉对照的形式出版发行。同年，他与藏族学者桑热嘉措等人合作，共同完成了长篇史诗《格萨尔王传》的搜集整理和编辑工作。他应邀到青海民族学院藏语系任教，先后撰写了著名的《藏文文法吞米教言》《藏文正字法》《诗学通论》《藏文书信写作》等著作，这些都成为各大院校的通用教材。

1955年夏，六世才旦夏茸完成了《丹斗寺志》的创作，1957年开始撰写《夏琼寺志》。他重新考证了藏族历史的年代问题，开始研究寺院等名胜古迹、著名人物的传记和历史。

1977年，经过十几年的刻苦钻研，六世才旦夏茸完成了《藏族历史年鉴》一书的创作。他将历算、藏族历史、佛教历史的研究结合起来，根据藏文历史文献、印度佛教典籍等，重新考证和推算了佛陀的出世涅槃、印度佛教论师等后继者弘法的年代、吐蕃王朝和后弘期等藏族历史的详细年代，纠正了藏族历史上年代错乱不一的问题。同年，他撰写了自传《自传真言甘露》。

1979 年 11 月，应四川民委邀请，他前往成都与毛儿盖三木旦等藏学家一同参加《藏汉大辞典》的研讨和编译工作。1981 年 5 月，在为西北民院民语系研究生教授《诗学通论》时，旅居国外的藏胞团来到西北民院，聆听了他的讲课。十世班禅大师来到西北民院参观时，也给予了他很高的评价："在我国藏族中，在藏学方面有这么高造诣的不多。他的著作是多方面的，在培养人才方面叶做出了贡献，我非常尊敬他。他热爱共产党，热爱祖国，维护民族团结和祖国统一。"①

1980 年，六世才旦夏茸完成了《藏文文法吞米教言》的撰写并铅印发行。其后不久，他开始教授"文法吞米教言"。1981 年 1 月 14 日，他被任命为甘肃佛教协会副会长。同年夏天，他和西北民院民语系教授却太尔等一同带领西北民院首届古藏文硕士研究生赴西藏考察交流，在拉萨会见了阿沛·阿旺晋美、噶雪巴、拉鲁、霍尔康、恰白次旦平措等政协委员和学者，并应拉萨市的相关研究单位、学校的邀请，前往门孜康、天文历算学会、拉萨市师范学院等地进行交流并作学术报告。在西藏，年逾七旬的他带领学生参观布达拉宫、大小昭寺、三大寺、日喀则扎什伦布寺、萨迦寺、山南藏王墓、桑耶寺、敏珠林寺等。而且在每个考察点，他都详细给学生讲解历史文化，并做了考究历史年代、抄录碑文等工作。

1983 年 3 月，他来到北京民族文化宫，对从拉萨、萨迦等地搜集的藏文珍贵古籍进行整理、编目工作，翻印了一千六百多部典籍。

---

① 孙全寿：《深切的关怀 崇高的敬仰——纪念才旦夏茸教授逝世十周年》一文中引用《光明日报》第三版《造诣高深的藏学家——访六届全国政协委员才旦夏茸教授》。

三、学术思想

1. 以科学的方法研究藏族天文历算学

天文历算是藏族十明文化中的重要部分，它以佛教的宇宙观研究天体星宿的位置及运行轨道，推算日食月食出现的时间、一年四季的节气和日历。六世才旦夏茸16岁开始接触天文历算，听上师格登·洛桑华丹讲授《汉历文殊菩萨之花》等汉历原理，并能绘制详细的日历。他在《自传》中说："总之，地球为椭圆的形状，在昼夜自转的同时，一年四季围绕太阳在公转，而且又被月亮围绕运动……现在可以借助天文望远镜观察肉眼无法看到的宇宙中的各类天体，我们可以发现无数个类似于银河系的天体群，围绕太阳旋转的天体中还有诸多适合人类生存的星球，不时还可以看到天体碰撞产生的火花，现在已经到了不得不学习这类天文知识的时代了……"他不仅通达藏文天文历算，还结合现代的天文学进行研究，并且翻译了不少天文学名词术语，著有《佛历广论》《汉历概念》《释迦牟尼成佛时期的月食推算》等天文历算方面的著作。

2. 学术研究中的批判精神

六世才旦夏茸所著《藏文文法吞米教言》一书，是他在青海民族大学任教期间教授藏文《文法三十颂》时所做备课笔记的基础上撰就的。在著作中，他对一些文法名著中的错误和漏洞进行了相应批判和补漏。他受到现代科学研究的熏陶，不局限寺院的传统思想和学习方法，而是结合现代的科学精神和研究方法，运用科学、辩证、批判的精神继承和发扬传统文化。

3. 以实事求是和客观公正的态度从事科学研究

六世才旦夏茸在《喇钦贡巴绕色传》《夏琼志》等著作中更正了藏传佛教后弘期一些错误的历史年代。另外，他依靠藏汉历史知识推导出了更加详细的藏族历史年代，纠正了传统史学经典中出现的历史年代混乱、错误等问题。在他的《自传》中记载："起初我研读历史的功力并不深，后来博览历史群书，研读历代大师传记，同时做详细的笔记，找到了深刻理解史学的法门，甚至后来我有了足够的勇气去批判和纠正《青史》《安多政教史》《如意宝树》等历史经典中年代的错乱不一的问题。"

4. 严谨、朴实的学风

六世才旦夏茸是一位才华横溢，通达大小五明，有十三部文集的大学者，但他处处谦虚谨慎，甚至对于自己的著作做出了如此的评价："我所作的《上师晋美丹曲嘉措传》《丹斗寺志》《自传真言甘露》是备忘录，并非彰显自己的才华和高傲情操而作。"

四、总结

六世才旦夏茸不仅是上世纪著名的藏学家，他更是一位教育家，他的一生是在寺院刻苦研读佛学，在学校教书育人、服务社会中度过的。应该可以从以下几点总结其一生的成就和贡献。

（1）他是新中国藏学研究事业的先驱之一。六世才旦夏茸是新中国成立后走出寺院积极参与教育和文化建设事业的藏族学者之一，他与东噶洛桑赤列、毛尔盖桑木旦、多吉杰布等藏族学者一起投入到文化和教育事业上，为我国的藏学研究起到了承前启后的作用。他把他深厚的传统文化积淀结合科学的研究方法，在藏族历史、佛学、翻译、语言文字、天文历算、诗学等各领域，为藏学研究开辟了新的道路。他一生勤奋好学、笔耕不辍，留下了丰富的学术思想和著述，充裕了我国的藏学文化宝库。

（2）为藏汉文化交流做出了突出的贡献。六世才旦夏茸始终爱国爱教，不忘自己的使命和职责。为了更好地传承和发扬佛教文化，他刻苦学习汉文，研读汉文佛学经典。同时研修汉历，充实藏族天文历算。他为诸多汉传佛教弟子剃度授戒、传授教义，为新中国成立后佛教文化的传承和发扬、汉藏文化交流做出了卓越的贡献。

（3）他是一位广学博识的学者和民族教育家。六世才旦夏茸一生治学严谨、著作等身、桃李满天下。他为寺院和大学培养了不少学生，其中最著名的有夏日东仓活佛、夏琼寺的确智格西、丹珍活佛等，还有一批在岗的大学教授。他不仅在高校培养学生，而且通过广播等讲授知识，宣传党的民族政策，又到各地的学校、寺院、村落宣传党的民族宗教政策，教育社会各界重视民族教育、民族文化，拥护党的民族政策。他把毕生的精力和时光都投入到了学术研究和教育的伟大事业中。

图书在版编目（CIP）数据

藏传因明研究.2：汉、藏/郑堆主编.—北京：中国藏学出版社，2015.7

ISBN 978-7-80253-807-8

Ⅰ.①藏…　Ⅱ.①郑…　Ⅲ.①因明（印度逻辑）-文集-汉、藏
Ⅳ.①B81-093.51

中国版本图书馆CIP数据核字（2015）第144813号

《藏传因明研究》【2】

郑堆　主编

出版发行　中国藏学出版社
印　　刷　中国电影出版社印刷厂
开　　本　787×1092毫米　1/16
印　　张　20.75
印　　次　2015年7月第1版第1次印刷
字　　数　230千
书　　号　ISBN 978-7-80253-807-8/B·216
定　　价　45.00元

图书若有质量问题，请与本社联系
E-mail:dfhw64892902@126.com　　电话:010-64892902